collection milieux

dirigée par
Jean-Claude BEAUNE

Couverture :
Illustration de la couverture de *Time Magazine* du 23 janvier 1950.

ISBN 978-2-87673-484-5
ISSN 0291-71576

LE MOMENT CYBERNÉTIQUE
LA CONSTITUTION DE LA NOTION D'INFORMATION

MATHIEU TRICLOT

collection milieux
CHAMP VALLON

INTRODUCTION

La constitution de l'information

Que disons-nous lorsque nous parlons d'information, ou de traitement de l'information, à propos de choses aussi diverses que des logiciels, des ordinateurs, des cerveaux, des réseaux, des médias, des électeurs, des protéines, des organismes, des sociétés... ? La liste de ce qui traite de l'information peut bien paraître aujourd'hui infiniment ouverte. Le « discours de l'information » s'est immiscé non seulement dans les discussions à propos de l'informatique et des réseaux, mais aussi dans les sciences du vivant, les sciences de l'homme et de la société. Quoi de commun entre un neurobiologiste qui affirme que « le système nerveux d'un mollusque transmet l'information suivant un code, l'analyse puis la traite »[1], un cogniticien qui nous apprend que « l'esprit est pour l'essentiel un système qui manipule des symboles »[2], un anthropologue qui explique que « la seconde loi de la thermodynamique ne s'applique pas aux mythes, car l'information qu'ils véhiculent ne se perd pas »[3], un technophile enthousiaste qui réclame « que nos sociétés humaines se dotent d'un meilleur système nerveux, capable de traiter en temps réels des informations »[4], ou un vice-président des États-Unis qui a découvert que « la lingua franca du nouveau millénaire sera faite de zéros et de uns »[5]... ? Sans parler de Lacan qui propose de saisir « l'eros de la sexualité féminine comme une information opposée à l'entropie sociale »[6]...

Cette extrême dispersion du terme d'information est d'autant plus intrigante que le phénomène est somme toute relativement récent. Qui se souciait de traitement de l'information il y a encore un siècle ? Il n'aura

1. Jean-Pierre Changeux, *L'Homme neuronal*, Paris, Hachette, 2002 [1983], p. 126.

2. Jerry Fodor, *The Modularity of Mind, An Essay on Faculty Psychology* (trad. fr. A. Gerschenfeld, *La Modularité de l'esprit, Essais sur la psychologie des facultés*, Paris, Minuit, 1986 [1983], p. 57).

3. Claude Lévi-Strauss, *Mythologiques. 4. L'Homme nu*, Paris, Plon, 1971, p. 216.

4. Joël de Rosnay, « La société de l'information », in Daniel Parrochia (dir.), *Penser les réseaux*, Seyssel, Champ Vallon, 2001, p. 48.

5. Albert Gore, Discours à UCLA, 11 janvier 1994.

6. Jacques Lacan, *Ecrits*, Paris, Seuil, 1966, p. 620.

fallu qu'une quarantaine d'années, depuis la fin de la seconde guerre mondiale, pour que le vocabulaire de l'information parvienne à coloniser toute notre culture. Nous adoptons aujourd'hui une description en termes d'information pour une foule de choses que nous n'aurions jamais songé à décrire comme telles auparavant. L'objet de cette étude est de comprendre ce que c'est que de l'information. Mais la question du sens et de la définition de l'information rebondit immédiatement en une question généalogique : le terme d'information nous interroge d'abord comme un évènement, un fait de discours qui vaut par la contingence de son irruption au beau milieu des choses dites, la multiplicité bourgeonnante et non régulée de ses usages. Cette greffe étrange, et on ne peut plus réussie, déroute la recherche d'un sens originaire, plein et entier du concept. Comprendre ce que c'est que de l'information ne peut renvoyer à un noyau de signification, à une essence immuable qui se triendrait hors du temps et des choses. Qu'est-ce qui a bien pu pousser ainsi les gens à se mettre soudain à parler d'information pour désigner autant d'objets aussi divers ?

En adoptant une telle perspective généalogique, l'étude se présente comme un exercice d'« épistémologie historique », au sens que Ian Hacking, Lorraine Daston ou Lorenz Krüger ont pu donner à ce terme[1]. Le programme de l'épistémologie historique comporte une double composante : il s'attache à l'étude des concepts transversaux, qui structurent le champ de nos savoirs comme la probabilité, l'objectivité, la représentation, etc ; et il cherche à rendre compte de ces objets de discours, à partir de leurs conditions historiques de possibilité. Il va de soi que l'information est l'un de ces concepts, qui se distingue par la dimension structurante qu'il a pu acquérir dans les savoirs contemporains, comme par son apparition fulgurante dans l'ordre du discours. Qu'est-ce qui rend l'émergence de l'information possible ?

Cette manière de poser le problème généalogique possède une propriété intéressante, en ce qu'elle nous contraint à articuler la question du sens et des concepts à l'histoire plus vaste du monde social, l'histoire interne à l'histoire externe. On doit en effet s'attendre à ce que les conditions qui président à l'avènement d'un discours ne soient pas uniquement discursives. Mieux, cette question nous oblige à considérer les discours pour ce qu'ils sont, c'est-à-dire des actes, engagés dans les transformations du milieu matériel et humain, un certain type de pratiques en liaison continue avec l'ensemble des pratiques qui façonnent notre monde.

1. Ian Hacking, *The Emergence of Probability*, Cambridge, Cambridge University Press, 1975 (trad. fr. M. Dufour, *L'Émergence de la probabilité*, Paris, Seuil, 2002, pp. 16-19). Ian Hacking, *Historical Ontology*, Harvard, Harvard University Press, 2002. Lorraine Daston, *Biographies of Scientific Objects*, Chicago, University of Chicago Press, 2000.

Comment circonscrire dès lors cet évènement qui a vu l'information s'immiscer au sein de nos discours ? Le repérage n'est guère difficile. Le discours contemporain de l'information prend sa source, majeure, dans un mouvement scientifique, qui s'est appelé la cybernétique, aux États-Unis, au tournant des années 1940-1950. La plupart des usages contemporains de l'information, ceux que nos citations illustraient, découlent en droite ligne de la cybernétique. Certes, il est évident qu'il est question d'information bien avant la cybernétique. Le terme, dans son acception moderne de « fait rapporté », apparaît avec la presse à grand tirage. Le concept cybernétique d'information ne peut être confondu avec l'usage courant et journalistique du terme. L'information cybernétique n'est pas l'information du journal télévisé, un message doté de contenu, mais elle procède bien plutôt d'une réflexion sur la forme des messages et les techniques de leur transmission. Et pourtant, la cybernétique se distingue par l'extension qu'elle a su donner au concept d'une mesure mathématique de l'information, par la diversité des usages dont elle est à la source, et enfin par sa situation remarquable, à la croisée de trois champs techniques majeurs pour l'histoire de l'information, le champ de l'ingénierie des communications, du contrôle et de l'informatique. Le vocabulaire du traitement de l'information permet à la cybernétique d'opérer la synthèse de ces trois champs techniques. Cette synthèse autorise à son tour un mouvement de migration conceptuelle en direction des sciences du vivant, physiologie et neurologie en particulier, et, plus tard, des sciences humaines. La cybernétique se définit ainsi dans sa pleine extension comme « la science du contrôle et de la communication chez l'animal et la machine ». Elle constitue une sorte d'alliance entre des mathématiciens, comme Norbert Wiener et John Von Neumann, des ingénieurs, comme Claude Shannon ou Julian Bigelow, des biologistes, comme Arturo Rosenblueth ou Warren McCulloch, et enfin des représentants des sciences humaines, comme les anthropologues Gregory Bateson ou Margaret Mead. Cette drôle d'alliance, cette « grande hérésie » selon le mot de McCulloch, repose à la fois sur des résultats techniques pointus et sur une interprétation philosophique débridée de ces résultats, qui autorise leur transfert et leur application dans des domaines variés[1]. Avec la cybernétique se pose la question des capacités de communication des machines, de l'intelligence supposée des calculateurs, du rapport entre l'ordinateur et le cerveau, du partage entre le mécanique et le vivant, de l'inscription matérielle du sens et des signes… La cybernétique occupe le point de friction entre les techniques et sciences de l'information et la philosophie, là où se sont négociés pour nos savoirs d'aujourd'hui le rôle et la portée du concept d'information.

1. Warren McCulloch, « Dans l'antre du métaphysicien », *Thales*, 7, 1951, in Warren McCulloch, *Embodiments of Mind*, Cambridge, MIT Press, 1988 [1965], p. 144.

Une épistémologie de la cybernétique

La cybernétique présente plusieurs traits qui en font un objet épistémologique remarquable, quoique probablement assez éloigné de toutes les convenances du genre.

La première singularité de la cybernétique réside sans doute dans sa dimension « phénoménotechnique ». La cybernétique est une discipline qui est issue de développements dans les milieux techniques des télécommunications et de l'informatique. Elle est donc représentative d'une forme d'engagement de la science contemporaine dans la technique, jusqu'à l'indistinction parfois. Mais, dans le même temps où la technique devient scientifique, elle impose à la réflexion des problèmes inédits. Sous le concept de phénoménotechnique, Gaston Bachelard nous invitait à concevoir les produits de la science comme des objets mixtes abstraits concrets, des relations mathématiques devenues choses[1]. Les grands artefacts de la cybernétique, l'ordinateur, le canon automatique, la ligne de téléphone, relèvent de cette ontologie intermédiaire. Il s'agit d'objets qui n'existent que par un ensemble théorique qui les rend possibles, et qui questionnent en même temps cet ensemble, qui l'excèdent ou le mettent en crise par leurs comportements imprévisibles, leurs échecs, les frottements, les oscillations et les bugs.

La mention du caractère phénoménotechnique de la cybernétique est une invitation à ne pas se restreindre à la dimension de la seule théorie. La cybernétique n'est pas simplement affaire de discours, mais aussi de pratiques, de machines et de dispositifs. Si la question de la représentation associée à l'information est déterminante pour l'interprétation générale de la cybernétique, cette représentation est toujours investie dans une culture matérielle. Non que la représentation constitue un simple reflet du milieu technique ; la représentation théorique des capacités des machines, dire par exemple qu'un ordinateur traite de l'information et non seulement qu'il calcule, possède une signification technique. Elle engage d'autres rapports au matériel, elle invite à spécifier différemment l'architecture des machines à venir. La cybernétique illustre cette dimension performative des représentations scientifiques. Voici une science qui n'a jamais eu simplement pour objet de représenter le monde, mais de le transformer et de produire un monde à son image. La cybernétique manifeste un type d'alliance entre la théorie et la pratique, la représentation et l'intervention, qui ne peut être esquivé en ce cas, et qui est sans doute un des traits déterminants des sciences contemporaines.

Enfin, la mention de la phénoménotechnique invite à conjuguer, dans l'esprit de l'épistémologie dite « à la française », une perspective constructi-

1. Gaston Bachelard, *Le Rationalisme appliqué*, Paris, P.U.F., 1998 [1949], p. 109.

viste et une position réaliste. Dire que les cybernéticiens ont inventé ou construit l'information n'est pas faux. Avant la cybernétique, on ne pensait pas le monde en termes d'information. Mais la pensée ne fait pas tout à l'affaire. L'idée de construction est trop souvent associée à une position antiréaliste en philosophie des sciences. Poser que l'information est le résultat d'une construction par la cybernétique ne signifie pas qu'il n'y ait en réalité rien comme de l'information, que l'information ne soit qu'un pur jeu de langage superposé au monde indifférent des choses. Si l'information peut être construite, constituée en un objet de théorie, c'est bien parce qu'il existe des techniques de l'information, télécommunications ou calcul mécanique, qui font de l'information autre chose qu'un simple objet de discours. L'étude de la cybernétique incite à une forme de réalisme phénoménotechnique. Comme Ian Hacking a pu le dire, à propos des électrons, pourquoi croire qu'il existe quelque chose comme de l'information ? Parce qu'il existe des dispositifs techniques, parce que l'on sait s'en servir, parce que l'on sait la manipuler, parce qu'on dispose au jour le jour d'un répertoire d'opérations banales et standardisées[1]. L'information n'existe pas dans l'éther d'un monde spirituel et idéal, mais dans les méandres d'un univers d'usages et d'artefacts, dans une culture matérielle.

Le deuxième trait qui distingue la cybernétique est sans doute que celle-ci se présente à nous comme une science qui a échoué, ou dont le travail a été présenté comme un échec par ses successeurs. Nous avons affaire là à ce qui peut bien apparaître comme une énigme. Par un côté, la cybernétique constitue une réussite extraordinaire, dans la mesure où ses concepts ont connu une diffusion inégalée. Nous vivons dans un monde qui a été façonné en partie par la cybernétique. Nous sommes les héritiers des cybernéticiens, chaque fois que nous prenons place devant un ordinateur, non seulement parce que nos machines doivent leur architecture à Von Neumann, mais aussi parce que la cybernétique a exprimé avec force l'idée d'une humanité vivant parmi les machines, dans un univers de communication généralisée. Nous devons donc à la cybernétique non seulement tout un ensemble d'artefacts, mais aussi des manières d'habiter en sujets au sein de ces mondes d'objets. Et pourtant, la cybernétique a, par un autre côté, échoué de a à z. Cette science, à qui nous devons tant, n'a jamais réussi à se stabiliser sous la forme d'une discipline autonome, possédant ses propres lieux institutionnels et programmes de recherche. Nous vivons dans un monde cybernétique, mais sans cybernétique, d'une cybernétique diffuse et dispersée, souvent fort éloignée du projet original.

Si la cybernétique appartient du point de vue de l'histoire des sciences à l'histoire périmée, plutôt qu'à l'histoire sanctionnée, à quoi bon faire l'his-

1. Ian Hacking, *Representing and Intervening, Introductory Topics in the Philosophy of Natural Science*, Cambridge, Cambridge University Press, 1997 [1983], p. 274.

toire d'un échec ? Cet échec apparaît indissociable d'une certaine position philosophique de la discipline. Il a été souvent noté que l'intelligence artificielle ou les sciences cognitives, qui ont pourtant hérité de la cybernétique une grande partie de leur langage ou de leurs référents techniques, n'ont jamais revendiqué leur lien de filiation. Pire, les sciences cognitives ont, selon la formule de Jean-Pierre Dupuy, toujours eu « honte de leur ancêtre cybernétique »[1]. Mais ce rejet provient, en ligne directe, de la décision des cybernéticiens en faveur d'une conception singulière, radicalement matérialiste, de l'information, en rupture avec la conception dominante en sciences cognitives. Il est fascinant de constater combien les sciences cognitives et la cybernétique, en dépit d'un lexique commun, peuvent rester partagées par des représentations opposées de l'information.

Cette hypothèse qui rapporte la faillite historique de la discipline à un choix philosophique trouve une confirmation dans les travaux de celui qui est sans doute le principal promoteur du programme de l'intelligence artificielle, Marvin Minsky lui-même. Dans son introduction à *Semantic Information Processing*, en 1968, ce dernier a livré la version canonique de la critique de la cybernétique : les résultats expérimentaux de la cybernétique sont au mieux « paradigmatiques » ; la branche de recherche qui en est issue le plus directement, la théorie des systèmes auto-organisateurs, n'a, à ce jour, rien produit de valable ; enfin, si la cybernétique se survit dans les sciences cognitives, et notamment dans l'intelligence artificielle, c'est au prix d'une révision drastique de ses concepts fondamentaux[2]. L'erreur de la cybernétique tient toute en un seul point pour Minsky : ne pas avoir cherché à construire une théorie de l'esprit. Si l'Intelligence Artificielle suppose d'isoler un niveau autonome, celui des représentations, sur lequel effectuer des manipulations réglées, la cybernétique s'est toujours refusée à définir un niveau du traitement de l'information indépendant des processus physiques. Elle a promu une représentation physicaliste de l'information comme expression de la quantité d'ordre ou de structure dans les agencements matériels. Les débats de la cybernétique quant au statut et à la signification du terme « information » possèdent une importance historique majeure ; et ils n'ont guère perdu de leur actualité. En particulier, il n'est pas impossible que l'évolution récente des sciences cognitives, avec la vogue du connexionnisme, ou, ces dernières années, de la vie artificielle, ne conduise à revenir sur le jugement de Minsky et à rouvrir le débat philosophique sur la nature de l'information.

La troisième singularité de la cybernétique réside enfin dans le rapport qu'elle a pu construire à l'engagement politique. La cybernétique se déve-

1. Jean-Pierre Dupuy, *Aux origines des sciences cognitives*, Paris, La découverte, 1999 [1994], p. 35.
2. Marvin Minsky, *Semantic Information Processing*, Cambridge, MIT Press, 1968.

loppe dans un moment de bouleversement majeur des structures de la recherche aux États-Unis, avec la seconde guerre mondiale, puis l'enrôlement des sciences dans la guerre froide. Or, il se trouve que, parmi les cybernéticiens, Wiener a développé un discours critique vis-à-vis de ces évolutions, et qu'il a fait servir à ce discours critique les concepts produits par la cybernétique. Autrement dit, nous trouvons chez Wiener nombre d'arguments politiques, en rapport avec ses engagements sur les armes atomiques, la politique de la science ou l'impact social des machines cybernétiques, qui sont « encodés » dans le vocabulaire de l'information.

Le cas de la cybernétique oblige ainsi à isoler les différents niveaux d'interactions possibles entre la production des concepts scientifiques et l'engagement politique. Wiener a cherché à faire des technologies du contrôle et de la communication, profondément imbriquées dans l'appareil matériel de la guerre, une discipline civile, ouverte vers les sciences de la vie et les sciences de l'homme. Ce tournant politique offre un éclairage intéressant sur la situation des sciences au moment de la guerre froide. Wiener a rêvé la cybernétique comme un contre-modèle de la pratique scientifique militarisée et technocratique, le modèle d'une science sans patron, démocratique dans ses finalités comme dans ses modes d'organisation.

Ces trois traits dessinent le tableau d'une science singulière et profondément atypique par rapport aux grandes réussites sur lesquelles l'historiographie se concentre souvent. Science phénoménotechnique, engagée dans la culture matérielle du système technique américain, c'est aussi une science philosophique en ce qu'elle a réfléchi sur la signification du nouveau paradigme informationnel, adoptant une position originale par rapport à celle des sciences cognitives. Enfin, cette science pose la question de son rapport au politique, non simplement comme une question externe, par la nécessité d'entourer d'une couche d'histoire la logique autonome des concepts, mais comme une question interne, repliée dans l'histoire de la discipline. Comment une politique radicale a-t-elle pu s'articuler à une pratique scientifique féconde et atypique ?

Clivage

La thèse principale de cette étude est que la notion d'information apparaît non pas une, mais clivée au sein du milieu technique. L'émergence du discours cybernétique de l'information peut être décrite comme une opération de clivage. Ce procédé désigne l'acte technique qui consiste à fendre un corps en prolongeant ses joints naturels. Le joaillier clive un diamant, lorsqu'il le taille en s'appuyant sur les plans de rupture du cristal, plutôt qu'il ne le scie ou qu'il ne l'use. Le clivage qui affecte la notion d'information dans la joaillerie cybernétique nous renvoie ainsi à un partage philosophique fondamental dont le lieu est la technique elle-même. L'information peut être représentée tantôt comme un code, une suite de symboles sans lien avec les choses, tantôt comme un signal, l'expression matérielle d'un agencement matériel. Cette partition est la source d'un conflit irrémédiable quant au statut de l'information. La cybernétique a fait le choix philosophique d'une représentation physicaliste, le choix du signal plutôt que du code. Cette décision est au cœur du programme cybernétique. Elle rend compte de l'extension de la discipline, comme de son brusque déclin.

Considérer l'émergence du discours cybernétique de l'information comme le produit d'un clivage suppose de ne pas séparer, artificiellement, ce qui relève de la production scientifique et technique des concepts et la dimension d'investigation philosophique. Le mélange entre les éléments scientifiques et les éléments philosophiques est nécessairement problématique pour quiconque lit les textes des cybernéticiens. La solution qui consiste à renvoyer la philosophie à une composante idéologique, malheureuse et seconde, qui viendrait se surajouter à la pureté des résultats scientifiques, n'est pas satisfaisante. Le discours philosophique des cybernéticiens possède une dimension effective, performative, qui apparaît particulièrement bien dans l'histoire de l'informatique. Les ordinateurs n'apparaissent pas naturellement comme des dispositifs de traitement de l'information. La cybernétique joue un rôle très net dans l'instauration de cette manière de se représenter le fonctionnement des machines, à travers la grande analogie entre l'ordinateur et le cerveau. La cybernétique nous entraîne dans une histoire qui reconnaît la dimension philosophique immanente à l'activité scientifique et technique.

Un tel travail doit nous permettre de mieux comprendre l'histoire de la cybernétique, mais aussi, par contrecoup, les enjeux de la notion actuelle d'information. La position développée par les cybernéticiens invite à rompre avec la représentation en vogue d'un monde de l'information opposé au monde de la matière. Cette interprétation matérialiste et physicaliste de l'information a été largement occultée par l'histoire des disciplines qui ont suivi la cybernétique. L'enjeu de ce travail consiste à réactiver une représentation matérialiste de l'information au moyen d'une histoire matérielle des sciences.

Le moment cybernétique

La cybernétique est une discipline aux ramifications foisonnantes. Elle prend naissance aux États-Unis, avant de s'exporter dans différents pays. On la retrouve promue science officielle de l'Union Soviétique sous la direction de Brejnev, au moment où elle est devenue un véritable repoussoir dans son pays natal. Les sociétés cybernétiques prolifèrent un peu partout dans le monde. Les Britanniques participent, au côté du gouvernement Allende, à un vaste programme de cybernétisation du Chili... Dans cette histoire multiple, et dont les ramifications n'ont pas encore été toutes explorées, l'étude présente se concentre sur la période des années 1940-1950 aux États-Unis, qui correspond au moment d'émergence et de développement de la discipline.

Le terme cybernétique est introduit en 1947, au moment de la rédaction de l'ouvrage éponyme, par Wiener. Mais ses concepts s'enracinent dans les recherches menées pendant la guerre. Quelques mois à peine après la création du NDRC, l'organisme chargé de la mobilisation des sciences américaines, Wiener se lance à partir de septembre 1940 dans la construction d'un canon automatisé de défense anti-aérienne. Ce projet, qui durera trois ans, constitue la véritable matrice de la cybernétique. Wiener, secondé par Bigelow, y introduit une conception unifiée, sous un cadre statistique, des problématiques de la communication et du contrôle par rétroaction. Information et feedback reçoivent une définition scientifique et apparaissent comme deux termes clés pour caractériser l'évolution du milieu technique américain. Mais les travaux de guerre de Wiener accordent d'emblée aux notions d'information et de contrôle une portée qui dépasse le simple cadre technique. En mai 1942, à l'occasion d'une conférence organisée par la fondation Josiah Macy, le physiologiste Rosenblueth, que Wiener avait associé à ses recherches, présente l'idée révolutionnaire, selon laquelle les comportements dirigés par un but, caractéristiques des vivants, pourraient réintégrer l'orbite du mécanisme et recevoir une description intégrale, en termes de traitement de l'information et de feedback. À l'occasion de cette communication, Rosenblueth rencontre quelques-uns des futurs habitués des réunions cybernétiques du côté des sciences humaines, Mead, Bateson ou le psychanalyste Lawrence Kubie. Surtout, il y fait la connaissance du neurophysiologiste Warren McCulloch et de son jeune protégé le logicien Walter Pitts.

L'année 1943 signe la naissance, encore officieuse, de la cybernétique, avec la parution de deux articles, ambitieux, qui donnent le ton des recherches à venir. Rosenblueth, Wiener et Bigelow publient dans une revue de philosophie des sciences « Purpose, Behavior and Teleology », qui expose un programme mécaniste pour les sciences du vivant, fondé sur le modèle de la régulation par feedback négatif. Ce programme reçoit un renfort de poids avec la publication de « A logical Calculus of Ideas Immanent in Nervous Activity », article cosigné par McCulloch et Pitts. Cet article propose un modèle logique du fonctionnement du cerveau. Les deux articles se complètent pour offrir la perspective d'une compréhension renouvelée des comportements de haut niveau du vivant, orientation selon un but et apprentissage chez Wiener et Rosenblueth, intelligence chez McCulloch et Pitts, au moyen du nouveau paradigme du traitement de l'information.

La bonne nouvelle cybernétique se répand alors et parvient à s'agréger les derniers développements du calcul mécanique, au moment où John Von Neumann, engagé dans les recherches qui mènent à la définition de l'ordinateur moderne, rejoint le groupe. Wiener, McCulloch et Von Neumann se retrouvent en janvier 1945, sous l'étiquette de la « Teleological Society », pour réfléchir aux perspectives ouvertes par le nouveau paradigme en théorie du calcul, théorie de la communication et en neurophysiologie. La cybernétique a le vent en poupe et la création d'un centre de recherche en bonne et due forme est à l'ordre du jour. En mars, Wiener propose à Von Neumann de rejoindre le MIT, mais ce dernier obtient de l'IAS la direction d'un projet de construction d'un ordinateur et décline l'offre de Wiener. Dès lors, la cybernétique ne trouvera jamais de centre unifié, écartelée entre Chicago (McCulloch), Princeton (Von Neumann), Cambridge (Wiener, Pitts et la jeune garde des cybernéticiens) ou Mexico (Rosenblueth). Les travaux de la cybernétique seront scandés par la série des conférences « Macy » qui se déroulent d'année en année de 1946 à 1953, réunissant mathématiciens, ingénieurs, physiologistes, psychologues, sociologues, linguistes…

La grande année cybernétique est sans conteste 1948, avec la parution quasi simultanée de la « théorie mathématique de la communication » de Claude Shannon et du *Cybernetics* de Wiener qui exposent la définition canonique de la quantité de l'information. S'y ajoute en septembre, le symposium Hixon de l'université de Pasadena, dans lequel interviennent McCulloch et Von Neumann, ce dernier présentant pour la première fois sa théorie générale des automates, assortie d'une démonstration de la capacité d'autoreproduction des machines. La cybernétique est alors la grande science à la mode, celle qui semble détenir les clés du nouvel âge issu de la guerre. Mais les signes de tension ne sont pas loin. En 1947, Wiener a déjà signé sa lettre manifeste « A Scientist Rebels » qui affirme le refus de lier la cybernétique aux développements militaires, au moment même où le monde bascule dans la guerre froide.

La cybernétique se désagrège en pleine gloire quelques années plus tard lorsqu'en décembre 1951 Wiener rompt brutalement, et à la surprise générale, avec McCulloch, Pitts et les autres, au moment même où le rêve d'un grand laboratoire cybernétique prenait forme avec l'arrivée de McCulloch au MIT. Wiener, suivi de Von Neumann, déserte alors les conférences Macy. Pitts brûle sa dissertation de PhD sur la théorie statistique des réseaux de neurones, sans doute l'un des points les plus avancés de la modélisation cybernétique, et disparaît sans laisser d'adresse. L'année 1956 symbolise sans doute la fin de cette première période cybernétique aux

États-Unis. Von Neumann, malade d'un cancer des os foudroyant, doit abandonner peu à peu toutes ses responsabilités scientifiques, continuant cependant à travailler jusqu'au bout à cette théorie des automates qu'il laisse inachevée. Il meurt le 8 février 1957. L'idée d'un programme de recherche fondé sur le traitement symbolique de l'information, plutôt que sur le modèle statistique des cybernéticiens, monte en puissance, surclassant une cybernétique décapitée. 1956 voit la naissance de l'Intelligence Artificielle et des sciences cognitives, avec le séminaire d'été de Dartmouth College, auquel participent John McCarthy, Marvin Minsky, Herbert Simon ou Allen Newell. Une nouvelle génération prend le relais des cybernéticiens et se démarque nettement de l'héritage.

Des réseaux, des ordinateurs, de la philosophie et de la politique

Notre étude se divise en quatre parties. Les deux premières portent sur les conditions techniques d'émergence du vocabulaire de l'information, la troisième expose l'engagement philosophique de la discipline, la quatrième son engagement politique.

La première partie présente la façon dont la notion d'information a pu apparaître au sein de la théorie des télécommunications, dans les années de l'entre-deux guerres, en rapport avec les transformations matérielles du système américain, avant d'être réaménagée dans le cadre d'une théorie statistique par Shannon et Wiener. Les travaux de guerre de Wiener opèrent la synthèse entre les techniques de la communication et de la commande. On peut montrer que les théories de Shannon et Wiener, au niveau même du milieu technique, engagent déjà une représentation clivée de l'information, comme code et comme signal.

La deuxième partie expose les conditions techniques de l'émergence d'un vocabulaire de l'information en informatique. Comment passe-t-on de l'ordinateur comme un calculateur à des machines qui traitent de l'information ? Les représentations associées aux techniques informatiques présentent un clivage similaire à celui détecté en théorie des télécoms et du contrôle. L'étude des travaux d'Alan Turing, McCulloch, Pitts et Von Neumann sur la signification des calculateurs, sur les rapports entre ordinateur, esprit et cerveau, permet d'établir ce point.

La troisième partie analyse l'engagement philosophique de la discipline, fondé sur les lignes de clivages apparues au niveau technique. L'interprétation physicaliste de l'information défendue par les cybernéticiens repose, en particulier, sur la définition de l'information comme quantité opposée à l'entropie. Cette analogie est interprétée dans le cadre de la situation de pensée du démon de Maxwell. Elle connaît un grand succès, des années 1950 jusqu'aux années 1970, où elle est battue en brèche par des travaux en informatique théorique. L'étude montre cependant qu'il existe plusieurs versions irréconciliables de l'analogie information-entropie et que toutes ne sont pas touchées au même titre par la critique. Enfin, l'étude de la théorie des automates de Von Neumann, une des plus belles réalisations de la cybernétique, illustre la fécondité de l'approche physicaliste défendue par les cybernéticiens.

La dernière partie présente une étude historique des conceptions politiques de Wiener, sur les trois grands domaines de son engagement, la lutte contre la course aux armements, la critique de la nouvelle politique de la science et la question de l'impact des machines automatiques. Elle montre en particulier que Wiener a conçu de manière extrêmement originale la façon dont les ressources scientifiques pouvaient être mobilisées dans l'engagement politique. Contrairement à la lecture ordinaire, on peut montrer que Wiener adopte une position non scientiste, qui s'oppose terme à terme aux nouvelles formes d'engagement technocratique des scientifiques offertes par l'appareil de la guerre froide.

Première partie

L'IDÉE DE MESSAGE

« Dans un pays aussi vaste que les États-Unis, c'est très important d'économiser quelques fils, et de faire passer les fadaises qui se véhiculent généralement sur ces sortes d'appareils de transmission par le moins de fils possibles. »

Jacques Lacan, *Le Séminaire, Livre II.*

« One Policy, One System, Universal Service. »

Théodore Vail, Président d'AT&T.

1
L'ÉMERGENCE DE L'INFORMATION

En 1948 paraissent, de manière quasi simultanée, deux textes qui introduisent une définition mathématique de la quantité d'information. Le premier « A mathematical theory of communication » est l'œuvre d'un jeune ingénieur, Claude Shannon, employé aux laboratoires Bell, alors l'un des plus grands laboratoires de recherche et développement au monde. Il s'agit d'un article technique, qui offre un modèle mathématique simple et puissant pour résoudre nombre de questions pratiques en télécommunication. L'article reprend et systématise les résultats obtenus pendant la guerre, pour exposer les termes fondamentaux de ce qui est aujourd'hui connu comme la théorie de l'information. Le second texte, *Cybernetics*, chef-d'œuvre du mathématicien Norbert Wiener, est un objet plus étrange, best-seller parmi les plus inattendus de la littérature scientifique, où les équations mathématiques ardues voisinent avec des considérations philosophiques sur la nature de la communication et du temps, l'identité des processus du traitement de l'information et du contrôle, l'absence de frontière entre le vivant et le mécanique. Si les articles de Shannon, avec leur présentation limpide, contrastent avec le style débridé du *Cybernetics* de Wiener, le résultat est cependant le même. Nous disposons, à partir de 1948 d'une manière de quantifier l'information, de ramener l'information à une mesure. D'autres définitions – à bien des égards plus performantes – de la quantité d'information verront le jour, mais les formules de 1948 sont restées les nôtres, et fournissent encore l'unité de base la plus commune de nos calculs. Avec les articles de Shannon et le *Cybernetics* de Wiener, l'information est devenue un objet de théorie.

Le moins qu'on puisse dire est que cette définition de l'information n'est pas passée inaperçue. Le livre de Wiener et l'article de Shannon connaissent un destin exceptionnel pour des textes scientifiques et techniques. Si le texte de Wiener, avec ses chapitres de philosophie des sciences, son ton exalté et bourru, rencontre un public au-delà de toute attente (*Cybernetics* doit être réédité cinq fois en un an), l'article de Shannon, pourtant un texte purement technique et destiné aux ingénieurs, n'est pas en reste. Publié sous forme de livre en 1949, devenu entre-temps *La Théorie mathématique de la communication*, l'ouvrage connaît une diffusion exceptionnelle au regard de ses origines techniques. Il paraît augmenté d'une préface de Warren Weaver, le prestigieux directeur d'une des sections les plus prolifiques du National Defense Research Committee (NDRC), l'organisme qui a piloté les recherches de guerre. La préface de Weaver vante l'importance de la théorie de Shannon pour toute une série de questions déconnectées des stricts problèmes de l'ingénierie. La théorie mathématique de la communication est prête pour sa métamorphose en cette théorie de l'information qu'on trouvera adaptée tous azimuts, non seulement en télécommunications, mais aussi en informatique, en physique, en biologie ou encore en sciences humaines.

Comment comprendre l'irruption de ce nouveau concept d'information en 1948 ? La définition de l'information émerge à l'intersection de deux histoires : celle du système technique américain des télécommunications, dans lequel apparaissent dès la fin des années 1920 les premières recherches sur l'information, et celle des recherches de guerre, qui voit la tradition des ingénieurs en télécommunications mobilisée pour former la synthèse entre des domaines techniques jusqu'ici considérés comme divers : codage des messages, traitement du signal, mais aussi contrôle régulé par feedback, calcul mécanique... L'information joue ainsi, dans le milieu technique issu de la guerre, un rôle central en unifiant des secteurs aussi importants que le domaine des télécommunications (auréolé des succès du radar), celui du contrôle automatique (la question décisive de la conduite de tir) ou du calcul mécanique (les débuts de l'informatique aux marges du projet Manhattan). Qu'ont en commun toutes ces machines nouvelles, ordinateur, radar, automates de tir, qui suscitent au sortir de la guerre un sentiment mêlé, entre la fascination et l'effroi, la fierté et la menace ? « Elles traitent de l'information ». L'information de 1948 n'existe pas simplement comme un terme théorique qui serait suspendu dans le ciel des idées mathématiques, mais comme une pièce maîtresse dans le système des artefacts issus de la guerre. L'information émerge au sein de cet univers de machines, comme une nouvelle manière de comprendre et d'interroger ces machines, de peser sur leur développement et d'en imaginer l'avenir.

Le destin de l'article de Shannon, son succès au-delà du domaine de l'ingénierie, illustre les attentes qui pèsent sur la notion scientifique d'information. Il s'agit d'un texte technique, adapté à certains problèmes d'ingénierie, en particulier le codage des messages, mais qui a pu être lu comme la promesse d'une théorie universelle de l'information. Si cette seconde lecture a été possible, ce n'est sans doute pas seulement, comme semblent le penser les ingénieurs en télécommunications, par un glissement de sens malheureux, mais parce que l'article de Shannon tombe à point nommé pour exprimer l'état du système technique américain dans l'après-guerre. En cela, il est bien le pendant du *Cybernetics* de Wiener. L'article de Shannon ou le livre de Wiener innovent en introduisant une grammaire universelle des communications, un jeu de concepts et de catégories pour maîtriser les problèmes des télécommunications, du contrôle et du calcul mécanique. La conceptualisation de l'information, chez Wiener ou Shannon répond sans doute à une attente immense ; l'attente d'un langage qui puisse exprimer les innovations produites par la guerre et lever les inconnues associées au nouveau monde technique.

L'émergence de l'information en 1948 nous conduit vers trois types de problèmes. Nous avons d'abord un problème de généalogie. Le concept d'information de 1948 plonge ses racines dans la théorie des ingénieurs en télécommunications. Mais qu'est-ce qui a bien pu pousser les ingénieurs à considérer l'information comme l'élément de base du processus de communication ? S'il nous apparaît aujourd'hui évident et banal de considérer qu'une conversation téléphonique n'est pas autre chose qu'un échange d'information, tel n'était manifestement pas le cas dans les années 1920 où les lignes sont d'abord conçues, non comme les vecteurs d'un transport de messages, mais comme le lieu de la transmission d'un courant électrique. Qu'est-ce qui a donc rendu possible une telle mutation du regard, au sein du système technique américain ?

Mais, si nous parvenons à saisir ce qui a rendu l'information possible, reste à comprendre ce que l'information rend, à son tour, possible. Comment l'information impose-t-elle au moment de la guerre une unification du milieu technique ? Il s'agit de rendre compte de la façon dont un premier système des technologies de l'information a pu prendre corps à l'issue de la seconde guerre mondiale, système dont la cybernétique a constitué le discours d'accompagnement privilégié. À la question généalogique – qu'est-ce qui rend l'information possible ? – succède donc une question technologique – comment se constitue un système technique, qui se pense comme tel, sous un certain régime d'unité ?

Enfin, l'examen de la constitution de l'information, dans ses conditions de possibilité et ses enjeux, impose d'ouvrir, en dernier ressort, la boîte noire et de comprendre de quoi il retourne exactement avec la notion de 1948, au niveau de sa conception mathématique. Que désigne l'information en 1948 ? Qu'est-ce que l'on mesure exactement avec la formule de la quantité d'information ? À quoi cette mesure sert-elle en pratique ? Question épistémologique.

Quand le medium n'est plus le message

L'article de Shannon et le *Cybernetics* de Wiener sont le résultat d'une longue évolution qui a vu l'information être progressivement constituée en un objet de théorie. Cette évolution culmine à l'époque de la guerre, mais ses racines plongent dans l'histoire du système technique américain. Le milieu des télécommunications voit apparaître, à la fin des années 1920, une première vague de questions qui ne portent plus sur le transfert d'énergie dans les lignes, mais sur la forme des messages, les limites théoriques des procédés jusqu'ici empiriques de modulation, ou encore les propriétés des dispositifs de contrôle par feedback. Dans une formule célèbre, le théoricien des médias, Marshall MacLuhan, a affirmé que « le medium est le message », signifiant par là que le message véhiculé par un système technique importe moins que la configuration du medium lui-même[1]. Un medium comme la télévision transforme la vie des hommes bien au-delà des messages qu'il peut véhiculer. Mais si l'on veut caractériser la façon dont la notion d'information a pu apparaître et être conceptualisée dans le champ de la théorie des télécommunications, il faut prendre à rebours la formule de MacLuhan, et dire qu'il y a eu de l'information à partir du moment où le message a pu être abstrait du medium. L'information apparaît, en théorie des télécommunications, en théorie du contrôle, en théorie de la prédiction, en théorie du calcul, lorsque les propriétés électriques ou mécaniques des appareils cèdent le pas devant cette nouvelle monnaie d'échange universelle pour ingénieurs qu'est le message. On s'intéressera alors aux propriétés spécifiques de la mise en forme des signaux, de l'encodage des données, de l'échantillonnage ou de la digitalisation des quantités continues, du contrôle au moyen de feedbacks négatifs...

L'information apparaît comme une pièce dans ce montage de contraintes hétérogènes, théoriques, techniques, géographiques ou économiques, qui définit le système américain des télécommunications dans l'entre-deux-guerres. En 1935, le directeur des laboratoires Bell, Frank Jewett, plaide devant la National Academy of Sciences en faveur de la thèse, intrinsèquement technique et politique, de l'unité essentielle de tous les signaux.

> « Nous sommes contraints de penser, et ce qui est pire, d'agir en termes de télégraphie, de téléphonie, de diffusion radio, de téléphotographie, ou de télévision, comme s'il s'agissait de choses séparées. Elles ne sont pourtant que les parties différentes d'une même science appliquée. En tout et pour tout, elles dépendent, pour leur fonctionnement et leur utilité, de la transmission à distance d'une forme d'énergie électrique qui, au moyen d'une

1. « Le " message " d'un médium ou d'une technologie, c'est le changement d'échelle, de rythme ou de modèles qu'il provoque dans les affaires humaines. » Marshall MacLuhan, *Understanding Media* (trad. fr. J. Paré, *Pour comprendre les media, Les prolongements technologiques de l'homme*, Paris, Seuil, 1998 [1964], pp. 26-27).

manipulation adéquate, rend possible un transfert quasiment instantané d'information. »[1]

Qu'est-ce que l'information ? C'est ce terme commun à tous les systèmes de communication dont AT&T devrait naturellement pouvoir faire commerce si des régulations antitrust arbitraires ne maintenaient, selon Jewett, le cloisonnement entre les différents médias. La nature parle : il n'y a qu'une seule et même réalité de l'information, quel qu'en soit le véhicule. Mais le gouvernement fait la sourde oreille et maintient une artificielle distinction entre moyens de communication. Ah, si seulement AT&T pouvait convertir son monopole naturel dans le domaine de la téléphonie en un contrôle total des moyens d'information ! La série des conditions hétérogènes qui président à la conceptualisation de l'information transparaît dans les formules de Jewett. L'idée qu'il n'y a qu'un signal et qu'une seule opération fondamentale de transfert de l'information, encore dénommée *intelligence* selon l'usage des années 1930, nous renvoie tout à la fois à la culture d'ingénieur spécifique des Bell Labs, aux ambitions économiques d'AT&T et aux contraintes techniques qui en découlent.

Dans *Les Fous voyageurs*, Ian Hacking a proposé la métaphore de la « niche écologique » pour rendre compte de l'émergence de nouvelles formes de discours, entendues à la manière de Foucault, comme des ensembles à la fois théoriques et pratiques. Une « niche écologique » se caractérise chez Hacking par un ensemble de « vecteurs » polarisés. Hacking montre de façon convaincante que lorsque ces « vecteurs » sont présents, la niche écologique prend forme, rendant possibles, dans le cas étudié, des diagnostics de fugue ambulatoire, et que, lorsqu'ils sont absents, comme aux États-Unis, la maladie « ne prend pas ». Il semble que ce modèle d'analyse puisse s'appliquer avec bonheur au cas de l'information dans les années de l'entre-deux-guerres, pour lequel les conditions discursives, théoriques, pratiques, techniques, géographiques et économiques sont profondément imbriquées en un ensemble hétérogène. Le modèle de Hacking a l'intérêt de souligner la spécificité des contextes locaux.

Aux États-Unis, pour des raisons économiques, la clé du développement du système Bell réside, dès la fin du XIXe siècle, dans la mise au point de communications à longue distance. Le brevet originel de Bell sur le téléphone expire en 1893. Au tournant du siècle, la compagnie qu'il a fondée se retrouve en concurrence avec pas moins de 6 000 compagnies locales aux États-Unis. Le seul moyen de s'extraire de cette situation de concurrence acharnée consiste à essayer de sortir par le haut, par l'innovation technologique, en sautant par-dessus la boucle locale pour ouvrir un nouveau mar-

1. Frank Jewett, « Electrical Communication, Past, Present, and Future », cité par David Mindell, *Between Human and Machine, Feedback, Control, and Computing before Cybernetics*, Baltimore, John Hopkins University Press, 2002, p. 136.

ché des liaisons à grande distance. Mais la liaison à grande distance fait peser des contraintes techniques extraordinaires sur les réseaux existants. Pour surmonter ces difficultés, AT&T doit conclure une sorte de pacte stratégique avec la recherche fondamentale, dont l'institution des Bell Labs en 1925 est la meilleure illustration. À la grande époque, les Bell Labs emploient plus de 2 000 ingénieurs et scientifiques sur des champs de recherches extrêmement diversifiés. La notion d'information émerge au sein de ce jeu de contraintes.

Comme le suggère la métaphore de Hacking, la comparaison avec les autres contextes locaux est instructive. Jérôme Segal, qui a étudié le cas de la recherche en Allemagne, avec les travaux de Karl Küpfmüller en particulier, a noté combien la situation du pays rendait moins pressante la constitution d'une théorie de l'information[1]. Les cultures d'ingénieurs, le rapport à la science fondamentale, le financement de la construction du réseau téléphonique, les facteurs géographiques ne sont pas les mêmes. La métaphore de Hacking nous invite ainsi à dire que les conditions « écologiques » d'un discours de l'information n'étaient pas remplies dans l'Allemagne, ou plus généralement dans l'Europe, de l'entre-deux-guerres.

La guerre et les technologies de l'information

Ce premier moment de la constitution de la notion d'information, dans les années de l'entre-deux-guerres aux États-Unis, trouve son point d'achèvement lors des recherches menées pendant la guerre. Les lignes de recherche qui étaient encore dispersées, parfois éclatées entre des cultures d'ingénieurs rivales, se rejoignent alors en un vocabulaire et un jeu de problèmes communs. La seconde guerre mondiale a entraîné un bouleversement majeur de la recherche américaine, non seulement au niveau des structures et du financement, mais aussi au niveau des pratiques. L'ironie de l'histoire veut que le cloisonnement des recherches de guerre, en raison des impératifs du secret, soit allé de pair avec un vaste mouvement d'interdisciplinarité, lors duquel certaines disciplines ont pu être mises à profit pour résoudre des problèmes posés par d'autres. On a ainsi vu des mathématiciens appliqués, comme Wiener ou Von Neumann, s'attacher à des problèmes d'ingénieurs, conduite de tir pour le premier, calcul électronique pour le second, mais aussi des psychologues ou des sociologues être mis à contribution pour évaluer, par exemple, le rendement des interactions homme-machine impliquées par les situations de combat. Dans ce vaste mouvement, la notion d'information a pu s'imposer comme une notion transversale, à même de jeter des ponts entre des disciplines éloignées et de

1. Jérôme Segal, *Le Zéro et le Un, Histoire de la notion scientifique d'information au 20e siècle*, Paris, Syllepse, 2003, p. 46.

fournir un vocabulaire commun pour traiter de problèmes encore considérés comme essentiellement disparates quelques années plus tôt. La théorie de la communication de Shannon ou la cybernétique de Wiener sont de vraies enfants de la guerre. Mais elles n'ont pu prospérer et réussir dans leur entreprise d'unification que dans la mesure où le terrain avait été grandement préparé par les recherches de l'entre-deux-guerres. Les deux grandes innovations de la cybernétique, l'idée de message et l'idée de feedback négatif, sont deux produits de la recherche des laboratoires Bell à la fin des années 1920. Simplement, personne n'avait jamais songé à considérer les dispositifs feedback comme constituant essentiellement des dispositifs de traitement de l'information.

David Mindell a insisté sur l'importance des recherches de l'entre-deux-guerres, qui ont été complaisamment occultées par Wiener ; ce dernier préférant faire comme si la cybernétique découlait de développements nobles en physique, en particulier en mécanique statistique, si ce n'est du legs de Leibniz, plutôt que de reconnaître sa dette vis-à-vis des travaux d'ingénieurs. Pour autant, Mindell reconnaît aussi que la guerre fournit l'impulsion qui a permis aux différentes strates dispersées du discours de l'information de former un ensemble uni.

> « En dépit de l'éclosion des théories de l'information et de l'appel de Frank Jewett en faveur de l'unification des communications, comme “ de simples variantes d'un phénomène physique commun ”, les ingénieurs des Bell Labs ont conservé leurs idées au sein des réseaux existants. [...] La prise de conscience que le feedback agit de manière similaire en une multiplicité de processus ne s'est pas cristallisée avant la seconde guerre mondiale, lorsque les nouvelles institutions ont placé ensemble des ingénieurs avec des backgrounds différents pour construire des systèmes militaires de contrôle. Ce n'est que là que les disciplines développées aux Bell Labs pour traiter des feedback, des fréquences et du bruit ont été appliquées aux systèmes hydrauliques ou mécaniques, comme aux opérateurs humains. »[1]

La seconde guerre mondiale opère donc la synthèse des différentes lignes de recherche qui avaient permis avant-guerre de dessiner les contours d'une science de l'information. Une fois les disciplines unifiées, le message et le feedback dégagés comme des termes universels, le nouveau discours du traitement de l'information a pu servir à coloniser de nouveaux territoires, ceux de la physique, de la biologie ou des sciences humaines.

Code ou bien signal

Chez Shannon, comme chez Wiener, la conceptualisation de l'information est marquée par quelques éléments caractéristiques, qui faisaient

1. David Mindell, *Between Human and Machine*, *op. cit.*, p. 136.

encore défaut aux disciplines de l'avant-guerre. Tout d'abord, Shannon comme Wiener construisent le concept d'information comme une notion essentiellement statistique, reléguant les définitions proposées avant-guerre au statut de cas particuliers. Cette nouvelle théorie statistique de l'information autorise en effet une indépendance par rapport aux référents techniques qui n'était pas atteinte dans les années 1920-1930. Le recours au formalisme probabilitaire permet ensuite d'intégrer la question du bruit de ligne directement au sein de la théorie. Enfin, avec la guerre, le destin de l'information commence à se lier aux techniques numériques. En particulier chez Shannon, la représentation de l'information, au moyen de symboles discrets, supplante la représentation analogique, par une quantité continue. Le recours à la représentation digitale autorise la constitution d'une authentique théorie du code, chez Shannon. Celle-ci renforce l'écart entre l'information et son support, elle désarticule la vieille alliance entre le message et le medium, pour faire entrer l'information dans un univers de signes purs. Cette tendance sera encore accentuée avec la victoire du paradigme digital en informatique, qui déclasse progressivement les vieux calculateurs analogiques.

Pour autant, un certain nombre de difficultés ou de tensions subsistent dans la représentation de l'information. Le travail de Wiener, en particulier, obéit à une logique qui est sans doute un peu différente de celle de Shannon. Les référents techniques ne sont pas les mêmes : techniques de transmission digitales issues de la cryptographie pour Shannon, dispositifs analogiques de commande et de prédiction chez Wiener. Shannon fait une théorie du code, là où la théorie découle chez Wiener d'une théorie des filtres, de la prédiction et du contrôle. Les formules de Wiener et Shannon ont beau être équivalentes du point de vue mathématique, leurs interprétations ne le sont pas, au regard des représentations associées à l'information. Certes, le partage entre le signal et le code peut aisément être surmonté du point de vue technique. Un des premiers résultats de la théorie des télécommunications montre en effet comment représenter des quantités continues par des symboles discrets, convertir de l'information analogique en information digitale, et vice versa. Pour les techniques, le monde du code et le monde du signal s'échangent. Reste que la conception de l'information qui émerge du milieu technique n'est jamais totalement unifiée. Chez Wiener, l'information sera toujours regardée à la manière d'un signal comme l'expression d'un certain ordre matériel, alors que chez Shannon, l'information participe de l'ontologie fantomatique du signe.

Le système technique lui-même engage ainsi différentes représentations de ce qui a été constitué comme information. Les mouvements d'idées ou les déplacements des pratiques, dont l'information est issue, n'ont pas produit un ensemble conceptuel parfait, lisse et sans coutures, mais une sorte d'assemblage, souvent génial et fécond, mais aussi bricolé en d'autres endroits. La cybernétique, en particulier, s'est installée et a proliféré sur ces lignes de fractures de l'information.

2
PREMIERS RÉSEAUX

Aux États-Unis, le premier système de télégraphe électrique est développé et breveté par Samuel Morse en 1837. La première ligne entre Baltimore et Washington entre en service en 1844. Le premier câble transatlantique efficient est mis en place en 1866. L'invention du téléphone est brevetée en 1876 par Alexander Graham Bell. Le premier échange téléphonique au moyen du système Bell a lieu en 1878. La première ligne à « longue distance » est installée entre Boston et Salem en 1881. Le réseau s'étend alors rapidement à partir de la côte est des États-Unis, à la fin du XIXe siècle.

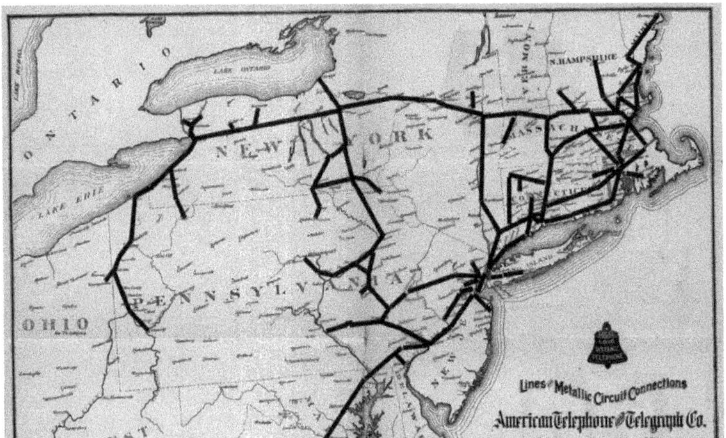

Fig. 1 – Le réseau téléphonique d'AT&T au 1er mars 1891. American Telephone and Telegraph Company, « Lines and Metallic Circuit Connections », 18 Cortlandt St., New York, 1er mars 1891.

Ces premiers réseaux partagent une propriété technique fondamentale : il s'agit de réseaux passifs. Autrement dit, une fois le signal envoyé, celui-ci n'est plus modifié, du moins de façon volontaire ; en particulier, il n'est pas amplifié. Dans le système du télégraphe Morse, par exemple, le message est codé lettre par lettre, au moyen de suites de points et de traits, représentées par des valeurs de courant. Un point correspond à une impulsion brève, un trait à une impulsion longue. L'émetteur fonctionne ainsi comme un simple interrupteur relié à une batterie. Le récepteur, de facture plus complexe, consiste en un électroaimant, relié directement à la ligne, qui actionne un crayon chargé d'inscrire les valeurs de code reçues sur une bande de papier.

Les premiers systèmes de téléphone sont construits sur un principe similaire. L'onde sonore créée par la voix produit une onde électrique qui est transmise sur la ligne. Le son produit par la voix fait vibrer un diaphragme, la vibration du diaphragme modifie la position d'une tige de métal couplée à un aimant, ces modifications affectent la valeur du champ magnétique associé à une bobine ; ce qui produit un courant électrique. Pour la réception, le dispositif est inversé : le courant reçu modifie l'attraction de la barre métallique par l'aimant, ce qui a pour effet de faire vibrer le diaphragme, qui reproduit ainsi une onde sonore. Le système repose donc sur la conversion analogique de l'onde sonore en onde électrique et vice versa.

Dans les débuts de la téléphonie, l'onde électrique apparaît ainsi moins comme une représentation de l'onde sonore, que comme son produit ou sa suite naturelle. Le message se confond ici totalement avec le medium. Le message, l'onde sonore, n'est pas d'une autre nature que le medium, l'onde électrique. Le medium est le message, poursuivi par d'autres moyens.

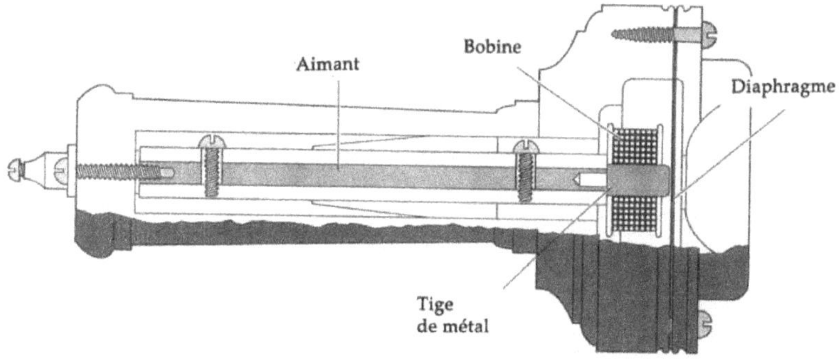

Fig. 2 – Le premier émetteur-récepteur de Bell, avec ses principaux éléments. Reproduit à partir de John Pierce and Michael Noll, Signals, *The Science of Telecommunications*, New York, Scientific American Library, 1990, p. 20.

Le dispositif de Bell présente cependant une énorme faiblesse au niveau de l'émission. En effet, la pression de l'onde sonore n'est pas très importante. De plus, l'amplitude de l'onde électrique, générée par l'onde sonore, est encore affaiblie par le dispositif. Ainsi, le signal se trouve tellement atténué à la réception que l'émetteur est souvent obligé de parler très fort ou de crier pour se faire entendre. En 1886, Thomas Edison fait breveter un microphone carbone qui améliore considérablement le principe de l'émetteur de Bell, et sur lequel pourra reposer toute l'extension du réseau. Dans le microphone carbone, l'onde sonore est utilisée non plus pour générer directement l'onde électrique, mais pour moduler et contrôler un courant électrique produit de manière indépendante par une batterie. La pression sur le diaphragme modifie la pression de grains de carbone comprimés entre deux électrodes, ce qui augmente ou bien diminue la résistance offerte par le carbone. Si l'on applique un courant constant entre les deux électrodes, les variations de résistance des grains de carbone, qui sont proportionnelles aux variations de la pression sonore, produisent une variation du courant électrique entre les électrodes, correspondant à la pression exercée sur le diaphragme. L'intérêt du microphone carbone est de produire un signal fort à un coût très faible. La puissance du signal n'est plus seulement fonction de la puissance de l'émission vocale.

Dans ce premier réseau, l'onde électrique apparaît ainsi comme la suite directe, le produit naturel, de l'onde sonore. Elle ne transporte pas l'onde sonore ; elle est l'onde sonore, simplement modifiée et transcrite sous une autre forme. De plus, une fois l'onde produite par l'émetteur, celle-ci n'est plus amplifiée ou modifiée par le réseau, qui demeure totalement passif. Les premières techniques du téléphone et du télégraphe reposent ainsi sur une confusion de fait entre le medium, l'onde électrique, et le message, l'onde sonore. Il s'agit au fond de la même onde sous différentes formes et il n'y a pas de place pour un quelconque traitement du signal, hors de la conversion analogique réciproque de l'onde sonore et de l'onde électrique, lors des phases d'émission et de réception. L'émergence d'une problématique du signal est une des réponses possibles aux différents problèmes qui seront posés par ces premiers réseaux.

Vaincre les distances

Le principal problème sur ces réseaux passifs tient au phénomène d'atténuation. Non seulement le signal peut apparaître affaibli à la réception, mais il peut aussi être déformé au point d'être rendu méconnaissable. En télégraphie, par exemple, si l'on transmet une forme de signal bien déterminée et facile à « lire », comme une onde rectangulaire, on peut se retrouver à l'arrivée avec un signal « arrondi », qui ne permet plus de distinguer un point d'un trait ou une absence de courant (espace) de la transmission d'un symbole (point ou trait).

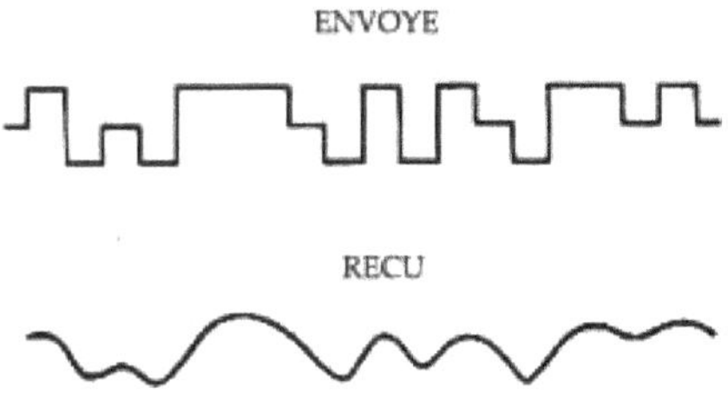

Fig. 3 – Le phénomène d'atténuation. La transmission d'une onde rectangulaire produit à l'arrivée une onde déformée et « arrondie » qui peut empêcher de distinguer entre les différentes valeurs de courants transmises à l'origine. Reproduit à partir de John Pierce, Symbols, Signals and Noise : *The Nature and Process of Communication*, New York, Harper & Brothers, 1961, p. 26.

Si le réseau est passif, le signal, une fois sur la ligne, n'est plus amplifié et, en fonction de la résistance de la ligne, il s'atténue. Plus la longueur de la ligne est importante, plus la résistance augmente. Les réseaux passifs du télégraphe et du téléphone ne sont donc pas bien armés pour affronter la transmission sur de longues distances.

Le problème apparaît très tôt. En 1844, Morse reçoit du Congrès américain le contrat pour construire une ligne télégraphique entre Washington et Baltimore. Les premières tentatives avec des lignes enterrées, procédé qui augmente la résistance, sont un échec complet : le signal reçu est tellement déformé qu'il est inexploitable. Les premières expériences de téléphonie révèlent des difficultés similaires : le message reçu est souvent difficile à comprendre, non seulement parce que le signal n'est pas assez amplifié et la puissance transmise trop faible, mais aussi parce que certaines fréquences importantes sont tout simplement éliminées par le microphone ou la ligne. En télégraphie, comme en téléphonie, on est alors obligé pour réduire le phénomène d'atténuation de placer les lignes en environnement ouvert, sur des poteaux, d'employer des câbles plus fins, qui diminuent la résistance, mais qui sont aussi plus chers et plus fragiles. Cette fragilité intrinsèque est encore renforcée par l'absence de technique de multiplexage ou de modulation. Autrement dit, ne transite par les lignes qu'un seul signal à la fois. Une ligne égale un signal. Le paysage urbain des États-Unis se couvre ainsi d'une multitude de lignes suspendues, extrêmement vulnérables aux aléas climatiques, comme la neige ou les tempêtes, qui sont relativement fréquentes sur la côte est.

Fig. 4 – Une rue à New York à la fin du XIXe siècle. Reproduit à partir de John Pierce and Michael Noll, *Signals, The Science of Telecommunications*, *op. cit.*, p. 86.

Le système atteint ainsi au début du XXe siècle ses limites, en termes d'extension géographique et d'économie. Les transmissions à grande distance sont impraticables, les réseaux locaux sont saturés, et chaque ouverture de ligne entraîne des coûts importants. En 1911, la ligne entre New York et Denver est achevée, qui couvre plus de 3 000 km. Mais l'atténuation et la distorsion sont telles que le signal est à peine audible. Pourtant, depuis 1909, la compagnie de Bell s'est engagée dans le projet de construction d'une ligne transcontinentale, en étendant la ligne de Denver vers la Californie. La solution au problème des grandes distances passe par une refonte totale de la théorie, et l'abandon du modèle à courant direct hérité de la télégraphie. Trois grandes directions de recherches sont mises en œuvre, destinées à dénouer le jeu de contraintes économiques, géographiques, techniques qui pèsent sur le premier réseau.

Amplification, modulation, codage

Premièrement, on peut chercher à contourner les limitations, liées notamment à la distance, en augmentant la puissance transmise. C'était déjà la voie choisie par Edison avec son microphone carbone. L'amplification, augmentation de puissance, permet de lutter contre la dégradation du signal et d'améliorer le rapport signal/bruit. Le procédé met cependant les composants employés à rude épreuve et génère d'énormes problèmes de fiabilité. Faire passer un large courant dans les câbles abîme les isolants et entraîne des courts-circuits. On explique aujourd'hui par ce phénomène l'échec du premier câble transatlantique en 1858. Ce dernier n'aura pas fonctionné plus d'une semaine, qui plus est avec une qualité de transmission décevante. L'expérience porte un coup d'arrêt à la pose de câbles sous-marins pour quasiment une décennie.

Un autre type de solution, plus raffiné, est envisageable qui consiste cette fois-ci à répéter ou amplifier le signal de manière régulière tout au long de la ligne, pour éviter les phénomènes d'atténuation. Pour vaincre la distance, il faut des amplificateurs ou des répéteurs, c'est-à-dire des appareils actifs, qui puissent renouveler périodiquement le signal. On dispose au début du siècle de répéteurs mécaniques. Mais la distorsion introduite par l'inertie de leurs composants les rend pratiquement inutilisables. En 1911, General Electric met en place une équipe de recherche spéciale, chargée de mettre au point des répéteurs électriques fiables pour la ligne transcontinentale. L'opération est un succès et AT&T peut inaugurer en fanfare la première ligne transcontinentale, en 1915, lors de l'exposition panaméricaine. La mise au point et la formalisation des procédés de feedback négatif dans leur forme moderne résulte de cette première ligne de recherche, cruciale pour la survie du Bell System.

Mais la résolution des contradictions du système de la téléphonie peut passer par une deuxième voie : la mise en forme des signaux. À la fin du XIXe siècle, Oliver Heaviside commence à considérer les signaux de téléphone comme des ondes voyageant le long de la ligne, et non plus en fonction de leurs propriétés électriques. Il inaugure l'analyse fréquentielle des signaux. Heaviside observe notamment que pour certaines fréquences, en fonction de la distance de la ligne, l'atténuation est considérablement réduite. Il introduit plusieurs techniques de calcul qui, combinées aux résultats de Joseph Fourier, permettent de manipuler sur le papier les signaux et d'améliorer la compréhension de leur comportement sur les lignes. Dans son travail sur la propagation de la chaleur, Fourier a démontré que n'importe quelle variation périodique d'une quantité continue dans le temps peut être représentée par une composition d'ondes sinusoïdales, c'est-à-dire une variation de type simple dans le temps. Fourier montre que n'importe quelle variation temporelle peut être représentée par la somme de variations sinusoïdales d'amplitudes, de phases et de fréquences distinctes.

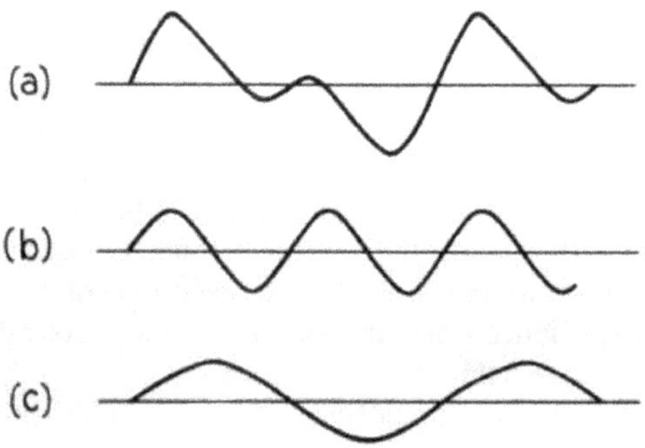

Fig. 5 – Le schéma illustre le résultat de Fourier pour un cas simple. La courbe (a) peut être représentée par la somme des deux fonctions sinusoïdales (b) et (c). Reproduit à partir de John Pierce, *Symbols, Signals and Noise : The Nature and Process of Communication*, *op. cit.*, p. 32.

Les premières mathématiques appliquées aux problèmes des télécommunications portent ainsi, au début du XXe siècle, sur la forme des ondes à transmettre. Les ingénieurs réfléchissent aux améliorations à introduire dans la forme des signaux pour que ceux-ci passent dans les circuits avec le moins de déformation possible ou, sinon, avec les déformations les plus prévisibles possibles. L'enjeu consiste à obtenir les meilleures formes d'ondes pour « résister » au bruit et à l'atténuation.

Ces techniques mathématiques ouvrent la possibilité d'un nouveau genre de manipulation des signaux : au lieu d'étudier le signal comme un courant électrique voyageant sur la ligne, on l'étudie comme une onde dont on s'attache aux propriétés caractéristiques. Ce changement de regard sur l'objet des opérations de télécommunications autorise en retour le développement de nouvelles techniques, comme la modulation et le multiplexage, qui reposent sur un traitement avancé du signal, inimaginable auparavant. La modulation permet de modifier à volonté le signal à transmettre, en amplitude, en fréquence, voire en phase. Le multiplexage permet de transmettre en même temps et sur la même ligne plusieurs signaux modulés, répartis en différentes bandes de fréquences. Modulation et multiplexage permettent ainsi d'augmenter considérablement la rentabilité des lignes, en transmettant plusieurs messages à la fois. Ces techniques amènent à considérer comme une réalité spécifique le signal, le message plutôt que le medium ; une réalité sur laquelle nous pouvons désormais avoir prise. La constitution de l'information dans le cadre de la théorie des transmissions n'est pas une pure affaire de représentation. Certes, nous pouvons voir de l'information, des signaux, là où les ingénieurs des premiers réseaux passifs ne voyaient qu'une transmission de puissance ou un courant électrique. Mais cette vision nouvelle est corrélative d'une gamme de pratiques et de techniques qui font de l'information un objet sur lequel nous pouvons agir.

Enfin, l'amélioration des conditions de transmission ouvre la possibilité d'une troisième voie de recherche visant à améliorer l'efficacité des lignes, qui ne porte plus sur les propriétés énergétiques du medium, ou sur les propriétés formelles des signaux, mais sur les possibilités d'encodage des messages. La question du codage des messages se pose dès le tout début des télécommunications, avec la télégraphie. Comment coder les messages de la manière la plus efficace possible de façon à augmenter la vitesse de transmission ? Morse et Vail, notamment, se rendent compte que pour augmenter l'efficacité de la transmission, il faut attribuer dans le code aux lettres les plus fréquemment utilisées les séquences les plus courtes de symboles. La lettre E est représentée par le code le plus simple possible, c'est-à-dire un point, alors que Y est représentée par un trait, un point et deux traits, dans la version dite « continentale » du code. Transmettre un Y prend donc dix fois plus de temps que de transmettre un E en télégraphie. Avec un code bien choisi, on peut donc augmenter substantiellement la vitesse de transmission.

Dans le même ordre d'idées, on cherche aussi à augmenter le nombre de valeurs de courant, afin d'augmenter la vitesse de transmission du télégraphe. Le télégraphe à un courant est ainsi supplanté par le télégraphe à deux courants. Dans le système classique à un courant, un trait représente trois fois la durée d'un point. Avec le télégraphe à double courant, il suffit de transmettre un courant négatif de la même durée qu'un point pour représenter un trait. En double courant, la transmission d'un trait va donc trois fois plus vite qu'en simple courant. Dans le télégraphe à simple courant nous n'avons que deux valeurs de courant disponibles pour coder notre message : un courant ou une absence de courant, une impulsion brève ou une impulsion longue, 1 ou 0. Dans le télégraphe à double courant nous avons trois valeurs disponibles (-1, 0 et +1). En 1874, Edison invente le télégraphe à quatre courants qui utilise à la fois les deux directions du courant et deux intensités distinctes. On passe alors de 3 valeurs à 4 valeurs (-3, -1, +1, +3). Le principe repose, comme en multiplexage, sur la composition de deux messages indépendants en un message unique qui est transmis en une fois. L'usage des quatre courants permet ainsi d'envoyer un message deux fois plus vite que dans le télégraphe à deux courants. En somme, on envoie deux messages pour le prix d'un.

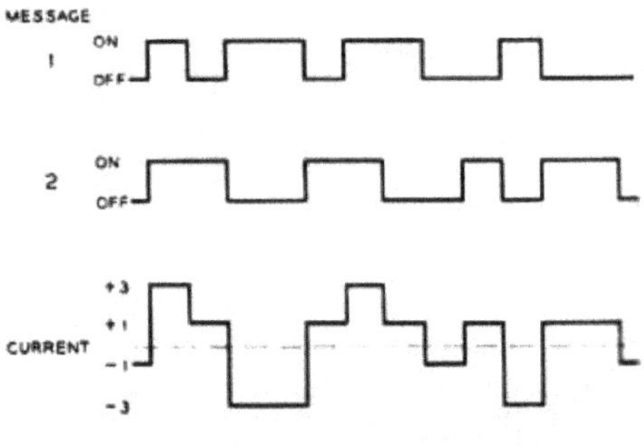

Fig. 6 – Le principe du télégraphe à quatre courants. Les messages indépendants formés de deux valeurs de courants peuvent être fondus en un seul signal formé de quatre valeurs. La valeur +3 représente ainsi le cas où les deux messages originels présentent chacun une valeur positive (on). +1 représente une valeur négative (off) pour le premier message, positive pour le second… Reproduit à partir de John Pierce, *Symbols, Signals and Noise : The Nature and Process of Communication*, *op. cit.*, p. 28.

Au cours des années 1920, commence ainsi à émerger un ensemble de questions qui portent sur la vitesse de transmission des lignes en fonction du nombre de valeurs de courants disponibles et des possibilités d'encodage. Chaque ligne apparaît caractérisée par une vitesse limite de transmission, au-delà de laquelle les symboles ne sont plus utilisables. L'enjeu des télécommunications consiste à obtenir la meilleure vitesse de transmission possible du signal, tout en en maintenant la qualité et en assurant les conditions de la réception. Or, comme le montre le télégraphe à deux ou à quatre courants, la vitesse de transmission ne dépend pas seulement de la vitesse à laquelle les différents symboles peuvent être envoyés, mais aussi du nombre de symboles ou de valeurs de courant différentes qui peuvent être employées pour coder le message. Les premiers calculs de la quantité d'information émergent au sein de cette gamme de problèmes.

L'ensemble de ces trois champs de recherche forme l'ossature de la future cybernétique. La quête d'un amplificateur fidèle et stable conduit à la notion de feedback négatif. Les problèmes associés au traitement du signal et au codage mènent à la théorie de l'information. On pourrait ajouter que le développement du réseau entraîne une réflexion sur l'automatisation des connexions entre les lignes et sur les interactions homme-machine.

La théorie de l'information apparaît liée, plus particulièrement, à ces deux champs de recherche que sont la mise en forme des signaux et le design des codes. La conceptualisation de l'information en théorie des télécommunications résulte ainsi de la question suivante : comment augmenter la vitesse de transmission, étant donné les contraintes liées à la physique des lignes ? En bref, on dispose, pour augmenter le rendement des lignes, d'une solution naturelle : augmenter le nombre de symboles ou de signaux transmis en même temps. Mais cette « solution » rend la transmission des messages extrêmement vulnérable au bruit de ligne ou aux interférences intersymboliques. Augmenter le nombre de signaux suppose donc d'augmenter la puissance transmise. Mais l'augmentation de la puissance transmise pose des problèmes drastiques de fiabilité des composants. Reste donc, outre les types de codage possibles, à s'interroger sur les meilleures formes d'onde pour véhiculer le message. À côté des questions portant directement sur les attributs physiques et énergétiques des lignes, émerge ainsi une autre gamme de questions qui portent sur cette nouvelle dimension des techniques de télécommunication qu'est l'information.

Mesurer l'information

En 1948, au tout début de son article, Shannon mentionne deux travaux de la fin des années 1920, où, nous dit-il, nous trouvons les fondements d'une théorie de la communication. Ces deux articles, écrits respectivement par Harry Nyquist et Ralf Hartley et publiés tous deux dans le *Bell System Technical Journal*, proposent en effet les premières définitions de la quantité d'information. Shannon présente son propre travail comme une extension de ces premiers résultats, de façon à intégrer des facteurs comme le bruit de ligne ou les possibilités de codage.

La première approche quantitative de l'information, dans le champ des télécommunications, remonte ainsi à l'article, publié en avril 1924, par Harry Nyquist. Nyquist est un ingénieur d'origine suédoise, qui est rentré chez AT&T en 1917, après un PhD en physique à Yale. Son propre parcours est typique de l'alliance entre disciplines de l'ingénieur et recherche fondamentale, qui caractérise le Bell System. L'article s'intitule « Certain Factors Affecting Telegraph Speed ».

Nyquist explique que deux facteurs déterminent « la vitesse maximale de transmission de l'information (*intelligence*) » en télégraphie : « le choix des codes et la mise en forme du signal »[1]. L'originalité de l'article de Nyquist consiste à aborder la question de la limite de la vitesse de transmission en termes d'information (encore nommée *intelligence*), et non plus comme un simple problème d'énergie. À la fin de l'article, Nyquist distingue d'ailleurs entre les exigences opposées de la transmission de puissance (fiabilité) et

1. Harry Nyquist, « Certain Factors affecting Telegraph Speed », *Bell System Technical Journal*, 3, avril 1924, p. 324.

de la transmission d'information (versatilité). Le résultat majeur de l'article, qui préfigure la théorie de l'information, se situe du côté du code. Nyquist définit « la vitesse de transmission de l'information ». Cette définition explicite la relation qui existe entre la vitesse d'un télégraphe et le nombre de valeurs de courant disponibles pour représenter un message. Pour augmenter la vitesse d'une ligne on peut soit augmenter directement la vitesse d'émission des signaux, soit augmenter, indirectement, le nombre de signaux transmis simultanément. Les procédés de multiplexage reposent sur ce dernier principe. Nyquist avance la formule suivante : la vitesse de transmission de l'information (W) est

$$W = K \log_2 m$$

où m représente le nombre de valeurs de courant disponibles et où K est une constante qui dépend du rythme de transmission de la ligne (en nombre de valeurs de courants qui peuvent être envoyées par seconde)[1].

Il s'agit d'un résultat élémentaire. Le logarithme permet d'exprimer le rapport entre le nombre de valeurs de courants et le nombre de messages qui peuvent être transmis simultanément. Considérons des messages construits par choix successifs entre deux symboles binaires, par exemple 0 et 1. Envoyer M messages à la fois demande 2^M valeurs de courant. Ainsi, par exemple, si je veux envoyer en même temps sur la ligne les 3 messages suivants : 1000, 0101 et 0111, je transmets d'abord simultanément un 1, un 0 et un 0 (qui sont respectivement les 3 premiers symboles de mes 3 messages), puis les séquences 011, 001, et enfin 011. Or, la transmission de 3 symboles en simultané, (comme dans l'exemple 100 ou 011 ou 001), exige au minimum 2^3, soit 8, valeurs de courant. La valeur 0 représentera par exemple la séquence 000, la valeur 1, la séquence 001, et ainsi de suite. À l'inverse, si je dispose de 2^M valeurs de courant, alors je peux envoyer en une fois $\log_2 2^M = M$ messages indépendants. Avec 2^3 valeurs de courants, j'envoie simultanément 3 choix binaires ou 3 messages construits à partir de ces choix binaires.

La définition de Nyquist permet ainsi de calculer le gain en vitesse de transmission lorsqu'on passe d'un télégraphe à 2 courants (-1, +1) à un télégraphe à 3 courants (-1, 0, +1) ou à 4 courants (-3, -1, +1, +3). La vitesse est augmentée de 60 % lorsqu'on passe à 3 courants, elle est doublée à 4 courants ; elle serait triplée à 8 courants et quadruplée à 16… Néanmoins, nous savons que l'on ne peut augmenter indéfiniment les valeurs de courant du fait de la perte de qualité à la réception à cause de l'atténuation, des interférences intersymboliques et du bruit. Plus on va transmettre de valeurs de

1. J'adopte conformément à la définition standard de l'information un logarithme en base 2 ($\log_2$). Les principales propriétés du logarithme sont $\log_a(xy) = \log_a(x)+\log_a(y)$ et $\log_a(a)=1$. Cette première propriété explique l'adoption du logarithme en théorie de la communication, afin de maintenir l'additivité des éléments d'information. De là on déduit en particulier $\log_a(a^n)=n$. Ainsi, en base 2, la table des logarithmes donne $\log_2(2)=1$, $\log_2(4)=2$, $\log_2(8)=3$, $\log_2(16)=4$, $\log_2(32)=5$…

courant, plus la puissance transmise devra être importante, pour maintenir un ratio signal/bruit acceptable. Le résultat de Nyquist ne prend pas en compte cet aspect, du moins pour ce qui concerne la quantification de l'information. La question du bruit est renvoyée à la question plus traditionnelle de la mise en forme des signaux.

Au moment où écrit Nyquist, il est déjà courant d'envoyer sur les mêmes lignes à la fois des signaux de télégraphe et de téléphone. Ces derniers ont une fréquence beaucoup plus élevée que les signaux de télégraphe. Dans l'article, Nyquist montre que les signaux de télégraphe peuvent être mis en forme de telle sorte que les hautes fréquences sont éliminées, ce qui ôte tout risque d'interférence avec les signaux de téléphone passant sur la même ligne. S'intéressant aux différentes formes que l'on peut donner aux signaux du télégraphe, Nyquist préconise une onde rectangulaire, plutôt qu'une onde sinusoïdale. À cette occasion, il introduit le concept de redondance, notant que certains signaux comportent des fluctuations parfaitement prévisibles qui n'apportent aucune information au destinataire.

L'objet de l'article de Nyquist consiste à établir le rapport entre la bande passante disponible et la vitesse de ligne. On sait que plus on augmente le nombre de valeurs de courants disponibles, plus la vitesse de transmission augmente. Mais quelle est la relation exacte entre le nombre de valeurs de courant et la bande passante pour une transmission en courant continu ? Nyquist définit la vitesse de ligne comme la moitié du nombre de valeurs de courant qui peuvent être envoyées en une seconde. Autrement dit, le ratio 1/2 nous donne une indication sur la façon dont on peut exprimer un signal continu sous forme de valeurs de courant discrètes, et vice versa. Ce résultat constitue une des premières ébauches du principe d'échantillonnage, qui permet de convertir un signal analogique en signal numérique.

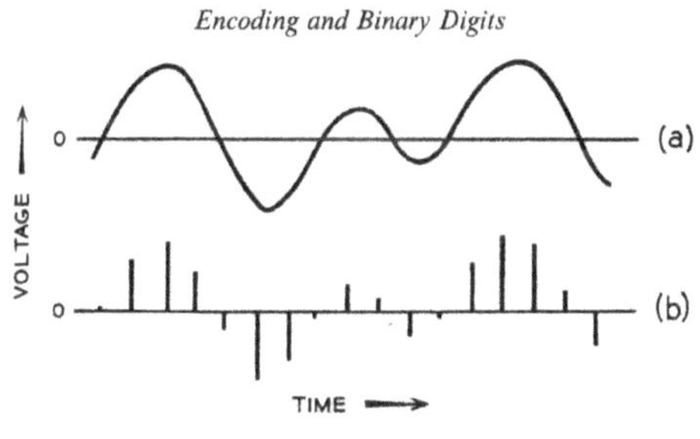

Fig. 7 – Le principe d'échantillonnage. La variation (a) de la quantité continue est représentée par un ensemble de valeurs discrètes (b). Reproduit à partir de John Pierce, Symbols, *Signals and Noise : The Nature and Process of Communication*, *op. cit.*, p. 67.

Pour échantillonner un signal de façon parfaite, il faut prendre des échantillons à une fréquence qui est au moins égale au double de la fréquence maximale contenue dans le signal d'origine. Le ratio proposé par Nyquist est encore utilisé aujourd'hui à la base de tous les procédés d'échantillonnage. Ce résultat, qui est connu comme le théorème de Nyquist-Shannon, n'est pas démontré dans l'article de 1924. Ce n'est qu'en 1928, avec « Certain Topics in Telegraph Transmission Theory », que Nyquist justifie la formule de la vitesse de ligne, en exposant un théorème d'échantillonnage, dont on considère cependant que la démonstration ne sera donnée que par Shannon.

À partir du nombre de valeurs discrètes de courant qu'une ligne peut transporter, on peut désormais connaître sa bande passante. L'article de Nyquist permet alors d'exprimer la relation entre vitesse de ligne, bande passante et nombre de valeurs de courant. La vitesse de ligne apparaît, en définitive, proportionnelle à la bande passante disponible. Cependant, il est rarement possible d'augmenter la bande passante sans contrepartie, si on veut maintenir la qualité du signal. En pratique, l'article suggère que l'on puisse échanger l'augmentation de bande passante contre une diminution corrélative du rythme de transmission sur la ligne, afin de contenir les effets du bruit.

L'article de Nyquist fait ainsi émerger un type de question qui déborde le domaine classique de l'électrotechnique pour interroger les propriétés informationnelles des signaux. Nous avons affaire pour la première fois, chez Nyquist, à une approche des lignes en termes d'information. Les questions portant sur le rythme optimal des transmissions, les possibilités de codage ou les formes d'ondes conduisent à déterminer de manière inédite l'objet même des opérations de télécommunications. Ce n'est plus un train d'impulsions électriques qui voyage sur la ligne, mais un message qui peut être étudié sur un registre théorique spécifique, indifféremment de ses propriétés électriques. Cette innovation conceptuelle radicale, cette manière de constituer comme un objet autre ce que l'on avait toujours regardé comme un transfert électrique autorise un ensemble de techniques inédites pour améliorer la transmission à longue distance des signaux, à un moment où le système Bell en a plus que jamais besoin.

L'article de Nyquist est représentatif du nouveau traitement des lignes de communication en termes de bandes de fréquences plutôt que d'énergie, qui émerge dans les années 1920. Mais comparé aux résultats de Shannon, l'article de 1924 ne fournit qu'un premier pas, extrêmement rudimentaire, en direction du concept d'information. Nombre de concepts qui apparaissent aujourd'hui évidents à l'ingénieur des télécommunications trouvent une première expression timide et souvent incomplète dans l'article de 1924. On trouve, chez Nyquist, l'idée d'une construction des messages à partir d'un choix entre symboles binaires, la mise en relation entre vitesse de ligne et bande passante, une ébauche du principe d'échantillonnage et d'interopérabilité des signaux, ou encore un concept de redondance ; mais le référent technique étroit, la télégraphie à courant continu, empêche sans doute d'aller plus loin. En particulier, la formule de Nyquist ne vaut que pour un choix entre des symboles équiprobables et de durée équivalente. On ne trouve chez Nyquist ni les théorèmes de probabilité fondés sur l'étude de la structure statistique de la source, qui sont l'essentiel du travail de Shannon, ni la prise en compte du bruit de ligne dans la définition de l'information.

« Transmission of Information » de Ralph Hartley introduit en 1928 la première mesure mathématique explicite de la quantité d'information. Hartley est à l'époque le directeur du département « transmission » des Bell Labs. L'article formule une définition de la quantité d'information qui repose sur le principe de la sélection, par l'émetteur du message, d'une suite de symboles. L'opération de communication est conçue comme un processus dans lequel l'émetteur sélectionne parmi un jeu de symboles une séquence qui forme le message. La quantité d'information mesure ainsi la quantité de choix impliquée dans un processus de sélection aléatoire parmi un ensemble de symboles. Plus il y a de symboles possibles, plus il y a de choix et plus il y a d'information.

La quantité d'information (H, pour Hartley) s'exprime alors simplement par la formule :

$$H = n \log_2 s$$

où n représente le nombre de symboles sélectionnés et s le nombre de symboles disponibles. Ainsi, si nous disposons de deux symboles élémentaires (0 et 1) et que nous choisissons de transmettre un message formé à partir d'un seul symbole, la quantité d'information est $\log_2 2 = 1$. L'unité d'information (parfois encore appelée « Hartley », plutôt que bit, dans les années 1950) représente le choix élémentaire entre deux symboles équiprobables et indépendants. Le jet d'une pièce de monnaie équilibrée est un exemple d'une source produisant 1 bit d'information par lancer.

Non seulement la définition de Hartley est encore valide au vu de la théorie actuelle de l'information, mais elle pose le principe de la construction du message par sélection de symboles au niveau de l'émetteur, principe qui gouverne encore la description de la communication dans la théorie de l'information. Hartley applique sa formule pour comparer l'efficience de différents systèmes de codage en télégraphie, en téléphonie, pour la transmission d'images en télévision. L'objectif est de fournir une unité de mesure commune pour les différents systèmes de télécommunication. L'information apparaît comme l'objet universel des transmissions à distance. On voit ainsi émerger chez Hartley le principe d'unité de tous les signaux dont Jewett fera un étendard politique dans les années 1930.

Mais l'article de Hartley, à l'image de celui de Nyquist, demeure limité par son référent technique, le système de télégraphe Baudot. La définition de la quantité d'information repose en effet sur un choix parmi un ensemble de symboles équiprobables, ce qui évite le recours au calcul des probabilités. La problématique du codage optimum des messages n'est encore qu'esquissée, et on ne trouve pas l'idée que la quantité d'information puisse exprimer, connaissant la structure statistique de la source, le nombre minimum de digits binaires requis pour encoder au mieux les messages ; ce qui est la définition de Shannon. À l'évidence, le modèle de la cryptographie a joué un rôle déterminant chez Shannon, pour dépasser le modèle télégraphique de Nyquist et Hartley. Enfin, pas plus chez Hartley que chez Nyquist, on ne trouve de formalisation de la question du bruit, en rapport avec la quantité d'information. Cela n'est guère étonnant dans la mesure où la question du codage et la question du bruit apparaissent liées au traitement statistique des communications chez Shannon. Les éléments fondamentaux de la théorie de l'information échappent encore ainsi à Nyquist et Hartley.

Nyquist ou Hartley augurent une certaine position du problème des communications, fondée sur la partition entre transmission d'énergie et transmission d'information. Au lieu de chercher à augmenter la puissance du signal, on s'intéresse à la mise en forme des signaux et aux différentes formes de codage. Ainsi prend forme, dans le champ des télécommunications, l'objet information : il y a une dimension de l'activité de télécommunication qui n'est pas réductible au simple aspect énergétique de la transmission.

La quête d'un amplificateur fidèle

À côté des questions portant sur la mise en forme des signaux et le codage, il est une autre ligne de recherche qui joue un rôle important pour la conceptualisation de l'information au sein de la cybernétique. En 1927, Harold Black, un jeune ingénieur des Bell Labs, conçoit l'idée d'un amplificateur dont le gain serait contrôlé par feedback. Black invente la forme moderne du circuit de feedback négatif, sans laquelle la cybernétique n'existerait pas. Son idée mettra du temps à s'imposer ; il lui faudra, en particulier, le renfort de Nyquist et Henrik Bode. Il faut attendre sept ans pour que Black publie, en 1934, la théorie de ses amplificateurs à feedback, dans un article intitulé « Stabilized Feedback Amplifiers »[1]. Nyquist en avait déjà

1. Harold Black, « Stabilized Feedback Amplifier », *Bell System Technical Journal*, 13, 1934, pp. 1-18.

discuté l'idée et amélioré le concept, en 1932, avec « Regeneration Theory »[1]. L'exposé canonique de la théorie du feedback se trouve chez Bode, en 1940, dans « Relations between Attenuation and Phase in Feedback Amplifier Design »[2].

L'histoire de l'amplificateur de Black est profondément imbriquée dans la mise en place du Système Bell. En 1913, Harold Arnold met au point, dans les laboratoires d'AT&T, le premier tube à vide, en modifiant la triode de Lee Forest dont la compagnie vient tout juste d'acheter les droits. Le tube à vide est un composant actif qui permet au moyen d'un courant faible de piloter un courant fort.

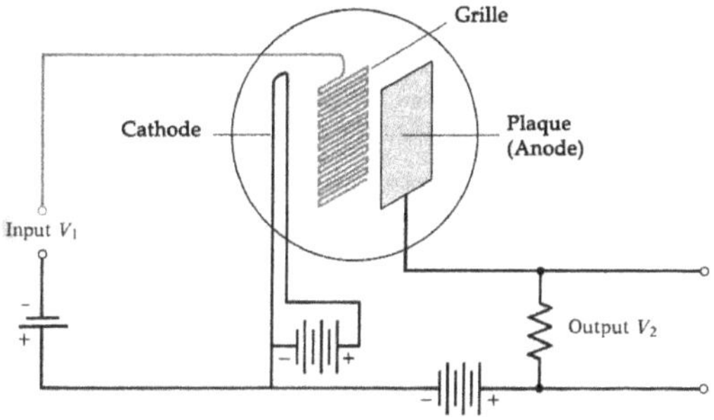

Fig. 8 – Schéma d'un tube à vide ou triode. La cathode émet des électrons, la grille contrôle le flux des électrons attirés par la plaque. Une faible variation de courant sur la grille autorise ou empêche le passage des électrons de la cathode à l'anode. Reproduit à partir de John Pierce and Michael Noll, *Signals, The Science of Telecommunications*, *op. cit.*, p. 143.

Le tube à vide fonctionne comme un amplificateur, capable de régénérer le signal sur une ligne téléphonique. Le succès de la première ligne transcontinentale repose sur l'emploi de ces répéteurs à base de tubes à vide, qui permettent au signal de franchir la distance et de lutter contre l'atténuation. L'utilisation de ces amplificateurs à tube à vide entraîne un changement complet dans la représentation des réseaux. Le réseau n'est plus un simple medium passif, parcouru par une onde électrique dont les propriétés sont fixées une fois pour toutes au moment de l'émission, mais une véritable machine active dont les composants interviennent sur la forme du signal.

Le tube à vide autorise ainsi les premiers succès dans la transmission d'information à l'échelle du continent. En 1915, à l'ouverture de la pre-

1. Harry Nyquist, « Regeneration Theory », *Bell System Technical Journal*, 11, 1932, pp. 126-147.

2. Henrik Bode, « Relations between Attenuation and Phase in Feedback Amplifier Design », *Bell System Technical Journal*, 19, 1940, pp. 421-454.

mière ligne, l'usage des amplificateurs à tube à vide relève encore de l'exploit technique. L'augmentation constante du nombre des abonnés, qui se traduit par la mise en place des techniques de modulation et de multiplexage, augmente considérablement l'exigence de fiabilité des composants. La première ligne transcontinentale comportait moins de 10 répéteurs, une ligne multiplexée en exige pour le même trajet une quarantaine ; un câble transcontinental, regroupant plusieurs lignes, n'en exige pas moins de 200. Il en faut bien plus encore pour une ligne multiplexe câblée. La mise au point d'amplificateurs stables, tout à la fois précis et robustes, devient un des enjeux majeurs de la recherche en télécommunications au tournant des années 1920.

Or, les amplificateurs à tube à vide posent un problème très spécifique : le comportement des tubes à vide n'est absolument pas linéaire. Autrement dit, le signal produit par un amplificateur à tube à vide n'est pas une fonction linéaire du signal d'entrée. Le tube à vide introduit une distorsion dans le signal de sortie. Ces distorsions s'ajoutent. Sur une ligne ne comportant que quelques répéteurs le problème n'est pas très grave, mais sur une ligne qui nécessite une amplification répétée, le signal peut être rendu totalement méconnaissable. Pire, lorsque plusieurs signaux sont modulés sur une même ligne, un amplificateur non linéaire peut générer des interférences entre les différentes bandes de fréquence, ce qui a pour effet de « mélanger » et rendre inintelligibles les conversations transmises.

Black commence ses recherches en essayant de construire, sans succès, des tubes à vide au comportement plus linéaire, avant de changer d'approche et d'aborder le fonctionnement des tubes à vide en termes de signaux. Black s'attache au produit de l'amplificateur qu'il considère comme la somme de deux composants, un composant pur et désiré, le signal, et un composant impur, la distorsion. Il cherche ainsi, au point de départ, à produire un amplificateur capable de générer une distorsion donnée, qui pourrait ensuite être retirée du signal produit. Sur le papier, le principe de Black fonctionne, mais le dispositif est bien trop fragile pour résister aux conditions du terrain, aux aléas climatiques et aux variations du courant. Black prend alors le problème à l'envers et imagine diminuer le gain de l'amplificateur, en soustrayant, grâce à un feedback négatif, une fraction du gain appliqué au signal. Le dispositif de Black permet, en sacrifiant une partie du gain, d'augmenter considérablement la linéarité et donc la fidélité de l'amplificateur. L'idée consiste à faire assurer le gain, non plus par l'amplificateur lui-même, qui fonctionne de manière non linéaire, mais par un dispositif feedback, composé d'éléments passifs (résistances, inductances, condensateurs), qui sont bien plus linéaires et bien plus stables, notamment face aux changements de température.

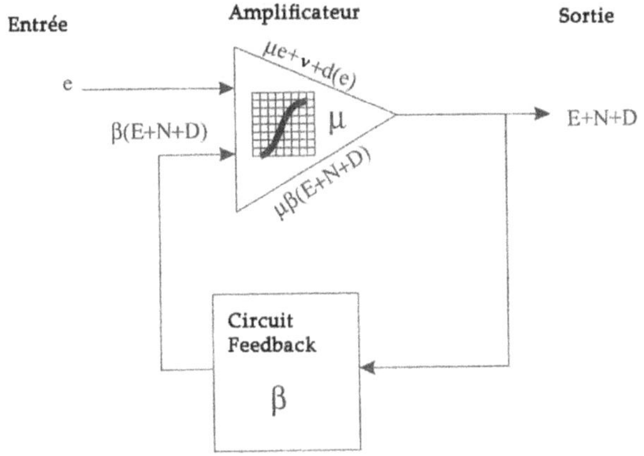

Fig. 9 – Schéma de l'amplificateur à feedback négatif. e représente le signal d'entrée, μ le gain de l'amplificateur, μe le signal de sortie sans feedback, v le bruit sans feedback, d(e) la distorsion sans feedback, β est le gain du circuit feedback, E le signal de sortie avec feedback, N le bruit avec feedback et D la distorsion avec feedback. Black montre que l'on peut rendre le gain indépendant de μ et dépendant de β. Reproduit à partir de David Mindell, *Between Human and Machine, Feedback, Control, and Computing before Cybernetics*, *op. cit.*, p. 119.

L'intérêt du dispositif de Black est donc de produire, au prix d'une réduction du gain, des amplificateurs linéaires. Black montre que l'amplification dépend du circuit feedback qui peut contrôler la quantité de gain ou de distorsion produite par l'amplificateur. Abandonner du gain pour diminuer la distorsion peut sembler une solution tout à fait factice ; mais si l'on place plusieurs amplificateurs de Black en série, le gain se multiplie alors que les distorsions s'additionnent simplement. Le dispositif de Black améliore donc considérablement la fiabilité des répéteurs. Le 29 décembre 1927, Black parvient à faire fonctionner un amplificateur à feedback, dont la distorsion et le gain sont réduits d'un facteur 100 000.

La grande nouveauté de l'invention de Black est de permettre un contrôle complet sur le signal, dont les propriétés énergétiques s'effacent derrière les propriétés informationnelles. Mais le moins que l'on puisse dire est que l'invention n'a guère suscité l'enthousiasme au sein des Bell Labs. Black s'est trouvé confronté à deux types d'objections. Tout d'abord, à quoi bon améliorer la linéarité, si c'est pour diminuer le gain, qui a été si précieusement acquis, depuis l'utilisation d'amplificateurs à tube à vide ? Ensuite, Black prend manifestement à rebours toute la logique des recherches au sein des Bell Labs. Les collègues de Black passent leur temps à essayer de construire des amplificateurs, dont non seulement le gain soit élevé, mais qui soient aussi dénués de tout feedback. Le feedback, dont Black fait usage pour soustraire une partie du gain, est la bête noire des ingénieurs des Bell Labs. Ces derniers cherchent à éviter à tout prix que les amplificateurs ne se mettent à osciller ou à « chanter », comme on dit, c'est-à-dire à produire un bruit constamment amplifié. Un répéteur complet exige deux amplificateurs, un pour chaque direction du signal. Les amplificateurs se mettent à « chanter » lorsque le signal envoyé dans une direction est renvoyé dans l'autre. Le même phénomène se produit lorsqu'un microphone est approché d'un amplificateur. Les collègues de Black cherchent désespérément à éliminer le feedback, là où ce dernier se propose de l'intégrer.

Le malentendu principal, quant au dispositif à feedback négatif de Black, porte donc sur la question de la stabilité. C'est exactement sur cette question-là que la cybernétique se construira, au point de départ, chez Wiener, Rosenblueth et Bigelow, avec l'article de 1943. Sur cette question clé, Mindell montre que Black n'est pas exempt d'ambiguïtés. Black défend la stabilité de son amplificateur, au sens de la stabilité d'un composant soumis à des conditions variables dans l'usage pratique, alors que les adversaires de Black posent la question de la stabilité d'une tout autre manière, beaucoup plus exigeante : un dispositif stable est un dispositif qui n'entre pas dans une série incontrôlée d'oscillations. Black est incapable de montrer à quelles conditions son amplificateur pourrait éviter les phénomènes d'oscillations, couramment associés au feedback.

C'est sur ce point que Black reçoit les renforts de Nyquist puis de Bode. En 1932, dans « Regeneration Theory », Nyquist montre que deux conditions suffisent pour déstabiliser un amplificateur : il suffit que le signal feedback soit supérieur au signal d'entrée et que l'onde feedback soit inversée par rapport à l'entrée. Nyquist invente un dispositif graphique simple, pour spécifier les valeurs à éviter. Ces résultats seront perfectionnés par Bode, qui parvient à un traitement mathématique complet de la question de la stabilité.

Les recherches de Black ouvrent donc la possibilité d'une manipulation fine de ces signaux qui sont, à peu près au même moment, théorisés par Nyquist ou Hartley, comme des outils de représentation universelle, pour n'importe quel message. Il devient envisageable de penser les réseaux de communication avec d'autres concepts que ceux associés à la transmission de l'énergie. Les recherches de la fin des années 1920 et des années 1930 aux Bell Labs construisent une idée du signal et du code, qui sera au fondement du discours de la cybernétique. Tout se passe, à l'aube de la guerre, comme s'il ne restait plus qu'à réunir des lignes de recherche qui ont été maintenues artificiellement dispersées, à traiter les problèmes de feedback comme des problèmes de communication et les problèmes de communica-

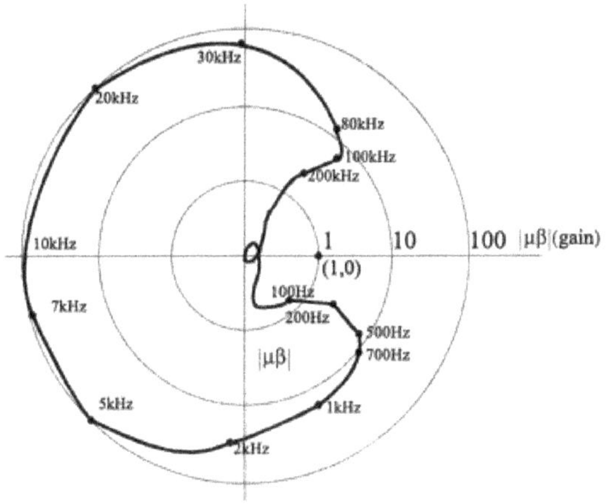

Fig. 10 – Le diagramme de Nyquist. La courbe représente les valeurs à éviter pour garantir la stabilité. Reproduit à partir de David Mindell, *Between Human and Machine, Feedback, Control, and Computing before Cybernetics*, *op. cit.*, p. 127.

tion comme des problèmes de feedback. La seconde guerre mondiale voit ainsi émerger un discours unifié de la communication et du contrôle, du message et du feedback, dont les racines plongent profondément dans le système technique américain de l'entre-deux-guerres.

3
LA THÉORIE MATHÉMATIQUE DE LA COMMUNICATION

La parution de « A Mathematical Theory of Communication », en 1948, dans le *Bell System Technical Journal*, « a fait l'effet d'une bombe », se souvient John Pierce, historien et acteur de la théorie des télécommunications[1]. Des mathématiques lumineuses, associées à des exemples clairs, une abstraction et une généralité qui permettent de couvrir l'ensemble du spectre des problèmes posés par le codage et la mise en forme des messages, l'article de Shannon se distingue des travaux antérieurs de Nyquist et Hartley par son extension. Nyquist et Hartley se contentaient d'établir les formules pour les cas simples, liés à l'histoire du télégraphe, alors que « A Mathematical Theory of Communication » propose un modèle général, qui peut s'appliquer à l'ensemble des cas possibles en télécommunications. Les résultats de Shannon sont valables pour n'importe quel type de signal, continu (comme le téléphone ou la radio), discret (comme le télégraphe) ou mixte (comme le *pulse code modulation*, un système qui repose sur la conversion du signal analogique en signal digital).

Mais il y a plus que cela dans l'article de Shannon : il y a la position originale d'un problème, qu'on ne trouvait pas chez Nyquist et Hartley. La description faite par Shannon du dispositif de télécommunication lui permet de poser avec exactitude le problème du codage des messages. Il s'agit du véritable objet de l'article de Shannon. La théorie de l'information est une théorie du code. La construction de la quantité d'information répond, chez Shannon, à la question : comment coder au mieux un message, en s'appuyant sur ce que l'on sait de la structure statistique de sa source, afin de minimiser la capacité de transmission nécessaire au niveau du canal ?

> « Comment une source d'information peut-elle être décrite mathématiquement et combien d'information en bits par seconde est produite par une source donnée ? L'enjeu principal est que la connaissance statistique de la

1. John Pierce, « The Early Days of Information Theory », *IEEE Trans. On Information Theory*, 19, January 1973, pp. 3-8.

source permet de réduire la capacité du canal au moyen d'un codage approprié de l'information. »[1]

Cette problématique suppose que l'information et le message ne soient, définitivement, plus considérés comme des phénomènes physiques, mais comme des ensembles structurés de symboles. Ainsi, exactement comme ce qui se produit au même moment en informatique, le modèle de Shannon permet de mettre entre parenthèses les propriétés physiques du medium pour se concentrer sur la structure formelle du message. Certes, le message ou l'information existent nécessairement sur un support physique, mais ils ne sont tout simplement plus considérés sous cet aspect. On s'intéresse aux propriétés formelles des messages, dont l'information décrit la structure statistique. Le modèle de Shannon offre une première manière de spécifier ce que c'est que de l'information.

Construction de la définition de la quantité d'information

La mise en place de la définition de l'information pour le cas discret et sans bruit, mathématiquement le plus simple, offre un bon aperçu de la signification exacte de la quantité « information » en théorie des télécommunications. Comment rendre compte mathématiquement de l'information ? Comment passer des significations ordinaires attachées à la notion à une expression mathématique ? Shannon procède essentiellement en deux temps. Il sélectionne d'abord, en amont de la définition mathématique, une série de propriétés qui permettent d'évaluer de manière intuitive les variations de la quantité d'information. À partir de cet ensemble de contraintes dérivé de nos intuitions sur le comportement quantitatif de l'information, Shannon propose une fonction, dont il montre qu'elle exprime les propriétés sélectionnées. Puis, en aval de la définition mathématique, Shannon explore les propriétés de la fonction choisie. Le premier moment permet de repérer les caractères pertinents de la notion d'information, pour les traduire mathématiquement en une définition. Le second valide cette traduction, en montrant que la définition produite est opératoire pour toute une série de problèmes en télécommunications.

Pour dégager les propriétés caractéristiques de la notion d'information, il faut commencer par dégager les éléments clés du processus de communication. Le premier moment de la définition de l'information repose ainsi sur une représentation abstraite du processus de communication. Ce dernier se trouve distribué chez Shannon en cinq éléments fondamentaux. À l'origine, *la source d'information* produit un message. Ce message peut être de

1. Claude Shannon et Warren Weaver, *The Mathematical Theory of Communication*, *op. cit.*, p. 39.

n'importe quel type : il peut s'agir d'une séquence de lettres comme dans un message télégraphique, d'une onde comme en radio ou en téléphonie, d'un signal complexe de télévision, etc. Ce message est encodé par un *transmetteur* qui construit un signal adapté au canal de transmission. En téléphonie, l'opération consiste simplement à traduire les ondes sonores en un courant électrique de même forme. En télégraphie, les lettres sont traduites sous formes de points, de traits et d'espaces qui correspondent à des valeurs de courant. Les opérations d'encodage peuvent être cependant beaucoup plus complexes et intégrer des opérations de digitalisation (échantillonnage) des quantités continues, des opérations de compression du message, etc. Le transmetteur regroupe toutes les opérations qui consistent à construire un signal à partir du message. Le signal transite sur le canal dans lequel il est modifié par *le bruit de ligne*. Le signal modifié est reçu par un *récepteur* qui effectue l'opération inverse du transmetteur, c'est-à-dire reconstruit le message à partir du signal. Enfin, la *destination* est la personne, « ou la chose » précise Shannon dans l'esprit de la cybernétique et de la communication appliquée aux machines, à qui le message est destiné.

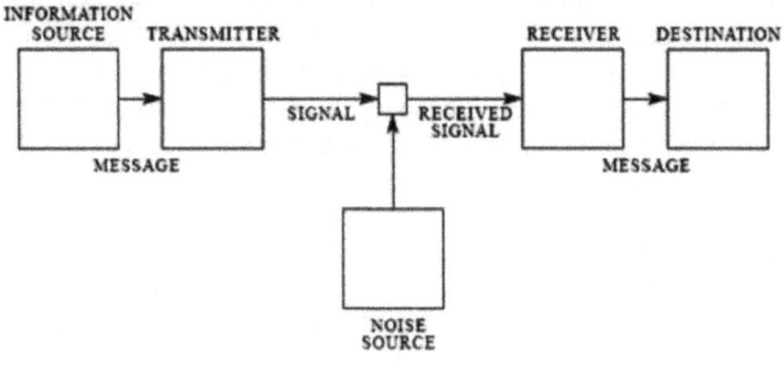

Fig. 11 – Le schéma de Shannon pour le processus de communication. Reproduit à partir de Claude Shannon et Warren Weaver, *The Mathematical Theory of Communication*, *op. cit.*, p. 34.

La fonction du schéma consiste à répertorier les éléments pertinents, qui interviennent dans l'ensemble des processus de communication. Le schéma fournit un vocabulaire unifié et des catégories pour décrire les opérations du téléphone, de la télévision, du télégraphe ou de la radio, mais aussi une simple conversation orale. Dans ce cas le message produit par le locuteur est émis sous forme de sons qui sont transmis par l'air, jouant le rôle de canal, jusqu'au destinataire. On note que le bruit apparaît chez Shannon, contrairement à Nyquist ou Hartley, comme un élément fondamental et irréductible de tout processus de communication. Il n'y a pas de transmission d'information sans adjonction de bruit. Avec Shannon, le bruit fait son entrée sur la scène du petit théâtre ontologique de l'information. Cette innovation est probablement dépendante des modifications de la structure du réseau depuis l'entre-deux-guerres. Au moment où Nyquist et Hartley écrivent le bruit peut bien apparaître comme un phénomène contingent associé à l'emploi d'amplificateurs infidèles. Mais avec la généralisation des composants actifs sur le réseau, le bruit apparaît de plus en plus comme une dimension fondamentale de tout processus de communication. Le modèle statistique adopté pour décrire l'information permet en outre d'intégrer aisément la question du bruit dans le modèle.

Le schéma permet à Shannon de situer l'opération essentielle, du point de vue de l'ingénieur en télécommunications, comme l'opération de codage du message, au niveau du transmetteur. Les messages produits par les différentes sources d'information, comme les locuteurs sur le réseau de téléphone, ne sont pas du ressort de l'ingénieur, pas plus que l'ajout du bruit. Le pouvoir de l'ingénieur se concentre tout entier sur le moment du codage des messages. Connaissant les propriétés de la source, on doit pouvoir encoder le message de façon à lui permettre de résister à l'action du bruit et de parvenir sans erreur à son destinataire. L'essentiel du problème de la communication se joue ainsi entre la source et le transmetteur. Peut-on déterminer mathématiquement les possibilités d'encodage ? La mise au point de la quantité d'information répond à cette question.

Pour construire sa définition mathématique de la quantité d'information, Shannon reprend le principe adopté par Hartley : la quantité d'information est fonction de la quantité de choix opérés par une source dans la construction des messages.

> « Supposons que nous ayons un ensemble d'événements possibles, dont les probabilités d'occurrence sont $p_1, p_2, \dots, p_n$. Les probabilités sont connues, mais c'est tout ce que nous connaissons de l'événement à venir. Pouvons-nous trouver une mesure du nombre de “ choix ” impliqué dans la sélection de l'événement ou celle de l'incertitude du résultat ? »[1]

Shannon se représente l'action de la source comme une opération de sélection d'un message parmi plusieurs messages possibles. Cette description permet une évaluation spontanée de la quantité d'information. Plus il y a de messages disponibles entre lesquels choisir, plus l'incertitude pesant sur le message choisi du point de vue du destinataire sera élevée, et plus l'information acquise, à la réception du message, sera importante. À l'inverse, si je diminue le nombre de messages possibles, l'incertitude comme l'information diminue pour le destinataire. Dit d'une autre manière, il y a plus d'information dans un message complètement improbable que dans un message dont le contenu est entièrement prévisible. Si je n'ai qu'un seul message à transmettre, alors il n'existe aucune indétermina-

1. Claude Shannon et Warren Weaver, *The Mathematical Theory of Communication*, *op. cit.*, p. 49.

tion à la réception et la quantité d'information est nulle. Si la source n'émet jamais qu'un seul message, alors toute opération de communication est superflue.

Comment représenter mathématiquement l'action de la source et le processus de construction des messages ? La définition de l'information, en termes statistiques, repose sur une description de la source comme un processus ergodique. Il n'y a pas un théorème de la théorie de l'information qui ne présuppose cette identification première. Une source ergodique offre plusieurs propriétés mathématiques intéressantes, qui permettent d'affiner la définition de la quantité d'information.

Une source ergodique appartient à la catégorie des sources stationnaires ; autrement dit, ses propriétés ne changent pas avec le temps. Par exemple, la source qui produit la séquence : A E A E A E A E A E A E est manifestement stationnaire, alors que la source qui produit : A E A A E E A A A E E E ne l'est pas. En effet, les suites de A et de E deviennent plus en plus longues. Pour savoir si une source est stationnaire, il faut considérer l'ensemble des séquences produites. Sur l'ensemble de ces séquences, la probabilité d'apparition d'un symbole doit rester identique, quel que soit le rang de ce symbole dans la séquence produite. Autrement dit, la probabilité d'apparition d'un symbole ne doit pas dépendre de sa distance vis-à-vis du point de départ, mais rester stationnaire.

La probabilité moyenne sur l'ensemble des séquences produites peut cependant différer de la probabilité moyenne sur une séquence particulière. Considérons par exemple une source qui peut commencer, à probabilité égale, par un A, un B ou un E. Lorsqu'elle commence avec un A, elle produit alternativement un B et un A. Lorsqu'elle commence avec un B, elle produit alternativement un A et un B. Enfin, lorsqu'elle commence avec un E, elle produit une suite de E. On pourra ainsi obtenir les trois séquences suivantes :

(1) A B A B A B A B ...
(2) B A B A B A B A ...
(3) E E E E E E E E ...

On peut vérifier qu'il s'agit bien d'une source stationnaire. En effet sur l'ensemble des séquences produites, les probabilités d'obtenir un A, un B et un E sont stationnaires et restent à 1/3. En revanche, la probabilité d'obtenir un A et la probabilité d'obtenir un B est de 1/2 pour les séquences (1) et (2) mais de 0 pour la séquence (3). À l'inverse, la probabilité d'obtenir un E est de 0 pour (1) et (2), et de 1 pour (3). La source est donc stationnaire, mais la moyenne d'ensemble ne correspond pas à la moyenne de chaque séquence.

Une source ergodique est une source stationnaire particulière, dont les moyennes de séquences sont égales à la moyenne d'ensemble. C'est le cas, par exemple, d'une pièce de monnaie ou d'un dé non biaisés. Le modèle ergodique simplifie considérablement la description de la source chez Shannon. Non seulement, le cas ergodique est relativement simple à traiter mathématiquement, mais l'avantage pour la théorie de la communication est qu'en examinant des séquences de plus en plus longues de messages, nous obtenons une estimation de plus en plus fiable de la structure statistique de la source. La propriété d'ergodicité assure que cette connaissance de la structure statistique de la source ne s'applique pas seulement aux messages particuliers qui ont pu être examinés, mais qu'elle s'étend à l'ensemble des messages qui peuvent être produits, dans la mesure où moyennes d'ensemble et moyennes de séquence sont, par définition, identiques.

Une fois la source de messages caractérisée comme une source ergodique, Shannon peut proposer une première définition de la quantité d'information pour le canal discret et sans bruit. Shannon construit sa définition à partir d'une liste de six propriétés fondamentales dont la fonction doit rendre compte.

> « Pouvons-nous trouver une mesure du nombre de " choix " impliqués dans la sélection de l'événement ou celle de l'incertitude du résultat ? Si une telle mesure existe, soit H (p_1, p_2,..., p_n), il est raisonnable d'en exiger les propriétés suivantes. »[1]

Les trois premières propriétés sont déterminantes et conduisent Shannon à valider et à généraliser la définition à base de logarithme que proposait déjà Hartley en 1928. (1) La fonction H qui mesure l'information doit être une fonction continue des probabilités. (2) Si toutes les probabilités sont égales (p_i=1/n, où p_i est la probabilité d'apparition d'un symbole quelconque et n le nombre de symboles), alors H sera une fonction monotone croissante de n. Lorsque tous les événements sont équiprobables, l'incertitude quant au choix opéré est plus importante que dans le cas d'événements non équiprobables. (3) Enfin, si le choix se décompose en deux événements successifs, alors H devra être la somme pondérée des valeurs individuelles de H pour chaque événement.

Pour illustrer ces propriétés, prenons le cas le plus simple possible d'une source qui construit son message par le choix aléatoire entre deux symboles 1 et 0. Les choix successifs sont indépendants. p_0 est la probabilité de 0 et p_1 celle de 1. Ces probabilités ne changent pas dans le temps, car la source est ergodique. La quantité d'information ou entropie (H) de la source de message est alors, en bits par symboles :

1. Claude Shannon et Warren Weaver, *The Mathematical Theory of Communication*, *op. cit.*, p. 49.

$$H = -(p_0 \log_2 p_0 + p_1 \log_2 p_1)$$

On peut vérifier que si $p_0 = p_1$, comme dans le cas d'une pièce de monnaie non truquée, alors H vaut 1 bit. En revanche, si les probabilités diffèrent, la quantité d'information décroît. Avec $p_1 = 3/4$ et $p_0 = 1/4$, on obtient H = 0,811 bit par caractère. Autrement dit, nous en savons plus dans le cas où les probabilités sont différentes, que dans le cas équiprobable sur la lettre (ou le côté de la pièce) qui va sortir. L'information quant à l'événement est moindre. Enfin, si p_1 ou p_0 vaut 1, alors H vaut 0. En effet, nous n'avons même pas besoin de jeter la pièce pour savoir quelle face va sortir ou de transmettre le message pour savoir quel symbole a été choisi.

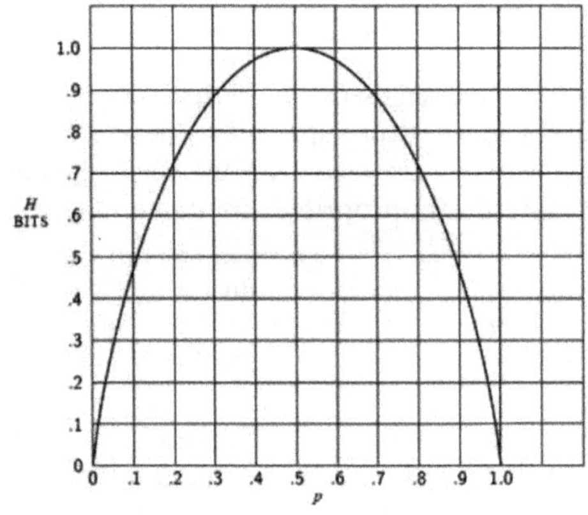

Fig. 12 – Variation de la quantité d'information pour un choix entre deux symboles, en fonction de la probabilité du choix des deux symboles. Reproduit à partir de Claude Shannon et Warren Weaver, *The Mathematical Theory of Communication*, *op. cit.*, p. 51.

On voit que H est maximum lorsque $p_1 = p_0 = 1/2$. Plus les probabilités diffèrent, plus H diminue, jusqu'à atteindre 0 lorsque p_1 ou p_0 vaut 1. Cela correspond à la situation intuitive. Plus les probabilités diffèrent, plus je peux estimer le message qui va sortir, moins l'incertitude et l'information sont grandes.

En généralisant la formule pour n symboles disponibles (au lieu de deux symboles, comme dans les exemples précédents), on obtient la définition de la quantité d'information (H), aussi dénommée entropie par analogie avec la formule de Boltzmann en thermodynamique statistique[1]. La quantité d'information, ou entropie, se définit comme la somme du logarithme des probabilités d'apparition (p_i) des différents symboles :

1. Cette analogie joue un rôle décisif pour la représentation cybernétique de l'information. Elle est étudiée spécifiquement dans la partie III.

$$H = -K\sum_{i=1}^{n} p_i \log_2 p_i$$

K est une constante qui est due au simple choix d'une quantité de mesure. Le signe « moins » sert à rendre le résultat positif (conformément à l'intuition que l'information est une quantité positive). Le choix du logarithme s'explique par la nécessité de maintenir l'additivité des quantités d'information. Le logarithme s'impose donc naturellement pour représenter la quantité d'information, plutôt que le nombre de messages ou d'états disponibles. En choisissant un logarithme en base 2, Shannon définit alors le bit comme unité élémentaire d'information. Si j'ai le choix entre deux messages (0 ou 1), alors je dispose d'un digit binaire ou bit d'information ($\log_2 2 = 1$).

> « Un dispositif avec deux positions stables, comme un relais ou un circuit flip-flop, peut stocker un bit d'information. N dispositifs de telle sorte peuvent stocker N bits puisque le nombre total d'états possibles est 2^N et $\log_2 2^N = N$. »[1]

Le choix de la base 2 pour le logarithme s'explique par le fait que le choix entre 2 symboles est le choix le plus simple possible. Dans le cas équiprobable, on retrouve la formule simplifiée de Hartley : $H = -\log_2 1/n = -\log_2 n$. Pour un dé à six faces, non truqué, par exemple, la quantité d'information de la séquence de produite est de $-\log_2 1/6$ soit 2,58 bits par lancer.

Le choix d'une fonction pour la quantité d'information constitue le second théorème de Shannon :

> « La seule fonction satisfaisant aux trois hypothèses ci-dessus est de la forme $H = -k\Sigma p_i \log_2 p_i$, où k est une constante positive. [...] Des quantités de la forme $H = -k\Sigma p_i \log_2 p_i$ jouent un rôle central dans la théorie de l'information, comme mesure de l'information, du choix de l'incertitude. »[2]

Trois propriétés supplémentaires, liées aux probabilités conditionnelles, viennent confirmer le choix de quantités de la forme $H = -k\Sigma p_i \log_2 p_i$:

(4) H (x,y), la quantité d'information de l'événement conjoint x et y est inférieure ou égale à la somme des informations disjointes H(x) + H(y). Il y a égalité seulement dans le cas où x et y sont indépendants. Intuitivement, l'information associée à deux événements indépendants est la somme de la quantité d'information de ces deux événements. À l'inverse, lorsque les événements sont liés, la connaissance d'un des deux événements diminue l'incertitude quant au second. « L'incertitude sur l'événement produit est inférieure ou égale à la somme des incertitudes individuelles. »[3]

(5) On peut définir $H_x(y)$, l'entropie conditionnelle de y connaissant x. Elle mesure l'incertitude que nous avons sur y lorsque nous connaissons x. On arrive au résultat suivant :

1. Claude Shannon et Warren Weaver, *The Mathematical Theory of Communication*, *op. cit.*, p. 31.
2. *Ibid.*, p. 51.
3. *Ibid.*, p. 52.

$$H_x(y) = H(x,y) - H(x) \text{ ou } H(x,y) = H(x) + H_x(y)$$

Intuitivement, l'incertitude de l'événement conjoint, H(x,y), est l'incertitude de l'événement x, H(x), augmentée de l'incertitude que l'on a de y, connaissant x, $H_x(y)$.

(6) $H(y) \geq H_x(y)$. L'incertitude de y n'est jamais augmentée par la connaissance de x, mais est diminuée par la connaissance de x, sauf dans le cas où x et y sont indépendants ; la connaissance de x ne change alors rien à la connaissance de y.

Limites de la définition de Shannon

La définition de Shannon fournit un outil extrêmement commode et puissant pour mesurer la quantité d'information produite par une source dans les processus de communication. Mais la définition comporte cependant plusieurs restrictions majeures. Premièrement, comme cela est souvent noté, la définition de Shannon ne prend absolument pas en compte la signification des messages. Un message totalement dénué de sens comme une suite de zéro et de un, générée de manière aléatoire, peut comporter plus d'information au sens de Shannon qu'un message signifiant. La définition de Shannon instaure un divorce entre l'information et la signification. Cette limitation est importante, dès lors que l'on cherchera à adapter le schéma de Shannon à d'autres domaines que l'ingénierie des télécommunications, en linguistique ou en psychologie en particulier. Elle est cependant négligeable du point de vue de l'ingénieur, qui ne s'intéresse pas directement au contenu des messages qui transitent sur la ligne.

La définition de Shannon introduit une seconde limitation, au moins aussi forte, mais qui a été beaucoup moins souvent soulignée. La théorie de Shannon ne permet en effet pas de mesurer la quantité d'information d'un message isolé, contrairement à l'intuition ordinaire. Cette propriété est une conséquence de l'architecture statistique de la théorie. On ne peut mesurer que la quantité d'information produite par une source, en fonction de l'ensemble des messages disponibles. Plus il y a de messages disponibles, plus l'information du message expédié est importante. Cependant, cette quantité d'information n'est jamais une propriété intrinsèque du message individuel, mais bien plutôt de la source de messages. Le message isolé n'existe pas dans la théorie de Shannon. Un message n'existe que par rapport à d'autres messages possibles, qui ne sont pas transmis et qui permettent d'assurer l'incertitude de la transmission. Cette propriété, associée à la dimension statistique de la théorie de la communication, jouera un rôle décisif dans les débats autour de la signification réelle de l'information au sein de la cybernétique.

La construction de la définition de la quantité d'information chez Shannon relève d'une démarche épistémologique particulière. Shannon se donne une « axiomatique » abstraite, il ne cherche pas à construire un modèle de l'information telle qu'on la trouve dans le monde. Au lieu de partir de l'information comme objet complexe, existant, quitte à en construire des modèles partiels ou locaux, Shannon se donne un ensemble de définitions simples et puissantes, à partir desquelles reconstruire par approximation son objet. Cette construction « descendante » assure la généralité de la théorie, en même temps qu'elle lui impose d'importantes restrictions, car les postulats de départ sont fermés. En particulier, si on abandonne la condition d'ergodicité de la source, la théorie de Shannon devient muette.

La définition de la quantité d'information, aussi universelle qu'elle puisse paraître, intègre donc certaines limitations drastiques, qui seront souvent à la source de l'échec des premières applications enthousiastes au-delà du domaine d'origine de l'ingénierie des communications. En dépit de ces limitations, la définition de Shannon suggère une représentation générale de l'information, dont la portée excède largement le domaine de l'ingénieur. Pour saisir cette représentation de l'information chez Shannon, il faut analyser l'usage exact de la quantité d'information au sein de la théorie. Ce n'est qu'à cette condition que l'on comprend vraiment ce que Shannon choisit d'appeler information.

Le simple sous le complexe

Au point où nous en sommes, nous savons mesurer l'information comme l'incertitude qui peut être associée au produit d'une source de messages. Mais à quoi peut bien servir exactement la définition de la quantité d'information ? La quantité d'information définit, chez Shannon, une limite idéale : le nombre minimum de symboles binaires requis pour encoder les messages produits par une source. Autrement dit, le calcul de la quantité d'information d'une source est une indication sur les possibilités de codage. Plus on approfondit la connaissance de la structure statistique de la source, plus le nombre de symboles binaires nécessités par l'encodage diminue. Pour montrer l'efficacité de son modèle (source ergodique et définition de la quantité d'information en bits), Shannon construit plusieurs approximations d'une source produisant du texte anglais. Cette première application de la théorie de l'information permet de préciser la portée exacte de la définition mathématique de Shannon.

Supposons que notre source produise du texte en choisissant au hasard parmi un ensemble de 27 symboles indépendants et équiprobables, soit les

26 lettres de l'alphabet plus un espace. Il s'agit de ce que Shannon appelle une approximation de degré zéro du langage naturel. On peut obtenir une suite de la forme suivante :

> 0. Approximation d'ordre zéro (symboles indépendants et équiprobables) : XFOML RXKHRHFFJUJ ZLPWCFWKCYJ FFJEYVKCQSGHYD QPAAMKBZAACIBLZLHJQD.

À l'évidence, la suite comporte beaucoup trop de consonnes et trop peu d'espaces ou de E, par rapport à un véritable texte anglais. On peut s'approcher de la production d'un texte anglais, en rajoutant des contraintes statistiques sur la source. Dans l'approximation de niveau 1, la source choisit les lettres en tenant compte de leurs probabilités dans les textes anglais. La probabilité de tirer la lettre E sera ainsi de 0,13, celle de tirer un W de 0,02… Shannon obtient le résultat suivant :

> 1. Approximation du premier ordre (symboles indépendants, mais avec les fréquences du texte anglais) : OCRO HLI RGWR NMIELWIS EU LL NBNESEBYA TH EEI ALHENTTPA OOBTTVA NAH BRL.

Ici encore, le résultat n'est pas brillant. Or, en anglais, on ne rencontre jamais d'autres paires de lettres commençant par Q que la paire QU. La probabilité de rencontrer QX ou QZ est donc nulle. En revanche, la probabilité de rencontrer TH est de 0,037, OR de 0,010, WE de 0,006… Sur ce principe, on peut construire une approximation de second ordre fondée sur la probabilité non plus des lettres prises une à une, mais des digrammes. La probabilité de rencontrer la lettre T, p(T), est 0,1, celle du digramme TH, p(T,H), est de 0,037. On peut construire la probabilité conditionnelle qu'un digramme commençant par T soit TH : $p_T(H) = 0,37$.

> 2. Approximation de deuxième ordre (structures des digrammes, identique à l'anglais) : ON IE ANTSOUTINYS ARE T INCTORE ST BE S DEAMY ACHIN D ILONASIVE TUCOOWE AT TEASONARE FUSO TIZIN ANDY TOBE SEACE CTISBE.

Le résultat est déjà bien meilleur. Certaines séquences ressemblent à du texte anglais. Mais il existe en cryptanalyse des tables de probabilité de trigrammes. Celles-ci peuvent servir à construire une approximation de niveau 3.

> 3. Approximation de troisième ordre (structure des trigrammes, identique à l'anglais) : IN NO IST LAT WHEY CRATICT FROURE BIRS GROCID PONDENOME OF DEMONSTURES OF THE REPTAGIN IS REGOACTIONA OF CRE.

Lorsqu'on examine les différents exemples de Shannon, il est évident que la ressemblance avec du texte anglais s'accroît au fur et à mesure de l'ajout des contraintes statistiques sur la source. Dans l'approximation d'ordre zéro il n'y a aucun mot anglais, ni quoi que ce soit qui ressemble à un mot anglais. Dans l'approximation de niveau un, OCRO et NAH peuvent ressembler à des mots anglais. Dans l'approximation de niveau deux, tous les « mots » peuvent se prononcer et ON, ARE, BE, AT et ANDY sont des mots que l'on rencontre en anglais. Dans l'approximation de niveau trois, il y a huit mots anglais et de nombreux mots qui sonnent comme des mots anglais, ainsi GROCID, PONDENOME ou DEMONSTURES.

En allant plus loin, on peut essayer de produire du texte anglais en sélectionnant le texte non plus lettre par lettre, mais mot par mot. Shannon construit ainsi une approximation nominale de premier ordre en choisissant les mots selon leur probabilité d'apparition dans l'anglais moyen.

> 1. Approximation de premier ordre des mots. Les mots sont choisis de façon indépendante, mais avec leurs propres fréquences : REPRESENTING AND SPEEDILY IS AN GOOD APT OR COME CAN DIFFERENT NATURAL HERE HE THE A IN CAME THE TOOF TO EXPERT GRAY COME TO FURNISHES THE LINE MESSAGE HAD BE THESE.

Il n'existait pas de tables de probabilités pour les différentes paires de mots. Mais Shannon imagine un procédé ingénieux, analogue à celui utilisé pour les digrammes, pour construire une approximation fondée sur les paires de mots. Il choisit d'abord, au hasard, une paire de mots dans un roman, puis il cherche l'occurrence suivante du second mot, ajoute le mot suivant, et ainsi de suite. Ce processus produit une approximation de second ordre.

> 2. Approximation de second ordre des mots. Les probabilités de transition des mots sont correctes, mais aucun autre élément de structure n'est ajouté : THE HEAD AND IN FRONTAL ATTACK ON AN ENGLISH WRITER THAT THE CHARACTER OF THIS POINT IS THEREFORE ANOTHER METHOD FOR THE LETTERS THAT THE TIME OF WHO EVER TOLD THE PROBLEM FOR AN UNEXPECTED.

Ici, apparaissent des séquences de mots grammaticalement justes pour un texte anglais. La séquence de dix mots « attack on an english writer that the character of this » est valable. On pourrait évidemment imaginer des approximations de niveau supérieur, fondées sur d'autres éléments de structuration du texte plus puissants, comme par exemple des règles de grammaire ou des contraintes sémantiques.

L'intérêt de cette application linguistique est double. Premièrement elle montre qu'un processus ergodique peut être une bonne représentation d'une source de messages anglais. Le modèle de la source ergodique trouve ici une confirmation. Deuxièmement la série des approximations permet d'envisager la structure statistique des messages et donc le problème de leur encodage.

Si je veux transmettre un message anglais lettre par lettre, j'ai besoin de 27 symboles au minimum pour l'alphabet et l'espace (sans inclure la ponctuation ou les chiffres). Un choix parmi 27 symboles correspond à $\log_2 27=4,75$ digits binaires. Si on ne se préoccupe pas d'efficacité, on peut donc choisir d'encoder du texte anglais au moyen de 5 digits binaires par caractère. 00000 représentera par exemple A, 00001 B, et ainsi de suite. Mais 5 digits binaires nous auraient permis de représenter 2^5, soit 32 caractères au lieu de 27, ce qui laisse inutilisés 5 digits binaires.

Une machine à écrire comprend environ 50 caractères, en incluant les touches « shift », « retour chariot », etc. Chacune de mes actions lorsque je tape à la machine peut donc être encodée au moyen de 5,62 digits binaires. Je devrai donc utiliser 6 digits par caractère ou par action, et encore une fois perdre un certain nombre de digits, dans l'exemple, 14, puisque j'ai 50 actions pour 2^6, soit 64, digits binaires.

Comment éviter un tel gâchis ? Si j'ai 50 caractères, j'ai alors 125 000 (50^3) groupes différents possibles de 3 caractères. Or, il y a 131 072 (2^{17}) combinaisons différentes de 17 digits binaires. Aussi, si je divise mon texte en blocs de 3 caractères successifs, je peux décrire chaque bloc au moyen de 17 digits binaires. Si j'avais représenté chacun de mes caractères par 6 digits binaires, j'aurai dû utiliser 18 digits binaires contre 17 grâce à cette méthode de codage par blocs.

Mais on peut adopter un codage de plus haut niveau. Avec 16 357 mots je peux dire bon nombre de choses. Il y a 16 384 combinaisons de 14 chiffres binaires. Je peux donc construire un code en réservant 16 357 combinaisons pour les mots et 27 pour les lettres de l'alphabet et l'espace, afin d'inclure les mots qui ne tomberaient pas dans mon vocabulaire. Ce code utilise, si je n'ai pas besoin d'épeler trop souvent les mots, 14 digits binaires par mot. Dans le texte anglais ordinaire, la moyenne est de 4,5 lettres par mot plus un caractère pour l'espace, soit 5,5 caractères. Or si on utilise 5 digits binaires par caractère dans un encodage lettre à lettre, on a besoin de 27,5 digits binaires en moyenne par mot, contre 14 dans un encodage mot par mot.

La raison de cet écart est la suivante : en encodant le texte lettre par lettre, sans intégrer aucune contrainte, on se donne la possibilité d'envoyer n'importe quelle séquence de lettres, y compris des séquences qui sont absolument impossibles en anglais. En revanche avec un codage par mot, on restreint l'espace des possibles aux mots anglais les plus courants. On a donc besoin de moins de digits binaires pour encoder le message. Il y a plus de structure et moins d'information.

Les approximations du texte anglais nous révèlent donc les principes fondamentaux des opérations de codage et de compression de l'information. Plus j'augmente les contraintes statistiques, plus le nombre de digits binaires requis diminue. Plus je connais les contraintes qui régissent le fonctionnement d'une source, plus je peux encoder efficacement les messages.

Un message d'apparence complexe, comme du texte anglais, peut dissimuler une série de choix simples par rapport à un ensemble de contraintes. Il est beaucoup plus économique d'encoder le message en prenant en compte la façon dont il a été produit par la source que de l'encoder tel quel comme le résultat définitif du processus de production. Si l'on veut rendre compte de l'information d'un spectacle de marionnettes, par exemple, autant ne prendre en compte que la forme de ces dernières et les mouvements du marionnettiste, plutôt que de reproduire le spectacle comme un ensemble d'images extrêmement complexes. L'homme du code est un maître en marionnettes, celui qui sait discerner sous le message complexe le simple qui en régit la production.

Principes du codage

Tout le problème consiste désormais à caractériser de manière mathématique les conditions de ce codage dont nous comprenons maintenant le principe. C'est à ce problème précis, et à lui seul, que répond la définition de la quantité d'information chez Shannon. L'information désigne la limite idéale de nos procédures de codage. Cette signification technique implique un parti pris philosophique sur ce que l'on considérera comme information. L'information entre avec Shannon de plain-pied dans l'univers désincarné du code. La quantité H est une manière d'exprimer la quantité de structure dans un agencement symbolique produit par une source de messages.

Par son abstraction, vis-à-vis des dimensions physiques ou signifiantes de la communication, l'information de Shannon peut bien apparaître comme une notion appauvrie. Elle ne peut que décevoir du point de vue de la signification ordinaire de l'information ou des messages. Mais elle regagne du côté de la forme et de la puissance mathématique ce qu'elle perd du côté de la représentation concrète des communications. La théorie de Shannon ouvre un monde de problèmes inédits sur la structure des messages ; elle fait exister une nouvelle signification de l'information, non seulement comme une affaire de représentation et de théorie, mais aussi comme une affaire de pratique et de technique. Le monde du code libéré par Shannon est aujourd'hui le monde de nos artefacts.

Comment parvenir à s'approcher de la quantité d'information H dans nos codages ? Comment faire pour ne transmettre, au plus juste, que les vrais choix de structure en deçà du foisonnement infini des messages ? On sait qu'un encodage efficace repose sur la connaissance des dissymétries dans la structure statistique de la source. Plus le nombre de messages improbables sera important, plus l'encodage pourra être efficace. Or, Shannon parvient à démontrer que le nombre de messages probables ou improbables, produits par une source, est fonction de la quantité d'information H. Considérons l'ensemble des messages contenant un grand nombre de caractères qu'une source peut produire. Soit M le nombre de caractères de ces messages, p_1, p_2, ..., la probabilité d'apparition du symbole 1, 2, ... Parmi l'ensemble des messages produits, certains sont moins probables que d'autres. Dans un message probable le symbole 1 est présent Mp_1 fois, le symbole 2 Mp_2 fois, etc : chaque symbole apparaît selon la fréquence définie par la source. Mais on peut toujours concevoir que la source produise un message tout à fait inattendu, par exemple une longue suite du même symbole indéfiniment répété. Cependant cela n'arrive que très rarement. Shannon démontre que si H est l'entropie ou la quantité d'information de la source par symbole, alors il n'y a que 2^{MH} messages probables. La probabilité des autres messages est suffisamment faible pour être négligée. Ainsi, si on range les messages du plus probable jusqu'au moins probable, et ce jusqu'au 2^{MH}-ième message, en leur attribuant à chacun un numéro (de 1 à 2^{MH}), on est quasiment sûrs d'avoir un numéro pour n'importe quel message de M symboles qui sera produit par la source.

Prenons un cas particulier. Supposons que nous ayons deux symboles, 0 et 1, équiprobables. L'entropie de la source, comme nous l'avons vu, est dans ce cas de 1 bit par symbole. Si la source produit des messages de 1 000 caractères, alors MH = 1 000. D'après le théorème de Shannon, il y a donc $2^{1\,000}$ messages probables différents. C'est exactement le nombre de messages de 1 000 caractères que l'on peut écrire au moyen de deux symboles. Pour encoder un message de 1 000 caractères produit par la source, il nous faudra donc 1 000 digits binaires. Aucune économie n'est possible.

Supposons maintenant que les probabilités d'apparition des symboles ne soient plus égales. Si $p_1 = 3/4$ et $p_0 = 1/4$, nous avons vu que la quantité d'information par symbole est de 0,811 digit binaire. En conservant des messages de 1 000 caractères, MH vaut seulement 811. Ainsi, alors qu'il y a $2^{1\,000}$ messages possibles, nous n'avons plus que 2^{811} messages probables. 811 digits binaires suffisent pour écrire 2^{811} messages. Nous pouvons associer chacune des 811 combinaisons de digits binaires à un message probable. Ainsi un message probable de 1 000 digits binaires de long ne demande plus que 811 digits binaires pour être transmis.

Ce théorème comporte deux résultats extrêmement importants. Il montre, d'abord, qu'un encodage par bloc de caractères est plus intéressant qu'un encodage caractère par caractère. Dans l'exemple, nous avons utilisé un bloc de 1 000 caractères. Plus longs sont les blocs, plus efficace est le codage. Avec un bloc de 1 000 caractères, 811 caractères suffisent pour écrire tous les messages probables de 1 000 caractères, contre 1 000 dans un encodage caractère par caractère. Deuxièmement, le théorème montre que lorsqu'on choisit des blocs suffisamment longs, la quantité d'information ne désigne pas autre chose que le nombre de digits binaires requis pour encoder un message[1]. Telle est donc la signification exacte de la quantité d'information définie par Shannon.

Mais comment passer du calcul de la quantité d'entropie à l'encodage effectif ? Les résultats de Shannon ne nous donnent qu'une limite théorique et non une méthode constructive pour parvenir au meilleur encodage possible. Rien ne garantit que cette limite théorique puisse être obtenue en pratique, ou même qu'elle soit réellement souhaitable (car en diminuant la redondance, on augmente la sensibilité du message au bruit). En 1948, Shannon propose une première méthode, afin d'approcher la valeur H pour l'encodage des sources. Quelques années plus tard, Huffman proposera une autre méthode, plus simple et plus efficace, qui est encore largement utilisée. Les codes de Huffman ont pour propriété de demander toujours moins d'un symbole binaire de plus que l'entropie. Plus les blocs choisis sont grands, plus l'écart avec l'entropie se réduit jusqu'à devenir une fraction négligeable du nombre de digits binaires.

Il y a cependant des limites à la construction de codes de plus en plus efficaces. Premièrement, ceux-ci peuvent demander énormément de calcul pour construire le signal à partir du message et reconstruire le message à partir du signal. Le temps gagné par la compression de l'information peut être perdu au codage. Deuxièmement, plus le code est efficace, plus les erreurs de transmission ont des conséquences importantes. Lorsque toute redondance a été supprimée, on ne peut plus détecter et corriger les erreurs dues au bruit. Une transmission mot par mot est plus efficace qu'une transmission lettre par lettre, mais une erreur sur un mot a des conséquences bien plus importantes sur la signification du message qu'une erreur sur une lettre, qui sera normalement spontanément corrigée par le destinataire. Un bon code possède deux propriétés : il doit réduire la quantité d'information à transmettre, mais il doit aussi être capable de résister au bruit et permettre de reconstruire le message alors même que celui-ci a été modifié en partie. La compression de l'information repose sur l'élimination de l'information redondante dans la production du message. La construction de codes autocorrecteurs suppose l'introduction d'une redondance bien choisie de façon à éliminer automatiquement un maximum d'erreurs dues au bruit. L'opération de codage consiste ainsi à échanger de la redondance inutile, issue de la production du message, contre une redondance utile et plus efficace pour lutter contre le bruit.

L'étude des propriétés fondamentales du codage de l'information dans le cas discret et sans bruit constitue le cœur théorique de l'article. À partir de

1. En appliquant ce résultat à l'anglais dans un codage mot par mot, Shannon obtient une quantité d'information de 11,8 bits par mot. (Shannon prend en compte les 8 727 mots les plus utilisés). Ce résultat est encore meilleur que les 14 bits par mots que nous avions obtenus.

ce cas simple, mais sur lequel les décisions fondamentales sont prises, Shannon se donne les moyens de reconstruire le cas de la transmission continue ou du canal bruité. Le cas continu peut être ramené au cas discret, au moyen des théorèmes d'échantillonnage. Le cas bruité peut être conçu comme une simple variante du cas non bruité, en considérant que le bruit agit comme une source supplémentaire, qui vient ajouter de manière aléatoire une série de symboles dans les messages transmis.

La cryptographie, le système PCM et le Vocoder

La constitution de l'information comme objet mathématique répond chez Shannon à la problématique du codage. Au lieu de s'intéresser aux propriétés physiques des systèmes de transmission, on s'intéresse aux propriétés statistiques des sources de messages. L'invention de la notion moderne d'information est le fruit d'un tel déplacement. L'essentiel de l'apport de Shannon réside ainsi moins dans une simple extension de la formule de Hartley que dans la prise en compte mathématique exhaustive de la question du codage. L'extension de la formule de Hartley n'est rendue possible que parce que le problème posé a, entre-temps, manifestement changé.

L'émergence du problème du codage, tel qu'on le trouve chez Shannon, n'est cependant pas un trait de génie isolé. Elle résulte de plusieurs innovations techniques et théoriques, antérieures à « la théorie mathématique de la communication », dont l'article de 1948 porte la marque. L'assignation du code comme horizon du concept d'information est associée à une transformation des référents techniques, en particulier à l'apparition de dispositifs de transmission digitale en cryptographie, comme le système PCM.

La théorie de l'information apparaît profondément liée aux recherches menées par Shannon pendant la guerre. L'article de 1948 descend en ligne directe du travail de Shannon sur la description mathématique des opérations de cryptage et de décryptage. Shannon quitte le MIT à l'été 1940, au moment où se met en place l'organisation des recherches de guerre, avec la création, à l'instigation de Vannevar Bush, du National Defense Research Committee. Il se trouve que Bush connaît bien Shannon puisqu'il l'a embauché au MIT quatre ans plus tôt, pour travailler sur l'analyseur différentiel, le plus grand calculateur de l'entre-deux-guerres. Dès le 1er novembre 1940, Warren Weaver demande à ce que Shannon soit détaché auprès de la section du NDRC qu'il préside, en raison de son expérience concernant le calcul mécanique. Shannon est employé afin de créer un langage graphique standardisé pour les calculateurs utilisés en conduite de tir. Shannon participe alors à l'une des grandes réalisations de la guerre, la mise au point du canon automatique de DCA M9 aux Bell Labs, parallèlement au projet similaire mené par Wiener et Bigelow, à bien plus petite échelle, au MIT. En 1941, Shannon quitte le projet M9 pour devenir consultant sur les questions de cryptographie. Il s'agit, avant tout, pour lui de poursuivre son grand-œuvre, « une théorie générale de la transmission et de la transformation de l'information »[1].

Le 1er septembre 1945, Shannon rend à la Signal Security Agency un rapport intitulé « A Mathematical Theory of Cryptography ». Ce rapport est la véritable matrice de l'article de 1948. On y trouve une définition de la quantité de choix, identique à la définition de la quantité d'information pour le cas discret, la notion de redondance, d'équivocation, une première étude des propriétés de la quantité de choix, une caractérisation de la langue anglaise comme processus stochastique de type ergodique, une étude des probabilités de transition (digrammes, trigrammes, etc.)...

La théorie des télécommunications et la théorie de la cryptographie partagent le même problème, celui du codage, qu'elles envisagent néanmoins de façon opposée. Dans le cas de la cryptographie, on cherche à éliminer au maximum toute trace de redondance dans le message codé de façon à gêner le déchiffrage, en cas d'interception du message. Moins la structure statistique est apparente, plus il est difficile de retrouver le message original sous le code. En revanche, en télécommunications, il faut maintenir une redondance, choisie, codée, pour assurer la qualité de la transmission sur un canal bruité.

La formule $H = -\Sigma\, p_i \log_2 p_i$, avant de mesurer la quantité d'information, mesure ainsi dans le rapport de 1945 la difficulté à décrypter un message. En effet, plus il y a d'incertitude dans un message, introduite au moyen d'un codage efficace, plus le décodage est difficile. Le travail du cryptanalyste qui cherche à décoder un message intercepté consiste donc à réduire H. La quantité H fournit un indice de l'état d'avancement des activités de chiffrage et de déchiffrage. Du côté de la transmission, il s'agit en revanche de construire des messages dont le facteur H soit le plus élevé possible, afin de placer le cryptanalyste ennemi dans la plus grande incertitude quant au message initial ; à l'inverse du processus standard en télécommunications, où on cherche à maintenir H aussi petit que possible pour maximiser la capacité de transmission du canal.

Nous avons donc affaire à deux démarches inverses, mais qui partagent la même conceptualisation d'arrière-plan des opérations de télécommunications. Dans son rapport de 1945, Shannon propose un schéma des opérations de transmissions chiffrées, complètement analogue au célèbre schéma de la communication de 1948. Une source de message produit un message,

1. Claude Shannon à Eisenhart, 4 juin 1941. Cité dans Jérôme Segal, *Le Zéro et le Un*, *op. cit.*, p. 100.

qui est ensuite chiffré au moyen d'une clé. Ce message chiffré ou cryptogramme peut être intercepté par le cryptanalyste ennemi. Dans tous les cas, il arrive à un déchiffreur qui, ayant connaissance de la clé, inverse l'opération de chiffrement. On retrouve donc les éléments structurels du schéma de la communication de 1948 : un canal, une source de messages et des dispositifs d'encodage, ici un enchiffreur et un déchiffreur, analogues au transmetteur et au receveur de 1948.

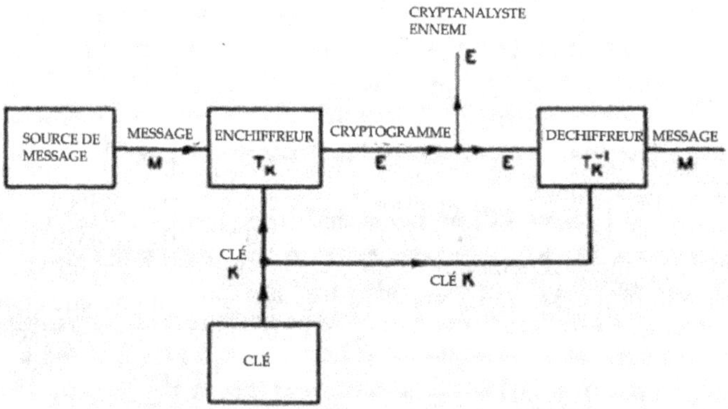

Fig. 13 – Le schéma de la transmission d'un message chiffré. On y reconnaît les principaux éléments du schéma de la communication de 1948 : la source produit un message, qui est chiffré au moyen d'une clé pour former le cryptogramme transmis sur la ligne ; ce dernier peut éventuellement être intercepté par le cryptanalyste ennemi ; le message est décrypté par un déchiffreur, qui possède la clé.

En apparence, le bruit de ligne est absent. Mais en réalité, le chiffrage par la clé tient lieu de bruit de ligne. La clé est l'équivalent du bruit qui est introduit dans le message.

> « Du point de vue d'un cryptanalyste, un système crypté est presque identique à un système bruité. Le message (ou le signal émis) est modifié par un élément statistique, le système de cryptage dont la clé est choisie de façon aléatoire. Le résultat de cette opération est le cryptogramme (analogue au signal perturbé) qui est disponible pour l'analyse. »[1]

La théorie des télécommunications procède donc d'une théorie des transmissions codées. Cette origine joue un grand rôle pour la représentation de la notion d'information chez Shannon. Derrière l'information, il y a le code.

Le travail de Shannon sur la structure des communications en cryptographie est marqué par la mise au point de nouveaux dispositifs techniques

1. Cité par Jérôme Segal, *Le Zéro et le Un*, *op. cit.*, p. 114.

pour le chiffrement et la transmission. Shannon y fait directement référence, au tout début de l'article de 1948, lorsqu'il précise que « les développements récents des méthodes de modulations PCM et PPM, qui échangent de la bande passante contre un meilleur rapport signal/bruit, ont augmenté l'intérêt pour une théorie générale des télécommunications. »[1] La théorie des télécommunications repose ainsi sur quelques référents techniques bien précis. Ces derniers expliquent l'importance du cas discret dans la théorie de Shannon, à partir duquel les cas continus et bruités sont par la suite reconstruits.

Les techniques de modulation par impulsions codées ou *pulse code modulation* (PCM) ont joué un rôle décisif à la fois pour l'élaboration de la théorie des télécommunications et pour la cryptographie. Le système PCM a été mis au point avant la guerre, en 1938, par le Britannique Alec Reeves, avant d'être utilisé pour le système de transmission codé américain, le X-System. Le principe consiste à échantillonner un signal continu, comme un signal téléphonique classique, et transmettre les quantités discrètes échantillonnées plutôt que le signal original. Il s'agit donc d'un des premiers procédés de numérisation du signal. Il permet de réduire complètement le traitement des cas continus au cas discret. Du point de vue des télécommunications, le PCM permet des opérations de codage et de compression qui réduisent la capacité du canal nécessaire. De plus, le signal PCM est en général plus résistant au bruit que la transmission continue classique.

Du point de vue de la cryptographie, le PCM permet d'envisager un véritable chiffrement du message, qui a été réduit à une suite de symboles discrets. Au début de la guerre, les Alliés utilisent le système téléphonique A-3, des laboratoires Bell, qui consiste à inverser les bandes de fréquences utilisées dans la communication téléphonique. Le système est cassé dès la fin 1941. Le NDRC met alors en place deux projets de recherche pour un nouveau système sécurisé de transmission, au sein desquels se retrouvent Nyquist, Hartley et Shannon. Les ingénieurs des Bell Labs commencent par travailler sur le système mis au point par Homer Dudley en 1939, connu sous le nom de Vocoder. Il s'agit d'un système de transmission de la voix (*voice coder*) qui repose sur un procédé original de compression de l'information.

Un analyseur filtre les sons en fonction de leurs bandes de fréquence et les encode en notant pour chaque bande de fréquence la puissance du signal. Les résultats sont envoyés sous forme de valeurs numériques à un synthétiseur qui reconstitue un message intelligible sous forme sonore. Le Vocoder est réputé pour sa piètre qualité de restitution. La voix reconsti-

1. Claude Shannon et Warren Weaver, *The Mathematical Theory of Communication*, *op. cit.*, p. 31.

tuée présente une tonalité artificielle et électrique caractéristique. Mais le Vocoder est un moyen extraordinairement efficace de transmission de la parole. Dans un dispositif d'échantillonnage ordinaire, comme une modulation de type PCM, il faut transmettre entre 30 000 et 60 000 digits binaires par seconde. Avec le Vocoder, il suffit de 1 500 digits binaires par seconde.

En dépit de ses défauts, le système du Vocoder présente l'intérêt d'illustrer de manière extraordinaire le problème de la transmission d'information. Le Vocoder ne conserve de la voix que les paramètres importants, qui permettent de reconstruire le signal à l'arrivée. Tout le travail de Shannon sur les contraintes statistiques du texte anglais, dans le rapport de 1945 ou l'article de 1948, procède d'un raisonnement similaire. On peut toujours diminuer l'information à transmettre si l'on remonte aux éléments structuraux de la source de messages. Des dispositifs analogues au Vocoder sont imaginables, pour la transmission des images, par exemple. Si l'on se limite à la transmission de visages, on peut imaginer qu'au lieu de transmettre, comme en télévision classique, les valeurs d'intensité d'un ensemble de points lumineux, on commence par construire un modèle du visage humain, avec un ensemble de caractéristiques, et qu'on se contente de transmettre ces caractéristiques à une machine qui reconstruit l'image initiale. Au lieu de transmettre toute l'information, y compris de l'information inutile, on ne transmet que les choix de structure qui sont déterminants. Pour la transmission d'un texte anglais, le procédé analogue consisterait à analyser le texte, à enlever toutes les redondances liées à la grammaire par exemple, pour ne transmettre au final que les éléments d'information pertinents et absolument nécessaires pour reconstituer le message. Le Vocoder offre ainsi un modèle théorique particulièrement clair des relations entre information, redondance, structure de la source et codage.

Les premières recherches reposent sur l'idée d'ajouter un bruit aléatoire aux signaux du Vocoder. Mais en raison de la grande redondance du langage parlé, le signal produit reste encore aisément déchiffrable. Les recherches sur le système PCM, qui autorise une gestion bien plus fine des processus de codage, prennent le relais des travaux sur le Vocoder, à partir de l'année 1942. Le passage par la modulation à impulsion codée, c'est-à-dire une numérisation complète du signal, permet de maximiser H, l'incertitude, autant qu'on le souhaite. Le principe de la transmission digitale s'impose ainsi dans le X-System au moment de la guerre, avant que l'apparition des transistors n'autorise sa généralisation dans le domaine civil.

Les problèmes de la cryptographie, la référence aux systèmes Vocoder et PCM, le principe de la digitalisation des quantités continues, permettent ainsi à la théorie de l'information de prendre forme. Des recherches de guerre, émergent la question du codage, le calcul de la quantité d'information, le concept de redondance… La conceptualisation de l'information au sein des télécommunications est tributaire de cette histoire singulière.

L'information comme code

La mesure de la quantité d'information a pour but d'améliorer le codage des messages, et a fortiori l'efficacité des transmissions. Cette approche introduit un biais caractéristique dans la définition de l'information. Les aspects signifiants, mais aussi les aspects matériels, des processus de communication sont systématiquement mis entre parenthèses. Un message se réduit à une suite de symboles. L'information nous donne une indication sur la quantité d'ordre ou de structure dans cette suite de symboles.

La théorie de Shannon repose donc sur une double abstraction. Le symbole n'est plus relié (par le haut) à un concept ou à une signification. Il n'est plus relié (par le bas) à une matérialité. On ne considère plus dans le symbole que la pure relation de renvoi ou de référence dénuée de tout objet (plus de signification) et de tout fondement (plus d'inscription matérielle). Reste alors, comme résultat de ce processus d'abstraction, uniquement la forme des agencements symboliques, appréhendée de manière statistique.

Ce processus d'abstraction, qui a lieu dans « la théorie mathématique de la communication », joue un rôle décisif pour la représentation de l'information. Le monde des échanges de symboles, le monde du traitement de l'information et des algorithmes recouvre d'un voile blanc d'idéalité le monde des choses. L'information peut être considérée, à partir de ce qu'on lit chez Shannon, comme une nouvelle manière de décrire les choses du monde, non plus du point de vue de leur matérialité, mais de leur forme pure, abstraction faite de toute autre considération. La description informationnelle, qui ne s'intéresse qu'à la structure ou à la forme, permet de faire l'économie, d'une part, des aspects matériels et énergétiques de l'objet étudié, d'autre part, éventuellement de ses dimensions signifiantes. Restent la forme des agencements symboliques et leurs transformations. L'information apparaît alors comme un élément immatériel, une nouvelle quantité fondamentale aux côtés de la matière et de l'énergie. Mais cette manière dématérialisée d'envisager l'information correspond paradoxalement à des éléments tout à fait concrets du point de vue technique : les recherches portent d'abord sur la forme du signal, sur les propriétés des messages transmis, plutôt que sur les conditions matérielles et énergétiques de cette transmission. Les propriétés du courant deviennent secondaires, par rapport aux propriétés statistiques du message, considéré comme un ensemble de symboles.

La question du statut matériel de l'information, en particulier, n'apparaît plus, chez Shannon, que sous forme d'une allusion énigmatique à la notion d'entropie, dont la cybernétique ne tardera pas à faire l'exploitation. La théorie de l'information donne lieu à une sorte de tour de passe-passe conceptuel : d'un côté la question du statut physique réel des lignes et des messages est escamotée au profit d'une problématique du codage, de l'autre côté la question du statut physique de l'information est réintroduite via une problématique du rapport entre information et entropie. La théorie de la communication ne s'engage pas sur le statut physique de l'information. Elle peut laisser cette question en attente ou la renvoyer au grand (et peut-être faux) problème du rapport entre information et entropie.

La façon dont le bruit de ligne est envisagé dans l'article de Shannon est tout à fait caractéristique de cette approche. Le bruit est un phénomène physique lié à l'agitation thermique. Il a été étudié en théorie des télécommunications par John Johnson et Nyquist sous cet aspect. Mais Shannon ne considère pas du tout le bruit comme un phénomène physique. Ce n'est plus son problème. Sur le modèle de la cryptographie, il considère le bruit comme une opération de chiffrement aléatoire qui intervient sur le message. Le bruit est une injection de symboles aléatoires dans les symboles du message. Le monde physique des télécommunications est remplacé par le monde formel des jeux de symboles et de leurs relations d'ordre.

L'article de Shannon, outre un modèle puissant pour les problèmes de télécommunications, impose aussi une représentation tout à fait singulière de l'information. Derrière le concept mathématique de la quantité d'information, il y a l'idée d'un code pur fait de symboles dont la signification ou la matérialité ne doit pas rentrer en ligne de compte. Le fait de se représenter l'information comme un code laisse en suspens les questions du rapport entre l'information et la signification ou l'information et le monde physique. Ces questions ne sont certes pas des questions pour la théorie, qui fonctionne très bien sans elles, mais des questions qui portent sur l'interprétation à donner de la théorie ou du formalisme de Shannon. L'article de Shannon a pu être lu comme une manière de proposer une interprétation complète de cette nouvelle grandeur, l'information, qui a envahi le milieu technique américain à l'issue de la guerre. Les questions sur la signification du concept d'information chez Shannon, ou ailleurs, ne sont pas sans importance, bien qu'elles dépassent le simple cadre technique. Le questionnement sur la signification des concepts produits ou employés depuis la guerre sera une des marques distinctives de la cybernétique qui n'a pas su faire autrement que de lier les résultats techniques à une discussion sur les décisions épistémologiques ou ontologiques associées à ces résultats nouveaux. Cette discussion joue un rôle décisif dans la détermination des programmes de recherche qui seront entrepris par les cybernéticiens. Aussi la théorie de Shannon pourra-t-elle non seulement être employée pour les moyens techniques remarquables qu'elle introduit, mais aussi être questionnée quant à la représentation qu'elle propose des notions d'information, de bruit ou de message.

4
UNE SCIENCE DU CONTRÔLE ET DE LA COMMUNICATION

Nous trouvons chez Shannon une définition achevée, performante, de la quantité d'information. La comparaison entre cette approche de l'information et celle que l'on trouve, au même moment, chez le mathématicien Norbert Wiener se révèle particulièrement instructive. On considère souvent, à juste titre, que les définitions de Shannon et Wiener sont équivalentes et constituent une seule et même théorie de l'information. Cependant, l'équivalence des formules mathématiques masque aisément des différences essentielles quant au spectre des questions qui sont traitées par la théorie de la communication de Shannon et la cybernétique de Wiener. La mesure de Wiener s'intègre dans un ensemble théorique et technique plus vaste que celle de Shannon, débordant l'ingénierie des communications, pour former une théorie unifiée de la prédiction, des filtres, du contrôle par feedback, et en définitive des interactions homme-machine. Mieux, cette divergence dans les contextes pratiques implique des représentations tout à fait différentes de ce que l'information signifie. Il y a là quelque chose de fascinant à voir les mêmes formules, ou plutôt des formules équivalentes, entraîner des représentations divergentes de l'objet qu'elles instituent. Le clivage essentiel entre la représentation de l'information comme code, telle qu'on la trouve de manière exemplaire chez Shannon, et sa représentation comme signal, telle qu'on la trouve chez Wiener, constitue une des clés d'intelligibilité majeure de l'histoire de la cybernétique. Ce clivage est perceptible au niveau même de la construction mathématique du concept d'information. Reprenons le fil de cette histoire, du côté de ce que Wiener baptisera rétrospectivement, en 1947, du nom de cybernétique.

L'histoire commence à la mi-août 1940. L'Allemagne nazie lance des centaines de bombardiers sur les villes anglaises, la bataille d'Angleterre s'engage. En septembre, alors que les morts civils se comptent déjà par milliers, la mise au point de systèmes de défense devient une priorité absolue pour les Alliés. Wiener, désireux de se rendre utile, après avoir soumis en vain un premier projet de calculateur électronique, se met à travailler sur les questions de la défense anti-aérienne. Il propose une nouvelle approche de la prévision des trajectoires d'avions, appliquant au domaine des servomécanismes les techniques de l'analyse fréquentielle utilisées en télécommunications. Le 22 novembre 1940, après des simulations prometteuses sur l'analyseur différentiel du MIT, une demande de financement est soumise au NDRC, assortie d'un mémorandum de Wiener. Ce dernier s'engage alors, pour un peu plus d'un an et demi, dans la construction d'un dispositif de prédiction, susceptible d'améliorer l'efficacité des canons anti-aériens. Si le travail de Wiener aura finalement peu de répercussions au niveau militaire, la méthode plus économique de Bode aux laboratoires Bell étant préférée à son approche statistique, ses implications pour la formation de la cybernétique et la conceptualisation de l'information sont immenses. Le travail de Wiener, et de son ingénieur Julian Bigelow, donne lieu à une première conception unifiée de l'information, qui couvre tout à la fois la mise en forme des signaux, lissage, filtrage, réduction du bruit, la théorie des servomécanismes et de la commande par feedback négatif ou encore l'étude des interactions homme-machine. L'information émerge dans les travaux de guerre de Wiener et Bigelow comme la synthèse de problèmes déterminants pour le milieu technique américain.

On voit apparaître dans les travaux de guerre de Wiener l'idée que l'information est un terme commun qui convient aux calculateurs mécaniques, aux réseaux de téléphone, aux transmissions radios, aux automates de tirs, et en définitive aux êtres humaines qui sont imbriqués dans ces dispositifs. L'information devient chez Wiener un objet universel : ce qui circule entre les hommes et les machines dans un milieu technique, ce que les machines échangent de manière fondamentale, en deçà des transferts énergétiques. Le monde de la guerre, l'urgence des *crash programs*, les scientifiques qui font l'aller-retour entre leur laboratoire et les zones de combats ont produit paradoxalement un monde de la communication généralisée, entendue sur le mode mécanique des échanges d'information. Le paradigme de la communication prend son origine dans le monde de la guerre, où la communication ne désigne plus le rapport à l'autre, mais le rapport à ce double factice qu'est la machine. Les communications humaines ne sont plus qu'un produit dérivé et médiat de ce modèle de la communication entre machines, ou entre humains et machines.

La cybernétique consiste en une extraordinaire opération d'unification du milieu technique sous les catégories informationnelles. Les calculateurs calculaient, on devra bientôt dire qu'ils traitent de l'information ; les canons de DCA abattaient des avions ennemis, on peut maintenant dire qu'ils traitent de l'information ; et les humains dans tout cela ? Ils sont devenus machines, en même temps que les machines « s'humanisaient ». Le schème de la communication, du transfert et du traitement de l'information, s'impose comme un langage transversal qui supplante les anciennes barrières entre les différentes techniques, et entre l'homme et ses techniques. Le philosophe Gilbert Simondon, en contemporain des travaux de la cybernétique, l'a bien perçu qui a fait de la cybernétique le dernier moment de l'idéal encyclopédique[1]. La cybernétique ce sont tout à la fois des résultats techniques pointus, des intuitions épistémologiques brillantes sur l'empire de la mécanique statistique appliquée aux problèmes de l'ingénieur, mais aussi du physiologiste ou du psychologue, et une nouvelle image de l'homme, non pas tant réduit à la machine que vivant parmi les machines. Ce monde de la cybernétique est encore pour partie le nôtre. Derrière l'usage généralisé de la notion d'information, nous pouvons encore lire les grandes décisions des années 1940 quant à ce qui fait la machine et à ce qui fait l'humain.

Cette transformation du regard qui nous fait voir de l'information là où il n'y avait précédemment que des échanges énergétiques, des formes là où il n'y avait que de la matière, n'est pas seulement une affaire de choix dans les représentations, mais aussi et conjointement une transformation, dans les choses, dans la culture matérielle du système technique. La cybernétique a donné un langage à ces expériences concrètes d'interaction avec la machine, d'inclusion des opérateurs humains dans des dispositifs de plus en plus complexes, qui se sont multipliées avec la guerre. Le pilote de l'avion, l'opérateur radar, le pointeur du canon de DCA, le programmeur des derniers calculateurs mécaniques, sont déjà devenus de fait des hommes cybernétiques, engagés dans une relation nouvelle à la machine. La cybernétique, sous le vocabulaire de l'information et de la communication, a réussi à exprimer ces nouvelles positions subjectives ; mais le langage n'est jamais un pur reflet : non seulement il trie, il sélectionne et il efface, dans la manière de dire et de constituer en récit ce qui fait la chair d'une expérience humaine, mais il suscite aussi un monde d'artefacts, d'expériences nouvelles dans lequel il devient évident que nous communiquons, traitons de l'information ou échangeons avec les machines. Le monde matériel ne se sépare pas du monde des représentations, mais les représentations sont une part de ce monde matériel, une manière d'exprimer l'agencement des choses et d'en modifier la configuration. L'histoire de la cybernétique du début des années 1940 à la fin des années 1950 constitue l'histoire secrète d'une partie de notre présent, la source d'une manière de décrire le monde, d'un ensemble d'expériences et de positions subjectives qui sont encore les nôtres.

1. Gilbert Simondon, *Du mode d'existence des objets techniques*, Paris, Aubier, 1989 [1958], pp. 100-101.

Le projet cybernétique

La séquence qui s'étend de l'automne 1940 à la parution, huit ans plus tard, de *Cybernetics* voit ainsi apparaître les catégories d'information et de feedback comme le langage universel du milieu technique issu de la guerre. Le texte de *Cybernetics*, partagé entre l'énoncé de résultats scientifiques ardus et des considérations de philosophie des sciences, illustre on ne peut mieux cette ambition unificatrice. Le livre est sans doute l'un des best-sellers les plus inattendus de toute la littérature scientifique, tirant à plus de 30 000 exemplaires. Il attire l'attention de la presse généraliste ; *Newsweek*, *Scientific American*, le *New York Times* ou encore *Time Magazine* consacrent des articles au chef-d'œuvre du « petit génie qui est devenu un Père Noël »[1]. Le texte répond manifestement à une immense attente d'explication quant à la signification et à la portée des concepts et artefacts issus de la guerre[2].

Wiener promet une nouvelle science bâtie sur des éléments de savoir qui viennent à la fois des télécommunications, de l'informatique, de la théorie du contrôle et des servomécanismes... Son nom de baptême, *cybernetics*, lui vient du terme grec « *kubernetes* » qui signifie le pilote ou le timonier. À défaut d'avoir trouvé un mot pour exprimer l'idée de message, Wiener a d'abord songé à « *angelos* » (le messager en grec), mais la connotation religieuse était trop forte, le nom renvoie au premier grand concept de la cybernétique, la notion de feedback. L'action du pilote qui corrige la course du navire en fonction des informations dont il dispose offre le paradigme d'une nouvelle science unifiée des communications et du contrôle. Wiener précise que le terme cybernétique est un hommage à Clerk Maxwell, qui a publié en 1863 l'un des premiers articles sur les mécanismes feedback. Il ignore qu'Ampère a déjà « inventé » le terme pour désigner dans sa classification la science du gouvernement.

Au maximum de son extension, la cybernétique est censée englober un nombre de disciplines tout à fait impressionnant.

> « Depuis la fin de la seconde guerre mondiale, j'ai étudié les nombreuses ramifications de la théorie des messages. Au-delà de l'ingénierie électrique pour la transmission des messages, il y a un champ plus vaste qui n'inclut pas seulement l'étude du langage mais aussi celle des messages comme moyens de contrôle des machines et de la société, le développement des machines à calculer et autres automates de même sorte, certaines réflexions sur la psychologie et le système nerveux, et un nouvel essai de théorie de la méthode

1. « A Quiz Kid grown into a Santa Claus ». La formule est de *Time*, 27 décembre 1948.

2. La description à l'emporte-pièce qu'a faite Andrew Hodges du succès du livre n'est pas dénuée de pertinence : « Le livre de Wiener a marqué l'ouverture du sujet au-delà du domaine restreint des articles techniques. En fait *Cybernetics* était encore très technique, incohérent et quasiment illisible, mais le public s'est jeté dessus comme s'il avait trouvé une clé magique pour pénétrer les secrets de la dernière décennie. » Andrew Hodges, *Alan Turing, The Enigma*, New York, Walker, 2000 [1983], p. 403.

scientifique. Cette théorie plus vaste des messages est une théorie probabiliste, une partie intrinsèque du mouvement enclenché par Willard Gibbs [en physique statistique] »[1].

La cybernétique n'inclut donc pas moins que la théorie de l'information proprement dite (ingénierie électrique des télécommunications), la linguistique (étude du langage), la théorie des servomécanismes (feedbacks informationnels et contrôle des machines), la sociologie (information, contrôle et société), la science des ordinateurs, la psychologie, la neurologie et l'épistémologie. Il faut noter que Wiener « oublie » ici tout ce qui concerne la physiologie du feedback, c'est-à-dire l'étude des rétroactions dans l'organisme vivant, qui n'est évoquée que par la mention des automates et du système nerveux, alors qu'elle constitue une des plus sûres marques de fabrique de la cybernétique.

Deux éléments forts se dégagent de ce portrait de la cybernétique. Les concepts de feedback et de contrôle apparaissent peu à peu subordonnés à la catégorie nouvelle d'information. Autrement dit, la « théorie des messages » au sens large englobe l'étude des situations de rétroaction. Cela est conforme aux intuitions du premier programme de l'automne 1940. Mais l'information elle-même relève d'une autre hiérarchie, puisque l'étude des messages apparaît comme une branche de la mécanique statistique. La cybernétique rassemble ainsi différents domaines de recherche, gouvernés par les catégories fondamentales de l'information et du feedback ; mais la cybernétique se définit elle-même comme une partie de la science physique, une dépendance de la mécanique statistique.

En pratique, il s'agit pour le groupe de Wiener d'établir un « langage commun » qui repose sur « l'unité essentielle des problèmes rencontrés » dans les différentes disciplines.

> « Cela fait ainsi au moins quatre ans que le groupe de scientifiques, autour du Dr. Rosenblueth et moi-même, a pris conscience de l'unité essentielle d'un ensemble de problèmes centrés sur la communication, le contrôle et la mécanique statistique, que ce soit dans la machine ou la matière vivante. D'un autre côté, nous étions sérieusement handicapés par l'absence d'unité de la littérature concernant ces problèmes et par l'absence d'une terminologie commune, ou même d'un simple nom pour désigner le champ. »[2]

La revendication d'une langue nouvelle pour les sciences revient constamment dans la littérature cybernétique. La cybernétique, science de la communication, est aussi une entreprise de communication entre les différentes sciences. La communication est à la fois son objet d'étude et son mode opératoire. Wiener est persuadé que la spécialisation et le cloisonne-

1. Norbert Wiener, *The Human Use of Human Beings, Cybernetics and Society*, Londres, Free Association Books, 1989 [1954], p. 15.
2. Norbert Wiener, *Cybernetics*, *op. cit.*, p. 11.

ment des disciplines sont un fléau, que les domaines à conquérir se situent au croisement des différents savoirs et demandent des équipes interdisciplinaires d'un genre nouveau. La cybernétique vise ainsi à réorganiser l'édifice du savoir, à partir d'une communauté scientifique idéale, dont le modèle est pensé en réaction à l'organisation des sciences issue de la guerre. La cybernétique conjugue une exigence d'autonomie de la science (la science doit seule définir ses objectifs de recherche, ceux qui imposent « leur nécessité spirituelle » aux savants) et d'interdisciplinarité.

> « L'exploration des espaces vierges sur la carte de la science ne peut être menée que par une équipe de scientifiques, chacun spécialiste dans son domaine mais possédant une connaissance suffisamment profonde et exercée des domaines voisins [...]. Nous avons rêvé pendant des années d'une institution de scientifiques indépendants, travaillant ensemble dans un de ces endroits reculés de la science, non comme les subordonnés d'un grand directeur exécutif, mais joints par le désir, à vrai dire la nécessité spirituelle, de comprendre la région comme un tout, et de partager les uns avec les autres la force de cette compréhension. »[1]

Le paradoxe veut que les principaux concepts de cette science sans patron, à la fois indépendante et interdisciplinaire, soient en fait issus de la recherche de guerre.

Un projet de calculateur

Le premier projet soumis par Wiener au NDRC est remarquable, en dépit du fait qu'il n'ait pas été retenu. En septembre 1940, Wiener propose la construction d'un calculateur digital, électronique, à grande vitesse, fondé sur l'usage des tubes à vide. Le 21 septembre, il soumet à Bush un mémorandum de douze pages décrivant les principes de la nouvelle machine[2]. Le mémorandum, resté sans suite, introduit une série d'innovations capitales, que l'on retrouvera toutes intégrées dans les calculateurs de l'après-guerre. La liste des innovations proposées est impressionnante. Elle est résumée dans *Cybernetics*.

> « 1. Que le dispositif central d'addition et de multiplication de la machine soit numérique, comme dans une machine à calculer ordinaire, plutôt que fondé sur la mesure, comme dans l'analyseur différentiel de Bush. 2. Que ces mécanismes, qui sont essentiellement réalisés par des commutateurs, dépendent de tubes électroniques plutôt que de roues ou de relais mécaniques, afin de garantir une plus grande vitesse. 3. Qu'en accord avec la méthode adoptée dans certains dispositifs des Laboratoires de Téléphone Bell, il serait probablement plus économique d'adopter l'échelle binaire pour l'addition et la multiplication plutôt que l'échelle décimale. 4. Que la séquence

1. Norbert Wiener, *Cybernetics*, *op. cit.*, p. 3.
2. Norbert Wiener, « Memorandum on the Mechanical Solution of Partial Differential Equations », in *Annals of the History of Computing*, 9, 1987, pp. 183-197.

> complète des opérations soit menée par la machine elle-même, afin qu'il n'y ait aucune intervention humaine entre le moment où les données sont entrées et la récupération du résultat final, et que toutes les décisions logiques nécessaires soient construites dans la machine elle-même. 5. Que la machine contienne un dispositif pour le stockage des données qui puisse les enregistrer rapidement, les conserver jusqu'à effacement, les lire rapidement, les effacer rapidement, et être ainsi disponible immédiatement pour le stockage d'un nouveau matériel. »[1]

Le point 1 fait le choix d'une machine numérique plutôt qu'analogique, le point 2 suggère l'emploi de composants électroniques, comme les tubes à vide, le point 3 adopte une représentation binaire des données, le point 4 décrit un contrôle logique en machine, le point 5 le principe d'une mémoire de masse. Toutes ces idées sont décisives pour la construction d'un calculateur électronique. Les choix de design proposés par Wiener apparaissent pertinents, si ce n'est visionnaires, au regard des évolutions technologiques de l'après-guerre. Les historiens de l'informatique estiment qu'il ne manque à la machine de Wiener que le programme enregistré en mémoire pour faire un véritable ordinateur[2]. Le calculateur de Wiener reste en effet une machine spécialisée, destinée à la résolution d'équations différentielles partielles. Il ne s'agit pas d'un calculateur universel à programme enregistré. Pour le reste, tout y est.

Dans *I am a Mathematician*, Wiener interprète le rejet de son projet comme un signe du conservatisme technique de Bush, attaché à la technologie analogique qu'il a contribué à développer. La réalité est sans doute un peu plus compliquée, et Bush a de bonnes raisons de douter en 1940 de la faisabilité du design de Wiener. L'équipe de l'ENIAC rencontrera des difficultés similaires pour imposer l'idée d'une machine électronique et digitale : l'emploi des tubes à vide, qui sont surtout connus pour tomber en panne, doit encore faire ses preuves comme composants de base des ordinateurs.

En dépit de son échec, ce premier projet exerce une influence notable sur la formation de la cybernétique. Wiener est à même de juger les innovations les plus récentes du calcul mécanique, avant même que celles-ci ne soient implémentées en machine. Il a déjà réfléchi à la question, il est sans doute disposé à recevoir les analogies entre neurones et composants binaires telles qu'elles seront développées par exemple chez McCulloch et Pitts. Bref, le terrain sur lequel la cybernétique pourra prospérer est en place dès l'automne 1940, au moment où Wiener passe d'un projet de calculateur électronique et digital à une étude des servomécanismes et des problèmes de traitement du signal. Les trois grands domaines de la cybernétique sont là. Ils relèvent d'une même préoccupation pour Wiener.

1. Norbert Wiener, *Cybernetics*, *op. cit.*, p. 4.
2. Pesi Masani, *Norbert Wiener, 1894-1964*, *op. cit.*, p. 173.

Le paradigme de la conduite de tir

Après l'échec du projet de calculateur, Wiener propose de se reconvertir dans l'étude des servomécanismes. Il envisage d'appliquer les outils de l'analyse harmonique et de la théorie des réseaux à l'étude des dispositifs de contrôle, retrouvant sans le savoir les résultats obtenus par Bode aux Bell Labs dans les années précédentes. Début novembre 1940, Wiener suggère aux ingénieurs du MIT avec lesquels il travaille l'idée que des réseaux répondant à certains types de fréquence pourraient être utilisés pour évaluer la trajectoire future d'un avion et améliorer le comportement des canons de défense anti-aérienne. Cette suggestion conduit Wiener à se lancer dans l'étude d'un dispositif de conduite de tir. Ce projet constitue la véritable matrice de la cybernétique, intégrant sous la forme d'une théorie statistique, les problèmes du traitement du signal et des servomécanismes. L'étude conduit Wiener à appliquer aux êtres humains le modèle du contrôle par feedback négatif. Les fondamentaux de la cybernétique sont là et se trouvent assemblés pour la première fois en une théorie générale.

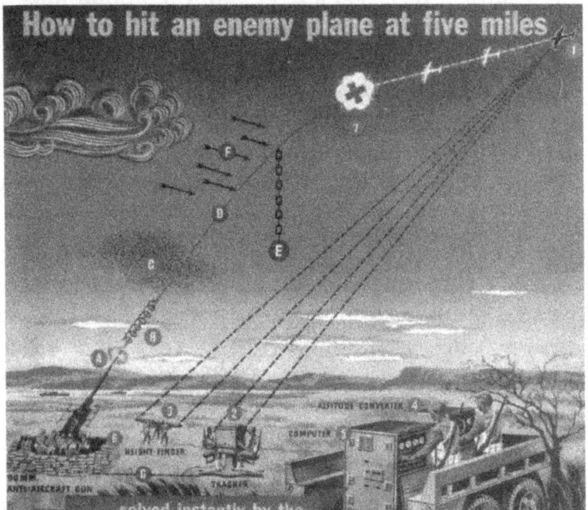

Fig. 14 – Les problèmes du combat anti-aérien résumés à partir du M9 des Bell Labs. L'avion ennemi (1) est repéré et suivi par le *tracker* (2) et le *height finder* (3) qui envoient l'information au *convertisseur d'altitude* (4) et au *calculateur* (5). Le calculateur envoie ses directives au canon (6), en indiquant le temps au bout duquel les munitions doivent exploser (7). Le calculateur doit tenir compte des mouvements du canon (A), de la rotation du projectile (B), de la densité de l'air (C), du temps de vol (D), de la gravité (E), du vent (F) et de la parallaxe entre le tracker et le canon (G). Reproduit à partir de David Mindell, *Between Human and Machine*, *op. cit.*, p. 204.

La construction d'un canon anti-aérien constitue un problème aux multiples facettes. La question de la conduite de tir prend une forme singulière dans le cas anti-aérien, par rapport aux problèmes traditionnels de l'artillerie navale ou terrestre. La vitesse d'un avion en vol représente en effet une fraction non négligeable de la vitesse du projectile. Atteindre l'avion suppose ainsi de tirer en avant de sa trajectoire et donc d'extrapoler, à partir des données connues quant à sa trajectoire passée et actuelle, sa trajectoire future. Ce problème de prédiction est rendu particulièrement difficile par la vitesse élevée du projectile et de la cible, qui oblige à concevoir des dispositifs d'assistance à la conduite de tir, extrapolant de manière automatique, à partir des données obtenues sur la trajectoire, la position future de l'avion. Au moment où Wiener se lance dans la recherche, les méthodes employées demeurent rudimentaires et se contentent d'une simple extrapolation géométrique. Les trajectoires sont dérivées de manière simple en fonction de la vitesse, la position future est extrapolée sur une ligne droite, sans prendre en compte l'altitude, par exemple.

Fig. 15 – Le principe et les limites d'une prédiction linéaire selon Pierce. Si on utilise comme données les points NL et L, on obtient la trajectoire estimée A'B' qui est manifestement erronée par rapport à la trajectoire AB fondée sur un ensemble plus grand de données. La prédiction est sensible aux fluctuations aléatoires de l'appareil. Reproduit à partir de John Pierce, *Symbols, Signals and Noise*, *op. cit.*, p. 211.

Wiener propose de reprendre le problème de fond en comble et d'introduire une nouvelle approche mathématique. Les simulations du modèle de Wiener sur l'analyseur différentiel donnent des résultats encourageants. Le 1er décembre, Wiener obtient un contrat de la division D2 du NDRC pour établir une « théorie mathématique générale de la prédiction et de ses applications ». En janvier, il reçoit le renfort de Julian Bigelow, un ancien étudiant du MIT, qui a travaillé chez Sperry Gyroscope et IBM comme ingénieur électronique.

Les principes du modèle de Wiener sont décrits dans un mémorandum de quatre pages, « Principles Governing the Construction of Prediction and Compensating Apparatus », envoyé au moment de la demande de financement.

> « Le projet proposé est le design d'un appareil de suivi ou de prévision dans lequel un organe est dédié au suivi du trajet actuel de l'avion et l'autre à l'anticipation de sa position future après un temps donné. Cela est réalisé

par un circuit linéaire dans lequel l'information est fournie par le mouvement passé de l'avion et qui génère un terme de correction indiquant la distance à laquelle l'avion sera de sa position présente lorsque le projectile arrivera dans son voisinage. [...] Le projet consiste premièrement à explorer les possibilités purement mathématiques de prédiction par un appareil quelconque, deuxièmement, à obtenir les caractéristiques particulières exigées par un appareil de ce type physiquement réalisable ; troisièmement, à approcher ces caractéristiques par des fonctions de fréquence ; ensuite, à développer une structure physique dont les caractéristiques électriques soient celles de la fonction rationnelle, et enfin, à construire l'appareil. »[1]

L'appareil de Wiener est donc constitué de deux parties, la première, dédiée au suivi de l'avion en vol, fournit à la seconde les données d'entrée pour un calcul d'extrapolation. La construction du dispositif de suivi suppose la mise au point de méthodes de filtrage et de lissage de façon à distinguer le signal du bruit de fond. Mais l'essentiel du travail réside dans la mise au point d'une théorie mathématique générale de la prédiction. Le projet de Wiener et Bigelow conservera toujours une échelle modeste. Il est, au point de départ, financé par le NDRC à hauteur de la somme ridicule de 2 325 $, à comparer aux 815 000 $ du projet RadLab, quelques bâtiments plus loin dans l'enceinte du MIT. Le projet de Wiener ne rassemble que quatre personnes, dans la petite salle 2-244 : outre Bigelow et lui-même, un ingénieur électrique et un calculateur humain.

La construction du *AA Predictor* mène à trois grands résultats. Premièrement, elle conduit à développer une théorie mathématique générale de la prédiction. Deuxièmement, elle conduit à une théorie des filtres et du traitement du signal, qui aura des applications directes pour les problèmes du radar. Troisièmement, elle conduit à s'interroger sur le fonctionnement des interactions homme-machine dans les dispositifs de conduite de tir. L'intégration de ces trois problèmes dans les premières années de la guerre fournit le point de départ de la cybernétique.

Les premiers résultats de Wiener du côté de la théorie de la prédiction comportent une découverte intéressante. Les circuits qui répondent bien à des courbes lisses sont en revanche totalement « déboussolés » par des trajectoires rectangulaires ou des oscillations à haute fréquence. À l'inverse, les filtres qui répondent bien aux trajectoires en zigzag se mettent à osciller lorsqu'ils sont confrontés à des trajectoires lisses. Le suivi inégal des trajectoires de l'avion par les opérateurs humains et les manœuvres évasives des pilotes sous le feu induisent ainsi des perturbations violentes dans les trajectoires étudiées, une forme de bruit ou d'oscillation, qui anéantit le travail de prédiction du circuit imaginé par Wiener. Soit le dispositif répond bien aux hautes fréquences, mais mal aux basses fréquences ; soit c'est l'inverse.

1. Norbert Wiener, « Principles Governing the Construction of Prediction and Compensating Apparatus », cité par Pesi Masani, *Norbert Wiener*, *op. cit.*, p. 182.

Le trait de génie de Wiener revient à considérer que cette antinomie entre le comportement à haute fréquence et à basse fréquence n'est pas seulement un effet malheureux et contingent, résultant du type d'appareil employé, mais qu'elle fait partie de « l'ordre des choses ». Wiener la compare au principe d'incertitude de Heisenberg. Nous avons affaire à une limitation fondamentale de nos capacités d'action.

> « Il m'est alors venu l'idée que cette difficulté était peut-être dans l'ordre des choses, et qu'il n'y avait aucune façon de la surmonter. Peut-être qu'il appartenait à la nature même de la prédiction qu'un appareil adéquat pour les courbes lisses soit un appareil excessivement sensible pour les courbes rugueuses. Peut-être que nous avions ici le même genre de vice de nature que celui qui apparaît dans le principe d'Heisenberg. [...] Plus nous étudiions le problème, plus nous étions convaincus d'avoir raison et d'avoir affaire à une difficulté fondamentale. [...] Si les erreurs d'imprécision et les erreurs d'hypersensibilité semblent toujours aller dans des directions opposées, sur quelle base obtenir un compromis entre les deux ? La réponse était qu'on ne pouvait obtenir un tel compromis que sur une base statistique. »[1]

La solution passe alors par une nouvelle approche statistique du problème de la prédiction. Si l'on veut construire un appareil qui saura répondre à l'ensemble des mouvements générés par le pilote ou l'opérateur de suivi, il faut que celui-ci puisse analyser la trajectoire de la cible. Le circuit de Wiener calcule la position de la cible en fonction des caractéristiques statistiques de sa trajectoire passée. Le principe repose sur une mise à jour continue des prédictions effectuées, en comparant le trajet effectif de la cible avec les précédentes estimations. Il s'agit de faire converger le circuit vers une erreur minimale entre l'extrapolation et les données observées. L'approche de Wiener donne lieu à une théorie statistique générale de la prédiction. Quels que soient les mouvements étudiés, l'appareil doit converger vers la meilleure solution en fonction des données disponibles. Cette approche permet de transformer le problème de la prédiction en un problème mathématique de minimisation que Wiener parvient à résoudre de manière élégante.

> « Nous avons pris le carré de l'erreur de prédiction à chaque instant, ou en d'autres termes, le carré de la différence entre la valeur prédite et la valeur réelle. Nous avons ensuite pris la moyenne de cette valeur sur le temps total de fonctionnement de l'appareil. Cette moyenne du carré de l'erreur était ce que nous essayions de minimiser. Nous avons donc pu poser le problème de la prédiction comme un problème de minimisation et lui donner une forme mathématique. [...] J'ai pu non seulement formuler le problème, mais aussi le résoudre ; et ce qui a été encore plus chanceux c'est que la solution a pris une forme simple. Il n'était alors pas difficile de concevoir un appareil pour réaliser dans le métal ce que nous avions imaginé sur le papier. »[2]

1. Norbert Wiener, *I Am a Mathematician, The Later Life of a Prodigy*, New York, Doubleday & Company, 1956, p. 244.
2. *Ibid.*, p. 245.

Si la méthode de Wiener conduit à des résultats mathématiques intéressants et d'une très grande généralité, les applications pratiques sont loin d'être acquises. Le 1er juillet 1942, Wiener et Bigelow font une démonstration de leur appareil à une délégation conduite par Weaver lui-même. Le test est concluant pour une extrapolation jusqu'à une seconde. L'assistance est plutôt impressionnée. Stibitz se souvient d'avoir eu « l'impression que [la machine] pouvait lire dans son esprit »[1]. Mais Weaver reste dubitatif et se demande si le « miracle » de Wiener, cette machine qui permet de lire l'avenir, peut être d'une quelconque utilité sur le champ de bataille, où les temps de réaction doivent être très courts.

Le problème est le suivant : la méthode de prédiction de Wiener repose sur une idéalisation des trajectoires de vol, qui sont considérées comme des compositions de fonctions sinusoïdales se déployant sur une période de temps infinie. Si l'appareil fonctionne bien pour des périodes relativement longues, il est en revanche hautement sensible au bruit dès lors que la période étudiée se restreint. Or une cible réelle, en situation de combat, ne peut être suivie que quelques secondes avant que l'ordre de tir ne soit donné. S'ajoute à cela le fait que le circuit de Wiener est extrêmement sensible aux oscillations et aux bruits produits par la mise en tension de l'appareil. Enfin, le design complexe du circuit ne résiste pas à la comparaison avec le design plus simple développé aux Bells Labs, qui ne s'embarrasse pas des complexités d'une approche statistique et se contente d'une prédiction géométrique standard.

Wiener est conscient depuis longtemps des difficultés du projet et de l'écart entre la théorie générale de la prédiction et les aléas de sa mise en pratique. La solution passe, à ses yeux, par deux directions de recherche en particulier : un traitement amélioré du signal d'entrée, au moyen d'opérations de lissage et de filtrage, et la collecte de données statistiques sur les manœuvres des avions ennemis en situation de combat, de façon à réduire l'espace des courbes possibles.

La question du traitement du signal donne lieu à un développement inattendu : la mise au point de filtres pour renforcer le signal et améliorer le comportement du circuit de prédiction peut en effet être traitée, elle aussi, comme un problème de minimisation. Autrement dit, la formule qui donne la meilleure prédiction possible en fonction de l'information disponible, peut être utilisée pour construire le meilleur filtre possible pour répondre à un signal donné. La méthode utilisée en prédiction est essentiellement la même que pour le traitement du signal. Le partage entre prédiction et théorie du signal cède devant les méthodes de l'analyse statistique employées par Wiener.

1. David Mindell, *Between Human and Machine*, *op. cit.*, p. 280.

> « Dans le travail scientifique, il ne suffit pas de savoir résoudre ses propres problèmes. On doit pouvoir tourner ces problèmes en tous sens et découvrir ceux qui ont été résolus. Il est fréquent qu'en résolvant un problème, on apporte automatiquement une réponse à un autre, qui n'avait jusqu'ici jamais été considéré comme ayant la moindre connexion. C'est ce qui arriva avec la nouvelle théorie de la prédiction. Le concept d'une prédiction de l'avenir d'un message avec un bruit perturbateur sur la base des statistiques conjointes du bruit et du message s'est révélé contenir en lui-même l'idée complète d'une nouvelle méthode pour séparer les bruits et les messages de la meilleure façon possible. »[1]

Le travail de Wiener conduit donc à associer sous un même ensemble conceptuel les problèmes de prédiction et de traitement du signal. Extrapoler à partir d'un signal existant la forme du signal futur ou discriminer entre le signal et le bruit relève d'un même traitement mathématique. Le travail de Wiener conduit à considérer l'unité essentielle des problèmes de communication, envisagés comme des problèmes statistiques. Cette interprétation statistique n'a pas simplement le rôle d'un outil commode. Elle renvoie déjà pour Wiener à la nature même des processus de communication, comme l'indique l'analogie avec le principe d'incertitude de Heisenberg. On voit se mettre en place dans les travaux de guerre les éléments fondamentaux de l'épistémologie informationnelle de la cybernétique.

Le second problème, la production d'une série de courbes analogues aux trajectoires d'un avion en vol, aboutit à une réflexion originale sur les interactions entre l'homme et la machine, le pilote et son avion, ou l'opérateur et le dispositif de suivi du canon. Cette réflexion débouche sur une première représentation cybernétique du comportement humain.

En juillet 1941, Bigelow met au point un dispositif ingénieux, afin de simuler le comportement d'un pilote ou d'un opérateur de suivi dans une batterie de DCA. Un projecteur de lumière blanche est couplé à un moteur. Le mouvement du point de lumière sur les murs du laboratoire représente le mouvement plus ou moins régulier d'un avion. Un second appareil, qui projette un point de lumière rouge, représente l'action de l'opérateur du canon anti-aérien. Le projecteur est piloté au moyen d'une manivelle, connectée à un ensemble de poids et de ressorts, qui simule le contrôle d'une tourelle anti-aérienne.

Le dispositif de Wiener et Bigelow génère les courbes aléatoires dont ils ont besoin pour mettre à l'épreuve leur *Predictor*, mais il permet aussi d'étudier le comportement des opérateurs ou des pilotes. Wiener et Bigelow sont surpris de découvrir que les performances obtenues sont intimement liées aux réactions nerveuses individuelles des opérateurs. « Les performances enregistrées montraient pour chaque opérateur une courbe

1. Norbert Wiener, *I Am a Mathematician*, *op. cit.*, p. 246.

d'autocorrélation absolument similaire à ses autres performances, et différente de celles des autres opérateurs. »[1] Le comportement de l'avion en vol apparaît donc limité à la fois par les propriétés physiques de l'avion, mais aussi par les propriétés du système nerveux des opérateurs humains. Wiener et Bigelow en viennent à la conclusion que le comportement de l'opérateur humain pourrait être étudié au moyen des mêmes catégories que le problème de la prédiction ou du filtre. Comme le *Predictor* ou le filtre, l'opérateur essaye de minimiser l'erreur en fonction d'un but. Il fonctionne comme un servomécanisme, régulé par un feedback négatif, qui adapte son action en fonction de l'information disponible. Ce sont donc, non seulement les opérations de prédiction et de filtrage qui reçoivent une interprétation en termes de feedback négatif et de minimisation de l'erreur, mais aussi l'opération de l'agent humain dans le dispositif mécanique. La nouvelle analyse s'étend ainsi pour englober l'action des opérateurs humains interagissant avec la machine.

Les recherches de guerre sur le canon anti-aérien voient donc apparaître un ensemble d'idées qui sera absolument fondamental pour la constitution de la cybernétique et de la notion d'information qui lui est associée. Le cas du *AA Predictor* permet d'assimiler sous un même schème technique la conduite de tir, la reconstitution du signal bruité et l'action de l'opérateur humain, identifié lui-même à ces servomécanismes dont la conceptualisation s'opère désormais sous les catégories du signal et de l'information.

Time Series

Le rapport de février 1942, *The Extrapolation, Interpolation, and Smoothing of Stationary Time Series with Engineering Applications*, illustre la puissance synthétique de cette nouvelle approche des problèmes du contrôle et du traitement de l'information. Wiener se propose expressément d'unifier les différentes branches de l'ingénierie des communications sous la forme d'une théorie statistique.

> « Ce livre représente une tentative pour unifier la théorie et la pratique de deux domaines de travail qui sont d'une importance vitale dans l'urgence actuelle et qui ont une unité méthodologique naturelle même s'ils ont jusqu'à présent tiré leur inspiration de deux traditions entièrement distinctes et sont largement différents dans leur vocabulaire et dans la formation de leur personnel. Ces deux champs sont ceux des séries temporelles en statistique et de l'ingénierie de la communication. »[2]

1. Norbert Wiener, « Summary Report for Demonstration », p. 7, cité par Pesi Masani, *Norbert Wiener*, *op. cit.*, p. 188.
2. Norbert Wiener, *Times Series*, Cambridge, MIT Press, 1949, p. 1.

Le rapport comporte une section sur la théorie mathématique de la prédiction linéaire, un algorithme pour minimiser l'erreur de prédiction, une méthode générale de design des filtres. Le dernier chapitre détaille, en particulier, une méthode de récupération d'un signal bruité. Le livre montre que les circuits feedback peuvent être utilisés pour optimiser n'importe quelle quantité arbitrairement choisie, au-delà de la question de la position ou de la vitesse liée au *Predictor*. Nous avons donc affaire à une théorie générale des servomécanismes, reconstituée à partir des catégories du traitement de l'information et du signal.

Le rapport connaît une diffusion importante durant la guerre, où il circule parmi les ingénieurs, sous le surnom de *Yellow Peril*, en raison de sa couverture jaune et de la difficulté des analyses mathématiques. Le rapport est republié en 1949 sous le titre non moins abscons de *Time Series*.

En dépit de ces résultats remarquables, le projet de Wiener et Bigelow est annulé, au moment de la réorganisation du NDRC, à la fin du mois de novembre 1942. Les raisons de cette annulation ne sont pas totalement claires. Il devient certes évident vers la fin de l'été que le dispositif de Wiener n'aura pas les effets escomptés sur le champ de bataille. Le *Predictor* de Wiener ne résiste pas à la comparaison organisée avec l'appareil des Bell Labs, qui fait preuve d'une efficacité quasiment égale au *Predictor*, pour un design beaucoup plus simple. L'intérêt de la méthode statistique introduite par Wiener est cependant largement reconnu au sein du NDRC. Stibitz ou même Weaver ont parfaitement conscience de son importance et de sa fécondité[1]. Pourquoi donc annuler le contrat, alors que financièrement le travail de Wiener et Bigelow n'est qu'une goutte d'eau dans l'océan de dépenses du NDRC ?

Il est probable que la réorganisation du NDRC ait encouragé un tournant vers des applications plus concrètes. Mais Mindell suggère aussi que des raisons de sécurité ont pu jouer contre Wiener. Mindell cite en particulier un mémorandum de Weaver qui s'inquiète des deux « innocents », Wiener et Bigelow, en voyage à travers les États-Unis, « sans trop savoir qui ils vont rencontrer », afin de récupérer des informations sur les trajectoires de vol[2]. Wiener est bien connu pour son incapacité à tenir sa langue et sa propension à parler à tort et à travers des projets classés. S'ajoute sans doute à tout cela l'épuisement physique et moral de Wiener, qui a travaillé sans compter au design de son *Predictor*, abusant de la benzédrine[3]. Son comportement pour le moins erratique lors des derniers mois inquiète les commanditaires.

1. Pesi Masani, *Norbert Wiener*, *op. cit.*, p. 191.
2. David Mindell, *Between Human and Machine*, *op. cit.*, p. 281.
3. Norbert Wiener, *I Am a Mathematician*, *op. cit.*, p. 249.

L'animal et la machine

Au cours de l'année 1942, Wiener et Bigelow se concentrent sur la question des rapports entre les servomécanismes et les comportements humains. Ils arrivent rapidement à la question suivante : est-ce qu'il n'existerait pas, du point de vue de la physiologie, des pathologies similaires aux oscillations produites par un feedback désordonné ? Si tel était le cas, si l'on pouvait découvrir dans certains comportements pathologiques ces oscillations qui sont tellement caractéristiques des problèmes de feedback, l'analogie entre le contrôle biologique et le contrôle mécanique pourrait certainement marquer des points. Sur ce, intervient la rencontre avec Arturo Rosenblueth, qui signe l'acte de naissance officiel de la cybernétique.

Rosenblueth est un physiologiste mexicain. Il travaille encore à l'époque dans le laboratoire de Walter Cannon à la Harvard Medical School. Il rejoindra plus tard l'Institut National de Cardiologie de Mexico, auquel Wiener rendra si souvent visite. Les deux hommes sont amis depuis les années 1930. Wiener a rencontré Rosenblueth lors du séminaire d'épistémologie que ce dernier animait à Cambridge.

Au printemps 1942, Wiener demande à Weaver la permission de mettre Rosenblueth au courant de ses recherches sur le *Predictor*. Les 14 et 25 mai 1942, sous l'égide de la fondation Macy, se tient à New York une conférence, le Cerebral Inhibition Meeting, rassemblant des physiologistes et des neurobiologistes. Rosenblueth y présente les premières analogies entre le comportement des servomécanismes et des acteurs humains. Surtout, il y rencontre McCulloch et Pitts, venus présenter leur modèle logique du fonctionnement du cerveau. En 1943, Wiener, Rosenblueth et Pitts se retrouvent régulièrement à Cambridge pour essayer de construire une description mathématique unifiée des dispositifs feedback et des comportements animaux. L'alliance cybernétique entre les mathématiques appliquées aux disciplines de l'ingénieur et la physiologie ou la neurologie se met progressivement en place.

Lorsque Wiener et Bigelow demandent à Rosenblueth s'il connaît une pathologie qui correspondrait à l'oscillation des systèmes feedback, la réponse est évidemment positive. Il existe en effet une pathologie nommée « purpose tremor » qui semble résulter d'un feedback excessif et qui est associée à des lésions du cervelet. Pour Wiener, Rosenblueth et Bigelow, il s'agit d'une première victoire, d'une « confirmation extrêmement significative de [leur] hypothèse sur la nature de certaines actions volontaires »[1]. Le comportement finalisé est bien régi par un feedback négatif, chez l'animal ou la machine.

1. Norbert Wiener, *Cybernetics*, *op. cit.*, p. 8.

Cette période d'émulation intense donne lieu à la publication du premier article cybernétique, cosigné par Wiener, Rosenblueth et Bigelow, dans la revue *Philosophy of Science*, en 1943. « Purpose, Behavior and Teleology » peut être considéré comme le véritable point de départ de la cybernétique. Dans l'introduction du livre de 1948, Wiener confirme l'importance de l'année 1943 et de l'article de *Philosophy of Science*.

> « Nous pensions tous les trois que ce nouveau point de vue méritait un article, que nous avons écrit et publié. [...] Aussi, il y a déjà quatre ans de cela, le groupe de scientifiques autour du Dr. Rosenblueth et moi-même avait déjà pris conscience de l'unité essentielle des problèmes centrés autour de la communication, du contrôle et de la mécanique statistique, que ce soit dans la machine ou dans le tissu vivant. »[1]

L'article cosigné avec Rosenblueth et Bigelow fixe le cadre des recherches cybernétiques à venir, comme il définit le style particulier de la discipline. D'un côté nous avons des résultats extrêmement techniques, en théorie de la prédiction, en théorie des filtres, qui ont été obtenus par ce coup de génie qui a consisté à faire passer toute la théorie de la communication derrière le formalisme statistique, et toute la théorie des servomécanismes derrière la théorie de la communication ; de l'autre côté, nous avons une publication dans un journal de philosophie des sciences, qui réfléchit sur la signification épistémologique des résultats techniques produits. Les recherches de guerre ont inventé des concepts généraux d'information et de contrôle. L'article de 1943 propose une première réflexion sur la signification de ces innovations.

« Behavior, Purpose and Teleology » est caractéristique de la structure de la discipline cybernétique : la réflexion philosophique ou épistémologique sur les résultats obtenus dans le milieu technique autorise une alliance inédite entre les disciplines de l'ingénieur et les sciences du vivant. Ce mouvement en direction d'une réflexion sur les paradigmes, sur les innovations conceptuelles de la théorie des messages et du contrôle, obéit en même temps à une logique politique : Wiener est en train de quitter l'orbite des recherches de guerre, où ses travaux sont encore classés, pour promouvoir délibérément un autre type de recherche, ancrée du côté du vivant et liée à des perspectives civiles. La cybernétique apparaît au tournant de l'année 1943, dans ce moment de basculement entre les recherches de guerre, marquées par des résultats techniques remarquables, et les recherches civiles, qui se distinguent par ce transfert de concept en direction des sciences du vivant autorisé par le grand tournant philosophique de la discipline.

1. Norbert Wiener, *Cybernetics, op. cit.*, pp. 8-11. L'introduction est écrite en novembre 1947, alors que Wiener est justement en visite à l'Institut National de Cardiologie de Mexico. « Il y a quatre ans de cela » : autrement dit, Wiener situe lors de l'année 1943 le véritable point de départ de la discipline, ce qui correspond à la fois à l'assimilation des résultats issus du travail sur le *Predictor* et à l'extension de ces résultats dans le domaine de la physiologie, en particulier grâce à l'alliance avec McCulloch et Pitts.

Mais à lire avec du recul, la perspective de l'article de 1943 peut sembler bien timide par rapport aux ambitions de la cybernétique triomphante de 1947-1948. Wiener n'aura de cesse de récrire, à chaque publication importante, l'article originel, pour en dégager les attendus épistémologiques fondamentaux. Comparé à la relecture qui en est donnée dans l'introduction de *Cybernetics* ou le chapitre I de *The Human Use of Human Beings*, par exemple, l'article de 1943 apparaît marqué par deux défauts. Premièrement, le rapport entre les notions d'information et de contrôle n'est pas dégagé de façon aussi claire que dans les textes de l'après-guerre. Deuxièmement, l'article se situe expressément dans l'orbite de l'analyse behavioriste, comportementale ; référence qui sera abandonnée par la cybernétique parvenue à maturité.

L'objet de l'article consiste, en effet, à promouvoir une nouvelle classification des comportements, fondée sur les résultats obtenus pendant la guerre. Wiener, Rosenblueth et Bigelow cherchent à montrer que les comportements finalisés peuvent s'expliquer, chez les vivants comme les machines, par l'utilisation de feedbacks négatifs, notamment prédictifs. Le feedback négatif, formalisé par Black, Nyquist et Bode, comme un outil pour améliorer le comportement des tubes à vide, est érigé en schème technique général des opérations de contrôle et de communication. Dès lors que la donnée de sortie d'un mécanisme est retournée (*fed back*) en entrée, le mécanisme accède à la possibilité d'adapter son comportement en fonction d'un but, en essayant de minimiser l'écart entre ce but et l'état actuel de la sortie. La classification proposée est la suivante : il faut distinguer entre comportements passifs et comportements actifs. Dans un comportement actif, le sujet est sa propre source d'énergie. Les comportements actifs se divisent à leur tour en comportements avec ou sans but. Les comportements avec but, ou téléologiques, se divisent en comportements avec ou sans feedback. Le feedback peut être ou non prédictif. Enfin, on doit distinguer entre plusieurs ordres de comportements prédictifs, indexés sur le degré de complexité dans l'organisation du sujet.

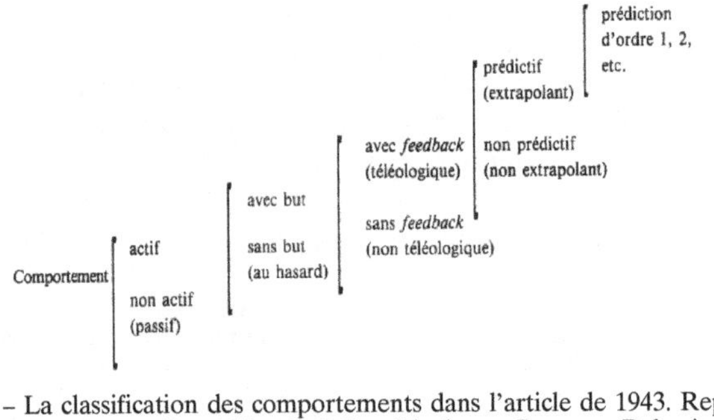

Fig. 16 – La classification des comportements dans l'article de 1943. Reproduit à partir de Norbert Wiener, Arturo Rosenblueth, Julian Bigelow, « Purpose, Behavior, and Teleology », *op. cit.*, p. 49.

Or, toute la classification apparaît fondée sur une division entre les comportements passifs et actifs, dont le principe est lié à l'utilisation de l'énergie. « La prise en considération des changements d'énergie impliqués dans le comportement offre une base de classification »[1], écrivent Wiener, Rosenblueth et Bigelow. Cette proposition peut bien apparaître comme une hérésie, pour la cybernétique attachée à distinguer en permanence ce qui relève de l'information et de l'énergie. Quelques années plus tard, la typologie des comportements sera référée non plus à « la prise en considération des changements d'énergie », mais aux différences dans la structure informationnelle des sujets.

Plus précisément, la relation entre l'information et le feedback n'apparaît pas pleinement dégagée dans l'article de 1943 : le feedback est encore pensé sous l'angle de l'énergie et des modifications de l'énergie. Il est seulement question, au détour d'une phrase, de la fonction du signal dans les dispositifs de feedback négatif. « Si l'on doit atteindre un but, des signaux venant du but sont nécessaires, à un moment donné, pour diriger le comportement ». Comparé aux formulations de *Cybernetics*, par exemple, la relation entre feedback et signal apparaît bien ténue dans l'article de 1943. La mention de l'article dans *Cybernetics* doit être assortie d'un commentaire, destiné à renforcer ce qui n'est qu'une allusion timide dans l'article de départ.

> « Sur le plan de l'ingénierie des communications, il était déjà clair pour M. Bigelow et moi-même que les problèmes de l'ingénierie du contrôle et de la communication étaient inséparables, et qu'ils ne se centraient pas sur les techniques de l'ingénierie électrique mais sur la notion bien plus fondamentale du message, que celui-ci soit transmis par des moyens électriques, mécaniques ou nerveux. »[2]

Le moins qu'on puisse dire est que ce point n'est pas totalement dégagé dans l'article de 1943, que cela soit lié à des raisons contingentes d'exposition ou bien à une prise de conscience plus graduelle que ce dont Wiener veut bien se souvenir en 1947.

Le deuxième élément qui détonne, par rapport aux formulations de la fin des années 1940, est l'omniprésence du vocabulaire behavioriste. La classification proposée est en effet fondée sur un critère comportementaliste. Les auteurs prennent bien soin de distinguer entre ce qu'ils appellent l'analyse comportementale et l'analyse fonctionnelle. La première s'intéresse aux relations entre un sujet et son environnement, à travers la connexion observable entre input et output ; la seconde à l'organisation interne du sujet. L'idée est que si machines et vivants peuvent se distinguer par leur organi-

1. Arturo Rosenblueth, Norbert Wiener et Julian Bigelow, « Behavior, Purpose and Teleology », *op. cit.*, p. 44.
2. Norbert Wiener, *Cybernetics*, *op. cit.*, p. 8.

sation interne, les uns sont faits de métal les autres de chair, ils peuvent néanmoins manifester des comportements de même type. Wiener, Rosenblueth et Bigelow revendiquent donc « l'application d'une approche comportementale uniforme aux machines et aux organismes vivants quelle que soit la complexité du comportement »[1].

Ce point est frappant, dans la mesure où il semble interdire la possibilité d'une analyse fonctionnelle des organismes, telle que la cybernétique pourra la mener à bien par la suite. Il n'est pas impossible que cette limitation considérable soit liée dans l'article au défaut de connexion entre feedback et information. En effet, les analyses cybernétiques futures auront le souci d'ouvrir la boîte noire entre l'input et l'output, d'utiliser les connaissances quant aux comportements observables comme un outil heuristique en direction de l'organisation interne, appréhendée en termes de circuits d'information. Ce point est ébauché à la fin de l'article, lorsque les auteurs mentionnent la possibilité de rapporter la complexité des comportements prédictifs aux différences dans l'organisation fonctionnelle des sujets étudiés. Le cadre behavioriste, dont les auteurs se réclament en 1943, est sans doute une cotte bien mal taillée pour les ambitions de la cybernétique. Il faut dire que Wiener avait conscience de dynamiter le behaviorisme de l'intérieur. Dans une lettre à son ami, le biologiste britannique Haldane, datée du 22 juin 1942, Wiener explique que « le behaviorisme tel que nous le connaissons est une méthode bien établie en biologie et en psychologie mais [qu'il] n'a vu nulle part d'approche pertinente pour analyser les possibilités intrinsèques des types de comportement »[2].

De fait, le behaviorisme proposé dans l'article de 1943 est loin d'être totalement conventionnel, puisqu'il vise précisément à réintégrer la question de la finalité dans l'analyse comportementale. Il ne s'agit certes pas de rétablir des états mentaux intentionnels, mais les cybernéticiens se proposent de modifier l'architecture conceptuelle du behaviorisme, en intégrant un type de comportement qui était jusqu'ici considéré comme marginal, parce que fondé sur une activité interne, spontanée du sujet. De là à ouvrir la boîte noire entre l'input et l'output, il n'y a qu'un pas.

Au final, et en dépit de ces limitations plus ou moins bien assumées par rapport aux ambitions futures, l'article présente un des schèmes fondamentaux, si ce n'est le paradigme, du programme cybernétique. L'analyse des procédés de feedbacks négatifs, issus des études d'ingénierie, permet de traiter sous le même ensemble conceptuel vivants et machines. En particu-

1. Arturo Rosenblueth, Norbert Wiener et Julian Bigelow, « Behavior, Purpose and Teleology », *op. cit.*, p. 49.

2. Norbert Wiener, lettre à J.B.S. Haldane, 22 juin 1942, cité par Peter Galison, « The Ontology of the Enemy : Norbert Wiener and the Cybernetic Vision », *Critical Inquiry*, Vol. 21, 1, 1994, p. 242.

lier, la finalité, ce caractère si singulier des êtres vivants, ne doit plus être considérée comme échappant au mécanisme ou au déterminisme. Une explication parfaitement mécanique des comportements finalisés est désormais possible.

> « Le fait d'être dirigé par un but, comme cela a été défini ici, est tout à fait indépendant de la causalité, initiale ou finale. La téléologie a été discréditée principalement parce qu'elle était définie comme impliquant une cause subséquente dans le temps à un effet donné. Cependant, quand cet aspect de la téléologie a été abandonné, la reconnaissance associée de l'importance du but a aussi malheureusement disparu. [...] Le comportement téléologique devient ainsi synonyme de comportement contrôlé par un feedback négatif. »[1]

Comme l'affirme plus tard *Cybernetics*, le néo-mécanisme informationnel a vidé de sa substance l'opposition entre le mécanisme et la finalité[2]. La conséquence naturelle est que la distinction entre les êtres vivants et les machines disparaît. Si les vivants ne se distinguaient des machines que par le fait qu'ils avaient seuls accès à des comportements finalisés, alors les nouvelles machines à feedback, dans la mesure où elles manifestent des comportements finalisés, abolissent la frontière entre machines et vivants. Alors que traditionnellement les comportements finalisés sont considérés comme la limite du mécanisme, des comportements qui résistent à ce mode d'explication et l'invalident dans le domaine du vivant, la cybernétique fait du finalisme une dépendance du mécanisme, pour rendre compte des machines et des vivants comme des automates à feedback.

L'opposition traditionnelle entre l'horloge, paradigme de la machine, dont le fonctionnement se caractérise uniquement par les actions mécaniques, *partes extra partes*, de ses différents rouages, et l'organisme vivant, dont la croissance est guidée par une certaine idée de sa totalité, ne fait plus sens pour la cybernétique. Une horloge est une machine fermée, qui ne réagit pas à son extérieur, ne reçoit ni ne transforme d'information, n'adapte pas son comportement par rapport à une norme, toutes choses que les nouvelles machines à feedback sont censées faire. Le grand exemple de l'article de 1943 est la torpille qui se guide vers sa cible. Wiener n'a évidemment pas le droit de mentionner les recherches sur le *Predictor*, mais les allusions sont transparentes. On rencontre ainsi, au détour d'un paragraphe, la mention d'« une machine construite dans le but d'atteindre une cible lumineuse en mouvement »[3].

La définition du feedback suppose qu'un but soit assigné au comportement. Il n'y a pas de feedback sans projet, forme finale régulatrice. Le feed-

1. Arturo Rosenblueth, Norbert Wiener et Julian Bigelow, « Behavior, Purpose and Teleology », *op. cit.*, p. 52.
2. Norbert Wiener, *Cybernetics*, *op. cit.*, p. 44.
3. Arturo Rosenblueth, Norbert Wiener et Julian Bigelow, « Behavior, Purpose and Teleology », *op. cit.*, p. 47.

back régule le fonctionnement de l'automate en fonction d'un comportement désiré. « Le terme de feedback est [...] employé [...] pour signifier que le comportement d'un objet est contrôlé par la marge d'erreur à laquelle l'objet se situe à un moment donné en référence à un but relativement spécifique. »[1] Il repose sur l'évaluation de l'écart du comportement actuel vis-à-vis du comportement souhaité, écart qu'il tente de minimiser autant que possible.

Dans les formulations postérieures de *Cybernetics*, l'écart entre le projet et le mouvement actuellement effectué est considéré comme l'information qui permet au dispositif de réguler son action. L'action du dispositif feedback repose ainsi sur une certaine information (l'écart par rapport au but). Cette information de sortie est réintroduite en entrée dans le dispositif. La rétroaction apparaît ainsi comme une boucle informationnelle. Les actions du dispositif produisent de l'information (distance entre l'état actuel et l'état final) qui est récupérée en input pour réguler la conduite de l'automate. Les autres aspects, notamment énergétiques, qui ont trait aux différents mouvements du dispositif apparaissent maintenant secondaires.

Mais l'analogie cybernétique va plus loin que la simple identification du feedback informationnel comme source des comportements finalisés. Les défaillances des dispositifs mécaniques peuvent être analysées sur le même mode que les pathologies du comportement. Ici, il est comme souvent avec la cybernétique difficile de décider si ce sont les machines qui sont humanisées ou les vivants qui sont pensés comme des machines.

Lorsque le canon est soumis à un feedback, celui-ci corrige sa position en fonction de l'information qu'il reçoit quant à sa cible ou à sa trajectoire estimée. Cependant, si cette correction est trop importante, elle sera suivie à son tour d'une nouvelle correction de l'orientation du canon en un sens opposé, et ainsi de suite. Il peut ainsi se produire un phénomène d'oscillations incontrôlées, dans lequel le mécanisme feedback s'effondre en quelque sorte sur lui-même, chaque feedback entraînant une réaction encore plus catastrophique en sens opposé. Or ce phénomène a des équivalents dans le cas du comportement humain, comme Rosenblueth l'a confirmé à Wiener et Bigelow.

Supposons que je veuille me saisir d'un stylo ou d'un verre d'eau, exemples types du comportement finalisé chez les cybernéticiens, même si le cigare tend à remplacer la boisson chez le dernier Wiener. Je mesure en permanence l'écart qui me sépare de mon but. Cet écart me sert à réguler mon action.

> « Pour réaliser une telle action, il doit y avoir à chaque instant un rapport au système nerveux, conscient ou inconscient, de la quantité caractérisant le

1. Arturo Rosenblueth, Norbert Wiener et Julian Bigelow, « Behavior, Purpose and Teleology », *op. cit.*, p. 46.

> fait que nous n'avons pas encore saisi le stylo. Si nous gardons les yeux sur le stylo, ce rapport peut être visuel, au moins en partie, mais il est plus généralement kinesthésique, ou pour utiliser un terme à la mode, proprioceptif. »[1]

Une telle description permet de repérer deux types généraux de défaillance des mécanismes feedback. Un mécanisme feedback peut échouer soit par défaut d'information en input, soit par excès. Le premier cas se produit lorsqu'il manque un sens, lorsque le sens kinesthésique est par exemple atteint. Cette maladie que l'on appelle « ataxie » gêne la saisie d'un objet parce que l'information nécessaire au fonctionnement du comportement finalisé fait défaut ou est insuffisante. Mais c'est le second cas qui intéresse d'abord la cybernétique :

> « Cette description des conséquences d'un feedback non diminué est remarquablement similaire à celle observée pendant l'exécution d'un acte volontaire par un patient qui souffre d'une lésion du cervelet. Au repos, le sujet ne manifeste aucun trouble moteur évident. Néanmoins, si on lui demande de porter un verre d'eau de la table à sa bouche, la main portant le verre exécutera une série de mouvements oscillatoires d'amplitude croissante pendant qu'il approchera le verre de sa bouche de telle façon que l'eau se renversera et que le but ne sera pas atteint. Ce test est typique de la performance motrice désordonnée des patients ayant des troubles cérébelleux. L'analogie avec le comportement d'une machine possédant un feedback non diminué est si frappante que nous nous hasardons à suggérer que la fonction principale du cervelet est le contrôle des mécanismes nerveux de feedback impliqués dans l'activité motrice dirigée vers un but. »[2]

La notion de feedback ouvre ainsi pour Rosenblueth, Wiener et Bigelow tout un nouveau champ de recherche à cheval sur le domaine des ingénieurs et des physiologistes. Il s'agit maintenant de caractériser les modalités de la circulation de l'information dans l'organisme considéré comme un tout, au moyen d'analogies tous azimuts entre machines et vivants. Le mécanisme feedback apparaît comme une catégorie supérieure qui transcende le partage entre le vivant et la machine, promet de renvoyer dans le passé la vieille théorie stimulus-réponse, et propose des modes de description beaucoup plus riches des différents comportements finalisés. Mécaniste ne s'oppose plus alors à finalisé ; le mécanisme rend compte de la finalité en termes de feedback et d'information.

L'article de 1943, en dépit de certaines lacunes, présente donc les éléments fondamentaux du programme cybernétique : le transfert d'une conception unifiée des servomécanismes et de la communication vers la physiologie ou la neurologie. Le programme rencontre un écho favorable dans les dernières années de la guerre. Le petit groupe autour de Wiener, Rosenblueth, McCulloch et Pitts s'attache les services de Lorente de Nó ou

1. Norbert Wiener, *Cybernetics, op. cit.*, p. 7.
2. Arturo Rosenblueth, Norbert Wiener, Julian Bigelow, « Behavior, Purpose and Teleology », *op. cit.*, p. 47.

John Von Neumann. Les 6 et 7 janvier 1945, le groupe se retrouve chez ce dernier à Princeton, pour former la Teleological Society, dénomination inspirée par l'article de 1943, et discuter du développement des calculateurs, de la théorie de la communication et de la neurologie. Avant même la fin de la guerre, le dispositif conceptuel de la cybernétique est désormais fermement en place.

Le signal contre le bruit

L'examen de la formation des idées cybernétiques pendant la période de la guerre présente une dualité intéressante. Le travail de Wiener et Bigelow sur le *Predictor* conduit à l'unification de la théorie du contrôle par feedback et de la théorie de la communication sous les outils de l'analyse statistique. « Je crois que je mérite la reconnaissance pour avoir transféré la théorie complète des servomécanismes sous l'ingénierie des communications », écrira plus tard Wiener, à propos du *Yellow Peril*[1]. Mais la cybernétique ne s'arrête pas là et propose, au moment de son tournant vers les recherches civiles, une réflexion épistémologique sur les notions d'information et de contrôle, qui assure sa connexion avec les sciences du vivant, et, plus tard, les sciences humaines. Les concepts cybernétiques fonctionnent ainsi à deux niveaux : ils prennent source dans le milieu technique, mais ils renvoient à une interrogation plus vaste quant à la signification des résultats obtenus.

Or, il est frappant de constater combien la représentation de l'information issue du milieu technique peut différer chez Wiener de celle que l'on trouve chez Shannon. Nous avons affaire à un paradoxe délicat, qui interroge le rapport entre un formalisme et l'interprétation que l'on peut en donner. Shannon et Wiener ont proposé des théories mathématiques de l'information extrêmement proches pour ce qui est des résultats techniques. Pourtant, il est manifeste que les manières de se représenter l'information divergent profondément. Un même formalisme, ou un formalisme équivalent, peut donner prise à des interprétations épistémologiques ou philosophiques opposées de la quantité d'information.

Dans le *Yellow Peril*, Wiener propose une première définition de la quantité d'information fondée sur le principe d'un choix binaire. Mieux, il conçoit la théorie des télécommunications comme une affaire de probabilités.

> « La transmission d'un élément d'information unique et fixé n'a pas de valeur communicative. Nous devons avoir un répertoire des messages pos-

1. Norbert Wiener, *I Am a Mathematician*, *op. cit.*, p. 265.

sibles et au-delà de ce répertoire une mesure déterminant la probabilité de ces messages. »[1]

Les formules de la quantité d'information dans *Time Series* ou *Cybernetics* et dans « A Mathematical Theory of Communication » sont donc généralement considérées comme équivalentes. Shannon cite Wiener dans son article :

> « La dette de la théorie de la communication envers Wiener est immense ; elle lui doit une large part de sa philosophie de base et de sa théorie. Son rapport classique au NDRC, *The Interpolation, Extrapolation and Smoothing of Stationary Time Series* (Wiley, 1949) contient la première formulation absolument claire de la théorie de la communication comme un problème statistique, et de l'étude des opérations sur les séries temporelles. »[2]

Et Wiener de citer Shannon :

> « Nous avons développé une théorie statistique de la quantité d'information, dans laquelle l'unité d'information est ce qui est transmis comme une décision entre deux alternatives également probables. Cette idée est apparue à peu près au même moment chez plusieurs auteurs, en particulier le statisticien R. A. Fisher, le Dr. Shannon des Bell Telephone Laboratories, et moi-même. »[3]

La proximité des résultats techniques découle sans doute en partie des contacts qu'ont pu avoir Wiener et Shannon durant la guerre. Bigelow a relaté les visites régulières de Shannon durant le travail sur le *Predictor*[4]. Il est évident que les formulations mathématiques de Shannon et Wiener sont équivalentes et forment une seule et même théorie de l'information. Wiener comme Shannon ont promu une approche révolutionnaire de l'information, fondée sur le recours aux probabilités. Mais si nous sommes attentifs à ce que signifie le terme information chez Shannon ou Wiener, les différences éclatent. Shannon se représente l'information comme un code, une forme pure, une suite d'agencements symboliques. Une telle représentation est à peu près totalement absente du travail de Wiener. L'information est bien mieux représentée chez Wiener par la notion de forme que par la notion de symbole. Information désigne chez Wiener une forme qui exprime la singularité d'un agencement matériel. L'information renvoie à une certaine quantité de structure ou d'organisation dans les choses. Disons que Shannon pense l'information comme un « code », Wiener comme un « signal ».

Cette différence d'approche est soulignée dans *Cybernetics* (« Le motif de l'étude de Shannon est le problème du codage de l'information ; le mien,

1. Norbert Wiener, *Times Series*, *op. cit.*, p. 2.
2. Claude Shannon et Warren Weaver, *The Mathematical Theory of Communication*, *op. cit.*, p. 115.
3. Norbert Wiener, *Cybernetics*, *op. cit.*, p. 10.
4. Entretien avec Bigelow, 1999, in Flo Conway et Jim Siegelman, *Dark Hero of the Information Age*, *op. cit.*, p. 126.

celui du bruit et du message dans les filtres électriques »[1]). *I Am a Mathematician* en donne une autre formulation, plus imagée :

> « J'ai approché la théorie de l'information par l'étude de circuits électriques transportant un courant continu, ou au moins quelque chose qui peut être interprété comme un courant continu. Au même moment, Claude Shannon, des Bell Telephone Laboratories, développait une théorie parallèle et largement équivalente, du point de vue des systèmes de relais électriques. [...] Shannon adore le discret et se méfie du continu. Il a considéré les messages discrets comme une séquence de oui et non distribuée dans le temps, et il a regardé chaque décision individuelle entre un oui et un non comme l'unité d'information. Dans la théorie continue des filtres, j'ai été amené à une définition similaire de l'unité d'information, mais à partir de ce qui était au départ un point de vue extrêmement différent. »[2]

Cette distinction entre une approche de l'information comme code et comme signal comporte une réelle difficulté. Il est en effet particulièrement délicat de situer le lieu exact de l'opposition. À vrai dire, signal et code ne s'opposent pas en termes techniques. Comme on le sait, un signal peut être échantillonné sans difficulté et réduit à un code composé d'éléments discrets, tout comme un code peut être transmis au moyen d'un signal continu. L'opposition du code et du signal, du digital et de l'analogique, est surmontée par le milieu technique.

Quel peut donc être le lieu et la signification exacte de l'opposition que nous prétendons discerner par ailleurs ? On ne peut parvenir à préciser le statut de cette dichotomie que si l'on accorde la possibilité d'interprétations épistémologiques différentes d'un même formalisme. Cette question n'est pas si inhabituelle qu'il y paraît. Songeons par exemple aux interprétations opposées, épistémique ou fréquentielle, du formalisme probabilitaire, qui correspondent à deux manières d'interpréter le formalisme, de l'appliquer ou d'en valoriser les éléments fondamentaux.[3]

Cette question de l'interprétation n'a pas seulement une valeur épistémologique d'élucidation des significations attachées à une notion, mais aussi une valeur performative, en ce qu'elle implique des programmes de recherche différents. On pourra notamment montrer que le choix par la cybernétique d'une représentation physicaliste de l'information, qui est sans doute déjà impliqué par le travail sur le *Predictor*, joue un rôle décisif dans le développement de la discipline. La partition entre le signal et le code est donc liée à la reconnaissance de ce niveau proprement philosophique de l'activité scientifique et technique. Comme Bachelard avait l'habitude de le dire, « les sciences créent de la philosophie »[4]. Cette philo-

1. Norbert Wiener, *Cybernetics*, *op. cit.*, pp. 10-11.
2. Norbert Wiener, *I Am a Mathematician*, *op. cit.*, p. 263.
3. Ian Hacking et Michel Dufour, *L'Ouverture au probable, Éléments de logique inductive*, Armand Colin, Paris, 2004, pp. 141-153.
4. Gaston Bachelard, *Le Nouvel Esprit scientifique*, Paris, PUF, 2003 [1934], p. 7.

sophie immanente à l'activité technique et scientifique apparaît dès lors que le formalisme n'est plus considéré comme un simple outil commode, mais comme un coup d'œil en direction de la nature des choses. Il y a sans doute quelque chose de naïf et risqué dans ce mouvement qui nous fait passer de l'expression formelle d'une notion à une réflexion sur le sens de ce qui est dit ; mouvement qui ne peut convaincre ni les philosophes persuadés que la science ne pense pas, ni les scientifiques persuadés que seuls comptent les résultats techniques. Le cas de la cybernétique nous oblige à reconnaître, comme un événement ou un fait, cette alliance immanente de la science et de la philosophie. Celle-ci constitue en effet une des caractéristiques les plus exaltantes du discours des cybernéticiens qui ont pris le risque de réfléchir sur la signification des nouveaux concepts d'information et de traitement de l'information issus de la guerre.

Cette interprétation suggère que plusieurs représentations de l'information peuvent cohabiter au sein du milieu technique. La comparaison des travaux de Shannon et Wiener laisse entrevoir quatre grands types de différences qui peuvent justifier de cette représentation clivée de l'information.

Premièrement, Wiener a travaillé quasiment exclusivement sur des dispositifs analogiques. Que ce soit pour la prédiction de la trajectoire d'un avion ou pour le filtrage d'un signal bruité, l'information représente toujours l'expression d'une singularité matérielle, et non un agencement idéal de symboles produits par une source aléatoire. L'information est la trajectoire réelle de l'avion, la distance entre le projectile et la cible, et non un terme désincarné. La question du rapport entre le digital et l'analogique donne lieu à plusieurs débats houleux lors des conférences Macy. Wiener intervient, en particulier, lors de la sixième conférence, en 1949, pour faire une mise au point : si l'analogique et le digital peuvent être considérés comme équivalents ou convertibles du point de vue technique, il faut néanmoins accorder une sorte de priorité ontologique au signal continu. L'idée de Wiener est que les états digitaux ou discrets correspondent aux états d'équilibre des systèmes dynamiques. La plupart du temps le système se trouve à l'état d'équilibre et demeure insensible aux petites variations continues. Mais si les variations dépassent un certain seuil, alors le système change brusquement d'état. Le comportement numérique d'un système est donc le résultat d'une dynamique sous-jacente d'ordre continu. Wiener propose ici rien moins que le projet d'une « physique des dispositifs numériques »[1]. Von Neumann intervient dans le même sens lors de la septième conférence. Wiener acquiesce : il est possible de conjuguer l'équivalence technique de l'analogique et du digital avec une forme de primat ontolo-

1. Heinz Von Foerster (dir.), *Cybernetics, Circular Causal and Feedback Mechanisms in Biological and Social Systems, Transactions of the Sixth Conference*, New York, Josiah Macy Foundation, 1950, p. 202.

gique en faveur du continu. L'information digitale, ou le code de Shannon, n'apparaît aux cybernéticiens que comme une réalité dérivée et seconde, par rapport au signal analogique.

Deuxièmement, Wiener et Shannon diffèrent par leur approche épistémologique des problèmes de la communication. Si l'approche de Shannon a pu être qualifiée de descendante, les travaux de Wiener relèvent plutôt d'une approche ascendante. Wiener part de situations concrètes et locales de traitement de l'information pour en construire un modèle ; il ne se donne pas une axiomatique a priori des télécommunications. Ce point est particulièrement sensible dans la mention de l'analogie entre le principe d'incertitude et les limitations pratiques du *Predictor*. Wiener conçoit sa démarche comme une démarche de physicien confronté aux limites réelles des situations informationnelles. Wiener privilégie une approche physicaliste des problèmes de l'information plutôt qu'il ne construit un modèle a priori.

Troisièmement, le rapport à la théorie des probabilités apparaît comme l'élément décisif de divergence entre les deux démarches. La convergence entre théorie des probabilités et théorie de la communication est, chez Wiener, à double entrée ; il ne s'agit plus seulement de dire comme chez Shannon que la théorie de la communication a à être constituée comme une théorie probabiliste, en appliquant un formalisme existant aux problèmes du codage, mais aussi que la théorie statistique a à apprendre des outils mathématiques développés par les ingénieurs, en particulier l'usage de la transformée de Fourier. Wiener vise ainsi une fusion entre les deux domaines et non seulement une application des théories statistiques aux problèmes de l'ingénieur. Cette perspective apparaît liée au primat donné à l'analyse des ensembles de fonctions continues. Dans la continuité de ce rapport à double entrée entre théorie statistique et théorie de la communication pour l'analyse des séries temporelles, la théorie des probabilités est introduite d'une tout autre manière chez Wiener que chez Shannon, puisque Wiener opère systématiquement le lien entre théorie des probabilités et théorie physique. La théorie des probabilités ne se présente pas comme un ensemble clos ou un simple calcul détaché de ses applications. La source des résultats de Wiener est en effet à rechercher du côté de ses travaux pionniers sur la théorie probabiliste de la mesure et leur application à la modélisation des trajectoires dans un mouvement brownien, qui sont constamment évoqués dans les travaux des années 1940. Le travail de Wiener conduit à situer d'emblée le traitement du signal dans un univers plus vaste, celui de la physique statistique et de son hypothèse ergodique, celui des phénomènes de fluctuations aléatoires comme le mouvement brownien. Information et probabilité s'ancrent naturellement dans le champ de la physique. Il y a de l'information (et de la probabilité) parce que nous habitons un univers irréversible et intrinsèquement marqué par les phénomènes aléatoires.

Enfin, quatrièmement, l'information n'apparaît jamais chez Wiener comme un terme isolé. L'information est définie dans un rapport agonistique avec le bruit. Le bruit est premier pour Wiener, dont le problème consiste à distinguer les éléments de signal qui ont une valeur pertinente de ceux qui n'en ont pas. L'information apparaît chez Wiener comme une forme significative et transitoire, représentant la singularité d'un agencement matériel et s'opposant au hasard. L'ensemble de ces éléments doit nous inciter à prendre au sérieux le clivage entre les représentations de l'information au sein des théories du contrôle et des messages.

L'information émerge du milieu des télécommunications comme un objet théorique et pratique, un objet phénoménotechnique, qui nécessite à la fois un traitement formel nouveau et qui vient s'incarner dans des artefacts inédits. La notion d'information et les notions associées ont ceci de remarquable qu'elles permettent d'unifier des domaines jusqu'ici considérés comme disjoints. Cependant, la représentation de l'information n'apparaît pas totalement homogène au sein du milieu technique lui-même, lorsque les ingénieurs et les scientifiques interrogent la signification des concepts qu'ils ont produits. Subsiste au sein du nouvel objet informationune dichotomie philosophique qui exprime une désunion au sein du milieu technique, entre ce que l'on peut appeler une information-code et une information-signal. Ces tensions éclatent au grand jour dans les débats autour de la signification de l'informatique.

Deuxième partie

ORDINATEUR, ESPRIT, CERVEAU

« Pitts et moi avons montré que les cerveaux sont des machines de Turing et que n'importe quelle machine de Turing peut être faite de neurones. »

Warren McCulloch, « Mysterium Iniquitatis of Sinful Man Aspiring into the Place of God ».

« L'opinion courante selon laquelle les scientifiques avancent inexorablement de fait bien établi en fait bien établi sans jamais être influencés par la moindre conjecture non démontrée est trompeuse. »

Alan Turing, « Computing Machinery and Intelligence ».

1
DU MONDE CLOS DES CALCULATEURS À L'UNIVERS INFINI DE L'INFORMATION

En 1950, au moment de la première édition de *The Human Use of Human Beings*, Wiener jette un regard rétrospectif sur les développements récents dans le champ du calcul mécanique, auxquels les cybernéticiens ont été si étroitement associés.

> « Le développement de ces calculateurs a été très rapide depuis la guerre. Pour une large classe de travaux computationnels, ils se sont montrés plus rapides et plus précis que le calculateur humain. Leur vitesse a depuis atteint un niveau tel que toute intervention intermédiaire humaine dans le processus est désormais hors de question. Ils présentent ainsi la même exigence de remplacement des capacités humaines par des capacités mécaniques que celle que nous avons rencontrée dans l'étude du calculateur anti-aérien. Les parties de la machine doivent se parler les unes aux autres dans un langage approprié, sans parler ni écouter à l'extérieur, à part dans les phases initiales et terminales du processus. Ici encore, nous avons un élément qui a contribué à l'acceptation généralisée de l'idée de communication aux machines. »[1]

Cette citation, qui peut bien paraître triviale aujourd'hui, comporte en réalité plusieurs décisions considérables, si l'on se replace au point de vue des années 1950. Ces décisions nous échappent précisément parce que le langage de Wiener est devenu le nôtre, et que nous ne pouvons plus, par conséquent, percevoir la part de risque, la projection folle, innocente et audacieuse, à laquelle Wiener se livre ici. L'objet de la citation est de mettre en évidence les traits qui ont permis le transfert du vocabulaire de l'information vers les machines. Qu'est-ce qui permet de considérer un calculateur comme un dispositif de traitement de l'information ? Qu'est-ce qui autorise à appliquer l'idée de communication aux machines ?

La clé de ce transfert est, nous dit Wiener, l'automatisation, qui voit la machine prendre en charge des compétences humaines. L'automatisation apparaît comme une conséquence de l'augmentation de la vitesse des calculs, impliquée par le passage à l'électronique. Le raisonnement de Wiener est le suivant : il y avait d'abord de l'information et du traitement de l'infor-

1. Norbert Wiener, *The Human Use of Human Beings*, *op. cit.*, p. 151.

mation dans le monde humain et les activité humaines. Puis certaines machines ont remplacé – c'est le propre des automates – ces activités informationnelles. Il est donc légitime de dire que ces machines, tout comme les humains, manipulent de l'information.

Mais cette lecture repose sur une occultation historique massive. Le remplacement des activités humaines de traitement de l'information par les ordinateurs n'a, au sens propre, jamais eu lieu. Non pas que les machines n'aient rien remplacé : les calculateurs humains disparaissent au profit des ordinateurs. Mais les activités remplacées par les machines n'étaient pas, avant ce remplacement, considérées comme des activités de « traitement de l'information ». Il faut les machines pour que certaines activités humaines, et même l'essentiel des activités humaines si l'on en croit la cybernétique, soient considérées comme des opérations de traitement de l'information.

En bref, il n'y avait pas antérieurement un traitement naturel de l'information dans les activités humaines, qui aurait été transféré aux machines, mais le remplacement de certaines capacités humaines par des capacités mécaniques a autorisé à rebours l'analyse des activités humaines en termes mécaniques, en termes de traitement de l'information. Il y a dans le texte de Wiener une illusion rétrospective qui est nécessaire à la constitution du champ cybernétique. Cette illusion consiste à croire qu'il y avait de l'information avant qu'il y ait des machines à information. En réalité, il faut passer par les machines pour que l'on dise des humains qu'ils traitent de l'information.

Que se passe-t-il si nous prenons à rebours le modèle de Wiener, si nous insistons pour ne pas considérer le traitement de l'information comme une propriété naturelle qui aurait été transférée spontanément aux machines dans un processus d'automatisation ? Prendre à rebours le modèle de Wiener, qui est aussi celui adopté par l'historiographie dominante de l'informatique, permet de déceler et de donner sens à toute une série de décalages, qui demeurent autrement invisibles ou incompréhensibles[1].

Prenons par exemple le « First Draft of a Report on the Edvac », le texte rédigé par Von Neumann, en juin 1945, qui résume les travaux de l'équipe de la Moore School of Electrical Engineering à l'université de Pennsylvanie. On considère en général que ce texte énonce pour la première fois l'ensemble des principes fondamentaux de l'informatique. L'architecture proposée par Von Neumann est encore, pour l'essentiel, celle de nos ordinateurs. L'histoire de l'informatique considère donc naturellement qu'à partir du « First Draft » les ordinateurs ne sont plus seulement des

1. Paul Edwards a défendu une approche similaire, lorsqu'il affirme que « la théorie de l'automatisation est pour l'essentiel une reconstruction rétrospective ». Paul Edwards, *The Closed World, Computers and the Politics of Discourse in Cold War America*, Cambridge, MIT Press, 1996, p. 66.

machines à calculer sophistiquées, mais des dispositifs de traitement de l'information. Ainsi William Aspray : « [le « First Draft of a Report on the EDVAC »] a représenté la première description écrite du concept de programme enregistré et *a expliqué comment un calculateur à programme enregistré traite de l'information* »[1], Stan Augarten : « L'influence de Von Neumann a été particulièrement forte au sujet de la logique interne de la machine, c'est-à-dire de *son organisation du point de vue d'un traitement efficient de l'information* »[2], ou côté français, Philippe Breton : « La nouvelle machine [EDVAC], contrairement aux précédentes, ne calcule plus : *elle traite de l'information binaire* (ce qui lui permet, indirectement, d'effectuer des calculs) »[3].

Pourtant, si nous regardons attentivement le texte de Von Neumann, il n'y a pas une seule occurrence de l'expression « traitement de l'information ». Pire, sur la trentaine d'occurrences du terme « information », ce dernier est toujours associé à l'adjectif « numérique » (*numerical information*) ou employé de telle sorte que l'adjectif est sous-entendu. Il est donc question d'information en permanence – pas un paragraphe ou presque qui n'emploie le terme – mais en un sens encore excessivement restreint. L'information ne désigne dans le « First Draft of a Report on the EDVAC » que des objets numériques. Von Neumann conçoit encore manifestement l'EDVAC comme un calculateur ; un calculateur révolutionnaire, certes, à très grande vitesse, à programme enregistré, un calculateur universel... mais pas encore une machine de traitement de l'information.

> « Les considérations qui suivent concernent la structure d'un *système de calcul digital automatisé à très grande vitesse*, et en particulier son *contrôle logique*. [...] Un *système de calcul automatique* est un appareil qui peut exécuter des instructions afin de réaliser des calculs très complexes – par exemple résoudre une équation différentielle partielle non linéaire comportant deux ou trois variables numériques indépendantes. [...] Dans la mesure où l'appareil est avant tout un calculateur, il aura à exécuter très fréquemment les opérations arithmétiques élémentaires. »[4]

Une lecture attentive du rapport de Von Neumann comporte ainsi une première leçon fondamentale : le vocabulaire du traitement de l'information n'apparaît pas spontanément, contrairement ce qu'on aurait pu penser, pour caractériser les performances des nouvelles machines. Pour nous, l'EDVAC est déjà une machine à traiter de l'information, pour Von

1. William Aspray, *John Von Neumann and the Origins of Modern Computing*, Cambridge, MIT Press, 1990, p. 39.
2. Stan Augarten, *Bit by Bit, An Illustrated Histoy of Computer*, New York, Ticknor&Fields, 1984, p. 139.
3. Philippe Breton, *Une histoire de l'informatique*, *op. cit.*, p. 91. Nous soulignons.
4. John Von Neumann, « First Draft of a Report on the EDVAC », *Contract No. W-670-ORD-4926 Between the United States Army Ordnance Department and the University of Pennsylvania*, Moore School of Electrical Engineering, 30 Juin 1945, § 1.1, 1.2, 2.1.

Neumann, l'EDVAC est encore un calculateur. Autrement dit, nous avons la machine avant d'avoir l'idée.

Mais d'où vient alors le vocabulaire de l'information ? Si la genèse proposée par Wiener est inexacte, comment se fait-il qu'on puisse considérer, malgré tout, comme une évidence en 1950 que les ordinateurs font plus que calculer, qu'ils communiquent ou traitent de l'information ? La réponse, ou une partie de la réponse à cette question, se trouve dans le « First Draft of a Report on the EDVAC ». L'interprétation exacte du fonctionnement de la machine passe par une analogie entre l'ordinateur et le cerveau. Cette analogie n'est pas un ajout tardif, et idéologique, par rapport au processus de construction des ordinateurs. Elle intervient au niveau même des choix de design, comme une première manière de se représenter ce dont un calculateur universel est capable.

L'analogie entre ordinateur et cerveau est présente dès le « First Draft of a Report on the EDVAC ». Von Neumann décrit la structure logique de la nouvelle machine au moyen des éléments introduits par McCulloch et Pitts dans leur fameux article de 1943 pour caractériser le fonctionnement du cerveau. Il faut bien avoir conscience que le modèle de McCulloch et Pitts ne joue pas un rôle périphérique dans le rapport. Les neurones formels de McCulloch et Pitts sont utilisés pour ce qui est considéré comme le chef d'œuvre de Von Neumann : la définition de la structure logique de l'ordinateur et la mise au point des circuits de calcul au sein de l'unité arithmétique. Or, c'est précisément lors des moments où Von Neumann fait jouer l'analogie que nous pouvons déceler les premières esquisses d'une représentation informationnelle complète de la machine. Ainsi, à propos de la circulation de l'information dans et hors du dispositif de calcul :

> « Les trois parties spécifiques CA [l'unité de contrôle arithmétique], CC [l'unité de contrôle logique] (qui forment C) et M [la mémoire] correspondent aux neurones associatifs dans le système nerveux humain. [...] Reste, cependant, la nécessité de récupérer l'information originale de l'extérieur du dispositif, et aussi de transférer l'information finale, les résultats, du dispositif vers l'extérieur. [...] Ici l'information peut être produite plus ou moins directement par l'action humaine (par une saisie au clavier, par des cartes perforées, en photographiant des impulsions lumineuses produites par le même type de touches, en magnétisant des bandes de façon analogue, etc), elle peut être stockée de façon statique, et finalement reçue de façon plus ou moins directe par les organes humains. »[1]

La présence de l'analogie entre ordinateur et cerveau dès le « First Draft of a Report on the EDVAC » nous donne un indice sur la façon dont l'ordinateur pourra par la suite être authentiquement conçu comme un dispositif de traitement de l'information. Nous avons affaire à deux évenements conjoints. La nouvelle théorie logique de McCulloch et Pitts rend possible

1. John Von Neumann, « First Draft of a Report on the EDVAC », *op. cit.*, § 2.6.

de considérer le cerveau comme un organe de traitement de l'information. Cette représentation est mobilisée dans le travail de Von Neumann sur l'architecture logique de l'ordinateur, avec un double effet : d'une part l'ordinateur apparaît comme une machine équivalente au cerveau, et en ce sens capable d'une performance bien plus étendue que le simple calcul numérique, d'autre part l'idée du cerveau comme un organe logique de traitement de l'information en sort considérablement renforcée. L'idée de traitement de l'information émerge à la jointure de l'ordinateur et du cerveau.

Le développement et la discussion de cette analogie dans la cybernétique jouent donc un rôle non négligeable dans la formation de l'informatique. Interpréter l'ordinateur comme un cerveau n'est pas une métaphore superflue, mais une des pièces du puzzle qui a permis de concevoir l'ordinateur comme un dispositif de traitement de l'information. L'étude de la cybernétique peut apporter à l'histoire de l'informatique un éclairage décisif sur la façon dont les performances des machines ont pu être représentées ou conçues.

La représentation des machines implique l'articulation de deux niveaux hétérogènes : le niveau des performances techniques et du design des architectures matérielles, et le niveau de la représentation ou de l'interprétation de ces performances. L'articulation de ces deux niveaux autorise des jeux de décalage entre l'état de la technique et la représentation des performances des machines[1]. La constitution de l'ordinateur comme machine à traitement de l'information est donc un processus plus long que ce que l'on croit habituellement, qui ne relève ni d'un transfert naturel et immédiat des catégories de la communication aux machines, ni d'une simple prise de conscience graduée, mais d'un processus heurté et souvent incertain, qui mobilise plusieurs strates de discours.

Mieux, si nous étudions la façon dont les machines ou leurs performances ont pu être interprétées, nous constatons l'émergence d'un clivage analogue à celui décelé en théorie de l'information, entre le code et le signal. Soit on considère que le traitement de l'information est l'équivalent du niveau des programmes et que la machine matérielle ne doit pas rentrer en ligne de compte, soit on considère que la logique du cerveau est profondément différente de celle de l'ordinateur et que les différences dans l'organisation matérielle influent sur les modalités du traitement de l'information. La cybernétique explore la seconde ligne de ce clivage, en rupture avec l'interprétation dominante des machines informatiques, sur laquelle peuvent s'appuyer les sciences cognitives.

Sur quoi ce clivage est-il fondé techniquement ? L'architecture des ordinateurs repose sur l'enregistrement du programme en mémoire, au même titre que les données. Cette innovation autorise une partition entre la machine

1. Il se trouve que la cybernétique avait pleinement conscience de ce genre de décalage. Voir les analyses technologiques de Wiener sur les tubes à vide, 4.4, p. 389.

physique, le hardware, et la machine logique, le software ou le programme. Dans un ordinateur, la machine physique disparaît aux yeux de l'utilisateur derrière le niveau autonome des programmes. On pourra alors considérer, ce qui est l'interprétation dominante de l'informatique, que le traitement de l'information correspond aux opérations symboliques effectuées au niveau des programmes. Certes, ce calcul symbolique suppose toujours une machine hardware, mais celle-ci n'intervient pas essentiellement sur la structure du calcul. L'informatique suppose un principe d'implémentation multiple. Un même programme peut être implémenté sur des machines diverses, du moment que celles-ci possèdent les caractéristiques d'un calculateur universel. Autrement dit, la matière de la machine ne fait rien à l'affaire, seul compte le fonctionnement du programme. Le fameux test de Turing, par exemple, qui pose la question de l'intelligence des machines, consiste à masquer délibérément la question de l'inscription corporelle du code pour faire apparaître l'intelligence comme un traitement symbolique de l'information.

Les cybernéticiens ont résisté à cette pente naturelle en faveur d'une interprétation purement symbolique, qui domine l'informatique ou les sciences cognitives. Cette résistance s'appuie sur le clivage entre l'information code et l'information signal, issue du milieu des télécommunications. Elle a pris la forme d'une critique des analogies entre l'ordinateur, l'esprit et le cerveau, que nous pouvons maintenant interpréter, non comme un simple discours désincarné et philosophant, mais comme une manière d'interroger le fonctionnement même des machines, qui possède une signification technique. Il est d'autant plus remarquable que cette réflexion ait été conduite en grande partie par Von Neumann lui-même, qui, responsable des premiers designs des ordinateurs, n'a eu de cesse d'en interroger la signification, et de réfléchir à d'autres types de machines, à d'autres formes de traitement de l'information. Les cybernéticiens ont cherché à relativiser la place du code, à rendre compte du code en termes de signal, à ramener la logique discrète du software aux conditions réelles, statistiques, parallèles et analogiques du traitement physique de l'information. La cybernétique poursuit derrière le monde idéal des agencements symboliques une figure matérialiste de l'information.

Cette partition entre deux interprétations du fonctionnement des machines offre un éclairage original sur les débats en sciences cognitives, sur l'opposition entre le fonctionnalisme et le connexionnisme, non pas au niveau d'une philosophie, majeure, de l'esprit ou du *mind-body problem*, mais au niveau d'une philosophie, mineure, des techniques et de leurs représentations. L'ordinateur, le grand outil et la grande métaphore des sciences cognitives, est une machine dont la signification n'est pas enclose dans une essence technique, mais est encore en débat, au tournant des années 1950, clivée entre la forme et la matière, le signe et le signal.

De l'ENIAC à l'EDVAC

Examinons maintenant la séquence d'événements qui conduit au design du premier ordinateur, le moment où le monde clos des calculateurs bascule dans l'univers infini du traitement de l'information. La période qui s'étend de la construction de l'ENIAC au projet EDVAC est décisive pour comprendre les enjeux techniques qui déterminent l'émergence de l'informatique. De l'ENIAC à l'EDVAC, nous passons du dernier grand calculateur au premier ordinateur. Tout se joue donc dans une séquence assez courte qui s'étend de juin 1943 – le début du travail sur l'ENIAC – à juin 1945 – la publication du « First Draft of a Report on the EDVAC », le texte qui énonce dans ses grandes lignes les principes de l'informatique actuelle.

L'ENIAC est une machine étrange et ambiguë, à cheval sur deux époques. Par l'usage révolutionnaire de la technologie électronique et des tubes à vide, par la représentation digitale des données, elle appartient sans conteste à la modernité. Mais par sa structure logique, elle relève encore de la série des anciens calculateurs. L'analyser revient à « disséquer un dinosaure », prévient Herman Goldstine, historien de l'informatique, qui a lui-même participé au développement de l'ENIAC[1].

Le projet ENIAC est lancé en juin 1943 à la Moore School of Electrical Engineering de l'Université de Pennsylvanie, à la demande du Laboratoire de Recherche Balistique de l'armée. Goldstine supervise pour l'armée le développement du calculateur. La construction de l'ENIAC répond au besoin de calculs scientifiques. Le but des militaires est d'établir au plus vite les tables balistiques nécessaires sur le front. « L'automatisation de ce processus était la *raison d'être* du premier calculateur digital et électronique. »[2] Une table balistique donne à l'artilleur l'angle que doit prendre le canon pour que le projectile atteigne un point donné, tout en prenant en compte une longue série de paramètres locaux, comme la valeur de la charge, la vitesse du vent, la température de l'air... La table peut se présenter sous la forme d'un petit livret, mais elle peut aussi être directement intégrée au canon qui s'ajuste alors automatiquement à la cible. Les deux grands modèles de la cybernétique – l'ordinateur et le *predictor* – ont pour origine ce même problème balistique.

La spécificité du projet ENIAC est la construction d'un calculateur beaucoup plus rapide – étant donné l'urgence de l'obtention des tables balis-

1. Hermann Goldstine, *The Computer From Pascal to Von Neumann*, Princeton University Press, 1972, p. 156. L'ENIAC est une machine gigantesque, contenant 18 000 tubes à vide, 70 000 résistances, 10 000 capacités, 6 000 commutateurs manuels, pèse 30 tonnes pour une surface au sol de 60 m^2 ; ce qui renforce l'analogie avec le dinosaure.
2. *Ibid.*, p. 135.

tiques – que tous les calculateurs électromécaniques en fonctionnement avant la guerre. L'équipe de l'ENIAC fait à l'époque le pari risqué du tout électronique, en construisant la machine à partir de tubes à vide et en abandonnant les relais électromécaniques[1]. L'avantage des composants électroniques est leur vitesse, comparée aux éléments mécaniques ou électromécaniques. Mais ces composants présentent à l'époque un sérieux problème de fiabilité. Si un tube tombe en panne, tout le calcul est à refaire. Avec un calculateur de 18 000 tubes, le risque est donc énorme et le projet ENIAC suscite le scepticisme, si ce n'est le mépris, des responsables du NDRC, par ailleurs attachés à la procédure analogique. L'équipe de l'ENIAC commence donc par essayer d'améliorer la fiabilité des tubes à vide. Pour ce travail, le rôle moteur revient à John Mauchly et J. Presper Eckert, qui définissent les standards dans l'usage des tubes à vide.

À l'issue de cette première phase, le résultat est une machine beaucoup plus rapide, au niveau du calcul, que toutes les machines de l'époque. Mais ENIAC souffre d'un problème logique de spécialisation. Il a été construit pour calculer les tables balistiques, mais doit en théorie pouvoir s'adapter à autres calculs. Or, cette dernière opération, si elle est toujours possible, est en pratique extrêmement difficile à mettre en œuvre, car la « programmation » de la machine se fait au niveau hardware. Ou plutôt, il n'y a pas véritablement de software. La distinction entre le hardware (le matériel) et le software (le logiciel), qui est le signe de la technologie informatique en tant que telle, n'existe pas encore. Il n'y a pas un niveau autonome vis-à-vis de la structure matérielle de la machine qui serait le niveau des programmes, que l'on puisse modifier sans que cela affecte directement l'organisation de la machine elle-même.

Fig. 17 – La programmation hardware de l'ENIAC. Reproduit à partir de Stan Augarten, *Bit by Bit*, *op. cit.*, p. 127.

1. Ainsi, l'équipe de l'ENIAC reprend, sans le savoir, l'essentiel des recommandations contenues dans le mémorandum de Wiener de l'automne 1940.

Aussi, pour représenter un nouveau problème, il faut câbler à nouveau la machine, en modifiant la disposition des 6 000 commutateurs manuels. La structure matérielle de l'ENIAC est bien adaptée à la tâche précise du calcul balistique, mais cette adaptation rend impraticable d'autres types de calculs très différents. La première valeur technique mise en avant pour le remplaçant de l'ENIAC, l'EDVAC, sera, a contrario, son « élasticité » ou sa souplesse adaptative.

L'ENIAC manifeste donc une véritable antinomie technique. Sa vitesse de calcul, prodigieuse pour l'époque, ne sert à rien si un temps équivalent à ce qui est gagné dans l'exécution du calcul est ensuite perdu pour câbler de nouveaux problèmes. La résolution du problème peut être beaucoup plus rapide, mais si la position du problème est trop compliquée, au final, les gains de temps s'évanouissent. La lettre de Goldstine à Paul Gillon, qui s'occupe des rapports entre l'armée et les universités, datée du 2 septembre 1944, illustre parfaitement cette antinomie.

> « Pour illustrer les améliorations que je veux apporter, il faut savoir que pour résoudre une équation différentielle de Von Neumann relativement complexe, le nouvel Harvard IBM mettra 80 heures, contre 1/2 heure pour l'ENIAC, dont 28 minutes seront prises juste pour couper les cartes et 2 minutes pour le calcul. [...] L'évaluation de 7 termes dans une série prend 15 minutes sur l'appareil de Harvard dont 3 minutes pour la mise en place, alors qu'elle prendra au moins 15 minutes pour mettre en place sur l'ENIAC et environ une seconde pour réaliser le calcul. Pour remédier à cette disparité, nous proposons un appareil à programme centralisé dans lequel la routine de programmation est stockée sous forme codée dans le même dispositif de stockage que celui suggéré auparavant. »[1]

L'ENIAC surclasse donc toutes les machines existantes, en termes de vitesse de calcul, grâce à sa construction tout électronique, mais les difficultés de sa programmation représentent une perte de temps considérable. Il y a une antinomie technique parce que la vitesse d'opération de l'ENIAC est « gâchée » par l'intervention nécessaire d'opérations humaines, lentes, dans le processus, comme la coupe des cartes et la programmation hardware. Pour résoudre l'antinomie, il faut que l'ensemble du processus de programmation et de calcul se fasse aux normes de la machine. Dans la mesure où les deux « goulets d'étranglement » temporels sont la gestion de la mémoire (coupe des cartes) et la programmation hardware, Goldstine préconise une machine à mémoire de masse et à programmation centralisée. Il faut éliminer, autant que faire se peut, les temps humains, trop lents, du processus, pour que celui-ci se déroule intégralement à la vitesse de la machine. En caractérisant cette antinomie tempo-

1. Lettre de Goldstine à Gillon, 2 septembre 1944, citée dans Hermann Goldstine, *The Computer from Pascal to Von Neumann*, *op. cit.*, pp. 198-199.

relle dans le fonctionnement de l'ENIAC, Goldstine introduit trois traits fondamentaux de l'ordinateur moderne, qui le distinguent de toute la série antérieure des calculateurs : un ordinateur est un automate *universel* de calcul à *programme centralisé*, reposant sur l'usage d'une *mémoire de masse.*

Dès l'été 1944, alors même que l'ENIAC est sur la bonne voie, que les principaux problèmes techniques et logistiques sont maintenant maîtrisés, l'équipe commence à s'interroger sur les limites de la machine. À la fin du mois d'août 1944, un mémorandum de Goldstine énumère les différentes améliorations à apporter au successeur de l'ENIAC. C'est à ce moment précis, de doute et de mise en chantier d'une nouvelle machine, que John Von Neumann fait son apparition dans le projet. Depuis septembre 1943, le mathématicien, célèbre pour ses extraordinaires facultés de calcul et ses travaux de pointe à l'interface entre les mathématiques et la mécanique quantique, travaille comme consultant pour le laboratoire de Los Alamos, le principal centre de recherche sur la bombe atomique. Or, la mise au point de la bombe atomique requiert d'énormes capacités de calcul, en particulier, pour la résolution d'équations différentielles partielles. Le laboratoire utilise au départ un groupe d'une vingtaine de calculateurs humains (ou plutôt devrait-on dire de calculatrices, car la fonction est généralement remplie par des femmes). Mais les besoins en calcul excèdent rapidement les capacités du petit groupe. Le laboratoire s'équipe de machines IBM à cartes perforées, sans que les besoins en calcul ne soient complètement satisfaits. Von Neumann se met alors en quête de nouvelles capacités de calcul. Il écrit en particulier à Weaver, en janvier 1944, pour se mettre au courant des derniers développements du calcul numérique. Weaver le renseigne sur la machine de Howard Aiken à Harvard, une machine électromécanique à programme enregistré, sur la machine de George Stibitz aux Laboratoires Bell ou sur celle de Jan Schlit à Columbia, mais pas sur l'ENIAC, en développement à la Moore School, soit que Weaver n'en ait pas eu connaissance, soit qu'il n'ait pas cru à la faisabilité du projet ou qu'il ait préféré orienter Von Neumann vers des machines déjà opérationnelles. Von Neumann n'entend donc parler de l'ENIAC que par le plus grand des hasards, lorsqu'il rencontre, en août 1944, Goldstine sur le quai de la gare d'Aberdeen, à la fin d'une réunion du Laboratoire de Recherche Balistique. Goldstine reconnaît le célèbre mathématicien et l'aborde. La conversation roule vers les occupations de Goldstine, qui confesse travailler sur un projet de calculateur.

> « La conversation a vite tourné au sujet de mon travail. Quand il est devenu clair que j'étais impliqué dans le développement d'un calculateur électronique capable de 333 multiplications à la seconde, l'atmosphère de notre conversation a changé du tout au tout, d'une discussion détendue et

pleine d'humour à quelque chose de beaucoup plus proche d'un examen oral pour un doctorat de mathématiques. »[1]

Goldstine s'arrange pour que Von Neumann puisse effectuer rapidement sa première visite à la Moore School. Von Neumann, bientôt nommé consultant, s'y rendra quasiment chaque semaine, jusqu'au début de l'année 1946. Il sera l'artisan principal de la refonte de la structure logique de la machine.

« First Draft of a Report on the EDVAC »

La contribution principale de Von Neumann est sans conteste la rédaction, en juin 1945, du « First Draft of a Report on the EDVAC ». Ce rapport technique est un document capital pour l'histoire de l'informatique. Von Neumann y expose les principes fondamentaux de l'informatique moderne. Le texte sera largement diffusé au sortir de la guerre et inspirera le design des premiers ordinateurs, partout dans le monde.

Si le projet EDVAC marque les débuts de l'informatique moderne, la machine EDVAC ne sera, elle, construite que beaucoup plus tard, en 1952, et sans l'équipe originelle de la Moore School qui s'est déchirée sur la question des brevets. L'EDVAC, comme machine concrète, sera devancée par l'ordinateur de l'IAS de Princeton, mis au point avec l'aide de Von Neumann et Goldstine, et surtout par les calculateurs britanniques. Le MARK1 de Manchester est le premier ordinateur, calculateur électronique universel à programme enregistré, à avoir fonctionné dans le monde. Son prototype est opérationnel dès juin 1948. On retrouve Alan Turing dans l'équipe dirigée par le mathématicien Max Newman. Turing rejoint le projet MARK1 après l'échec de son propre projet ACE, qui n'a pas reçu le soutien espéré.

Quelles innovations techniques autorisent à parler à partir du « First Draft of a Report on the EDVAC » de machines à traitement de l'information plutôt que de calculateurs, même si l'expression ne se trouve pas encore chez Von Neumann ? Quelles sont les conditions techniques de l'application du vocabulaire de l'information aux calculateurs ? Lorsqu'il est question d'information à propos de l'ordinateur, on désigne essentiellement deux innovations techniques et une innovation logique : le codage binaire, le programme enregistré en mémoire, et la machine universelle de Turing. L'adoption du codage binaire autorise une représentation de n'importe quel type de données, et non seulement des données numériques. Le programme enregistré permet de dégager un niveau symbolique qui apparaît relativement indépendant des processus matériels. Le modèle

1. Hermann Goldstine, *The Computer from Pascal to Von Neumann*, *op. cit.*, p. 182.

de la machine universelle de Turing permet une extension de la notion de calcul, au-delà du domaine numérique. La conjonction de ces trois éléments définit les conditions de possibilité techniques d'un authentique « traitement de l'information ». Ces trois éléments apparaissent, plus ou moins explicitement, au sein du rapport de Von Neumann.

Machine digitale et codage binaire

La première décision d'ampleur du « First Draft of a Report on the EDVAC » est masquée : l'EDVAC sera une machine digitale. Ce point n'est pas apparent car l'EDVAC est conçu comme une manière de surmonter les antinomies de l'ENIAC. Or, ENIAC était déjà une machine digitale. Cette décision en faveur d'une machine digitale, qui nous apparaît aujourd'hui, rétrospectivement, comme un choix logique et bien fondé, n'avait cependant en 1945 qu'une légitimité vacillante. En effet, au moment où Von Neumann écrit, la majorité des calculateurs sont encore des machines analogiques, c'est-à-dire des machines qui reposent sur une représentation des données au moyen de quantités continues (un écart angulaire, une quantité de matière fluide ou l'intensité d'un courant électrique, etc.), plutôt que sur une représentation au moyen de symboles. L'ensemble des calculateurs en conduite de tir, y compris la machine sur laquelle Wiener a pu élaborer sa théorie de l'information, sont des machines analogiques.

Il existe une sorte d'illusion rétrospective répandue qui consiste à croire que le principe de la machine digitale se serait imposé de lui-même en 1945. En réalité, nombre de machines analogiques continueront d'être construites après le « First Draft of a Report on the EDVAC ». Les machines digitales n'auront sans doute partie gagnée qu'au milieu des années 1950[1]. De plus, le choix d'une représentation digitale des données, sous forme décimale, pour l'ENIAC pouvait difficilement passer en 1945 pour le signe d'une innovation technique majeure. Si Mauchly et Eckert ont fait le choix d'une représentation digitale, c'est d'abord parce qu'ils ont conçu l'ENIAC comme une simple version tout électronique, à base de tubes à vide, des calculateurs de bureau[2]. Pour que la représentation digitale prenne une véritable signification technologique, il faut qu'elle soit associée à l'enregistrement du programme en mémoire et au principe d'une machine universelle, ce qui n'était pas le cas en 1943, au lancement du projet ENIAC. Ces trois innovations se trouvent associées dans le « First Draft of a Report on the EDVAC », ce qui donne un sens nouveau au choix de la représentation digitale.

1. Paul Edwards, *The Closed World*, *op. cit.*, pp. 66-70.
2. Stan Augarten, *Bit by Bit*, *op. cit.*, p. 111.

Von Neumann est sans doute un des tout premiers scientifiques de renom à avoir accordé du crédit au principe d'un calculateur non analogique. On a de bonnes raisons de penser que si Goldstine a fait circuler le mémorandum de juin 1945 sous le seul nom de Von Neumann, ce qui générera ensuite son lot de conflits au moment de la querelle des brevets, c'est d'abord parce qu'il escomptait renforcer la légitimité de la nouvelle machine auprès des bailleurs de fonds, en comptant sur le crédit associé au nom du célèbre mathématicien.

Mais quel était pour Von Neumann le véritable intérêt d'une machine digitale ? Ce dernier s'en explique, en 1948, dans sa conférence au symposium Hixon. Une machine digitale peut atteindre des niveaux de précision largement supérieurs à ceux des machines analogiques[1]. La précision des machines analogiques est naturellement limitée par les moyens physiques qui sont employés pour représenter les données. La précision des machines digitales est seulement fonction du nombre de composants que l'on est prêt à mettre. Autrement dit, la précision d'une machine digitale ne connaît pas une limite naturelle, mais elle peut être arbitrairement fixée, à condition toutefois d'y mettre le prix, d'augmenter la mémoire par exemple. Or, l'exigence de précision est fondamentale, dès lors que l'on emploie de nombreux pas de calcul, où les erreurs d'arrondi se multiplient. C'est évidemment le cas pour les applications mathématiques pures, auxquelles la machine de l'IAS est destinée, comme pour les problèmes mathématiques impliqués par la mise au point de la bombe à hydrogène, qui seront les premières applications de l'ENIAC.

En quoi le choix d'une machine digitale plutôt qu'analogique est-il important du point de vue de l'application du vocabulaire de l'information aux calculateurs ? Rien n'interdit de considérer les machines analogiques sous les catégories de l'information et du signal, c'est déjà ce que Wiener a fait en 1942-1943. Mais la machine digitale apporte un élément de plus : l'information est représentée sous forme symbolique, comme un code, qui permet désormais de représenter n'importe quelle quantité ou opération. Ce point a été parfaitement exprimé par Turing en 1947.

> « Un deuxième avantage [outre la précision] des calculateurs digitaux est qu'ils ne sont pas restreints dans leurs applications à un type particulier de problèmes. Avec les machines digitales, il est presque littéralement vrai de dire qu'elle peuvent résoudre l'ensemble des problèmes de calcul. En pratique, on peut dire que ACE peut réaliser n'importe quelle tâche qui pourrait être effectuée par un calculateur humain. »[2]

1. John Von Neumann, *Théorie générale et logique des automates*, *op. cit.*, pp. 69-71
2. Alan Turing, « Lecture on the Mathematical Society on 20 February 1947 », in B. E. Carpenter and R.W. Doran (dir.), *A. M Turing's Ace Report of 1946 and Other Papers*, *op. cit.*, p. 106.

Le principe de la représentation digitale autorise donc l'expression de n'importe quel type de données en machine, sous la forme d'un code qui peut ensuite être manipulé : des nombres, mais aussi des mots, des images, des sons, etc. Ce résultat est familier depuis la conceptualisation du principe d'échantillonnage en théorie des télécommunications qui autorise la traduction d'un signal continu sous forme digitale.

Dans le « First Draft of a Report on the EDVAC », l'encodage des données est encore limité à l'information numérique et aux instructions du calculateur. Le principe du programme enregistré en mémoire conduit en effet à coder les premières tables d'instruction, au moyen d'un ensemble de digits binaires, exactement comme on peut le faire pour les nombres. Von Neumann propose ainsi de coder les nombres et les instructions par mots de 30 digits binaires et de distinguer les instructions des nombres au moyen du premier chiffre de la séquence : une séquence désignant des instructions commencera toujours par un « 1 », une séquence désignant un nombre commencera par « 0 ». On évite ainsi que la machine ne se « trompe » dans le code et n'interprète une donnée pour un ordre ou un ordre pour une donnée.

Mais l'innovation de Von Neumann ne porte pas sur l'introduction des techniques digitales, qui est déjà acquise depuis l'ENIAC. Von Neumann introduit en revanche le principe du codage binaire des données, que nous connaissons aujourd'hui, et abandonne la représentation décimale de l'ENIAC. L'information désignera ces suites de zéro et de un, utilisées pour représenter de manière conventionnelle les données. Ce choix est cohérent avec les principes de la théorie de l'information. Il confirme l'adoption du bit comme unité fondamentale désignant l'alternative entre deux symboles équiprobables.

Le choix d'une représentation binaire est guidé dans le « First Draft of a Report on the EDVAC » par trois grandes raisons, d'ordres hétérogènes, qui nous renseignent sur les différents niveaux qui participent à la décision technologique. La première raison est liée au choix des composants : le binaire convient bien à des machines construites à base de tubes à vide, car les tubes à vide sont en effet des portes « tout ou rien » qui représentent naturellement une alternative entre deux positions. Les composants fonctionnent ainsi en quelque sorte nativement en mode binaire. Cet argument technologique se redouble d'un argument mathématique et logique : le binaire permet de simplifier considérablement les opérations de multiplication et de division. Non que celles-ci nécessitent en binaire moins de pas de calcul – c'est l'inverse qui est vrai –, mais la numération binaire permet de se passer d'une table de multiplication. Dans une numération décimale, ce qui est gagné en nombre de pas de calcul est perdu en complexité dans l'architecture de la machine. Cette manière de procéder n'a plus de sens dès lors que l'on dispose d'éléments comme les tubes à vide qui permettent des commutations beaucoup plus rapides que tout système mécanique ou électromécanique. Le nombre de pas de calcul n'est plus l'élément déterminant, et des accès mémoire vers la table de multiplication ralentiraient inutilement le processus[1].

Enfin, Von Neumann avance une dernière raison, plus surprenante et « philosophique » : nous sommes confortés dans l'utilisation du binaire par le fait que le cerveau semble lui aussi opérer en mode tout ou rien. Le système binaire apparaît alors comme le « système de numération naturel », que l'ordinateur cette réplique géante du cerveau devrait imiter.

> « Les analogues des neurones humains, discutés en 4.2-4.3, sont également des éléments tout ou rien. Il apparaîtra qu'ils sont véritablement utiles pour des considérations préliminaires sur les systèmes à base de tubes à vide. Il est donc satisfaisant qu'ici aussi le système arithmétique naturel à considérer soit le système binaire. »[2]

L'adoption du binaire n'est donc pas seulement justifiée par des propriétés conventionnelles liées aux composants disponibles ou à la structure des opérations mathématiques, mais par une propriété naturelle, en tant que support d'une arithmétique fondamentale au niveau cérébral. Ce dernier élément fait signe vers le principe d'un codage universel des données en binaire, qui serait opéré par le cerveau, au-delà du simple calcul mathématique.

Mais le choix de la représentation binaire ne suffit pas à convertir à lui tout seul l'EDVAC en une machine de traitement de l'information. Il faut pour cela que le binaire soit conçu comme l'instrument d'un codage universel, au-delà des nombres ; ce qui n'est manifestement pas encore le cas, bien que le codage des instructions ou la mention d'une arithmétique cérébrale naturelle fassent signe dans cette direction. Le principe de la représentation binaire, et plus généralement digitale, ne prend son véritable sens technique que lorsqu'il est associé à l'enregistrement du programme en mémoire et à la conception de la machine comme une machine universelle. Ces deux derniers points sont présents dans le « First Draft of a Report on the EDVAC ».

1. Il y a dans ce troisième temps du raisonnement de Von Neumann convergence entre des éléments de logique et des éléments techniques. Les raisons logiques, liées à l'évaluation de la complexité du calcul, n'ont de sens que par rapport à la disponibilité de certains éléments techniques. Cette convergence entre éléments logiques – estimation de la complexité d'un calcul – et éléments techniques – disponibilité des tubes à vide – est finalisée par une valeur technique : il est préférable, nous dit Von Neumann, que la machine soit, dans sa structure, la plus simple possible. C'est cet idéal de simplicité qui revient dans les justifications postérieures du choix du binaire.

2. John Von Neumann, « First Draft of a Report on the EDVAC », *op. cit.*, § 5.2.

Le programme enregistré

L'adoption du principe du programme enregistré en mémoire, au même titre que les données, est l'innovation majeure du rapport de Von Neumann. Ce principe permet de résoudre l'antinomie technique qui grevait le fonctionnement de l'ENIAC, en faisant de l'EDVAC une machine complètement automatisée et beaucoup plus « flexible ». Que le programme soit enregistré en machine signifie en effet que le calculateur n'a plus besoin d'être physiquement câblé et recâblé pour chaque nouveau problème. Programmer la machine pour un nouveau calcul, ce n'est plus modifier à la main la position de centaines de commutateurs, mais écrire un programme en langage symbolique qui sera transféré en mémoire et exécuté

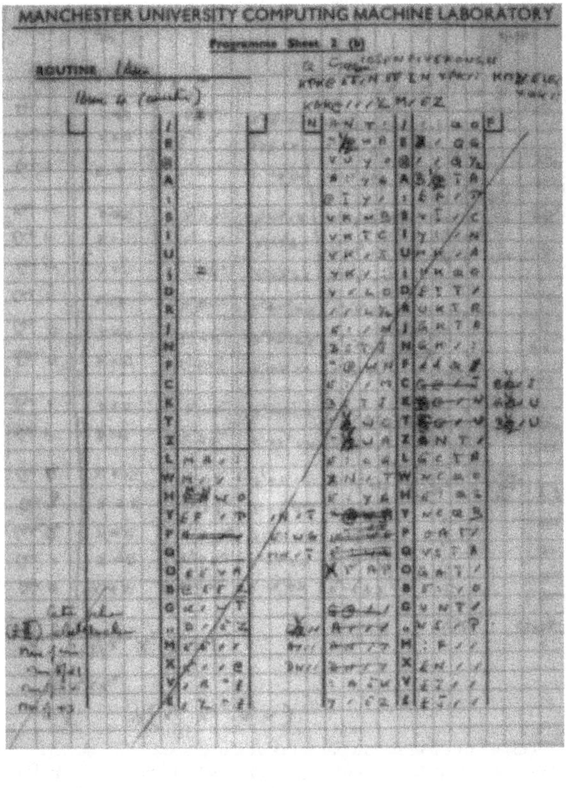

Fig. 18 – Le brouillon d'un programme de Turing au début des années 1950 pour la machine de Manchester. Reproduit à partir de Jack Copeland, *The Essential Turing : Seminal Writings in Computing, Logic, Philosophy, Artificial Intelligence, and Artificial Life plus The Secrets of Enigma*, New York, Oxford University Press, 2004.

par l'unité de contrôle logique. Turing exprime cela excellemment lorsqu'il explique que la programmation devient « un travail de papier »[1].

Cette innovation technique présente une conséquence décisive du point de vue de la représentation de l'information : la machine physique s'efface devant la machine logique, aux yeux de l'utilisateur final. Ce dernier n'a plus à se préoccuper de la machine physique ; la manipulation du code et des symboles remplace le câblage de la machine. Cette « disparition » de la machine physique est encore accentuée avec la mise au point des langages symboliques de haut niveau, proches du langage humain, dans lesquels les programmes peuvent être écrits, avant d'être compilés en langage machine, une suite de 0 et de 1 sur laquelle la machine peut opérer[2]. Le principe du programme enregistré fait ainsi émerger une partition qui n'avait pas de sens auparavant entre la machine physique et la machine logique. Auparavant, la machine physique était la machine logique. Désormais, l'utilisateur peut opérer sur la machine logique exclusivement, sans avoir à se soucier de l'architecture matérielle. Autrement dit, nous retrouvons au niveau de l'informatique un mouvement conceptuel semblable à celui observé en théorie des télécommunications. De même que le message se distingue progressivement du medium électrique dans la manière de concevoir les lignes de communication, la machine logique émerge en informatique comme un niveau autonome, relativement indépendant de la machine physique. Ce point est particulièrement mis en valeur dans un passage du texte de 1956, *l'ordinateur et le cerveau*:

> « Notons l'importante différence qu'il y a entre ce mode de contrôle [le contrôle stocké en mémoire] et le contrôle par câblage décrit auparavant. Dans ce dernier, les points de contrôle étaient des objets physiques réels, et leurs connexions par câblage exprimaient la nature du problème. Dans le cas présent, les ordres sont des *entités idéales*, stockées dans la mémoire, et ce sont par conséquent les contenus de ce segment particulier de la mémoire qui expriment le problème. »[3]

Cette partition entre la machine physique et la machine logique apparaît de manière frappante dans le « First Draft of a Report on the EDVAC ». Von Neumann prend en effet la décision tout à fait explicite d'écarter les considérations portant sur la définition matérielle de la machine pour se concentrer sur le design de la partie logique. Cette décision a été particulièrement mise en valeur par Goldstine :

1. « Le but est que la mise en place de la machine pour les nouveaux problèmes se réduise virtuellement à un travail sur du papier ». Alan Turing, « Proposal for Development in the Mathematics Division of an Automatic Computing Engine (ACE) », *op. cit.*, p. 21.

2. La première ébauche de ce principe se trouve, à ma connaissance, chez Turing, qui distingue trois niveaux de langage (machine, permanent, populaire). Alan Turing, « Lecture on the Mathematical Society on 20 February 1947 », *op. cit.*, p. 74.

3. John Von Neumann, *The Computer and the Brain,* (trad. fr. P. Engel, *L'Ordinateur et le cerveau*, Paris, Flammarion, 1996 [1958], p. 29).

> « Pour autant que je sache, Von Neumann a été la première personne qui a explicitement compris qu'un calculateur accomplissait essentiellement des fonctions logiques et que les aspects électriques n'étaient qu'ancillaires. [...] Cela semble aujourd'hui tellement trivial que l'on hésite à le mentionner. Cependant, en 1944, c'était une percée majeure dans nos manières de penser. [...] Avant Von Neumann, [...] les gens s'étaient principalement concentrés sur les aspects liés à l'ingénierie électrique [...] Mais Von Neumann, le premier, traita logiquement le sujet comme s'il s'agissait d'une branche conventionnelle de la logique ou des mathématiques. »[1]

Von Neumann introduit pour ce faire un ensemble d'éléments idéaux, désignés sous le terme d'« E-Elements », inspirés des neurones formels de McCulloch et Pitts[2]. Von Neumann considère une machine formée de ces éléments idéaux plutôt que la machine hardware réelle avec ses tubes à vide, ses registres mémoire à base de ligne de retard à mercure ou son iconoscope...

Les innovations du « First Draft of a Report on the EDVAC » sur la structure logique de la machine portent essentiellement sur deux points. Von Neumann propose, tout d'abord, une définition abstraite et fonctionnelle des parties de la machine, indépendamment de la question de savoir comment celles-ci peuvent être matériellement réalisées. Un calculateur de Von Neumann comporte ainsi une *unité arithmétique*, dans laquelle sont câblées les opérations mathématiques élémentaires, une *unité de contrôle logique*, qui assure le traitement séquentiel et ordonné du programme enregistré, une *mémoire* à accès rapide dans laquelle les résultats intermédiaires et les instructions peuvent être stockées avant d'être traités, et enfin des dispositifs d'*entrée* et de *sortie*. Von Neumann propose déjà une distinction entre la mémoire à court terme associée à l'unité arithmétique ou logique et la mémoire de masse dans laquelle les résultats finaux ou les données qui ne nécessitent pas d'accès rapide sont inscrits.

L'essentiel du texte est ensuite consacré au design, au moyen des éléments idéalisés de McCulloch et Pitts, des opérations de calcul élémentaire dans l'unité arithmétique. Chaque élément, représenté au moyen d'un cercle, reçoit des stimuli inhibiteurs ou excitateurs. Les éléments possèdent

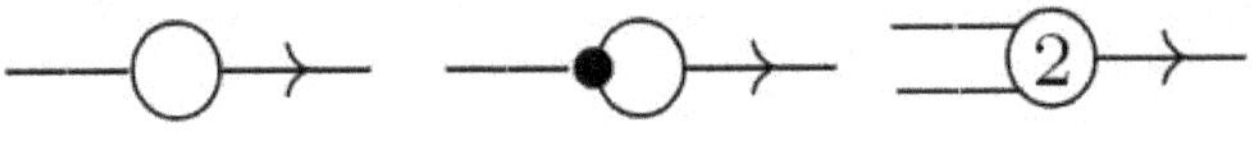

Fig. 19 – La représentation symbolique des neurones de McCulloch et Pitts dans le rapport de Von Neumann. Dans l'ordre, un neurone simple avec une entrée excitatrice, un neurone avec une entrée inhibitrice, et un neurone à deux entrées excitatrices dont le seuil est fixé à deux. Reproduit à partir de John Von Neumann, « First Draft of a Report on the EDVAC », *op. cit.*, § 6.4.

1. Hermann Goldstine, *The Computer from Pascal to Von Neumann*, *op. cit.*, pp. 191-192.
2. John Von Neumann, « First Draft of a Report on the EDVAC », *op. cit.*, § 6.0.

un seuil, dont la valeur est inscrite au centre du cercle, qui représente le nombre de connexions excitatrices simultanées nécessaires pour que l'élément produise à son tour un signal, pourvu que l'entrée inhibitrice ne soit pas activée.

Au moyen de ces éléments simples, il est possible de construire des fonctions logiques ou mathématiques, comme par exemple un dispositif chargé de l'addition, qui pourront elles-mêmes être réutilisées comme blocs dans des fonctions de plus haut niveau.

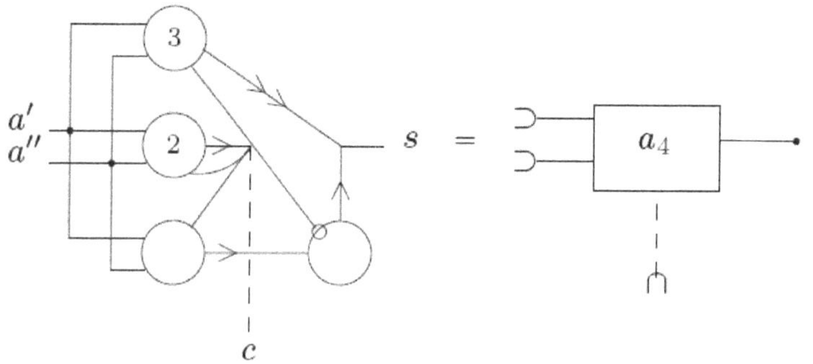

Fig. 20 – Un circuit d'addition binaire pour l'EDVAC, représenté au moyen des neurones de McCulloch et Pitts, à gauche, et sous forme de bloc à droite. Reproduit à partir de John Von Neumann, « First Draft of a Report on the EDVAC », *op. cit.*, § 7.3.

Le « First Draft of a Report on the EDVAC », par l'adoption du principe du programme enregistré en mémoire et par la description autonome du niveau logique réalisée au moyen des composants idéaux de McCulloch et Pitts, participe donc à la mise en place de la division entre le hardware et le software caractéristique de l'informatique. La distinction entre machine logique et machine matérielle nous renvoie à une représentation du traitement de l'information comme un processus purement symbolique, sur lequel la machine matérielle n'a pas de prise. Le traitement symbolique nécessite certes une machine physique, mais celle-ci ne joue qu'un rôle accessoire, au sens où elle n'influe par sur la forme que peut prendre le traitement de l'information. Ce point est lié aux concepts de machine universelle et d'implémentation multiple.

La machine universelle

L'adoption du programme enregistré en mémoire a pour conséquence de transformer l'EDVAC en machine universelle. Ce point fait de la machine de Von Neumann quelque chose de plus qu'un simple calculateur. La représentation digitale des données et le programme enregistré en mémoire fonctionnent comme des conditions d'« universalisation » pour la machine proposée. Par machine universelle, il faut d'abord entendre une machine qui n'est pas restreinte à une classe de travaux computationnels particuliers, mais qui peut réaliser, comme le dit Turing, tout ce qu'un calculateur humain peut faire[1]. L'idée de machine universelle transparaît dans le « First Draft or a Report on the EDVAC » lorsque Von Neumann insiste sur la flexibilité de la nouvelle machine, capable de s'adapter à n'importe quel nouveau problème, pourvu qu'on lui fournisse le programme adéquat.

L'expression de machine universelle reçoit une définition logique bien avant la construction des premiers ordinateurs, en 1936, dans un article d'Alan Turing, au titre abscons, « Sur les nombres calculables, avec une application à l'*Entscheidungsproblem* »[2]. Dans cet article, complété et corrigé en 1937, Turing apporte une solution négative au problème logique de la décision (*Entscheidungsproblem*), formulé par le mathématicien David Hilbert. Pour résoudre ce problème, Turing introduit un modèle abstrait de machine, qui peut passer pour le premier modèle logique de l'ordinateur. On pourra dire de l'ordinateur qu'il constitue la réalisation en pratique de la machine universelle de Turing.

Si l'article de Turing n'a guère eu de retentissement au-delà de la communauté des spécialistes, son influence sur le développement des ordinateurs est cependant bien réelle. Non seulement, parce que Turing est lui-même associé à la construction des premières machines en Grande-Bretagne, mais aussi parce que Von Neumann a une connaissance parfaite du texte de Turing[3]. Dans le « First Draft of a Report on the EDVAC », l'article n'est pas cité, mais le seul texte cité, l'article de McCulloch et Pitts de 1943, joue quasiment le même rôle, dans la mesure où McCulloch et Pitts présentent explicitement leur modèle comme équiva-

1. Alan Turing, « Lecture on the Mathematical Society on 20 February 1947 », *op. cit.*, p. 106.

2. Alan Turing, « On Computable Numbers, with an application to the *Entscheidungsproblem* », *Proceedings of the London Mathematical Society*, series 2, vol. XLII, 1937, pp. 230-265 (trad. fr. in J.Y. Girard (dir.), *La machine de Turing,* Paris, Seuil, 1995).

3. La première rencontre entre Von Neumann et Turing remonte au mois d'avril 1935, lors du séjour de Von Neumann à Cambridge. Turing est encore un simple étudiant de Max Newman. En 1936, après la publication de son célèbre article, Turing se rend à Princeton pour travailler avec Alonzo Church. Il ne peut pas ne pas y avoir croisé à nouveau le chemin de Von Neumann, en résidence à l'IAS. Au printemps 1938, Von Neumann, qui connaît alors son travail sur les nombres calculables, propose même à Turing de devenir son assistant. Ulam a raconté comment Von Neumann, durant son voyage en Europe de l'été 1938, jouait avec des descriptions mécaniques des nombres à la manière de machines de Turing. Il n'y a donc aucun doute sur le fait que Von Neumann connaissait parfaitement le travail du jeune Turing. L'article de 1936 n'est pas cité dans le « First Draft of a Report on the EDVAC », mais on sait que Von Neumann faisait de sa lecture un préalable à tout travail sur la machine de l'IAS.

lent au modèle de la machine universelle de Turing[1]. Examinons brièvement les conditions logiques qui définissent une machine universelle, afin d'en dégager les conséquences pour l'idée d'information.

L'introduction des machines de Turing est une réponse au problème de la décision ou de la décidabilité. La décidabilité est une propriété des systèmes formels, au même titre que la consistance ou la complétude. Un système est consistant lorsqu'il ne conduit pas à des propositions contradictoires. Un système est complet lorsque, de deux propositions contradictoires formulées correctement dans les termes du système, l'une des deux peut toujours être démontrée. Un système est décidable si l'on peut pour chaque expression bien formée, non pas la démontrer ou la réfuter en fait, mais décider du moins si celle-ci est ou non démontrable (ou réfutable). La décidabilité est une exigence logique plus faible que la complétude, au sens où elle n'exige pas de pouvoir démontrer l'une des deux propositions contradictoires, mais uniquement de montrer que la proposition est ou n'est pas démontrable. Si on ne peut pas faire grand-chose avec un système inconsistant, car on y peut démontrer n'importe quoi, on peut en revanche parfaitement se satisfaire de systèmes incomplets ou indécidables.

La résolution du problème de la décidabilité suppose de caractériser rigoureusement l'idée informelle de procédure effective. Le problème de la décidabilité revient en effet à se demander s'il existe une procédure effective qui permette de décider pour chaque formule si celle-ci est ou non démontrable. Turing prend comme exemple de procédure effective le calcul arithmétique sur des entiers, tel qu'un calculateur humain peut l'effectuer : les conditions du calcul sont toujours parfaitement déterminées, si bien que l'on sait toujours si le calcul est achevé ou si une étape est encore requise. En analysant cet exemple, Turing avance que toute procédure effective peut être formalisée sous la forme d'une machine qui produira la même performance qu'un calculateur humain : elle opérera sur une suite de signes une série réglée d'opérations. Il s'agit là de la *thèse* de Turing : une machine de Turing caractérise formellement toute procédure effective. Cette thèse est confirmée par de nombreux éléments, mais elle n'est pas au sens propre susceptible d'être démontrée. Il s'agit en effet de la traduction formelle de la notion informelle d'effectivité.

La machine imaginée par Turing est un dispositif extrêmement simple. Elle possède trois éléments : un *ruban de taille illimitée* – ce qui fait de la

1. Warren McCulloch et Walter Pitts, « A Logical Calculus of Ideas Immanent in Nervous Activity », (trad. fr. A. Pélissier, « Un calcul logique des idées immanentes à l'activité nerveuse », in Aline Pélissier et Alain Tête (dir.), *Sciences Cognitives, Textes Fondateurs (1943-1950)*, *op. cit.*, p. 81).

machine de Turing une machine abstraite, puisque l'espace mémoire disponible est virtuellement infini – sur lequel une « *tête de lecture-écriture-effacement* » se déplace pour opérer sur un ensemble fini de signes. La machine passe donc d'un état à un autre – « machine à états discrets » – par des règles qui associent à chaque état de la machine et pour chaque signe lu un comportement défini. L'ensemble de ces règles peut être compilé dans un *tableau de commande* associant à chaque doublet « état-signe » un triplet « état suivant-signe suivant-mouvement de la tête ». Ainsi chaque machine de Turing caractérise une procédure effective pour réaliser un type de calcul. Il suffit d'inscrire les données initiales sur le ruban puis d'appliquer l'algorithme en suivant à la lettre les instructions du tableau de commande pour obtenir le résultat désiré.

Une fois la thèse posée, Turing démontre, dans un second moment de l'article, qu'il existe nécessairement une « machine de Turing universelle », capable d'effectuer le travail de n'importe quelle machine singulière. La machine universelle pourra calculer n'importe quelle fonction calculable. L'idée de Turing est la suivante : la table d'instruction d'une machine singulière est une suite finie de signes, cette table peut être fournie ainsi que les différentes données requises à une machine universelle qui se chargera de réaliser l'opération. Le point décisif est l'idée d'un codage standard des machines particulières au moyen de leur tableau d'instruction, qui permet à une machine universelle, sachant interpréter le code, de réaliser les opérations d'une machine particulière. Chaque machine particulière est en quelque sorte l'équivalent d'un programme que l'ordinateur, comme machine universelle, peut faire fonctionner.

Turing utilise la démonstration de l'existence d'une machine universelle comme un moyen pour résoudre le problème de la décision, traduit en termes de machines : existe-t-il une machine capable de déterminer si une autre machine calculant une fonction particulière obtiendra un résultat final ? Le problème de la décision se transforme en problème de l'arrêt : peut-on programmer une machine qui parviendra à déterminer si le calcul de n'importe quelle autre machine conduit à un résultat en un temps fini ? Autrement dit, existe-t-il une machine qui puisse déterminer à l'avance si une autre machine parviendra dans son calcul à un point d'arrêt ? Ce problème est l'équivalent du problème logique de la décision : existe-t-il pour une formule dans le système une procédure finie qui permette de déterminer si la formule est ou non un théorème ? Or, Turing démontre que l'existence d'une machine décidant de l'arrêt conduit à une contradiction. Il n'existe donc pas de procédure effective permettant de déterminer si un calcul quelconque conduira ou non à un résultat au bout d'un temps fini ou si une proposition quelconque est ou non démontrable. Le problème de la décision reçoit une solution négative.

En quel sens cette caractérisation d'une machine abstraite s'applique-t-elle aux ordinateurs existants ? Quels rapports nos machines réelles entretiennent-elles avec ces machines de papier ? Tout d'abord, on retrouve dans les machines de Turing et les machines de Von Neumann les mêmes éléments structurels. Les éléments fondamentaux de la machine de Von Neumann ont leur correspondant dans la machine de Turing. L'unité arithmétique correspond à la « tête de lecture-écriture-effacement », l'unité de contrôle au tableau de commande, la mémoire au ruban ; et on retrouve les mêmes principes d'entrée-sortie. Si on fait abstraction des contraintes de la réalisation physique en termes d'espace mémoire et de temps de calcul, les deux machines sont structurellement identiques. Bien plus, la capacité décisive d'enregistrer le programme en mémoire au même niveau que les données, ouvre la possibilité d'un calcul universel. L'ordinateur se particularise selon les programmes qui le « transforment » momentanément en une machine de Turing particulière calculant une fonction particulière.

Nous retrouvons donc ici des éléments dégagés précédemment : l'information se présente comme un ensemble de symboles, à la fois données et programmes, sur lequel un nouveau genre de calcul est possible. Dans le traitement de l'information, le calcul n'est plus seulement une opération arithmétique portant sur des nombres, mais une opération portant sur n'importe quel ensemble de signes, considéré comme un système formel. Le programme s'encode comme les données et devient lui-même données pour d'autres programmes. C'est au fond sur cette idée du codage et de la manipulation des systèmes formels que s'établit le rapport le plus fructueux entre logique et informatique. Autant que la description des machines de papier, c'est la méthode employée par Turing qui est importante dans l'article de 1936 : il code ses machines en un tableau de commande susceptible d'être lu par une machine universelle.

Avec le principe de la machine universelle et son implémentation dans les ordinateurs, le regard sur les machines change. On passe d'une problématique classique de l'inscription matérielle du signe comme aide au calcul – décharger le calculateur humain du fardeau des calculs – à un problème nouveau : tout peut être codé, tout ce qui est codé est susceptible d'être traité, modifié par une machine. Plus rien n'échappe à l'univers infini du code.

Machine matérielle, machine logique

La grande nouveauté du « First Draft of a Report on the EDVAC » est la définition de la machine d'un point de vue logique, sans se préoccuper de la réalisation matérielle. De là, on peut déduire, conformément à l'instauration de la partition entre hardware et software, que la machine matérielle ne fait rien à l'affaire, que les fonctions logiques peuvent être définies indépendamment du hardware qui saura les implémenter. Un même programme peut tourner, non seulement sur différents calculateurs universels, comme l'EDVAC, l'EDSAC ou la machine de l'IAS, etc., mais aussi sur une machine de papier, comme une machine de Turing, ou sur une machine biologique, comme le cerveau, dont McCulloch et Pitts ont montré qu'il pouvait calculer les fonctions d'une machine de Turing. L'insistance sur le caractère second du hardware est un lieu commun de l'informatique. Dans son adresse à la London Mathematical Society du 20 février 1947, on voit Turing commencer par expliquer que « le fait que les ordinateurs sont digitaux est beaucoup plus intéressant que le fait qu'ils sont électroniques ». L'électronique permet des vitesses d'exécution extrêmement rapides. « Mais c'est à peu près tout ce qu'il y a à dire sur le sujet »[1].

Cette distinction entre la machine physique et la machine logique, avec le principe d'implémentation multiple qu'elle autorise, fournit une métaphore puissante aux sciences cognitives pour penser la division du travail dans le domaine.

> « Le complexe esprit/cerveau est susceptible d'une double description, matérielle ou physique au sens large (la physique intervenant en réalité par le biais des neurosciences), et informationnelle ou fonctionnelle ; ces deux niveaux sont largement indépendants, et le rapport qui s'établit entre eux est à l'image de celui qui lie un ordinateur en tant que système physique à la description du même appareil en tant que système de traitement de l'information. »[2]

Mais si nous reprenons la question au niveau technique, jusqu'à quel point la partition entre machine logique et machine matérielle est-elle tenable ? Le rapport de Von Neumann nous donne plusieurs indications intéressantes sur ce point. Si nous regardons attentivement le rapport, il est évident que, pour Von Neumann, la distinction entre la structure logique et la structure matérielle n'est que provisoire. La théorie logique est en effet présentée comme une théorie incomplète, en attente d'une théorie complète, impliquant le comportement réel des composants.

> « La procédure idéale consisterait à traiter les éléments pour ce qu'ils sont : des tubes à vide. Cette procédure nécessiterait cependant une analyse détaillée de questions d'ingénierie radio, à un stade peu avancé de la discussion où trop d'alternatives sont encore ouvertes pour être traitées de manière exhaustive et en détail. [...] Afin d'éviter cela, nous fonderons nos considération sur un élément hypothétique, qui fonctionne essentiellement comme un tube à vide [...] Cette simplification est seulement temporaire,

1. Alan Turing, « Lecture on the Mathematical Society on 20 February 1947 », *op. cit.*, p. 106.

2. Daniel Andler, « Calcul et représentation : les sources », in Daniel Andler (dir.), *Introduction aux sciences cognitives*, Paris, Gallimard, 1992, p. 13.

> elle ne constitue qu'un point de vue provisoire, afin de rendre la discussion préliminaire possible. »[1]

Von Neumann promeut un mode de raisonnement en « zigzag ». Il est impossible de traiter toutes les questions en même temps, il faut donc commencer par isoler un point, le traiter autant qu'on le peut, pour y revenir ensuite une fois les autres points clarifiés, et ainsi de suite. Von Neumann introduit ce modèle du « zigzag » pour la définition de la structure logique, mais on peut aussi penser qu'il caractérise parfaitement le rapport entre la structure logique et la structure matérielle.

De fait, le design logique de l'EDVAC apparaît conditionné par la disponibilité de certains composants. Le design proposé par Von Neumann n'a de sens que par rapport à l'existence de tubes à vide, qui permettent d'envisager la construction de mémoire de masse, avec des temps d'accès relativement courts. Le design logique n'est qu'une pièce dans un puzzle technologique qui articule le hardware et le software. À vrai dire, si on n'a pas de composants électroniques ultrarapides, la refonte logique n'a aucun intérêt. Ce point est explicite dans le texte, lorsque Von Neumann défend une approche séquentielle plutôt que parallèle du calcul.

> « La procédure logique pour éviter de longues durées consiste à télescoper les opérations, c'est-à-dire à en effectuer simultanément le plus possible. [...] De telles procédures pour accélérer en télescopant sont utilisées dans toutes les machines actuelles. [...] Cependant, elles ne font gagner du temps que pour autant qu'elles multiplient l'équipement nécessaire, c'est-à-dire le nombre d'éléments dans l'appareil : en clair, si la durée est diminuée de moitié en effectuant systématiquement deux additions à la fois, un appareil pour conduire deux additions sera nécessaire. [...] Cette façon de gagner du temps en augmentant l'équipement est pleinement justifiée dans les appareils sans tubes à vide, pour lesquels gagner du temps est essentiel, et lorsqu'un savoir-faire technique étendu est disponible quant à la maintenance d'appareils contenant tant d'éléments. [...] En revanche, pour un appareil à tubes à vide, il semble que la procédure opposée soit beaucoup plus prometteuse. »[2]

Étant donné l'importance de la question de la mémoire pour les nouvelles machines, Von Neumann consacre de nombreux paragraphes à la discussion des avantages respectifs des lignes de retard à mercure et de l'iconoscope. Affirmer qu'un ordinateur est le strict équivalent d'une machine de papier, comme une machine de Turing, apparaît problématique du point de vue technique. Certes l'ordinateur est une machine universelle, et en ce sens seule compte la structure, mais une machine universelle effective n'a de sens que par rapport à un état de la technique. Il y a une intrication des niveaux logiques et technologiques dont le principe d'implémentation multiple érigé en dogme ne rend pas compte.

1. John Von Neumann, « First Draft of Report on the EDVAC », *op. cit.*, § 6.1
2. *Ibid.*, § 5.4-5.5

Ces éléments sont l'indice d'une hésitation quant à la manière de penser le rapport entre la machine logique et la machine matérielle, partition qui n'est peut-être pas aussi naturelle qu'on le croit. Il est certes possible d'interpréter les hésitations de Von Neumann comme le signe d'un développement encore insuffisant de la question. Nous n'avons affaire qu'à la première approche de l'idée de machine universelle réalisée sous la forme d'un calculateur. Mais les hésitations de Von Neumann peuvent être interprétées de manière positive comme une réticence à séparer le logique du matériel. Plaide en ce sens le fait que Von Neumann n'aura de cesse que de revenir sur cette partition, d'interroger la différence entre les machines biologiques et mécaniques, de spécifier des modalités du traitement de l'information associées aux différentes machines matérielles.

L'étude du rapport technique de Von Neumann nous pose une double question. Premièrement, comment parvenir à une pleine conceptualisation de l'ordinateur comme machine universelle de traitement de l'information et non comme simple calculateur ? En 1945, cela ne semble pas acquis. En 1950, il s'agit d'une évidence. Wiener peut traiter les calculateurs comme des dispositifs de communication, expliquer que les machines peuvent prendre des décisions, piloter une usine, etc. Les analogies entre l'ordinateur, l'esprit et le cerveau ont sans doute joué un rôle déterminant dans cette histoire.

Mais, deuxièmement, si on reconnaît l'existence de cette fonction philosophique au sein de la technique, comment interroger la formation de ces analogies entre esprit, ordinateur et cerveau, non pas du point de vue d'une philosophie de l'esprit, mais du point de vue d'une philosophie des machines, d'une philosophie de la technique : quel parti pris sur le fonctionnement des machines ou sur la représentation du traitement de l'information ces analogies impliquent-elles ?

2
TURING : SYMBOLES ET FONCTIONS

Jusqu'ici nous nous sommes intéressés à la notion d'information du point de vue de la technique informatique, privilégiant un moment historique particulier, le tournant des années 1944-1945, c'est-à-dire le moment où les principes techniques de l'informatique sont définis et mis en œuvre avec le projet EDVAC. Le vocabulaire de l'information apparaît sous condition de trois innovations majeures concernant les machines de calcul : l'adoption du codage binaire, le principe d'un programme enregistré en mémoire centrale et la traduction technique de la notion logique de machine universelle. Ces trois innovations sont à l'origine d'une nouvelle lignée dans l'histoire des machines, celle des ordinateurs qui se distinguent des calculateurs classiques.

Cependant, comme l'a montré la lecture du « First Draft of a Report on the EDVAC », les premières machines sont encore conçues comme des calculateurs améliorés plutôt que comme d'authentiques machines de traitement de l'information, intégrant des fonctions de communication ou de contrôle. L'hypothèse selon laquelle les analogies entre ordinateur, esprit et cerveau ont pour fonction de permettre la représentation des calculateurs comme machines de traitement de l'information permet de donner sens à toute une littérature seconde dans le milieu de l'informatique naissante, qui ne porte plus sur la définition technique des machines, mais qui interroge le type de performances dont celles-ci peuvent être créditées. On passe alors avec ces textes de la question : « comment est-ce que ça marche ou comment faire pour que cela marche ? » à la question : « qu'est-ce que cela signifie que cela marche ou jusqu'où est-ce que cela peut marcher ? »

Nous avons affaire à une réflexion sur la technique qui provient du milieu technique lui-même, une réflexion philosophique immanente à la technique. Les acteurs reviennent sur les artefacts qu'ils ont produits et les concepts qui les accompagnent. Si nous utilisons le langage de l'information pour décrire le fonctionnement des nouvelles machines, qu'est-ce que cela implique exactement ? La philosophie de la technique n'est pas une activité exogène, destinée à apporter un supplément d'âme à des pratiques qui en seraient dénuées. Il s'agit, au contraire, d'une dimension intrinsèque de l'activité technique. Que veut-on dire exactement lorsque l'on parle de traitement de l'information à propos des performances des machines informatiques ?

À partir de ses acceptions techniques, la notion d'information entre en relation avec des concepts voisins préexistants, qu'elle met en crise, qu'elle concurrence... Émerge ainsi tout un jeu de problèmes originaux, qui est issu de l'informatique, mais qui se pose aux marges de l'informatique : comment va-t-on accorder la notion d'information avec les notions de signification, d'intelligence, avec ce que l'on sait des processus vivants, avec les données neurologiques dont on dispose, etc. ? Nous assistons à l'irruption d'un nouvel entrant dans le monde des concepts, qui remet en cause des relations préétablies, oblige à en concevoir de nouvelles ou, au moins, à repenser les relations existantes.

L'intelligence des machines

Turing est probablement le premier à arracher les ordinateurs au simple domaine du calcul mécanique[1]. La question du rapport entre machines, traitement de l'information et intelligence est contemporaine de la mise en chantier des premiers ordinateurs en Angleterre, avec le prototype Ace ou le Mark I de Manchester. Si le « First Draft of a Report on the EDVAC » ne comportait comme exemples que des applications dans le domaine du calcul mathématique, le rapport de Turing sur le calculateur ACE, à la fin de l'année 1945, mentionne pour la première fois des problèmes qui dépassent le champ des mathématiques, avec la référence en particulier au jeu d'échecs.

> « Étant donné une position dans une partie d'échecs, on peut faire que la machine liste toutes les “ combinaisons gagnantes ” sur une profondeur d'environ trois coups de chaque côté. [...] Ceci soulève la question “ une machine peut-elle jouer aux échecs ?” [...] Nous avons commencé cette section en affirmant que la machine doit être traitée comme absolument dénuée d'intelligence. Il existe cependant des indications qui montrent qu'il serait possible de faire que la machine fasse preuve d'intelligence, au risque qu'elle produise à l'occasion de sérieuses erreurs. En suivant cette idée, on pourrait probablement faire que la machine joue très bien aux échecs. »[2]

1. Turing, bien que proche de certains membres du groupe cybernétique, Von Neumann ou Shannon aux États-Unis ou Ashby en Grande-Bretagne, n'est pas au sens propre un cybernéticien, quoi qu'en dise Wiener (Norbert Wiener, *Cybernetics*, *op. cit.*, p. 13). Il partage cependant avec les cybernéticiens nombre d'interrogations sur le rapport entre pensée et machine, l'ordinateur et le cerveau, mais aussi la simulation des processus du vivant. (Jack Copeland, *The Essential Turing*, *op. cit.*, pp. 353-161).

2. Alan Turing, « Proposal for Development in the Mathematical Division of an Automatic Computing Engine (ACE) », *op. cit.*, p. 41.

Ce texte présente ce qui est probablement la première occurrence de l'idée d'intelligence artificielle associée aux machines informatiques. Il faut reconnaître que le passage n'est pas absolument clair et que le projet de la machine ACE insiste d'abord sur la dimension du calcul au sens strict. Mais la question de l'intelligence de la machine apparaît de nouveau, de manière beaucoup plus directe, dans la « Lecture to the London Mathematical Society », du 20 février 1947. Turing interroge la capacité des machines à partir d'un double langage, à la fois politique et philosophique. Les machines informatiques nous dit Turing, dans ce qui est sans doute la première formulation véritable du principe d'intelligence artificielle, ne vont pas remplacer seulement les serviteurs, mais aussi les maîtres.

> « Les serviteurs fourniront à la machine les cartes au fur et à mesure de ses besoins. Ils répareront les éléments qui tombent en panne. En réalité les serviteurs tiennent lieu de membres pour la machine. Mais avec le temps, l'ordinateur remplacera les fonctions des maîtres comme des serviteurs. [...] Les maîtres sont susceptibles d'être remplacés parce que dès qu'une technique devient suffisamment stéréotypée, il devient possible de mettre en place un ensemble de tables d'instructions qui permettront au calculateur électronique de s'en charger par lui-même. [...] Ce sujet nous amène naturellement à la question de savoir jusqu'où il est possible en principe pour une machine de calcul de simuler les activités humaines. »[1]

La prophétie politique se poursuit en une réflexion explicitement « philosophique ». Depuis toujours les machines ont été conçues pour être nos esclaves, ce qui suppose que nous sachions à chaque instant ce qu'elles font et qu'elles obéissent à la lettre aux instructions que nous pouvons leur donner. Mais ne pourrait-on imaginer que les machines deviennent capables d'apprentissage, capables de modifier leurs propres jeux d'instructions en fonction de l'environnement et donc de produire des résultats que nous ne saurions prévoir ? La machine ne serait alors plus notre esclave, mais « notre élève ». « En ce cas, je pense que nous sommes obligés de considérer que la machine fait preuve d'intelligence »[2], conclut Turing. La possibilité d'une simulation complète du comportement humain repose ainsi, en 1947, sur la faculté d'apprentissage. Si les machines devenaient capables d'apprendre, alors elles pourraient surmonter l'antinomie qui veut que mécanique signifie dénué de toute faculté d'adaptation ou dénué d'intelligence. Pour ce faire, il faudrait pouvoir doter les machines d'une vaste mémoire, ajoute Turing, en comparant les possibilités de la mémoire mécanique avec les capacités du cerveau humain. On voit donc se dessiner à partir de ce premier texte une ligne de recherche originale qui interroge, par métaphores politiques et philosophiques interposées, les performances des nouvelles machines. Les problèmes du rapport au cerveau, de la possibilité

1. Alan Turing, « Lecture on the Mathematical Society on 20 February 1947 », *op. cit.*, p. 123.
2. *Ibid.*, p. 123.

d'une simulation de la pensée, des conditions mécaniques de l'apprentissage permettent de dessiner la figure d'une machine radicalement nouvelle, qui rompt avec les machines esclaves, assignées à des tâches limitées, que nous connaissions jusqu'ici.

Mais le texte le plus représentatif de ce style de pensée est évidemment l'article d'octobre 1950, paru dans la revue philosophique *Mind* sous le titre « Computing Machinery and Intelligence ». Le philosophe John Searle a présenté, avec ironie mais non sans raison, cet article comme la « scène primitive » de l'informatique, le moment où les grands choix conceptuels sont énoncés, certains pistes écartées et d'autres retenues[1]. L'article est célèbre pour poser la question : « les machines peuvent-elles penser ? » et y répondre au moyen d'un test, le jeu de l'imitation. La question de fond qui est posée est de savoir dans quelle mesure l'idée d'intelligence peut être remplacée par l'idée d'un traitement symbolique de l'information. Les possibilités des nouvelles machines sont maintenant pleinement dégagées et mettent en crise des catégories traditionnelles comme l'intelligence, l'esprit, la signification…

De fait, depuis 1950, l'article n'a cessé de faire débat. En 1964, dans *Minds and Machines*, l'ouvrage collectif qu'il dirige sur le sujet, Alan Ross Anderson recense déjà pas moins de 1 000 études sur l'article[2]. Il y a débat infini parce que l'article pose des questions philosophiques. Mais les points de blocage philosophiques de l'article sont aussi des points de blocage technologiques, sur le sens à accorder aux opérations des nouvelles machines. Le débat manifeste sur les grands problèmes de la pensée, de l'esprit et de la matière se redouble d'un débat souterrain et passionnant sur la manière de rendre compte des capacités des machines.

Deux éléments apparaissent ainsi déterminants dans l'article de 1950. Premièrement, Turing s'aventure sans réserve dans le no man's land entre informatique et philosophie. On voit particulièrement bien dans cet article comment une notion nouvelle, comme la notion d'information, peut poser problème et conduire à redéfinir des termes existants, comme l'intelligence ou la signification. Quel statut donner à cette notion nouvelle et étrangère qui vient du champ technique ? Que remet-elle en cause dans l'ordre du monde conceptuel ? Quelles perspectives ouvre-t-elle pour disposer autrement nos concepts ? L'objet de l'article de Turing est le rapport entre l'information et l'intelligence, mais la question du rapport entre l'information et la signification se pose aussi de manière directe, puisque le test

1. John Searle, « Is The Brain a Digital Computer ? », *Proceedings and Addresses of the American Philosophical Association*, 64, 3, 1990, p. 22.

2. Alan Anderson (dir.), *Minds and Machines,* (trad. fr. P. Blanchard, *Pensée et machine*, Seyssel, Champ Vallon, 1983 [1964]).

consiste à évaluer la capacité de la machine à produire un discours signifiant. Mais où se place la signification ? Dans la machine, dans celui qui « l'écoute » ? La sémantique est-elle réductible à la syntaxe ? L'ordinateur est-il condamné à une manipulation aveugle des symboles ? Que faut-il modifier dans notre conception des machines et de la pensée pour dire qu'« une machine pense » ? La notion d'information réactive ainsi une série de questions philosophiques sur la nature de la signification, la différence entre sémantique et syntaxe, sur le rapport entre l'esprit et le corps, qui font de l'article le lieu privilégié des débats contemporains sur la conscience, le behaviorisme en psychologie, le « problème des autres esprits », etc.

Mais, deuxièmement, la notion d'information employée par Turing présente une ambiguïté fondamentale. Cette ambiguïté n'est pas propre à Turing, mais elle caractérise au contraire la notion d'information telle qu'elle est élaborée dans l'informatique et dans les télécommunications. Nous retrouvons dans l'article quelque chose du clivage entre le code et le signal. Pour percevoir ce clivage, il faut s'attacher non seulement à ce qui est dit, et qui est le cœur de l'article, sur le test, l'intelligence des machines, la conscience, etc., mais aussi à ce que Turing n'élabore pas explicitement, ce qui semble aller de soi et qui intervient dans des moments en apparence moins importants de l'article, comme le passage dans lequel Turing décrit le fonctionnement des machines informatiques. Ce qui se joue dans ces passages, en apparence anodins, c'est une des toutes premières définitions de ce qui est devenu l'interprétation dominante de l'informatique, en termes de symboles et de fonctions. Il ne faut pas chercher, dans l'article de 1950, l'élaboration explicite et triomphante d'un paradigme ; on ne la trouve pas. Mais il faut lire, dans ce qui semble aller de soi lorsque Turing décrit le fonctionnement d'un ordinateur, un choix, une décision philosophique sur ce que c'est que de l'information. En arrière-plan du test de Turing, il y a un parti pris qui consiste à considérer l'information prioritairement comme quelque chose de l'ordre du signe, du symbole ou du code. Non seulement ce parti pris écarte d'autres options théoriques sur la nature de l'information, mais il conduit, comme nous allons le voir, à un certain nombre d'antinomies. Pouvons-nous relire l'article de Turing du point de vue d'une philosophie immanente des machines, plutôt que d'une philosophie de l'esprit ?

« Les machines peuvent-elles penser » : quelle question ?

L'article de 1950 s'ouvre sur la question « les machines peuvent-elles penser ? » Pour y répondre, nous dit Turing, la première solution consisterait à procéder à une définition des termes « machines » et « penser ». Nous devrions alors respecter l'usage courant des mots et éventuellement déterminer la réponse à la question par une sorte de sondage. Mais la proposition « les machines pensent » ne s'inscrit pas dans le jeu de langage des années 1950, dans les choses qui peuvent se dire en l'état de la langue. « Machine » et « penser » sont deux termes qui s'excluent : si cela pense, alors c'est qu'il ne s'agit pas d'une machine. La réponse à la question serait donc immédiatement négative.

Il faut donc procéder autrement pour que la question prenne sens et que l'on puisse contourner l'évidence selon laquelle la pensée est l'apanage des seuls êtres humains. Qu'est-ce qui peut nous conduire à modifier nos façons de parler, à admettre des « machines pensantes » et à lever le non-sens attaché à l'expression ? C'est ici qu'intervient l'opération célèbre de Turing, qui remplace la question indéterminée « les machines peuvent-elles penser ? » par une autre question dénuée d'ambiguïté : « les machines peuvent-elles réussir le jeu de l'imitation ? »

Mais quel est le statut exact de la nouvelle question de Turing ? Cette toute première séquence de l'article fait l'objet d'un débat d'interprétation. La plupart des commentateurs y voient une tentative pour introduire une « définition opérationnelle » de l'intelligence[1]. L'arrière-fond serait behavioriste : on ne peut appréhender l'intelligence que comme disposition à produire certains comportements observables, notamment le comportement linguistique global impliqué par le jeu de l'imitation. Certains critiques, comme Ned Block, ont pris pour cible ce behaviorisme supposé :

> « Une définition behavioriste particulièrement influente de l'intelligence a été proposée par Turing. La version du behaviorisme de Turing formule le problème de savoir si les machines peuvent penser ou être intelligentes dans les termes d'un test [...]. L'ordinateur est intelligent *si et seulement si* le juge ne peut pas dire la différence entre l'ordinateur et la personne. »[2]

James Moor a critiqué de manière convaincante cette approche traditionnelle. Dans son article de 1976, il écrit : « la valeur réelle du jeu de l'imitation ne tient pas à ce qu'il offrirait un fondement pour une définition opérationnelle, mais à ce qu'il fournit une bonne source pour des éléments de preuve inductive en faveur de l'hypothèse que les machines pensent. »[3] Que fait exactement Turing dans le premier paragraphe ? Turing cherche à remplacer la question indécise – « les machines peuvent-elles penser ? » – par un dispositif de test intégralement déterminé. L'opération présente une analogie avec ce qu'il a déjà fait dans l'article sur les nombres calculables. En 1936, il remplaçait la notion vague de calculabilité par la définition

1. Ainsi Andrew Hodges : « [Turing] a introduit [...] une définition opérationnelle de « penser » ou « intelligence »». Andrew Hodges, *Alan Turing, The Enigma*, New York, Walker, 2000 [1983], p. 415.

2. Ned Block, « Psychologism and Behaviourism », *Philosophical review*, 90, p. 7. Nous soulignons.

3. James Moor, « An Analysis of the Turing Test », *Philosophical Studies*, 30, 1976, p. 249.

d'une machine logique pour résoudre le problème de Hilbert. En 1950, il remplace une question formulée en langage naturel par un dispositif de test. Dans les deux cas, il ne s'agit pas de démontrer, comme on passe d'un axiome à un théorème, que le dispositif proposé (test ou machine) remplace bien intégralement la notion vague (intelligence ou calculabilité). On ne passe jamais de façon continue du vague au déterminé. Il y a un saut d'un registre à un autre. Il ne peut s'agir à chaque fois que de la position d'une thèse : dans le premier cas, la machine logique est une bonne représentation de la calculabilité, dans le second le jeu de l'imitation est un bon moyen de donner corps à l'idée de machines pensantes. Nous ne sommes donc pas dans le registre de la démonstration qui ferait que l'on passerait analytiquement d'une définition à une autre, mais dans celui de la prise d'indices. On a de bonnes raisons de croire que la nouvelle formulation déterminée de la question remplace bien l'ancienne indéterminée.

Tout le problème d'interprétation consiste ainsi à savoir si l'ambiguïté des termes est levée par l'introduction d'une nouvelle définition non ambiguë ou bien par l'abandon de la problématique définitionnelle au profit d'une problématique inductive. Dans le premier cas, l'ordinateur est intelligent *si et seulement si*, comme l'énonce Block, il passe le test. Pour qu'il soit intelligent, il faut qu'il se conforme à la nouvelle définition opérationnelle de l'intelligence. Dans le second cas, on a de bonnes raisons de croire que l'ordinateur est intelligent s'il passe le test. Mais d'autres tests ultérieurs, ou d'autres tests que celui de Turing, peuvent fournir des données qui renforceront cette opinion ou au contraire l'infirmeront. Dans la lecture de Moor, il ne s'agit de rien de plus que de donner des fondements inductifs à l'attribution de l'intelligence.

Cette dernière lecture paraît conforme à l'esprit de l'article de 1950. On voit Turing non pas travailler sur la définition des termes, mais essayer de justifier un usage qui ne fait pas encore sens dans la langue, étant donné que ce qui fait sens dans la langue dépend des pratiques que l'on peut avoir à un moment donné. Une des prédictions de Turing, on l'oublie souvent, parce qu'on privilégie la première concernant la réussite du test, est qu'à la fin du XXe siècle l'expression « machine pensante » sera acceptable, que les machines passent ou non le test.

> « Je crois que dans une cinquantaine d'années environ, il sera possible de programmer des ordinateurs avec une capacité mémoire de 109 de telle sorte qu'ils jouent si bien au jeu de l'imitation qu'un interrogateur moyen n'aura pas plus de 70 % de chances de faire la bonne identification après cinq minutes de questionnement. [Première prédiction sur la réussite du Test]. Cette première question, " les machines peuvent-elles penser ?" est, je crois, trop dénuée de sens pour mériter une discussion. Cependant je crois que, à la fin du siècle, l'usage des mots et l'opinion commune du public éclairé auront tellement changé que l'on pourra parler de machines pensantes sans

s'attendre à être contredit. [Seconde prédiction sur l'avenir de l'expression " machine pensante "]. »[1]

L'interprétation de Moor est cohérente avec cette dimension de l'article de Turing. Cette hypothèse de lecture est renforcée par des éléments extérieurs. En janvier 1952, Turing participe à une émission de la BBC : « Peut-on dire que les machines automatiques de calcul pensent ? ». Le journaliste demande à Turing : « Nous sommes ici aujourd'hui pour discuter de la question de savoir si l'on peut dire que les machines de calcul pensent dans un sens approprié du terme. [...] Turing, [...] avez-vous une définition mécanique ? » Ce à quoi Turing répond :

> « *Je ne veux pas donner une définition de la pensée*, mais si j'avais à le faire, je ne pourrai pas dire grand-chose d'autre que c'est une sorte de bourdonnement qui a lieu dans ma tête. Mais je ne crois pas du tout que nous ayons besoin de nous accorder sur une définition. Ce qui est important c'est de tracer une ligne entre les propriétés du cerveau ou de l'homme qui nous intéressent et celles qui ne nous intéressent pas. [...] Je voudrais suggérer une sorte de test que l'on puisse appliquer aux machines. »[2]

Suit la description du test. Il paraît donc clair que dans l'esprit de Turing, le test ne constitue pas à proprement parler une définition de l'intelligence, mais que son rôle est de fournir les éléments empiriques, les expériences, les pratiques, qui permettront de donner sens à l'expression « machines pensantes ». Cette interprétation renforce la lecture technologique de l'article développée ici. Plutôt que de poser une question sur la nature de l'esprit ou la définition de l'intelligence, Turing pose une question sur la manière de se représenter les machines. Comment faire pour que nous puissions donner sens à l'idée que les ordinateurs sont autre chose que des machines de calcul ordinaires ? Comme le dit Moor, « les détracteurs et les critiques du jeu de l'imitation [qui attendent de l'article une définition de l'intelligence qui ne s'y trouve pas] en ont mal interprété la signification »[3]. Le problème général sur lequel repose l'article de Turing, et que Turing n'est pas le seul à se poser, est de savoir comment interpréter l'universalité du calcul dont les ordinateurs sont capables. Lorsque Turing suggère que les calculateurs sont capables de penser, et non seulement de calculer, il n'est même pas absolument au clair sur ce qui dans les machines autorise une telle assertion. On le voit hésiter dans l'article entre l'idée que la capacité de penser est l'équivalent d'un traitement symbolique universel de l'information, ce sur quoi insiste la lecture ordinaire, et l'idée que pour penser la machine doit être capable d'un apprentissage, dans lequel les règles

1. Alan Turing, « Computing Machinery and Intelligence », *op. cit.*, p. 42.
2. Jack Copeland, (dir.), « A Lecture and Two Radio Broadcast by Alan Turing », in K. Furukawa, D. Michie and S. Muggleton (dir.), *Machine Intelligence 15, Intelligent Agents*, New York, Oxford University Press, 2000, pp. 445-477.
3. James Moor, « An Analysis of the Turing Test », *Philosophical Studies*, 30, 1976, p. 249.

ne sont pas données a priori. Ce clivage nous renvoie non seulement à une philosophie de l'esprit, mais à une manière d'interpréter la portée des machines. Pour dégager ce point, il faut commencer par analyser la signification du test proposé par Turing.

Les deux tests de Turing

Or, il y a, malheureusement, une énorme ambiguïté dans le dispositif de test censé résoudre de façon non ambiguë la question initiale ! Cette ambiguïté définit un second lieu de débat. On peut en effet lire dans l'article de Turing deux versions du test : y en a-t-il véritablement deux ? Sont-elles complémentaires ou contradictoires ? Laquelle adopter ?

La *version standard* du test, qui est en général celle que l'on décrit sous le nom de « test de Turing », repose sur le dispositif suivant : un ordinateur et un être humain sont placés dans des pièces isolées, où ils doivent répondre aux questions d'un interrogateur. L'interrogateur doit déterminer qui est la machine et qui est l'être humain. Questions et réponses sont transmises au moyen d'un téléscripteur. Il s'agit, nous dit Turing, d'éliminer les propriétés qui ne sont pas liées directement à l'intelligence. Le but de l'être humain est d'aider l'interrogateur à faire la bonne identification, celui de l'ordinateur est de tromper l'interrogateur en simulant les réponses d'un être humain. Turing donne quelques exemples de tromperies nécessaires, comme faire une pause avant de donner la réponse à une opération de calcul numérique, la vitesse de l'ordinateur risquant en ce cas de le démasquer...

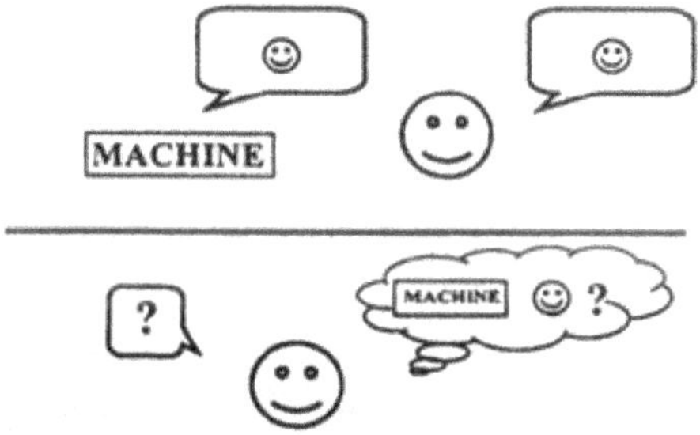

Fig. 21 – Version standard du test de Turing : l'interrogateur cherche à distinguer entre un homme et un ordinateur, ce dernier cherchant à se faire passer pour un homme. Reproduit à partir de A. Saygin, I. Cicekli et V. Akman, « Turing Test : 50 Years Later », in James Moor (dir.), *The Turing Test : The Elusive Standard of Artificial Intelligence*, Kluwer Academic Publishers, Dordrecht, Boston, Londres, 2003, p. 27.

Cette version du Test apparaît au milieu de l'article :

> « Fixons notre attention sur un ordinateur digital particulier C. Est-il vrai qu'en modifiant cet ordinateur de sorte qu'il ait une mémoire adéquate, en augmentant sa vitesse d'action et en lui fournissant un programme approprié, *C puisse jouer de façon satisfaisante le rôle de A, le rôle de B étant joué par un homme ?* »[1]

Le test doit donc être compris de la manière suivante : un ordinateur digital particulier existant (C) joue le rôle d'un ordinateur digital idéal, considéré comme machine universelle (A), et imite le comportement d'un être humain (B). On doit supposer qu'un interrogateur est chargé de distinguer qui, de C et de B, est l'homme et qui est l'ordinateur. Si on suit cette interprétation, le test repose sur la capacité d'un ordinateur digital (C) de simuler une machine universelle (A), laquelle peut simuler n'importe quelle machine à état discret (B). Si on considère qu'un homme (B) est une machine à état discret (B), au moins pour tout ce qui touche au comportement linguistique, alors un homme (B) peut être simulé par une machine universelle (A).

Turing semble penser qu'en 1950 les ordinateurs existants (C) ne possèdent pas une puissance de calcul et une mémoire suffisantes pour simuler correctement une machine universelle (A), qui exige dans sa définition logique une capacité de mémoire infinie. Mais rien n'interdit qu'à l'avenir les ordinateurs puissent s'approcher suffisamment des performances idéales de la machine universelle pour simuler cette machine universelle qu'est l'être humain. Le test repose ainsi sur trois propositions : une proposition technologique sur l'identité à terme des ordinateurs et des machines universelles, une proposition logique sur la capacité des machines universelles idéales à simuler n'importe quelle machine singulière, et enfin une proposition philosophique sur l'identité entre la pensée et une machine à états discrets particulière.

Le test relie ces trois propositions en proposant de tester une compétence universelle associée à la pensée, la compétence linguistique globale. Si des ordinateurs, dans l'avenir, sont capables de produire une compétence linguistique globale, ce qu'il est possible d'attendre en droit d'une machine universelle, alors nous serons bien obligés de dire qu'ils pensent, dans la mesure où le comportement linguistique global apparaît comme le signe le plus sûr de la pensée. Le comportement linguistique global fournit le substitut d'une compétence universelle. La méthode de questions/réponses a en effet pour intérêt de permettre d'aborder virtuellement n'importe quel champ du comportement humain. Il n'y a aucune restriction sur ce qui peut être testé, puisque n'importe quel sujet peut être abordé.

1. Alan Turing, « Computing Machinery and Intelligence », *op. cit.*, p. 442. Nous soulignons.

Il existe cependant une autre version du test dans l'article, qui n'est pas fondée directement sur la compétence linguistique globale. Turing commence en effet par présenter, au tout début de l'article, un test qui ne correspond pas à la version standard. Ce premier test diffère de façon significative du test standard, sans que Turing ne précise le rapport entre les deux.

Le jeu se joue toujours à trois, mais cette fois-ci avec un ordinateur (A), un interrogateur (C) et une femme (B). Le test est fondé sur un premier jeu entre humains. Un interrogateur (C) interroge un homme (A) et une femme (B), il doit faire la bonne identification, l'homme essayant de se faire passer pour une femme. Dans le premier test, l'ordinateur prend la place de l'homme (A) et doit, comme lui, tenter de se faire passer pour la femme (B), dont le rôle reste inchangé. Le test est réussi lorsque l'ordinateur arrive à tromper l'interrogateur au moins autant de fois qu'un homme après de nombreux essais. Pour que les résultats de ce test soient exploitables, il faut comparer les résultats de l'ordinateur avec les résultats obtenus par un homme placé dans la même situation. La version standard ne requiert pas un tel élément de comparaison.

Fig. 22 – Première version du test de Turing : l'ordinateur se fait passer pour un homme imitant une femme ; l'interrogateur cherche à distinguer entre l'homme et la femme. Reproduit à partir de A. Saygin, I. Cicekli et V. Akman, « Turing Test : 50 Years Later », in James Moor (dir.), *The Turing Test : The Elusive Standard of Artificial Intelligence,* Kluwer Academic Publishers, Dordrecht, Boston, Londres, 2003, p. 27.

Judith Genova a proposé de distinguer entre les deux tests en nommant le test standard « test sur l'espèce » (est-ce un homme ou un ordinateur ?) et le premier test « test sur le genre » (est-ce un homme ou une femme ?). Turing serait donc passé d'un « gender test » à un « test of species »[1]. Or, le « gender test » possède plusieurs propriétés intéressantes par rapport à la version standard.

1. Judith Genova, « Turing's Sexual Guessing Game », *Social Epistemology* 8(4), 1994, pp. 313-326.

Il est au premier abord séduisant parce qu'il repose sur une sorte d'imitation au second degré qui fait défaut au test standard. L'ordinateur n'imite plus seulement un homme, mais il imite un homme imitant une femme. Il imite une imitation. L'ordinateur peut bien imiter son modèle, c'est-à-dire être dans la tromperie et la feinte de ce qu'il n'est pas, il ne s'ensuit pas pour autant qu'il ne soit pas, comme son modèle, un être imitant. Imitant une imitation, il devient semblable à ce qu'il imite. Plus l'ordinateur trompe l'interrogateur, et plus il feint, plus il est ce qu'il feint. Le premier test de Turing offre ainsi le modèle d'une sorte de cogito mécanique, de cogito du dieu trompeur : j'imite donc je suis. Chez Descartes, j'accède à l'évidence de moi comme être pensant (« je pense donc je suis ») par la ruse et la feinte du dieu trompeur. « Qu'il me trompe tant qu'il voudra, il ne saurait jamais faire que je ne sois rien, tant que je penserai quelque chose. » Plus il me trompe et plus il feint, plus je m'assure de la vérité du « je pense donc je suis ».

Il y a quelque chose d'analogue chez Turing, dans le jeu de l'évidence et de la feinte : c'est par la feinte et la ruse que l'ordinateur accède à la pensée. Mais chez Turing feinte et évidence ne sont pas les actes d'une instance séparée. Il n'y a pas le moi de Descartes effectuant l'acte du cogito d'une part et le dieu trompeur d'autre part. L'ordinateur réunit les deux instances : c'est celui qui feint d'être qui accède à la conscience de soi. Dans sa tromperie, dans sa feinte de l'humanité, la machine ne peut pas ne pas déployer la capacité humaine de feindre.

Le deuxième intérêt de cette première version, indirecte du test, est que la performance de la machine n'est plus jugée à l'aune d'une norme infaillible (la performance de l'homme à qui on ne demande que d'être homme). Le *gender test* est en un sens plus juste, car les performances de l'homme et de la machine sont comparées en quelque sorte à égalité. L'homme, simulant la femme, peut échouer au même titre que la machine ou la machine peut même faire mieux que l'homme, si elle trompe l'interrogateur plus souvent. On élimine ainsi un biais qui désavantage sensiblement la machine. Au lieu de comparer la machine à l'homme dans une activité où celle-ci ne peut qu'être déficiente (être homme), on compare deux performances intelligentes (imiter une femme). De plus la version originale tend à masquer l'habileté de l'interrogateur. Avec un interrogateur très habile l'homme comme la machine aura du mal à se faire passer pour une femme. En revanche, dans le test standard, les résultats de la machine varieront selon l'habileté de l'interrogateur. Enfin, le test original est immunisé contre certaines critiques, comme celles de Robert French.

Quelle version du test faut-il adopter ? La première version du test (*gender test*), aussi séduisante soit-elle, n'est probablement pas la version que Turing comptait garder. Il n'y a aucune élaboration explicite du rapport entre les deux tests, si bien qu'on est obligé de considérer que la seconde version (*test standard*) remplace purement et simplement la première (*gender test*). De nombreuses sources ultérieures plaident en faveur de l'interprétation standard. La plus convaincante est l'interview que Turing donne à la BBC en janvier 1952. Turing présente alors son test de la manière suivante :

> « L'idée du test est que *la machine doit simuler un homme* en répondant aux questions qu'on lui pose, et elle passera le test avec succès si la simulation est raisonnablement convaincante. Une proportion considérable d'un jury, qui ne doit pas être composé d'experts en machines, doit être convaincue par la simulation. Ils n'ont pas le droit de voir la machine elle-même, ce qui rendrait les choses trop faciles. La machine est donc placée à l'écart dans une pièce éloignée et le jury a le droit de lui poser des questions, qui lui sont transmises : la machine renvoie une réponse écrite. Les questions peuvent concerner tous les sujets. Et les questions n'ont pas forcément à être des questions, pas plus que des questions dans un tribunal ne sont de vraies questions. Vous voyez le genre de chose. " Je suis sûr que vous faites seulement semblant d'être un homme !", serait autorisé. De même, la machine aura le droit à toute sorte de ruses pour paraître plus humaine, comme attendre un peu avant de donner une réponse ou faire des fautes d'orthographe, mais elle ne pourra pas faire de taches sur le papier, pas plus qu'on ne peut envoyer des taches par le télégraphe. [...] Voici mon test. »[1]

Dans cette nouvelle formulation du test, Turing se range du côté du test standard : le jury doit répondre à la question « est-ce un homme ou est-ce un ordinateur ? » et non « est-ce un homme ou est-ce une femme ? ». Néanmoins le test standard est modifié de façon importante. Le jeu ne se joue plus à trois (ordinateur, homme, interrogateur), mais avec une série de candidats et un jury. Cette disposition qui a été adoptée par le concours Loebner, et que beaucoup considèrent comme impropre, a donc été proposée par Turing lui-même[2]. Mais la version de 1952 a un défaut majeur, que les résultats du concours Loebner révèlent d'ailleurs : les jurés ont fortement tendance à classer des humains du côté des ordinateurs pour éviter de se faire berner par les machines. La clause qu'ajoute ici Turing, c'est-à-dire que les jurés sachent qu'il y a bien de vrais êtres humains, ne suffit manifestement pas. Dans le concours Loebner qui a eu lieu en janvier 2000 à Dartmouth College, des candidats humains ont été pris pour des ordinateurs à 10 reprises, contre 0 pour les ordinateurs pris comme humains. Dans cette situation de test, la machine est donc fortement désavantagée. Quoi qu'il en soit, Turing, en 1952, a manifestement abandonné la problématique du genre et il adopte explicitement la version « test of species ».

1. Jack Copeland (dir.), « A Lecture and Two Radio Broadcast by Alan Turing », *op. cit.*, p. 445.

2. Le concours Loebner qui a lieu depuis 1990 teste l'aptitude des programmes de conversation à passer le test de Turing. Le prix de 25 000 dollars destiné au concepteur du premier programme à réussir le test attend toujours preneur.

Machine et information

Que l'on adopte l'une ou l'autre version, le test de Turing repose sur une manière de se représenter ce qui est fondamental dans une machine informatique. L'architecture du test est en effet fondée sur deux conditions similaires : on doit d'abord se contenter des résultats de sortie de la machine, sans avoir accès à la façon dont ces résultats ont été produits ; de plus, l'architecture de la machine physique ne doit pas entrer en ligne de compte. Telle est la signification du dispositif avec ses deux pièces séparées et le téléscripteur comme seul moyen d'échange. Les processus réellement mis en jeu ou la machine physique doivent disparaître aux yeux de l'interrogateur. Cette disparition n'est pas une ruse. Elle trouve sa justification dans l'idée que la structure physique de la machine ne présente aucun intérêt réel du point de vue technologique. Ce point est souligné à plusieurs reprises dans l'article et assure l'interface entre l'exposé sur la nature des machines et le design du test. Le test est construit de façon à refléter ce qui est important du côté des machines et à escamoter ce qui ne l'est pas.

> « Le nouveau problème a l'avantage de tracer une ligne stricte entre les capacités physiques et les capacités intellectuelles d'un homme. Aucun ingénieur ou chimiste ne prétend être capable de produire un matériau que l'on ne puisse pas distinguer de la peau humaine. [...] Même en supposant cette invention disponible, nous pouvons sentir qu'il y a peu d'intérêt à tenter de faire qu'une " machine pensante " soit plus humaine en l'habillant d'une telle peau artificielle. La forme dans laquelle nous avons établi le problème reflète cela, avec cette condition qui empêche l'interrogateur de voir ou de toucher les autres compétiteurs ou d'entendre leurs voix. »[1]

La mise à l'écart de la dimension physique de la machine est justifiée pour Turing du point de vue technique :

> « On attache souvent de l'importance au fait que les calculateurs soient électriques et que le système nerveux soit électrique aussi. Puisque la machine de Babbage n'était pas électrique et puisque tous les calculateurs numériques sont en un sens équivalent, nous voyons que *cette utilisation de l'électricité ne peut avoir d'importance théorique*. [...] On peut considérer l'électricité comme une similitude de surface [entre l'ordinateur et le cerveau]. Si nous souhaitons trouver de telles similitudes, nous devrions plutôt chercher des analogies mathématiques entre fonctions. »[2]

Derrière le test de Turing, il y a la définition de l'ordinateur comme une machine universelle de traitement de l'information. La structure du test s'arrange pour réduire l'ordinateur à ce seul aspect du point de vue de l'interrogateur. Mieux, le traitement de l'information s'entend ici comme

1. Alan Turing, « Computing Machinery and Intelligence », *op. cit.*, p. 434.
2. *Ibid.*, p. 439. Nous soulignons.

un ensemble d'opérations réglées que l'on peut opérer sur des symboles, au moyen de tables d'instructions. Or, de ce point de vue, rien ne distingue l'ordinateur d'un calculateur humain. Dans le même temps où le traitement de l'information devient l'équivalent du programme, le programme devient l'équivalent des opérations du calculateur humain.

> « On peut expliciter l'idée sous-jacente aux calculateurs numériques en disant que ces machines sont conçues pour effectuer toutes les opérations qui pourraient être exécutées par un calculateur humain. On suppose que le calculateur humain suit des règles fixées. [...] Le livre de règles est remplacé dans la machine par une partie de la mémoire. Il est alors appelé la table d'instruction. [...] Si on veut faire simuler à une machine le comportement d'un calculateur humain dans une opération complexe, on doit demander à ce dernier comment procéder et ensuite traduire la réponse sous la forme d'une table d'instructions. Le fait de construire une table d'instructions est habituellement désigné par le terme " programmer " ».[1]

La force du test réside dans le fait de dégager ce niveau autonome du programme informatique, du livret de règle ou de la table d'instruction. Du point de vue de la structure physique, un ordinateur ne pourra jamais passer pour un homme. En revanche, si on peut masquer la structure physique et ne retenir que le niveau du programme, alors plus rien ne distingue fondamentalement un calculateur humain d'un calculateur mécanique. Bien plus, comme nous avons affaire à une machine universelle à programme enregistré, le principe d'implémentation multiple s'applique. Le même programme peut être implémenté sur des machines physiques différentes, pourvu qu'elles possèdent les propriétés fonctionnelles des machines universelles, par exemple un ordinateur, mais aussi pourquoi pas un cerveau humain. La condition pour que l'ordinateur puisse être dit penser dans le test de Turing revient à un problème de similitude au niveau de la fonction mathématique ou du programme. L'implémentation hardware ne change rien à l'affaire. L'architecture même du test est fondée sur cette interprétation du fonctionnement des machines, sur la partition entre le niveau symbolique, qui seul importe, et le niveau matériel, « sans importance théorique ».

La réduction des machines aux opérations de traitement de l'information, et la réduction du traitement de l'information à un ensemble d'opérations sur des symboles, qui définit le test de Turing, conduit à deux grands types de problèmes. Premièrement, peut-on réellement réduire l'ensemble des opérations de la pensée, ou même la production d'un comportement linguistique, à des opérations de traitement symbolique de l'information ? Le modèle de Turing est manifestement le modèle du calcul numérique, mais toutes les opérations de la pensée peuvent-elles se traduire en tables

1. Alan Turing, « Computing Machinery and Intelligence », *op. cit.*, p. 437.

d'instructions ? Deuxièmement, quel type de machine pourrait réussir le test de Turing ? Le principe du traitement symbolique de l'information est-il la seule voie possible pour la simulation de l'intelligence ?

Les deux questions sont liées : si l'on estime que la pensée ne se réduit pas à un traitement symbolique de l'information, alors un ordinateur, défini comme machine de traitement symbolique, ne pourra jamais réussir le test. Mais une réponse négative à la première question (la pensée est-elle équivalente à un traitement symbolique de l'information ?) n'implique pas nécessairement que l'intelligence échappe à toute approche mécanique. L'examen de plusieurs critiques du test de Turing qui se sont attachées en particulier à la jonction entre la question cognitive et la question technologique doit nous permettre de dégager plus avant les limites de la définition de l'information en termes purement symboliques.

Les grands types de critique du test

Turing suggère en 1950 une certaine manière de définir la notion d'information comme un code ou un programme, indépendant pour sa forme de la machine matérielle. Commencent ainsi à se cristalliser une description, des formules et des concepts, qui connaîtront avec l'intelligence artificielle une immense fortune. Or, cette décision sur ce qui doit être considéré comme information est pour une part dissimulée, d'abord parce que ce n'est pas l'objet immédiat de l'article et qu'elle disparaît derrière les grands problèmes explicites sur la nature computationnelle de l'esprit, mais aussi parce qu'elle apparaît aujourd'hui comme évidente, hors du champ des questions susceptibles d'être posées au test de Turing[1]. Mais la description technique de l'information gouverne en réalité une bonne partie des positions philosophiques explicites déployées par Turing.

Parmi les nombreuses critiques suscitées par l'article de 1950, celles de John Searle, Ned Block, Robert French ou Steve Harnad ont l'intérêt de faire ressortir les engagements implicites pris par Turing quant à la nature de l'information. L'intérêt de ces objections et critiques est double. Premièrement, elles conduisent à se demander ce qui est réellement testé dans le jeu de l'imitation. Si le test est réussi, qu'est-ce que cela signifie au juste ? Deuxièmement, ces critiques conduisent à s'interroger sur le type de machines susceptibles de réussir le test. Elles ouvrent la boîte noire et ne se contentent pas de la reproduction plus ou moins réussie, en sortie, d'une

1. Voir l'aveu de John Searle lui-même en 1990 : « C'est un argument différent de l'Argument de la Chambre Chinoise et j'aurai dû le voir dix ans plus tôt, mais je ne l'ai pas fait. [...] Pour mon premier argument, j'acceptais tout simplement l'idée que la description syntaxique de l'ordinateur ne fait aucun problème. » John Searle, « Is The Brain a Digital Computer ? », *op. cit.*, p. 27.

performance. Or, ce faisant, elles conduisent à remettre en crise la représentation du traitement de l'information et la description des machines informatiques dans l'article, qui sont encore aujourd'hui les nôtres. Elles font resurgir ce qui a été enterré sous le poids des évidences répétées.

Les critiques du test de Turing peuvent se classer schématiquement en deux groupes. Il y a le groupe de ceux qui estiment que le test est trop facile à passer, et qu'il ne suppose donc aucune réelle intelligence. Et il y a le groupe de ceux qui estiment, en revanche, que le test est beaucoup trop difficile à passer, et qu'il faut donc soit l'abandonner comme but final de la recherche en intelligence artificielle, soit le redéfinir[1]. À la première catégorie appartiennent les critiques de Searle et Block qui reposent sur la même structure argumentative : quand bien même le test serait passé, il ne montrerait rien quant à l'intelligence des machines. Les critiques de French et de Harnad appartiennent à la seconde catégorie. Tous deux s'efforcent de redéfinir l'extension du test.

La chambre chinoise et le mystère de l'homunculus

Dans « Minds, Brains and Programs », en 1980, Searle a présenté un argument extrêmement ingénieux, dit de « la chambre chinoise ». Sa fonction est de montrer que l'ordinateur, quand bien même il passerait le test de Turing, ne pense pas, car l'accès aux contenus sémantiques lui fait toujours défaut. L'argument est le suivant : supposons que Searle, qui parle anglais mais ne comprend pas un mot de chinois, soit placé dans une pièce fermée. Cette pièce ne comprend qu'une ouverture par laquelle transitent des bouts de papier avec des inscriptions en chinois. Bien entendu, celles-ci sont absolument dénuées de sens pour Searle. Dans la pièce, Searle dispose cependant d'un livret de règles, qui comme le jeu d'instructions d'une machine de

1. On peut en effet se demander si Turing n'a pas sous-estimé l'étendue de la performance demandée. À ce jour, nous sommes encore très loin d'une quelconque réussite au test, ne serait-ce que dans un seuil de 30 %, comme l'avait prédit Turing. Depuis 1990, le concours Loebner juge les programmes d'intelligence artificielle à l'aune d'une version standard du test de Turing. Jusqu'ici aucun programme n'a réussi le test, ni ne semble prêt de le réussir. Pour une critique qui estime que le test est absolument néfaste et doit être abandonné dans le champ de l'IA, on peut se reporter à Patrick Hayes et Kenneth Ford, « Turing Test Considered Harmful », in *Proceedings of the Fourteenth International Joint Conference on Artificial Intelligence*, 1995, vol. 1, pp. 972-977. Blay Withby, « The Turing Test : AI's Biggest Blind Alley ? », in Peter Millican et Andy Clarke (eds), *Machine and Thought : The Legacy of Alan Turing*, 1996, Oxford, Oxford University Press, pp. 53-63. Hayes et Ford insistent sur l'idée que le but ultime de l'intelligence artificielle ne doit pas être d'imiter l'intelligence humaine. Ils utilisent l'analogie courante : l'humanité à réussi à voler à partir du moment où elle a abandonné l'idée d'imiter le vol des oiseaux. L'intelligence artificielle peut et doit donc être, comme le vol artificiel, radicalement différente de l'intelligence humaine. Le test de Turing ne représente donc plus le but de toute la recherche en IA. Les arguments de Withby sont similaires.

Turing, lui indique par quels symboles répondre aux symboles qu'il reçoit. Le livret établit les règles de correspondance entre l'input et l'output. Tout ce que Searle a à faire est de faire correspondre les symboles reçus en entrée avec les symboles du livret, suivre des règles de transformation énoncées en anglais, puis fournir un nouveau jeu de symboles en sortie. Pour un Chinois qui correspondrait avec Searle de cette manière, Searle-dans-sa-pièce semble parfaitement comprendre le chinois.

Searle passe donc le test de Turing, alors qu'en réalité il ne comprend rien à rien, et qu'il n'a fait qu'échanger des symboles, pour lui dénués de sens, au moyen d'un ensemble de règles. Searle imite l'ordinateur imitant la compréhension du chinois : « vous pouvez mettre n'importe quels principes purement formels dans un ordinateur, ils ne suffiront jamais à assurer une compréhension, car un être humain pourra suivre ces principes formels sans comprendre. »[1] Conclusion : si l'on effectue le « cogito » mécanique, il ne pense pas. L'argument de Searle repose sur la différence entre la syntaxe et la sémantique. Une manipulation syntaxique de la langue ne remplace pas l'accès aux contenus sémantiques, sans lesquels il n'y a aucune intelligence véritable.

L'argument a suscité un débat à la hauteur de son ingéniosité. Il existe plusieurs types de critiques de la critique. On a souvent prétendu réfuter Searle en lui opposant la « réponse systémique ». On fait alors valoir que, si Searle ne pense pas, le système Searle-dans-la-pièce, c'est-à-dire Searle plus le livre de règles pense en chinois. Ce n'est en effet pas Searle qui passe le test de Turing, mais le système dans son ensemble : Searle, le livret de règles et les dispositifs d'entrée/sortie. Searle n'est qu'un processeur, c'est l'ordinateur entier qui pense. Mais Searle a sans doute beau jeu de répondre par l'ironie à l'argument, en expliquant que si, lui ne pense pas, on ne voit pas qu'un livre ou que les murs d'une chambre chinoise viennent apporter le supplément de pensée nécessaire. Si Searle ne pense pas, comment est-ce que des livres ou des murs peuvent penser ?[2]

Mais l'essentiel n'est peut-être pas là, et cette polémique manque sans doute ce qu'il y a de plus remarquable dans le mystère de la chambre chinoise. L'argument de Searle repose en effet sur une présentation complète-

1. John Searle, « Minds, Brains, and Programs », *Behavioral and Brain Sciences*, 3, 1980, p. 417.

2. Une objection plus sérieuse à l'objection de Searle, qui se trouve à vrai dire déjà chez Turing, consisterait à dire que le seul moyen de réaliser une performance aussi étendue que de parler chinois est de parler chinois. Autrement dit, pour une compétence aussi importante que la compétence linguistique globale, il n'existe probablement qu'une façon de faire, qui sera identique à la nôtre, et qui suppose de construire une représentation en machine de la signification des symboles utilisés. On ne peut pas faire semblant de parler vraiment. Dans ce cas, pour feindre de faire, il faut faire. On trouve une version de cet argument chez Jean-Pierre Dupuy : « la seule façon de faire semblant de parler chinois quand on parle à un citoyen chinois, c'est de lui adresser la parole en chinois. Par conséquent, dans cet ordre de l'énonciation, la simulation est simulation de la simulation (pour faire semblant, je fais vraiment : j'ai donc seulement feint de feindre). » Jean-Pierre Dupuy, *Aux origines des sciences cognitives*, *op. cit.*, p. 33.

ment idéalisée de l'ordinateur. Est ordinateur, pour Searle, tout dispositif de manipulation symbolique (lecture et écriture), muni d'un programme (le fameux livret de règles). Cette description simpliste permet d'identifier Searle-dans-la-pièce à un ordinateur digital. Or, contrairement à ce que présuppose Searle, le système qu'il forme avec le livret de règles et la pièce n'a absolument aucune chance de passer le test de Turing ; ni maintenant, ni dans 150 ans. En effet, si tant est qu'un ordinateur puisse se résumer à des règles d'opérations sur des symboles, ce qui est déjà douteux, l'ordinateur Searle sera de toute façon beaucoup trop lent pour passer le test. Comme le disait déjà Turing, une partie du problème est de posséder une vitesse d'exécution raisonnable.

Non seulement, on ne voit pas comment Searle pourrait consulter dans des délais raisonnables un livre de règles aussi énorme que celui requis pour parler chinois sur n'importe quel sujet, mais il est même fort loin d'être sûr qu'un tel livre de règles puisse jamais être écrit. La critique de Searle nous renvoie au problème des règles dans le traitement symbolique de l'information : est-ce qu'une performance aussi étendue que le fait de parler chinois peut se ramener à un ensemble défini de règles programmables ? Il est non seulement permis d'en douter, mais ce doute est déjà explicite dans les textes des pionniers, chez Turing dans l'article, comme chez Von Neumann.

L'ingéniosité de l'argument de Searle repose sur le fait que la description à l'emporte-pièce des dispositifs informatiques qu'il propose est de fait très largement répandue, à commencer par les adversaires de Searle qui se retrouvent précisément pris de cours sur ce point. L'argument de Searle a l'immense mérite de nous faire comprendre que cette description est probablement une partie du problème : en mettant de côté les questions techniques, de vitesse et de structure, un livret de règles peut-il suffire à passer le test de Turing ? Est-ce que le traitement de l'information requis par le test peut se réduire au couple fonction/symboles ? Autrement dit, l'argument de Searle pointe en 1980 les défaillances d'une description purement symbolique du traitement de l'information.

Searle revient sur le problème, dix ans plus tard, dans « Is the Brain a Digital Computer ? » Cette seconde critique moins connue est largement aussi radicale. Elle repose sur le même ressort principal : Searle retourne contre ceux qu'il appelle les tenants de « l'intelligence artificielle forte » leur propre description de l'ordinateur et du traitement de l'information. En 1980, Searle cherchait à montrer que l'ordinateur manque la sémantique, en 1990, qu'il manque la syntaxe. L'idée de Searle est que la syntaxe n'est pas une propriété inhérente aux objets physiques, mais qu'elle dépend toujours d'un observateur extérieur au système. L'objet même de la critique est la description ordinaire de l'information et des machines informatiques.

> « D'après Turing, une machine de Turing peut effectuer certaines opérations élémentaires : cela peut être récrire un 0 à la place d'un 1 sur sa bande, un 1 à la place d'un 0, déplacer la bande d'une case vers la gauche ou d'une case vers la droite. Elle est contrôlée par un programme d'instructions et chaque instruction spécifie une condition et une action à effectuer si la condition est satisfaite. »[1]

Or, si on ouvre son ordinateur personnel, on ne trouvera jamais des 0 et des 1. Ce que nous devons plutôt chercher, ce sont des choses que l'on puisse considérer comme représentant des 0 ou des 1, par exemple l'absence ou la présence d'un signal électrique. Rien n'est donc en soi un symbole, mais la qualité de symbole, par exemple représenter 0 ou 1, est toujours relative à quelqu'un qui repère quelque chose comme symbole. C'est ce que Searle appelle « l'erreur de l'homunculus ». Le cognitivisme présuppose toujours, selon lui, un petit homme caché, qui assigne des symboles là où il n'y a que des opérations physiques.

> « La plupart des travaux que j'ai vus en théorie computationnelle de l'esprit commettent quelque variation sur l'erreur de l'homunculus. [...] David Marr (1982) est un cas typique. Il décrit la vision en passant d'une grille visuelle à deux dimensions sur la rétine à une description en trois dimensions du monde extérieur comme output du système visuel. La difficulté est : qui lit la description ? De fait, on a l'impression au travers du livre de Marr, et d'autres travaux classiques sur le sujet, que l'on doit invoquer un homunculus dans le système pour en considérer les opérations comme véritablement computationnelles. »[2]

L'argument établit ainsi la relativité de la notion de symbole et de syntaxe. Pour qu'il y ait des symboles et des manipulations syntaxiques sur ces symboles, c'est-à-dire un ordinateur, il faut toujours présupposer un être humain qui assigne un sens aux configurations physiques.

Searle tire de ce premier principe de relativité du symbole une conséquence radicale, qui forme le deuxième temps de l'argument : si rien n'est en soi, objectivement, physiquement, un ordinateur, c'est-à-dire un dispositif manipulant syntaxiquement des symboles, alors tout peut être considéré comme un ordinateur par un observateur avisé. Searle convertit la première proposition « rien n'est en soi un ordinateur » en une seconde « tout est ordinateur, relativement à un observateur ». Aussi surprenant que cela puisse paraître, cette deuxième partie de l'argument peut s'appuyer sur un lieu commun de la littérature informatique. Exactement comme dans la chambre chinoise, Searle reprend à son compte des définitions idéalistes de l'informatique pour les pousser à leur limite et en faire éclater les contradictions.

1. John Searle, « Is The Brain a Digital Computer ? », *op. cit.*, p. 25.
2. *Ibid.*, p. 28.

> « Comme le dit Johnson-Laird : "[l'ordinateur] peut être fait de roues et de leviers comme un vieux calculateur mécanique ; il peut être construit à partir d'un système hydraulique à travers lequel l'eau circule ; il peut être fait de transistors gravés sur une puce de silicium à travers lesquels le courant électrique circule ; il peut même être réalisé par le cerveau. Chacune de ces machines utilise un medium différent pour représenter des symboles binaires. Les positions des roues, la présence ou l'absence de l'eau, le niveau du voltage et peut-être les impulsions nerveuses " [...] La situation devient de plus en plus intrigante quand [Ned Block] nous informe que nous n'avons même pas besoin d'électricité et que nous pourrions utiliser un système complexe de chats, de souris et de fromage pour faire en sorte que le chat tire sur sa laisse qui ouvre une porte que l'on puisse considérer comme si elle représentait un 0 ou un 1. L'enjeu, que Block veut faire saisir, est " l'indifférence de la réalisation hardware d'une description computationnelle. Ces portes fonctionnent de façons différentes, mais elles n'en sont pas moins computationnellement équivalentes. » Dans la même veine, Pylyshyn explique qu'une séquence computationnelle peut être réalisée par « un groupe de pigeons entraînés à picorer une machine de Turing !" »[1]

Un plateau de fromages, devenu terrain de jeu pour des chats ou des souris, des pigeons qui picorent des graines, un système de canaux et d'écluses : n'importe quoi devient ordinateur digital dès lors qu'un observateur suffisamment avisé peut y repérer un système de présence et d'absence, obéissant à des règles syntaxiques. On arrive ainsi à cette conséquence maximale que le mur dans mon dos peut bien implémenter le programme Word, du moment que je sais interpréter ses mouvements moléculaires comme isomorphes à la structure formelle de Word. Comme le dit Block, « la description computationnelle est indifférente à sa réalisation hardware. »

Searle attaque ici un des postulats fondamentaux de la position fonctionnaliste en sciences cognitives. Le fonctionnalisme prétend isoler un niveau autonome d'analyse des processus mentaux, qui ne soit ni le niveau de la psychologie consciente ordinaire ni le niveau neurologique. Ce niveau correspond aux processus de traitement de l'information. Or, il faut postuler que ce niveau, pour qu'il donne lieu à une analyse autonome, ne dépend pas directement des processus matériels. Il faut bien que la fonction reçoive une implémentation, qu'elle s'incarne dans une matière, mais cette matière demeure indifférente à la fonction. Une même fonction peut par exemple être implémentée sur un ordinateur ou un cerveau, ou bien sur un processeur de silicium ou un « processeur » en fromages, chats et souris. Cette position implique deux principes : la matière est indifférente à la fonction (dégagement d'un niveau d'analyse autonome des processus psychiques) et une fonction peut être réalisée par des dispositifs matériels tout à fait différents (principe d'implémentation multiple).

1. John Searle, « Is The Brain a Digital Computer ? », *op. cit.*, p. 25.

Ce second point est un lieu commun de l'informatique. Nous avons appris à distinguer le niveau des programmes (software et traitement de l'information) du niveau matériel (hardware), et nous savons qu'en théorie, un programme peut être réalisé sur n'importe quelle machine au moyen d'une compilation ad hoc. Searle essaye de montrer que le postulat de l'implémentation multiple d'une fonction sur plusieurs supports est au fond un postulat d'implémentation universelle : tout est dispositif syntaxique pour un observateur avisé. Il faut reconnaître que Searle, encore une fois, attaque le fonctionnalisme sur son point faible, c'est-à-dire l'idée d'implémentation[1] et une forme de métaphysique implicite, symbolique et fonctionnelle, de l'information. Searle dit quelque chose de remarquable :

> « À ma grande surprise, en lisant cette littérature [informatique] j'y ai découvert un singulier hiatus philosophique. D'un côté, nous avons un ensemble de résultats mathématiques élégants qui vont du théorème de Turing à la thèse de Church sur la théorie des fonctions récursives. De l'autre, nous avons un ensemble impressionnant d'appareils électroniques que nous utilisons quotidiennement. Dans la mesure où nous avons des mathématiques si avancées et de la si bonne électronique, nous supposons que, quelque part, quelqu'un a dû faire le travail philosophique de base pour connecter les mathématiques à l'électronique. Mais pour autant que je le sache, ce n'est pas le cas. Au contraire, nous sommes dans cette situation singulière où il y a très peu d'accord théorique entre les praticiens sur des questions fondamentales comme qu'est-ce que c'est exactement qu'un ordinateur digital ? Qu'est-ce exactement qu'un symbole ? Qu'est-ce exactement qu'un processus computationnel ? Sous quelles conditions exactes deux systèmes implémentent-ils le même programme ? »[2]

Searle a parfaitement raison d'insister sur ce qui ne fait jamais problème quand on décrit les ordinateurs[3]. Dans l'article de 1950, auquel Searle fait référence, le passage sur la description de l'ordinateur, présenté comme la machine qui va passer le test, n'est jamais commenté. En réalité, ce sont les questions fondamentales qui se posent ici. Qu'est-ce que c'est qu'un traitement de l'information ? Qu'est-ce que cela présuppose comme réalisation mécanique ? Doit-on considérer l'information comme un ensemble de symboles, le traitement de l'information comme un ensemble de fonctions ou de règles ? Si tel n'est pas le cas, de quelles autres possibilités théoriques disposons-nous ?

L'ordinateur, sans doute comme bon nombre d'objets techniques, mais la technique fait rarement question pour nous, ressemble à ce que Leibniz

1. Matthias Scheutz, « Implementation : Computationalism's Weak Spot », *Conceptus JG*, 31, 79, 1998, pp. 229-239.

2. John Searle, « Is The Brain a Digital Computer ? », *op. cit.*, p. 24.

3. Bien avant Searle, James Moor s'en était déjà pris aux grands mythes de l'informatique, dénonçant en particulier une certaine « interprétation ontologique de la différence entre hardware et software ». James Moor, « Three Myths of Computer Science », *The British Journal for Philosophy of Science*, 29, 3, 1978, p. 216.

appelait dans sa théorie du droit un objet perplexe[1]. Il arrive ainsi en droit qu'un cas singulier ne puisse pas être directement subsumé sous une règle générale, ou entraîne un conflit de règles. Pour l'informatique, il y a de même plusieurs façons d'interpréter, de décrire, l'objet technique. Ces descriptions engagent des options philosophiques différentes quant à ce qu'on appelle information.

L'argument de 1990 met en crise la description usuelle de l'informatique, au-delà même de la question des règles soulevée par la chambre chinoise. Ce qui est en jeu, c'est le statut du symbole dans l'informatique. Si on considère l'information comme une suite de symboles et le traitement de l'information comme des fonctions opérant syntaxiquement sur des symboles, alors, d'après Searle, on ne pourra jamais considérer l'ordinateur comme une machine intelligente. Le sens vient toujours d'ailleurs, d'un agent qui lit les marques matérielles manipulées par l'ordinateur comme des symboles et qui décrypte dans les opérations mécaniques des fonctions ou des règles.

Searle explique qu'en général on cherche à exorciser cette objection en se plaçant aux niveaux les plus bas du traitement informatique. On considère que la description de Searle ne vaut que pour les niveaux élevés qui impliquent un utilisateur. Les niveaux élémentaires, l'exécution des programmes, la gestion des ressources matérielles, les interruptions, etc. qui sont masqués pour l'utilisateur final, ne supposeraient plus aucun homunculus. On n'aurait besoin d'un lecteur pour les symboles uniquement lorsqu'on a à faire à des symboles de haut niveau comme ceux que nous manipulons usuellement. Mais Searle a montré que, y compris au niveau le plus basique, celui des 0 et des 1, il faut encore un être humain pour reconnaître certaines tensions électriques comme des symboles. Aussi loin que l'on aille dans le fonctionnement d'un ordinateur, on n'a que symboles et opérations sur des symboles.

Mais, exactement comme en 1980, la description de Searle reste tout à fait abstraite par rapport au fonctionnement réel d'un ordinateur. Dans la description de Searle tout devient ordinateur, processus computationnel, dès lors que l'observateur choisit de le regarder ainsi. En réalité, les ordinateurs possèdent des propriétés objectives qui font qu'il s'agit de tel objet technique et non pas de n'importe quoi, et ni les maçons ni les fromagers ne se semblent prêts à remplacer les informaticiens. Il y a dans la technicité réelle de l'ordinateur une intrication entre le hardware et le software dont

1. Voir, pour une telle position en philosophie de la technique, le travail de Jean-Claude Beaune. Sur la signification de la technologie et sa non-réductibilité à la science, Jean-Claude Beaune, *La Technologie introuvable*, Paris, Vrin, 1980. Sur l'analyse d'un objet technique « perplexe », Jean-Claude Beaune, *Le Balancier du monde*, Seyssel, Champ Vallon, 2002, et les analyses de l'horloge.

échoue à rendre compte la description idéaliste en termes de symboles et de fonctions. Il y a une informatique idéale qui se construit en niant le milieu technique et ses conditions réelles. Searle pointe ce hiatus entre la technologie idéale et la technologie réelle. Seulement, il ne cherche pas à le combler et il se contente de l'utiliser comme une machine de guerre contre l'informatique traditionnelle, en montrant que la description classique, majoritaire, de l'ordinateur comme dispositif opérant fonctionnellement sur des symboles, conduit à des antinomies désastreuses.

L'objection du grille-pain

Ned Block a développé une critique plus traditionnelle du test de Turing. Sa critique reste en deçà de celle de Searle, mais renvoie aux mêmes enjeux. Dans « Psychologism and Behavorism » il attaque le test, considéré comme le représentant exemplaire de la position behavioriste en psychologie. Toute la critique repose sur l'idée qu'une machine absolument dénuée d'intelligence peut passer le test en trompant l'interrogateur. L'argument consiste à montrer que le test peut être passé grâce à une accumulation de « ruses ».

La machine imaginaire de Block dispose ainsi en mémoire de toutes les conversations d'une longueur donnée. L'ensemble des séquences appartenant à ces conversations peut être très grand, mais il est fini. Cela est une condition suffisante pour qu'elles puissent être placées en mémoire. Si l'interrogateur écrit une phrase A, l'ordinateur trouve une conversation qui commence par A et renvoie la seconde phrase de cette séquence, B. Si l'interrogateur répond par C, le processus est répété avec A remplacé par la suite ABC. La machine n'a donc rien d'autre à faire que de parcourir en mémoire les séquences et de retourner la suite prévue. Cette méthode qui consiste à rechercher la phrase suivante dans une séquence prédéfinie ne constitue pas un processus de traitement de l'information particulièrement élaboré[1]. À l'évidence, il diffère en tout cas profondément des processus cognitifs réels qui ne consistent pas à choisir ses phrases prédéfinies dans une bibliothèque pour parler. La conclusion de Block suit d'elle-même : dans la mesure où la machine passe le test, alors qu'elle n'a que l'intelligence d'un « grille-pain », le test est nécessairement déficient comme mesure de l'intelligence[2].

1. Si on ne tient pas compte de l'explosion combinatoire et de la nécessité qui en découle de disposer d'heuristiques particulièrement performantes, mais Block s'en tient explicitement au niveau de la possibilité « logique » sans se préoccuper de la faisabilité.

2. Ned Block, « Psychologism and Behaviorism », *The Philosophical Review*, 90, 1, 1981, p. 21.

L'argument de Block pose la question des ruses (*tricks*). Est-ce qu'une machine simplement équipée de petit trucs, par exemple extraire dans la question un mot particulier pour le retourner sous forme de question, peut passer le test ? Block fait explicitement référence à des programmes existants, comme les programmes de conversation construits sur le modèle de ELIZA. Ce programme qui a été écrit par Joseph Weizenbaum, dans les années 1960, simule un psychothérapeute rogerien qui reformule les phrases du patient sous forme de questions tout en le poussant à continuer à parler. Autant les programmes à la ELIZA ne fonctionnent pas dans les compétitions type Loebner parce qu'ils sont très faciles à démasquer, autant, dans une situation de conversation « normale », dans laquelle l'interlocuteur ignore qu'il parle à un programme, les résultats sont étonnants. ELIZA ressemble alors à un interlocuteur attentif, ce qui est suffisamment flatteur pour que l'interlocuteur humain rentre dans le jeu et « fasse la conversation ».

Cette question des *tricks* est présente dès l'article de Turing et constitue un véritable problème. Turing signale quelques feintes élémentaires, comme attendre avant de donner une réponse ou faire des fautes d'orthographe. Mais ce qui fait problème, fondamentalement, est la possibilité qu'une machine à trucs puisse réussir le test. L'argument de Searle mettait en lumière la question de l'implémentation entre le matériel et le logiciel, l'argument de Block souligne la dimension fonctionnelle du test. Tout ce qui compte est la performance en sortie. La façon dont la performance est produite ne rentre pas en ligne de compte dans l'appréciation des résultats de la machine. Or, non seulement les moyens mis en œuvre pour traiter l'information peuvent différer des moyens de l'intellect humain, mais encore ils peuvent être complètement inintelligents, comme le montre Ned Block. Cela pose question sur le statut du test en général : peut-on se contenter d'une boîte noire, sans aucune information sur les processus effectifs de traitement de l'information qui s'y déroulent ?

Bien plus, l'argument de Block met en lumière un des postulats les plus forts de Turing. Turing ne pense bien évidemment pas que les moyens sont indifférents, et qu'un jukebox peut être intelligent, mais il croit que la simulation d'une performance aussi complète que le comportement linguistique global ne pourra se faire sans approcher les processus réels de traitement de l'information chez l'homme. Pour des fonctions simples, on peut sans doute procéder de différentes manières, mais pour une fonction aussi compliquée que le comportement linguistique global, il n'y a sans doute qu'un seul moyen. Cette assertion est-elle justifiée ? C'est ce que la critique de Block met en doute, en s'appuyant sur la structure même du test. Ce qui est testé est la capacité à reproduire une fonction, la capacité linguistique globale, mais sont considérés comme indifférents les processus de traitement de l'information qui vont permettre de passer le test. Ces derniers sont volontairement masqués. La critique de Block met en lumière la dimension fonctionnaliste de l'article de Turing. Le but du test est de reproduire une fonction, sachant que cette fonction peut être implémentée de différentes façons sans que cela ne soit pris en compte dans le résultat final du test.

La parabole des mouettes nordiques

Examinons maintenant le second type de critique, qui repose sur l'idée que le test est difficile, sinon impossible, à réussir. À l'argument « le test est trop facile, donc il ne prouve aucune intelligence », elles opposent, à juste titre sans doute, l'idée que le test est au contraire trop difficile pour constituer une mesure de l'intelligence en général.

Dans « Subcognition and the Limits of the Turing Test », Robert French propose une série de questions dites « subcognitives » destinées à l'interrogateur. Ces questions ont pour propriété de permettre de démasquer à tous les coups l'ordinateur. Elles révèlent en effet à la fois la façon dont les réponses sont produites et le type de hardware utilisé. Ces questions permettent donc en quelque sorte de jeter un œil derrière l'écran, en révélant les processus qui s'y déroulent et quelque chose de la structure matérielle qui les supporte. Elles remettent ainsi en cause les deux traits constitutifs du test de Turing : le masquage des processus (seule la performance de sortie est évaluée) et le masquage du hardware (délimitation stricte entre capacités physiques et intellectuelles).

Le but de French est de démontrer que la fonction ou la performance ne peut être disjointe de son support matériel. Contrairement au postulat fonctionnaliste, illustré par le test de Turing, la fonction n'est pas indifférente au hardware. Comme chez Searle, la critique de French vise donc les postulats fondamentaux du fonctionnalisme. Mais contrairement à Searle, French n'a pas pour but de critiquer le projet de l'IA en général, mais de défendre une autre position au sein de l'IA que la position fonctionnaliste, c'est-à-dire le connexionnisme. La critique d'inspiration connexionniste de French remet ainsi en cause le principe de la séparation entre capacités physiques et capacités cognitives énoncé dans l'article de 1950.

French propose plusieurs jeux de questions, classés selon leur degré d'appartenance au registre subcognitif. Le premier jeu est fondé sur le principe des « amorces associatives ». Les êtres humains développent au cours de leur vie des associations plus ou moins fortes entre concepts. Ces associations inconscientes dépendent de l'expérience, du contexte culturel. On sait, par exemple, que lorsqu'on demande de reconnaître un mot en tant que mot, la reconnaissance est plus rapide si le mot précédent est un mot associé sémantiquement. Par exemple, reconnaître « beurre » comme un mot prend moins de temps si le mot précédent est « pain » que si le mot précédent est « chien », ou n'importe quel mot dénué de sens qui a pu être proposé (par exemple « beurrechien »). Or, il n'y a aucune façon de déterminer *a priori* la structure de ces associations. Celle-ci dépend de la structure de l'expérience tout entière : « Virtuellement, la seule façon pour une machine de déterminer, même de façon moyenne, tous les poids associatifs entre les concepts humains, est d'avoir fait l'expérience du monde à la façon du candidat humain. »[1]

Le principe de French est donc le suivant : le jour précédant le test de Turing, l'interrogateur convoque plusieurs sujets humains dont il note les résultats au test des amorces conceptuelles. Muni de ces résultats, il les compare le lendemain aux réponses données lors du test de Turing. Si les résultats sont proches de ceux de la veille, il s'agit d'un être humain, autrement d'un ordinateur[2].

Sur le même modèle, on peut imaginer d'autres jeux, comme le jeu des néologismes (évaluer la pertinence d'un néologisme pour désigner un type de choses), le jeu des catégories (classer X comme Y) ou tout autre jeu de classement (évaluer la beauté d'un poème, l'efficacité d'une blague, d'un slogan publicitaire pour un produit donné...). Tous ces jeux reposent sur un ensemble d'associations cognitives, qui ne peuvent être construites que tout au long d'une vie, faite d'expériences culturelles diverses.

L'idée de French est que toute question, du moment qu'on ne se limite pas à des questions du type « quelle est la capitale de la France ? » et il n'y a aucune raison de s'y limiter, présuppose ces réseaux associatifs et donc *a fortiori* une expérience du monde humain. Non seulement ces questions révèlent la nature des processus sous-jacents aux réponses données, mais les réponses sont relatives à la conformation physique du sujet ; car l'expérience du monde dépend intégralement de l'accès physique qu'on peut en avoir. La conclusion est que le test de Turing ne constitue pas un bon test pour l'intelligence en général.

> « La somme totale de cette expérience, avec toutes ses interrelations extraordinairement complexes, est ce qui définit l'intelligence humaine, et c'est ce que le jeu de l'imitation teste [...]. Le Test de Turing ne peut être passé que par des choses qui ont expérimenté le monde à notre façon, et ceci mène à la thèse centrale de cet article, qui est que le Test fournit une garantie non pas d'intelligence mais d'une intelligence humaine culturellement orientée. »[3]

1. Robert French, « Subcognition and the limits of the Turing Test », *Mind*, 99, 393, 1990, p. 58.
2. Tout cela présuppose que les candidats humains sont de même culture que l'interrogateur...
3. Robert French, « Subcognition and the limits of the Turing Test », *op. cit.*, pp. 53-54.

Seul un être humain peut passer le test. Le test n'évalue pas l'intelligence de la machine, il n'évalue que sa capacité à « coller » à l'intelligence humaine. Pour illustrer ce point, French propose la parabole des mouettes nordiques. Supposons une île habitée par deux philosophes et des mouettes nordiques. Les deux philosophes se retrouvent sur la plage et cherchent une définition du vol. Le premier propose « l'essence du vol est de se mouvoir en l'air », ce à quoi le second se contente de répondre en prenant un galet et en le jetant dans l'océan. « Il faut donc que la chose reste en l'air suffisamment longtemps » ajoute le premier. « Mais les nuages, la fumée, les ballons des enfants restent longtemps en l'air, ou même un cerf-volant quand il y a du vent », etc. Une série de caractères définitionnels est envisagée, comme avoir des ailes (mais les manchots en ont)… C'est alors que les deux philosophes, qui connaissent bien le test de Turing, décident d'abandonner la question de la définition pour adopter un test. Or, les seules choses dont ils s'accordent à dire qu'elles volent sont les mouettes de leur île. Une machine sera donc dite volante, si et seulement si elle passe le Test de la Mouette. Le test se déroule ainsi : deux radars suivent dans l'espace le trajet d'une mouette et de la machine volante. Le test est réussi pour la machine si les deux philosophes derrière leur écran radar sont incapables de distinguer les deux tracés. La pierre, le ballon de baudruche et autres objets du même type seront ainsi écartés. Mais, et c'est la morale de l'histoire, seules les mouettes de l'île du nord passeront jamais le test du vol. Des machines qui volent comme les hélicoptères ou les avions à réaction seront écartées pour leur non-conformité avec le modèle du vol-de-la-mouette-nordique. Le test n'est pas plus un test du vol que le test de Turing n'est un test de l'intelligence. Dans les deux cas, on attend du sujet une indiscernabilité impossible à obtenir en pratique avec le modèle.

Ainsi, le test de Turing ne peut donc, selon French, être réussi que par un être humain. Non seulement des machines, qui peuvent faire preuve d'une certaine forme d'intelligence, ne seront jamais reconnues intelligentes par le test, mais le test de Turing ne prend pas en compte la possibilité qu'il y ait des degrés d'intelligence. On peut considérer par exemple que les singes sont plus intelligents que les araignées mais moins que les enfants de huit ans, qui sont eux-mêmes moins intelligents que les adultes… French considère l'intelligence comme un continuum sur fond de théorie de l'évolution, et non pas une comme une propriété uniquement humaine. Toutes ces raisons conduisent French à abandonner le test de Turing.

La critique de French est très forte, parce qu'elle cible directement le présupposé fondamental de l'article de 1950, c'est-à-dire l'indifférence de la fonction à son support. Non seulement le hardware importe, mais il est déterminant. La forme que prend la fonction dépend du hardware sur lequel celle-ci est implémentée.

L'article de French a été critiqué à de nombreuses reprises. Une des critiques que French prend pour une part en compte est l'idée que les questions subcognitives sont « injustes » dans le cadre du jeu de l'imitation. Celles-ci réduisent en effet à néant les chances de l'ordinateur… mais c'est justement ce que French veut démontrer. On objecte aussi que les questions subcognitives ne demandent aucune intelligence. Ce sont des questions auxquelles on répond de manière automatique. Elles ne pourraient donc servir à déterminer l'intelligence de la machine, car y répondre ce n'est pas être intelligent. C'est pour cette raison que French introduit des questions de plus haut niveau que « l'associative priming », comme le jeu de la poésie par exemple. Les questions de haut niveau, comme évaluer la beauté d'une poésie ou l'efficacité d'un slogan, éliminent l'objection de l'intelligence.

On a aussi fait valoir que les questions de French transgressaient des règles explicitement posées par Turing. Ainsi, Jack Copeland :

> « la proposition de French n'est pas légitime. Les spécifications du test sont claires : l'interrogateur n'a le droit de poser que des questions. Les mécanismes de mesure nécessaires pour la décision lexicale et la mesure du temps de réaction des sujets n'ont pas leur place. Autrement, on pourrait tout aussi bien autoriser l'introduction de dispositifs mesurant les champs magnétiques ou la dissipation d'énergie. »[1]

Copeland a raison de noter que les questions subcognitives de French ont un résultat analogue à des mécanismes de mesure physique (champ magnétique, dissipation de l'énergie…). Elles permettent en effet d'interroger la structure physique des participants… mais c'est justement ce que veut montrer French : de simples questions, dans le jeu de l'imitation, suffisent à révéler la structure physique. De plus, contrairement à ce qu'affirme Copeland, Turing a précisé que « les questions n'ont pas à être de véritables questions, pas plus que les questions d'un tribunal ne sont de véritables questions. »[2] Turing accorde donc une grande liberté quant à la nature des questions posées. Quant au dispositif de mesure des temps de réponse, il ne concerne que le premier jeu de questions par amorces associatives (et non pas le jeu des néologismes, par exemple).

En revanche une disposition du test est clairement violée par les questions de French. Turing a spécifié que les interrogateurs ne doivent pas être des « experts en machine ». Poser sciemment des questions subcognitives ne peut être que le fait d'experts[3]. Ce point semble lié à une erreur d'interprétation de French, qui comprend le test comme une définition opération-

1. Jack Copeland, « The Turing Test », in James Moor (dir.), *The Turing Test : The Elusive Standard of Artificial Intelligence*, Dordrecht, Kluwer, 2003, pp. 17-18.
2. Jack Copeland (dir.), « A Lecture and Two Radio Broadcast by Alan Turing », *op. cit.*, p. 445.
3. Il y a cependant beaucoup de questions subcognitives dans la conversation courante, mais celles-ci sont justement noyées dans la conversation courante.

nelle de l'intelligence. Passer le test serait donc la condition nécessaire et suffisante pour attribuer de l'intelligence. Or, comme nous l'avons vu, l'intention de Turing est d'abord linguistique : il s'agit de fournir des expériences qui permettent d'admettre l'expression « machines pensantes ». Le test ne s'adresse donc pas seulement aux experts de l'IA, mais comme le dit Turing, au « public éclairé ». De plus, si le test n'est pas pris pour une définition opérationnelle, mais à la façon de Moor comme un dispositif destiné à fournir des preuves inductives, il perd son côté tout-ou-rien. Il peut être plus ou moins bien réussi. On regagne alors la dimension de continuité dans l'évaluation de l'intelligence dont French déplorait l'absence dans le test.

Enfin, il faut noter que, comme l'a montré Susan Sterrett, le premier test, le jeu de l'imitation sexué, résiste à la critique de French. En effet, dans ce test, l'intelligence de l'ordinateur n'est pas rapportée à l'intelligence humaine comme norme indépassable. L'ordinateur peut faire mieux que l'homme au test, ou aussi bien qu'un enfant... On peut donc tester des degrés. Quoi qu'il en soit, tout cela ne change pas le fond de la critique de French qui vise, à juste titre, la dimension fonctionnaliste du test.

Les robots de Harnad

Dans « Other Bodies, Other Minds : A Machine Incarnation of an Old Philosophical Problem », Steve Harnad a tenté de préciser le degré d'exigence du test de Turing. Il s'agit de répondre à deux questions : qu'est-ce qui doit être imité dans le test ? Qu'est-ce qui est requis pour réussir cette imitation ? Le point de départ est donc proche de celui de French : il faut évaluer jusqu'où la machine doit ressembler à l'homme dans le test de Turing.

Harnad propose une échelle de tests dont la portée va croissant. Plus on monte dans l'échelle des tests, plus les exigences en termes d'indiscernabilité sont importantes. Le test de plus bas niveau est appelé par Harnad le test t1, pour « toy test ». Ce test est inférieur au test de Turing. Il s'agit de tester la capacité de l'ordinateur à reproduire une performance computationnelle limitée. Harnad a sans doute en tête ce que Fodor appelle des « modules ». L'intérêt de ce toy test est de caractériser l'état actuel de la recherche en intelligence artificielle : nous ne sommes capables que de simuler des capacités cognitives restreintes.

Le test T2 dans la typologie de Harnad est le test de Turing. Il se caractérise par le fait que la capacité cognitive simulée est maintenant globale, et non plus locale. Simuler la compétence linguistique implique en effet virtuellement toutes les autres fonctions cognitives. Mais le test de Turing est pour Harnad limité, en ce qu'il restreint les interactions à des échanges purement symboliques. Le test peut donc être passé uniquement avec un dispositif de manipulation des symboles.

Le but de Harnad, lorsqu'il spécifie cette limitation du test T2, est de prendre en compte la critique de Searle. D'une part, il n'est pas sûr qu'une manipulation purement symbolique, telle qu'elle est autorisée par le test de Turing, suffise pour caractériser l'intelligence, d'autre part reste à montrer comment l'usage des symboles peut être fondé. L'indiscernabilité symbolique et fonctionnelle ne constitue donc qu'une étape. Il faut pour Harnad envisager un test de niveau supérieur, T3, qui implique que l'on cherche à fonder l'usage des symboles. Or, pour fonder l'usage des symboles, il n'y a qu'une solution pour Harnad, il faut que la machine dispose des capacités sensorimotrices nécessaires pour avoir une expérience du monde. T3 ne se contente donc plus d'un ordinateur digital manipulant syntaxiquement des symboles, mais requiert un robot, avec des capacités sensorimotrices.

Enfin, Harnad ajoute un niveau supplémentaire, T4, caractérisé par une exigence plus forte : il faut une indiscernabilité des processus internes. T4 pourrait se rapprocher des intuitions de French. Mais Harnad estime que le test T4 est trop fort et que T3 suffit pour déterminer si « ça pense ». Harnad justifie l'inutilité du niveau T4 par un argument qui ressemble au postulat de Turing : plus le test est global, plus les possibilités de tricher, d'utiliser des ruses sont minces, et plus on se rapproche de l'indiscernabilité effective au niveau des processus. Plus la fonction à reproduire est large, moins il y a de moyens de la reproduire.

La révision robotique du test de Turing par Harnad met encore une fois en scène la dimension exclusivement symbolique et fonctionnelle du test original. La position de Searle sert de révélateur pour Harnad :

> « Searle a mal interprété de nombreux aspects de la modélisation informatique, mais le cœur du problème est une question empirique sur la portée et les limites d'un modèle purement symbolique (computationnel) de l'esprit. Les modèles non symboliques apparaissent immunisés à l'Argument de la Chambre Chinoise. »[1]

Harnad est conduit au test robotique par l'idée que Searle a trouvé un défaut réel dans le test original, fondé sur une interprétation exclusivement symbolique du traitement de l'information.

Une métaphysique implicite du symbole

Ces quatre critiques diffèrent dans leur finalité. Il s'agit chez Searle de ruiner le projet de « l'Intelligence Artificielle forte », chez Block de critiquer la position behavioriste, chez French de montrer que le test est trop difficile car restreint à un test d'intelligence humaine ; quant à Harnad, il

1. Steve Harnad, « Minds, Machines and Searle », *Journal of Theoretical and Experimental Artificial Intelligence* 1, 1989, p. 5.

cherche à prouver que le test de Turing pèche parce qu'il ne prend pas en compte la question de la fondation sémantique des symboles.

Cependant, bien qu'elles diffèrent dans leurs finalités, ces critiques utilisent toutes le même point faible dans l'argumentation de Turing. C'est la dimension fonctionnaliste et symbolique du test qui sert de point d'appui à la critique. Cette notion de symbole, qui est omniprésente dans les descriptions de l'informatique, est décisive, comme l'ont vu Searle ou Harnad. En effet, cette notion présuppose une certaine configuration du rapport entre matière et forme. Décrire l'informatique sous le registre du symbole, c'est adopter quasiment automatiquement, un certain nombre de partis pris sur ses possibilités, ses réussites futures… Le symbole tient lieu d'ontologie pour l'informatique. On est en droit de se demander si l'informatique ne réactualise pas, avec l'idée d'un traitement symbolique de l'information en particulier, des problèmes aussi anciens que la philosophie. Il suffit parfois de gratter un peu sous le vernis des nouvelles formules pour reconnaître les anciennes antinomies sur le rapport entre la pensée et le langage, le signe et la signification.

Dans le *Traité de l'interprétation*, le second des traités logiques après *Les Catégories*, Aristote a donné une définition du symbole qui est toujours valable telle quelle aujourd'hui. Aristote écrit que les mots sont les symboles des sons, qui sont eux-mêmes les symboles des états de l'âme. Les états de l'âme sont, quant à eux, des images des choses[1]. Il y a donc deux relations. L'image est la relation naturelle qui existe entre un état de l'âme ou un concept et la chose. Cette relation est décrite dans le *Traité de l'âme*, III, 8, comme un transfert de forme de la chose au concept. Le symbole, en revanche, est affaire de convention.

Aristote envisage deux relations symboliques. Il y a d'abord la relation de la « matière écrite » à la « matière sonore », relation d'une trace matérielle à une autre trace matérielle, puis la relation de la matière, sonore ou écrite, au concept. Dans le premier cas, nous avons une trace qui renvoie conventionnellement à une autre trace, mais dans un medium différent, le son ou l'écrit. Dans le second cas, une trace matérielle renvoie à un concept. Le concept constitue le foyer d'unité de toutes ces traces matérielles. Sans concept, on n'a que des traces renvoyant sans raison à d'autres traces. Il n'y a de matière renvoyant à de la matière que parce qu'il y a un concept qui sert de principe à tous ces renvois.

L'unité du concept est, quant à elle, fondée par la relation d'image qu'il entretient avec les choses. Il y a du concept dans l'âme, parce qu'il y a de la substance dans les choses. Il n'y a d'identité dans le discours que parce qu'il y a déjà de l'identité dans les choses, comme l'établit le livre Gamma de la

1. Aristote, *De l'interprétation*, I, 1, 16a.

Métaphysique. S'il n'y avait pas de substance, s'il n'y avait pas d'identité dans les choses mêmes, si la nature n'était que pur changement et pure transformation, alors il n'y aurait pas de discours possible.

Si l'on adopte cette description et qu'on la transfère à l'informatique, on obtient l'idée que la machine se limite à la manipulation de traces matérielles, par exemple des signaux électriques présent/absent. Ces traces ne prennent sens que parce qu'elles renvoient conventionnellement, en définitive, à des concepts. C'est bien ce que pointe Searle : tant qu'on n'a pas « l'état d'âme » ou le concept, on n'a que des traces dénuées de signification. Cela signifie, premièrement, que ça ne pense pas et, deuxièmement, que pour que ça pense, il nous faut toujours présupposer un homunculus. La magie du test repose sur la dissimulation par la relation de symbole, par l'étendue des relations symboliques produites, de la relation d'image inexistante. Le symbole feint l'image (mais peut-être que pour feindre, il faut être, et que la manipulation symbolique présuppose la construction d'authentiques relations conceptuelles).

On voit bien comment la réponse de Harnad est, elle aussi, présupposée par la notion de symbole. Pour fonder l'usage des symboles nous dit Harnad, il faut construire une relation entre le symbole et la chose, par le biais d'un robot ayant un accès sensible aux choses du monde. Harnad réintroduit la relation d'image sans laquelle la relation symbolique s'effondre dans un pur rapport insensé de traces à traces. Le robot remplace l'homunculus, mais le dispositif de fond reste le même.

La notion de symbole pose le problème de l'inscription. Ce problème vieux comme l'écriture englobe le problème de l'implémentation, telle qu'on le trouve chez Harnad ou French. Le symbole est en effet traversé d'une relation double : d'un côté il repose sur une matérialité (il n'y a pas de symbole sans inscription), mais de l'autre il renvoie, d'une façon qui n'est pas déterminée par sa matérialité, à un concept. Ainsi le concept de « 1 » peut se représenter par la présence comme par l'absence d'un signal électrique. Il y a une relation de symbole et non une relation d'image entre la présence d'un courant et le 1. Le symbole suppose donc toujours une matière dans laquelle il s'inscrit, mais cette matière est indifférente à la forme qu'elle supporte. Il faut de la matérialité, mais une matière dont les formes ne comptent pas.

La description idéaliste usuelle de l'informatique et de l'information est fondée sur cette propriété du symbole : forme indifférente à sa matière, mais qui ne peut se passer d'une inscription. Un programme, une fonction, peuvent s'implémenter sur des machines différentes, du moment qu'à la compilation le programme exécutable est traduit dans le langage de bas niveau du processeur. Le hardware ne détermine pas le software. Il y a donc un niveau autonome vis-à-vis des différentes architectures matérielles, qui est celui de l'information et du traitement de l'information. Par un côté, il renvoie au monde des significations, par un autre à celui des processus matériels. Mais postuler un tel niveau intermédiaire entre les concepts et les traces, ce n'est pas encore résoudre le problème de leur rapport.

La relation entre symbole, concept et matière sert de matrice pour toute une série de relations que l'on va trouver en informatique : la matière est au symbole ce que le hardware est au software, le cerveau à l'esprit... On dispose à ce moment-là de toute une métaphysique implicite du symbole et de la fonction qui sert de grille de lecture pour interpréter les opérations techniques.

Il ne s'agit pas de dire que cette grille de lecture est absurde ou infondée, ou que l'on trouve autre chose dans les ordinateurs que des symboles et de la manipulation symbolique. Le but n'est pas d'introduire des concepts là où il n'y a que des symboles, mais on peut montrer deux choses : premièrement que l'informatique repose en général sur une ontologie implicite du symbole. Cette description des ordinateurs fonde une définition générale de l'information. Deuxièmement, cette description, cette problématique majoritaire de l'informatique, qui est une problématique largement idéaliste, n'est pas la seule, et on trouve, y compris au sein du champ technique informatique, sur un mode mineur, une autre définition de l'information, c'est-à-dire une autre façon d'envisager le rapport de la matière à la forme.

Il y aurait cependant quelque chose d'anachronique à faire une lecture strictement fonctionnaliste de Turing. Rien ne sert de demander au Turing de 1950 de choisir son camp (connexionniste ou fonctionnaliste) quand les positions ne sont pas encore tracées. Au moment où Turing écrit, nous ne sommes pas en présence de deux paradigmes solidifiés et relativement clos. Il y a, au sein même du champ informatique, des positions qui varient, des définitions concurrentes qui se jouxtent[1]. La dernière phrase de l'article de 1950 met ainsi sur le même plan les deux approches opposées de l'IA, par définition de règles a priori ou bien par apprentissage. « Je ne connais pas la bonne réponse, mais je crois que les deux approches doivent être tentées », conclut pragmatiquement Turing.

1. On considère en général que la problématique connexionniste en Intelligence Artificielle prend naissance vers 1957, avec les travaux de Frank Rosenblatt sur le *perceptron*, un réseau de neurones à la McCulloch et Pitts conçu pour la modélisation de la perception visuelle et susceptible d'apprentissage. Cette approche a été complètement éreintée par les tenants de l'Intelligence Artificielle classique, Marvin Minsky et Seymour Papert démontrant en 1969 certaines limites fondamentales du *perceptron*, avant de connaître un renouveau dans les années 1980.

Le clivage

De fait, on trouve dans l'article de 1950, mais aussi dans d'autres textes de Turing, des caractérisations non fonctionnalistes de l'information. Dans l'article de 1950, deux éléments font signe vers une autre idée de l'information.

Premièrement, Turing se fait à lui-même une objection inattendue. Cette objection apparaît au tout début du texte, sans que Turing n'y réponde vraiment ; elle n'est pas reprise dans la série des objections examinées en milieu d'article. L'objection occupe donc une place exceptionnelle, car il s'agit de la seule à laquelle Turing ne répond pas directement, alors qu'il estime explicitement avoir affaire à « une objection très forte ».

> « Les machines ne peuvent-elles pas effectuer quelque chose qui pourrait être décrit comme de la pensée, mais qui soit au fond très différent de ce qu'un homme fait ? Cette objection est très forte mais, cependant, nous pouvons au moins dire que si une machine peut être construite pour jouer le jeu de l'imitation de façon satisfaisante, cette objection n'a pas à nous troubler. »[1]

La réponse de Turing consiste simplement à dire que comme le test proposé n'évalue que les performances de sortie de la machine, une éventuelle différence dans les modes de pensée ne doit pas entrer en ligne de compte. Mais que le problème soit éliminé par l'architecture du test ne fait pas que le problème soit éliminé tout court. Une saine réponse ne consisterait-elle pas à revoir le test en fonction de l'objection, plutôt que de construire le test de façon à ce qu'une objection très forte passe sous le tapis ? Il s'agit précisément des critiques que Block ou French adressent au dispositif de Turing. Ces derniers ne se contentent pas de la reproduction d'une performance similaire en sortie, mais demandent au moins une identité des processus cognitifs mis en jeu.

Précisons le contexte. L'objection intervient suite à un passage, en apparence anodin, concernant les capacités arithmétiques de la machine. Turing se demande si le test n'est pas biaisé en faveur des humains. On demande à l'ordinateur d'imiter un homme, mais « si un homme devait essayer de se faire passer pour une machine, sa performance serait sans doute très mauvaise. Il serait démasqué immédiatement par sa lenteur et son inexactitude en arithmétique ». Autrement dit, le simple calcul numérique montre un écart entre les performances de la machine et de l'être humain. Le calculateur électronique est beaucoup plus performant que l'être humain.

Mais toute la description de l'ordinateur repose sur l'idée que les opérations de la machine sont identiques aux opérations de l'être humain qui calcule. La machine simule le calculateur humain. Ce point est déjà explicite

1. Alan Turing, « Computing Machinery and Intelligence », *op. cit.*, p. 435.

dans l'article de 1936, où Turing construit la description de sa machine à partir d'une analyse de l'activité d'un être humain engagé dans une tâche de calcul. Autrement dit, il y a identité de principe entre les opérations du calculateur humain et celles de la machine de Turing. L'objection émerge à la rencontre de ces deux propositions opposées : l'écart empirique des performances constatées ne vient-il pas apporter un démenti au postulat de l'identité des processus ? La machine ne pourrait-elle pas penser ou calculer autrement que comme l'être humain, en mobilisant d'autres processus ?

La réponse qui consiste simplement à dire que l'écart des performances peut s'expliquer par la différence de vitesse des composants, les composants électroniques étant beaucoup plus rapides que les neurones biologiques n'est guère satisfaisante, car Turing n'ignore pas que la vitesse n'est pas seule en cause. En particulier, Turing sait bien que les types d'erreurs sont très différents dans les calculs humains et mécaniques. La vitesse n'est pas seule en cause, mais aussi les types de fiabilité. Cette question de l'erreur nous renvoie à la possibilité d'une différence de structure, de modes opératoires, et non seulement d'une différence de vitesse entre les composants.

Ce point sera particulièrement étudié par Von Neumann qui au lieu de récuser l'objection en fera le point d'entrée de ses comparaisons critiques du traitement de l'information mécanique et biologique. Turing semble confondre, avec sa thèse de l'identité des processus, deux niveaux qui sont en réalité distincts. Il peut bien y avoir identité au niveau des processus élaborés et symboliques, le calcul supposant effectivement, pour l'homme comme pour la machine, de suivre des règles, d'utiliser une mémoire, de faire des allers et retours entre la mémoire et l'unité de calcul, etc. ; mais cette identité dans les processus de haut niveau ne garantit aucunement que les processus de bas niveau soient de même type : le calcul symbolique, en apparence identique, n'est peut-être pas conduit par les mêmes moyens réels. Von Neumann interprétera en particulier les différences dans les types d'erreurs commises par un calculateur humain et un calculateur mécanique comme le signe d'une différence dans les processus de bas niveau qui permettent d'implémenter le calcul symbolique.

Au-delà de la question de l'anthropomorphisme du test, mis en relief par French, l'objection pointe en direction de l'idée selon laquelle la façon dont les processus se déroulent peut être radicalement différente dans le cerveau et dans l'ordinateur. Cette idée contredit le postulat de l'imitation stricte du calcul humain par la machine. Au fond, est remise en cause l'idée qu'une même fonction, le calcul, soit menée à bien, de façon identique sur deux supports matériels différents, le cerveau et l'ordinateur. Turing maintient en définitive une ligne fonctionnaliste, maintient le principe d'indifférence de la fonction au support… mais il ne répond pas à l'objection.

Or, il se trouve que l'objection refait surface à la fin de l'article, qui est construite sur une alternative que rien ne permet de discerner au début. Si on suit le modèle symbolique du traitement de l'information proposé par Turing, dont nous avons vu qu'il structure en réalité le test et qui a fait l'objet de nombreuses objections et critiques, alors tout le problème d'une machine capable de réussir le test se ramène à un problème de programmation. Il faut programmer une machine qui soit capable de répondre comme un être humain aux questions de l'interrogateur. Des progrès dans la structure physique des machines, vitesse d'exécution et mémoire, seront sans doute nécessaires pour faire tourner le programme, mais ils ne sont qu'ancillaires. L'essentiel est que la machine puisse implémenter un programme de même type que celui implémenté par le cerveau humain.

> « Quelles démarches devrait-on entreprendre actuellement pour que l'expérience soit couronnée de succès ? Comme je l'ai expliqué, le problème réside essentiellement dans la programmation. Des progrès en construction mécanique devront être réalisés aussi, mais il ne semble pas vraisemblable que ceux-ci ne soient pas adéquats aux conditions requises. [...] Notre problème alors est de trouver comment programmer ces machines pour jouer au jeu. À mon rythme actuel de travail, je produis environ mille chiffres de programme par jour de telle sorte que soixante personnes, travaillant régulièrement pendant cinquante ans pourraient accomplir la tâche si on ne devait rien jeter au panier. »[1]

Mais devant l'ampleur de la tâche Turing, semble hésiter et il propose une autre méthode. Au lieu de simuler un esprit adulte, pourquoi ne pas essayer de produire un programme qui simule l'esprit d'un enfant et qui serait ensuite soumis à un processus d'apprentissage. Mais la partition entre simulation de l'esprit adulte et simulation de l'esprit enfant se redouble bientôt dans les termes de Turing d'une partition entre simulation de l'esprit et simulation du cerveau.

> « Au lieu d'essayer de produire un programme qui simule *l'esprit adulte*, pourquoi ne pas plutôt essayer d'en produire un qui simule celui de l'enfant ? S'il était soumis à une éducation appropriée, on aboutirait à *un cerveau adulte*. Il est probable que *le cerveau* de l'enfant est une sorte de calepin comme on peut en trouver dans les papeteries : très peu de mécanisme et beaucoup de feuilles blanches. [...] Notre espoir est que le mécanisme dans *le cerveau* de l'enfant soit si petit qu'il soit aisément programmable. »[2]

Ce glissement entre écrire un programme qui simule l'esprit humain comme dispositif de traitement symbolique de l'information et programmer les mécanismes d'apprentissage dans le cerveau de l'enfant est loin d'être sans conséquences. Si la première branche de l'alternative s'apparente au programme de l'intelligence artificielle classique, tel qu'il sera défendu à

1. Alan Turing, « Computing Machinery and Intelligence », *op. cit.*, p. 455.
2. *Ibid.*, p. 456.

partir de 1956 et dont on croit lire en général une anticipation dans l'article de 1950, la seconde branche nous renvoie directement au programme cybernétique, que ce soit celui de Wiener ou Von Neumann aux États-Unis ou celui de Ross Ashby en Grande-Bretagne, dont le *Design for a Brain* est publié en 1952, et avec qui Turing est en contact depuis la fin des années 1940. La même ambiguïté était déjà sensible dans le rapport de 1948, « Intelligent Machinery », dont Cristof Teuscher a pu soutenir qu'il comportait les premiers modèles connexionnistes chez Turing[1] :

> « On discutera des façons possibles de faire une machine qui manifeste un comportement intelligent. *L'analogie avec le cerveau humain est utilisée comme principe directeur.* On montre que les potentialités de l'intelligence humaine ne peuvent être réalisées que si une éducation convenable est fournie. »[2]

Même ambiguïté dans la conférence de 1951 à la BBC « Can Digital Computers Think ? » :

> « Notre problème principal est de programmer une machine *pour imiter le cerveau*, ou pour le dire de façon plus brève, mais moins précise, *pour penser*. [...] Le fait est que nous en savons très peu sur comment procéder. [...] Le processus de pensée dans son ensemble est encore largement mystérieux pour nous, mais je crois que la tentative de construire une machine pensante nous aidera grandement à découvrir comment nous-mêmes pensons. »[3]

La possibilité de simuler le cerveau humain, en amont des processus d'apprentissage, plutôt que de programmer une simulation de l'esprit adulte, constitue une réponse directe à l'objection soulevée en début d'article et non résolue. En effet, s'il s'agit de simuler les processus d'apprentissage au sein du cerveau, l'identité des performances de sortie s'étend en direction d'une identité dans les processus qui permettent d'obtenir ces performances. Turing note en particulier qu'avec cette deuxième solution, il n'y a plus besoin de demander à l'ordinateur de ruser, en se trompant par exemple artificiellement dans un calcul symbolique. On doit au contraire s'attendre à ce que non seulement l'ordinateur fasse des erreurs, mais que les types d'erreurs soient maintenant semblables.

> « Un comportement intelligent consiste probablement en une déviation par rapport à la conduite complètement disciplinée nécessitée par le calcul, déviation qui, néanmoins, n'engendre pas un comportement aléatoire ou des boucles réitérées qui ne riment à rien. Une autre conséquence importante du fait de préparer notre machine à son rôle dans le jeu de l'imitation grâce à

1. Cristof Teuscher, *Turing's Connectionism : An Investigation of a Neural Network Architectures*, Londres, Springer, 2002.
2. Alan Turing, « Intelligent Machinery », National Physical Laboratory Report, 1948, in Jack Copeland (dir.), *The Essential Turing*, *op. cit.*, p. 431.
3. Alan Turing, « Can Digital Computers Think ? », 1951, in Jack Copeland (dir.), *The Essential Turing*, *op. cit.*, p. 484.

un processus d'enseignement et d'apprentissage est que la " faillibilité humaine " devra probablement être négligée de façon assez naturelle, c'est-à-dire sans " leçons particulières " spéciales. Les processus appris ne produisent pas 100 % de résultats certains. »[1]

Mais les « machines enfants » (*child machines*) de Turing permettent aussi de répondre aux deux objections les plus sérieuses parmi celles qu'il a explicitement soulevées au milieu de l'article : l'objection de l'informalité du comportement et l'objection du déterminisme (dite de Lady Lovelace). La première objection questionne la possibilité que le comportement humain puisse se ramener à un ensemble de règles fini. La deuxième affirme qu'on ne peut jamais trouver dans une machine que ce qu'on y a mis et que par conséquent la machine est incapable d'originalité ou de surprendre son créateur. Ces objections prennent source dans la description déterministe des machines proposée par Turing.

« Il semble qu'étant donné l'état initial de la machine et des signaux d'entrées, il est toujours possible de prédire tous les états futurs. Cela rappelle l'idée de Laplace selon laquelle, connaissant l'état complet de l'univers à un moment donné, décrit par les positions et vitesses de toutes les particules, il est possible de prédire tous les états futurs. »[2]

L'intérêt des machines enfants est qu'elles ne supposent au départ qu'un ensemble minimal de règles. Les véritables règles du comportement émergeront du processus d'apprentissage, conçu comme une suite de récompenses et punitions, sans qu'on puisse prédire a priori ce qu'elles seront. Elles échappent en ce sens à l'univers laplacien.

« Un trait d'importance pour une machine qui apprend est que son professeur sera très largement ignorant de tout ce qui se passe à l'intérieur bien qu'il puisse encore être capable dans une certaine mesure de prédire le comportement de son élève. Cela devrait s'appliquer beaucoup plus fortement à l'éducation ultime d'une machine résultant d'une machine enfant dont le modèle (ou le programme) a été bien expérimenté. Cela contraste de façon claire avec la procédure normale d'utilisation d'une machine pour faire des calculs : le problème est alors d'avoir une représentation mentale claire de l'état de la machine à chaque moment du calcul. [...] L'opinion selon laquelle " les machines ne peuvent faire que ce que nous savons leur faire faire " apparaît étrange par rapport à cela. »[3]

Turing suggère ensuite l'introduction d'une composante aléatoire dans le fonctionnement de la machine (« la méthode aléatoire semble être meilleure que la méthode systématique ») renforçant la comparaison entre le processus d'apprentissage et le processus biologique d'évolution par mutations aléatoires.

Il semble donc bien y avoir une opposition irrésolue entre deux grands

1. Alan Turing, « Computing Machinery and Intelligence », *op. cit.*, p. 459.
2. *Ibid.*, p. 440.
3. *Ibid.*, p. 459.

types de programmes pour résoudre la question de l'intelligence des machines. En quoi les machines-enfants nous éloignent-elles de la définition strictement fonctionnaliste de l'information ? Le point central est le statut des règles. Celles-ci ne sont plus fixées a priori mais émergent comme régularités dans le processus d'apprentissage. L'information ne correspond plus au niveau du programme comme un ensemble de règles prédéfinies, mais elle prend forme avec les règles au cours du processus. L'information n'est plus une forme qui surplombe une matière indifférente, mais une matière qui prend forme. La forme ne préexiste pas comme déterminant du changement ou des mutations, mais résulte du processus. Il y a ici une analogie avec la façon dont Wiener se représente un signal, comme une régularité signifiante qui apparaît au milieu de structures aléatoires. Contrairement au symbole, le signal n'est pas indifférent à la matière qui le porte, il en est l'expression.

L'opposition entre *child machines* et ordinateurs classiques ne peut que rappeler la partition en IA, proposée par Rosenblatt, entre les approches « bottom-up » et « top-down ». La démarche « top-down » part des performances voulues pour déterminer la structure de la machine. La démarche « bottom-up » part d'une classe de réseaux de neurones dont on ne connaît pas intégralement la structure, et dont on explore les propriétés fonctionnelles[1]. Les derniers développements de Turing dans l'article vont clairement dans ce sens. Il y a fort à parier que ses machines-enfants échappent aux objections qui ont été soulevées à l'encontre du test et qui étaient dirigées contre l'idée d'un traitement au symbolique auquel l'article ne se réduit pas.

Il est surprenant que l'article de 1950 ait pu être lu si universellement comme le paradigme de la définition fonctionnaliste du programme d'intelligence artificielle, alors qu'un bon tiers de l'article apparaît dévolu à un programme non standard : simulation des processus d'apprentissage dans le cerveau, possibilités de mutations aléatoires, etc. Il est probable que la victoire du programme fonctionnaliste et la défaite de l'option cybernétique ait conduit à occulter ce point, avec d'autant plus de force que le principe de la machine universelle à programme enregistré, avec sa partition entre la machine logique et la machine physique, joue un rôle structurant dans ce programme. Les tenants du programme de l'IA symbolique, comme les critiques, ont emboîté le pas de cette lecture réductrice de l'article de 1950. Comme nous l'avons montré, l'article est loin d'être d'un seul tenant.

L'hésitation sensible dans l'article entre deux approches du traitement de l'information s'explique sans doute par ce clivage que nous avons cru déceler entre deux manières de se représenter l'information pour le milieu technique issu de la guerre. Non seulement l'article de Turing n'échappe pas à

1. Frank Rosenblatt, *Principles of Neurodynamics. Perceptrons and the Theory of Brain Mechanisms*, Spartan Books, 1962, pp. 16-20.

ce clivage, mais on voit bien comment ce clivage résulte d'une manière d'interroger le fonctionnement et les performances des machines qui n'est pas complètement bouclée à l'orée des années 1950. Les recherches les plus récentes sur l'œuvre de Turing permettent d'apporter un éclairage inestimable sur cette seconde partie de l'œuvre restée jusqu'ici largement méconnue.

3
L'ORDINATEUR ET LE CERVEAU CHEZ MCCULLOCH ET VON NEUMANN

Dans le « First Draft of a Report on the EDVAC » Von Neumann s'appuyait sur la représentation idéalisée des neurones introduite par McCulloch et Pitts pour dégager l'architecture logique des premiers ordinateurs. L'analogie entre ordinateur et cerveau, présupposée à l'époque, faisait signe vers l'idée d'un traitement universel de l'information, biologique ou mécanique, sans recevoir cependant une élaboration spécifique. L'analogie entre les neurones et les composants de base de l'ordinateur était présentée comme une donnée d'évidence : « les neurones des animaux évolués sont assurément des éléments [de type tout ou rien] »[1], écrivait Von Neumann.

Or, dans les trois années qui suivent la rédaction du rapport de juin 1945, on voit Von Neumann revenir progressivement sur l'analogie fondatrice entre les neurones du cerveau et les composants de l'ordinateur. Von Neumann se lance en effet, au sein même du programme cybernétique, dans une critique de la méthode proposée par McCulloch et Pitts. Ce débat, interne à la discipline, sur le statut des analogies ordinateur-cerveau n'est pas seulement d'ordre épistémologique, mais il implique aussi une certaine manière de se représenter le fonctionnement des machines informatiques. La relecture critique de l'analogie entre l'ordinateur et le cerveau que Von Neumann poursuivra jusqu'à sa mort nous renvoie à une autre manière de lire les performances des nouvelles machines de calcul, et en définitive à une autre manière de se représenter l'information. Ce moment de l'histoire des ordinateurs, avant le triomphe de l'intelligence artificielle symbolique, est particulièrement intéressant, car il nous montre que le fonctionnement des machines n'a pas immédiatement été caractérisé à partir de la distinction entre le niveau logique et le niveau physique, le niveau logique des programmes étant identifié au niveau du traitement de l'information. Si cette représentation du traitement de l'information au sein de l'ordinateur, qui est aujourd'hui la nôtre, ne s'est pas imposée naturellement, mais a été

1. John Von Neumann, « First Draft of a Report on the EDVAC », *op. cit.*, § 4.2.

concurrencée à ses débuts avec succès par une approche cybernétique, cela ouvre la question de savoir de quelle manière l'approche symbolique de l'information que nous connaissons aujourd'hui a pu s'imposer. Comment le clivage entre information-symbole et information-signal a-t-il pu être résolu en faveur de l'information-symbole ? Redécouvrir cette période occultée de l'histoire de l'informatique, ce moment de concurrence entre des représentations opposées du traitement de l'information et du programme d'intelligence artificielle au sens large, possède une fonction stratégique : celle d'interroger la prise de pouvoir de l'intelligence artificielle symbolique autrement que comme une évolution inéluctable et naturelle vers la meilleure (ou la seule) solution possible.

Pour comprendre le cheminement intellectuel de Von Neumann, il faut d'abord comprendre la finalité et le statut exact de la théorie des réseaux de neurones formels chez McCulloch et Pitts. Or, celle-ci a pu être interprétée de façon diamétralement opposée. Cette étude doit nous permettre de situer précisément le lieu de la critique de Von Neumann et de dégager la représentation alternative du traitement de l'information à laquelle celle-ci conduit. La cybernétique est largement associée au développement des analogies entre l'ordinateur et le cerveau. Il est d'autant plus remarquable de constater que, non seulement elle ne s'est pas contentée de cette analogie, mais que la critique qu'elle en a proposée constitue une de ses contributions les plus significatives. Le cas de Von Neumann est véritablement exemplaire : le rapport de 1945 débouche sur une exceptionnelle réussite technique, dégageant les éléments fondamentaux de l'informatique contemporaine, et pourtant, Von Neumann n'a eu de cesse d'en interroger les présupposés, pour mettre à jour une autre représentation du traitement de l'information.

Le modèle de McCulloch et Pitts

L'importance de l'article de l'article de 1943, « A Logical Calculus of the Ideas Immanent in Nervous Activity » est aujourd'hui largement reconnue. L'article ouvre la possibilité d'une approche radicalement nouvelle des questions de la neurophysiologie au moyen des outils de la logique mathématique. Il peut être considéré comme le premier acte de ce que nous appelons aujourd'hui les « sciences cognitives ». Si l'article de Rosenblueth, Wiener et Bigelow opère la synthèse sur le plan philosophique des résultats obtenus pendant les recherches de guerre, l'article de McCulloch et Pitts apparaît résolument tourné vers l'avenir, avec un pari peut-être encore plus ambitieux. L'article est publié dans la revue de neurophysiologie dirigée par le biophysicien Nicolas Rashevsky, mais il ne comporte aucune référence neurophysiologique. L'article ne cite que trois textes, tous issus du champ de la logique formelle[1]. Cette situation illustre l'idée d'une rupture de paradigme, d'un nouveau départ dans l'étude du système nerveux : pouvons-nous construire une théorie logique du fonctionnement du cerveau ?

Le branchement avec la cybernétique s'opère quasi immédiatement. Développer une théorie logique du cerveau, signifie que le cerveau ne sera plus appréhendé par l'étude des échanges énergétiques qui s'y déroulent, comme une machine électrique, ce qui était l'approche de Rashevsky, mais comme un dispositif de traitement de l'information, incluant éventuellement des circuits de feedback. Wiener, Rosenblueth et Bigelow ont tout de suite perçu le soutien que la démarche novatrice de McCulloch et Pitts pouvait apporter à leur propre programme : ce n'est plus simplement l'organisme dans son ensemble qui passe sous les catégories du traitement de l'information, mais aussi le cerveau lui-même qui peut être envisagé comme la source véritable des comportements finalisés. De même, McCulloch et Pitts saisissent tout de suite l'intérêt de la cybernétique : la nouvelle physique du traitement de l'information offre l'instrument pour révolutionner les approches scientifiques de la cognition. L'alliance entre les deux pans de la cybernétique n'apparaît pas forcée ; ce qui n'empêchera pas les tenants de l'intelligence artificielle classique de jouer en un sens McCulloch contre la cybernétique.

En quoi consiste exactement le modèle de McCulloch et Pitts ? La représentation du cerveau comme organe logique apparaît fondée sur le postulat du caractère binaire, tout-ou-rien, de ses composants élémentaires, les neurones. Le concept de neurone formel introduit par l'article de 1943 assure l'interface entre les propriétés biologiques du cerveau et les propriétés logiques du modèle. Le neurone de McCulloch et Pitts se définit comme un automate binaire à seuil. Chaque neurone est connecté en entrée à d'autres neurones par des synapses, qui peuvent être soit excitatrices soit inhibitrices. Si la somme des entrées excitatrices dépasse le seuil du neurone, sans qu'un signal inhibiteur n'ait été déclenché, alors le neurone est mis à feu et transmet à son tour un influx en direction des synapses des neurones suivants. À partir de tels composants binaires, il est facile de se représenter comment constituer des fonctions plus avancées, exactement comme Von Neumann le fera dans le « First Draft or a Report on the EDVAC ». On peut par exemple imaginer un neurone formel, implémentant la fonction logique ET, au moyen de deux entrées excitatrices pour un seuil fixé à deux, ou bien la fonction OU, au moyen de deux entrées excitatrices pour un seuil fixé à un, etc.

1. Sont cités : R. Carnap, *The Logical Syntax of Language*, D. Hilbert et W. Ackermann, *Grundzüge der theorischen Logik* et B. Russell et A.N. Whitehead, *Principia Mathematica*.

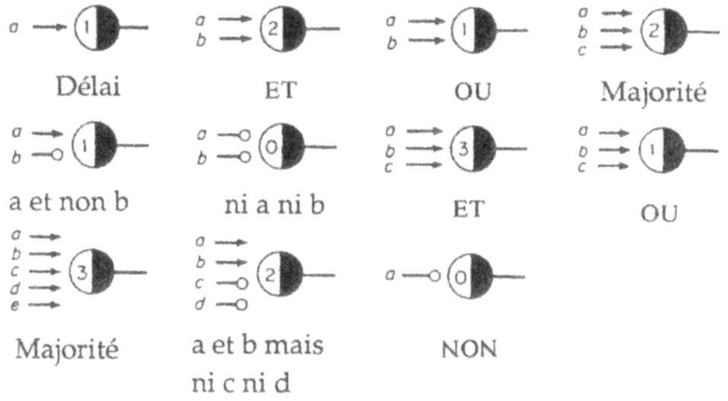

Fig. 23 – Quelques exemples de fonctions simples réalisées à partir des neurones formels chez Minsky. Reproduit à partir de Aline Pélissier et Alain Tête, *Sciences cognitives, Textes fondateurs (1943-1956)*, *op. cit.*, p. 71.

Au moyen de ces opérateurs simples, on peut donc construire des fonctions plus complexes. L'objet de l'article est de montrer que de tels réseaux de neurones formels permettent d'implémenter n'importe quelle expression finie dans le calcul des propositions.

> « De par le caractère tout-ou-rien de l'activité nerveuse, les événements neuronaux et leurs relations mutuelles peuvent être traitées au moyen de la logique propositionnelle. [...] En outre, pour toute expression logique satisfaisant certaines conditions, on peut trouver un réseau qui se comporte selon le mode décrit. [...] La loi en tout-ou-rien de l'activité nerveuse est suffisante pour qu'on puisse représenter l'activité d'un neurone par une proposition. »[1]

De là, McCulloch et Pitts concluent que leurs réseaux sont capables de calculer n'importe quelle fonction calculable par une machine de Turing ; autrement dit que leurs réseaux sont équivalents aux machines de Turing universelles, pourvu qu'on leur fournisse une mémoire et des capteurs[2]. L'immense résultat de l'article de 1943 consiste ainsi à montrer que des automates de calcul aux performances étendues peuvent être bâtis à partir de composants binaires aux propriétés extrêmement simples, analogues aux neurones biologiques. Autrement dit, le cerveau lui-même peut être envisagé comme un automate de calcul, une machine de Turing (certes en un sens limité, mais la machine de Turing étant par définition un automate idéal, doté d'une mémoire infinie, cette restriction vaut pour tous les dispositifs physiques que

1. Warren McCulloch, « A Logical Calculus of the Ideas Immanent in Nervous Activity », *op. cit.*, pp. 62-64.

2. Ce point est contestable. Le logicien Stephen Kleene a en effet démontré en 1956 que la conclusion de McCulloch et Pitts est exagérée : leurs réseaux ne peuvent calculer qu'un sous-ensemble des fonctions calculables par une machine universelle de Turing. Stephen Kleene, « Representation of events in nerve nets and finite automata », in Claude Shannon et John McCarthy (dir.), *Automata Studies*, Princeton, Princeton University Press, 1956, pp. 3-42.

l'on peut construire). McCulloch et Pitts nous apprennent ainsi qu'en un sens extrêmement général, le cerveau possède les propriétés calculatoires d'une machine de Turing. L'article ne nous dit pas, à proprement parler, comment le cerveau calcule, mais il démontre que le cerveau a les moyens d'un calcul logique avancé. Les conditions suffisantes d'un authentique calcul sont réunies dans le cerveau biologique, à partir du moment où on reconnaît le caractère fondamental du comportement tout-ou-rien des neurones.

Le résultat de 1943 au-delà de la technicité logique (quelles fonctions sont calculables sur un réseau de neurones formels ?), au-delà du programme de recherche neurologique (comment le cerveau peut-il s'y prendre réellement pour implémenter le calcul ?), ouvre un véritable horizon métaphysique : nous sommes désormais en mesure de concevoir, de manière non triviale, une véritable « incarnation de l'esprit ». Le cerveau est une machine de Turing ; ajoutons à ce résultat, que l'ordinateur et la pensée peuvent eux aussi être considérés comme des machines de Turing. On peut alors fonder, sur l'idée de calcul symbolique, une certaine identification entre pensée, calcul, machine logique, machine physique et machine biologique. Si penser c'est calculer, c'est-à-dire manipuler des symboles au sens d'une machine de Turing, si le cerveau est capable d'un tel calcul, alors on peut concevoir pour la première fois de façon aussi nette que le cerveau possède les propriétés suffisantes pour incarner la pensée. Ce résultat, dans sa généralité et son génie, ouvre la perspective d'une « épistémologie expérimentale » comme le dira plus tard McCulloch[1].

Mais si l'article montre en un sens que le cerveau est un calculateur, qui peut incarner la pensée, toute la question est de savoir en quel sens cette incarnation de la pensée peut être effectivement réalisée. Le programme de McCulloch et Pitts donne en effet lieu à des interprétations on ne peut plus divergentes.

Dans la présentation qu'il donne en 1968 des automates de McCulloch et Pitts, Minsky prend bien soin d'insister sur la dimension purement logique du modèle proposé en 1943.

> « Il faut comprendre clairement que ni McCulloch et Pitts ni le présent auteur ne considèrent ces dispositifs comme des modèles physiologiques exacts des cellules et des tissus nerveux. Ils ne sont pas conçus dans cette perspective. Ils sont conçus pour représenter et analyser la logique des situations de tout processus discret, que ce soit dans le cerveau, dans la machine ou n'importe où ailleurs. »[2]

1. Warren McCulloch, « What is a Number, that a Man May Know It, and a Man, that He May Know a Number ? », *General Semantics Bulletin*, 26-27, 1961, pp. 7-18, in Warren McCulloch, *Embodiments of Mind*, *op. cit.*, p. 1.

2. Marvin Minsky, *Computation, Finite and Infinite Machines*, New York, Prentice Hall, 1968, p. 32. Cité et traduit dans Aline Pélissier et Alain Tête, *Sciences cognitives, Textes fondateurs (1943-1950)*, *op. cit.*, pp. 69-70.

Il y a cependant un écart entre considérer que les neurones de McCulloch et Pitts ne sont pas un modèle physiologique *exact* des cellules, ce qui est parfaitement juste (mais quel modèle peut être dit parfaitement exact ?), et affirmer que les neurones sont conçus pour analyser la logique de tout processus discret, quelle que soit la machine physique qui est en jeu. Affirmer que les neurones formels ne sont pas un modèle exact des neurones réels, ce que McCulloch et Pitts sont en effet les premiers à reconnaître, ne signifie pas que les neurones formels ne soient pas du tout un modèle des neurones réels. Autrement dit, Minsky interprète le travail de McCulloch et Pitts, dans sa finalité même, comme un travail de logiciens, attentifs à dégager les possibilités calculatoires issues de réseaux composés d'éléments simples interconnectés, mais indifférents à la réalisation physique. On trouve une interprétation similaire dans l'introduction que donne Seymour Papert au recueil *Embodiments of Mind* :

> « Lorsque nous parvenons à la fin de l'article, nous sommes récompensés d'avoir lutté avec une notation logique fort mal choisie en assistant à la naissance d'une véritable idée mathématique : entre la classe des fonctions combinatoires triviales calculables par la logique booléenne simple et la classe trop générale des fonctions calculables par les machines de Turing, il y a des classes intermédiaires de fonctions déterminées par la propriété mathématique la plus universelle et naturelle du réseau : son caractère fini. Il s'agit de pures mathématiques. »[1]

À lire Papert ou Minsky, McCulloch et Pitts doivent être d'abord crédités d'un travail de mathématiciens ou de logiciens : l'étude d'une classe de réseaux finis. La neurobiologie n'est plus qu'accessoire, car chacun sait bien que les neurones idéalisés de McCulloch et Pitts sont beaucoup trop éloignés des neurones réels pour nous apprendre quoi que ce soit sur le fonctionnement du cerveau. La théorie des neurones formels est dès lors interprétée comme une théorie purement abstraite.

Minsky ou Papert proposent ainsi une lecture du travail de McCulloch et Pitts qui insiste sur la dimension fonctionnaliste de la théorie des automates. Celle-ci ne fournirait pas une description de ce qui se passe dans le cerveau, mais elle se contenterait de construire une classe de fonctions, que le cerveau comme n'importe quelle machine finie de taille suffisante peut implémenter.

La présentation de James Anderson et Edward Rosenfeld dans le recueil *Neurocomputing*, en 1988, prend le contre-pied de cette lecture « logicienne ». Anderson et Rosenfeld rendent compte de l'article de 1943 comme une tentative pour appréhender les possibilités réelles du système nerveux.

1. Seymour Papert, « Introduction », in Warren McCulloch, *Embodiments of Mind*, *op. cit.*, p. xxvi.

« On pourrait écrire un livre entier sur les aspects importants de cet article et l'influence qu'il a eue. Il s'agit d'*une tentative de comprendre ce que le système nerveux peut réellement faire*, étant donné des éléments de calcul simples qui sont des abstractions des propriétés des neurones formels et de leurs connexions, tels qu'ils étaient connus en 1943. McCulloch et Pitts n'ont cité que trois références dans cet article, toutes sur la logique mathématique. [...] Au cas où l'on penserait que McCulloch ne connaissait pas la physiologie, un article de 1947, " Modes of functional organization of the cerebral cortex ", long de trois pages, comporte cent une références, toutes physiologiques. En 1947, McCulloch parlait de physiologie ; dans cet article de 1943, McCulloch et Pitts débattent du fait que la physiologie est calculatoire – donc logique. »[1]

Cette interprétation opposée ne doit pas nous surprendre de la part d'un vétéran de l'approche connexionniste comme Anderson. L'œuvre de McCulloch et Pitts est au centre d'une querelle d'héritage. La préface de Jerome Lettvin, un ancien élève de McCulloch et de Wiener, lors de la réédition de *Embodiments of Mind* la même année 1988 va dans le même sens, le sens d'une réévaluation de la portée biologique de l'article, qui n'est pas dénuée d'un accent de revanche politique :

« Les techniques contemporaines de l'intelligence artificielle (IA), du traitement parallèle distribué (PDP) et des réseaux câblés qui traitent les images et les sons, sont dirigées par deux types de fins. Le premier vise des produits utiles pour l'industrie et les militaires. Cela finance la recherche. Le second concerne les idées qui plongent dans l'étude du cerveau. Ces idées sont les plus importantes parce que, bien que controversées, elles représentent les seules notions utiles jusqu'à présent pour l'étude du cerveau comme un processus de traitement de l'information. »[2]

La résurgence d'une problématique connexionniste au début des années 1980 autorise à traiter la dimension physiologique du travail de McCulloch et Pitts autrement que comme une scorie inutile qui devrait être abandonnée sur le chemin glorieux de l'intelligence artificielle symbolique. Le but de McCulloch et Pitts est l'étude du « cerveau comme processus de traitement de l'information », selon Lettvin, là où Minsky et Papert ne considéraient la neurologie que comme un élément accessoire subordonné à la tâche logique. Lettvin inverse l'ordre des priorités : la logique apparaît subordonnée à la finalité neurologique ; elle fournit les concepts exploratoires pour une étude du cerveau.

Il ne fait aucun doute que la lecture de Lettvin est beaucoup plus exacte. Il n'y a pas un texte de McCulloch qui ne présente des éléments d'évidence en ce sens, si on accepte de lire McCulloch comme un cybernéticien. La

1. James Anderson et Edward Rosenfeld, *Neurocomputing, Foundations of Research*, Cambridge, MIT Press, 1988, p. 15, cité et traduit dans Aline Pélissier et Alain Tête, *Sciences cognitives, Textes fondateurs (1943-1950)*, *op. cit.*, pp. 58-59.
2. Jerome Lettvin, « Foreword », in Warren McCulloch, *Embodiments of Mind*, *op. cit.*, p. v.

conclusion de l'article de 1943 annonçait déjà de façon suffisamment claire les enjeux de la démonstration :

> « Ainsi, des aspects formels et finalisés de cette activité que nous avons l'habitude d'appeler " mentale " sont rigoureusement déductibles de la neurophysiologie actuelle. [...] Il est certain que pour le psychiatre, avec de tels systèmes, on n'en est plus au stade où " l'esprit avance plus fantomatique qu'une ombre ". Au contraire, on peut comprendre la mentalité malade dans toute son étendue sans perdre la rigueur des termes scientifiques de la neurophysiologie. »[1]

Le but de McCulloch et Pitts est bien de réduire les états mentaux « fantomatiques » à la dure réalité physique d'un calcul neuronal réel, et non seulement idéalisé. En d'autres termes, il s'agit d'expliquer « pourquoi l'esprit est dans la tête », selon le titre provocateur de la conférence au symposium Hixon de 1948[2]. Lorsqu'il revient sur l'article de 1943, plus de vingt ans après, dans « The Postulational Foundations of Experimental Epistemology », McCulloch décrit sa démarche comme « la création d'une théorie logique de l'activité nerveuse »[3]. La formule est suffisamment claire quant au fait que la théorie avancée en 1943 n'a pas le statut d'une théorie purement logique, mais que la logique est seulement un moyen pour une étude renouvelée du cerveau, et en définitive de la cognition. Il n'apparaît pas que McCulloch ait spécialement varié sur la définition générale de son programme depuis l'article de 1943.

Le programme de McCulloch n'en reste pas moins un objet théorique étrange, qui rentre bien mal dans les catégories contemporaines. Ce décalage épistémologique explique que la théorie ait pu faire l'objet d'évaluations aussi contrastées. Par un côté, le travail de McCulloch peut être revendiqué par les auteurs qui se situent dans le camp connexionniste ; possibilité à laquelle Lettvin faisait allusion. McCulloch présente en effet un modèle du cerveau ou de la cognition qui repose sur des réseaux composés d'éléments simples interconnectés. Mais l'analogie avec le connexionnisme contemporain, ou même le connexionnisme de Rosenblatt s'arrête là. Les réseaux de McCulloch sont des réseaux linéaires, où le traitement de l'information s'effectue de manière séquentielle, et non des réseaux fondés sur une interconnexion massive et parallèle des composants. Les réseaux de

1. Warren McCulloch et Walter Pitts, « A Logical Calculus of the Ideas Immanent in Nervous Activity », *op. cit.*, pp. 84-85.

2. Warren McCulloch, « Why the Mind Is in the Head », in L.A. Jeffress (dir.), *Cerebral Mechanisms in Beahvior*, New York, Wiley, 1951, pp. 42-111, in Warren McCulloch, *Embodiments of Mind*, *op. cit.*, pp. 72-141.

3. Warren McCulloch, « A historical Introduction to the Postulational Foundations of Experimental Epistemology », in F.S.C Northrop et Helen Livingston (dir.), *Cross-Cultural Understanding : Epistemology in Anthropology*, New York, Harper, 1964, in Warren McCulloch, *Embodiments of Mind*, *op. cit.*, p. 369.

McCulloch sont des réseaux fixes, où les poids synaptiques sont définis une fois pour toutes, et qui n'intègrent pas de règles d'apprentissage. Minsky et Papert ont parfaitement raison d'insister sur la dimension fonctionnaliste du travail de McCulloch et Pitts. Ces derniers définissent des fonctions ou des classes de fonctions, puis montrent que ces fonctions peuvent être implémentées par tel ou tel réseau particulier. Cette méthode n'interdit pas d'abstraire tout simplement la fonction du niveau physique pour l'étudier en tant que telle comme un objet logique ou mathématique, même si là n'était pas l'intention. Frank Rosenblatt, l'inventeur du perceptron, opposera à cette démarche « descendante », qui commence par décrire dans l'absolu une fonction pour la réaliser ensuite dans un réseau approprié, une démarche « ascendante » qui étudie les propriétés émergentes d'un réseau composé d'éléments parallèles et massivement connectés.

Mais si le travail de McCulloch n'appartient décidemment pas à l'approche connexionniste proprement dite, en dépit du fait qu'il propose des réseaux de neurones, il n'est guère plus réductible à l'approche fonctionnaliste ordinaire. Non seulement McCulloch se refuse à faire passer le niveau logique avant l'étude neurologique, mais il est même douteux qu'il ait cherché à développer une véritable théorie de l'esprit au sens cognitiviste. McCulloch montre certes que le cerveau est capable d'implémenter n'importe quelle capacité cognitive, du moment que celle-ci peut se réduire à une fonction calculable, et qu'en ce sens l'esprit peut s'incarner dans le cerveau, mais il ne dégage absolument pas un niveau autonome des représentations ou d'un calcul sur les représentations qui est la marque des sciences cognitives ou de l'intelligence artificielle orthodoxe. La grande idée de l'article de 1943 est l'équivalence entre le neurone et le « psychone » (*psychon*), considéré comme unité psychique élémentaire associée à la mise à feu binaire du neurone. À chaque calcul effectué par les neurones correspond un calcul sur les « psychones ».

Admettons que du point de vue d'une théorie de l'esprit, il n'est pas aisé d'accorder un quelconque contenu de représentation au « psychone » de McCulloch et Pitts. Daniel Andler a insisté sur le fait, en écrivant que « la notion de représentation est laissée totalement hors de l'image fournie par le neurone de McCulloch et Pitts. »[1] Dans le même ordre d'idées, Jean-Pierre Dupuy propose de considérer la démarche de McCulloch comme « un fonctionnalisme [...] éloigné de ce que sera le fonctionnalisme computationnel et représentationnel de l'esprit »[2]. Les cadres contemporains semblent donc bien mal taillés pour le projet de McCulloch. Ni franchement

1 ; Daniel Andler, « From paleo- to neo-connectionism », in Gertrudis Van de Vijver, *New Perspectives on Cybernetics, Self-Organization, Autonomy and Connectionism*, Kluver, 1992, pp. 125-147, cité et traduit dans Aline Pélissier et Alain Tête, *Sciences cognitives, Textes fondateurs (1943-1950)*, *op. cit.*, p. 89.

2. Jean-Pierre Dupuy, *Aux origines des sciences cognitives*, *op. cit.*, p. 54.

connexionniste, ni franchement fonctionnaliste, on ne peut pas dire non plus que le travail de McCulloch ait connu un plus grand succès du côté de la neurophysiologie proprement dite. Sans l'intervention de Von Neumann qui a fait de la lecture de l'article de 1943 un préalable à tout travail sur les ordinateurs, l'article serait sans doute passé largement inaperçu dans sa communauté d'origine.

Pour comprendre ce qui fait difficulté dans le programme de McCulloch, il faut se tourner vers un article de 1947, « How We Know Universals : The Perception of Auditory and Visual Forms », qui présente un exemple parfait de ce que l'on peut obtenir avec la méthode des réseaux de neurones formels. Dans cet article, il n'y a aucun doute sur le fait que l'objet visé est le cerveau biologique. L'article se partage à parts égales entre la logique et la neurophysiologie. Il s'agit sans doute du meilleur spécimen possible de cette « théorie logique de l'activité nerveuse » visée par McCulloch. L'article est cité très favorablement dans *Cybernetics* en 1948[1]. Mais c'est aussi à cet article, plus qu'à celui de 1943, que Lettvin fait retour lorsqu'il veut caractériser en 1988 la signification réelle du projet de McCulloch[2].

La démarche de McCulloch et Pitts comporte dans l'article trois temps : ils commencent par décrire une fonction ou plusieurs fonctions, puis ils montrent que celles-ci peuvent être réalisées par un réseau de neurones, et enfin ils cherchent au niveau neurologique quel dispositifs sont susceptibles d'implémenter la fonction ou le réseau. La recherche logique joue donc ici une fonction heuristique, en indiquant des directions de recherche au niveau physiologique. Le design a priori des réseaux et des fonctions donne une indication sur ce que l'on doit chercher dans la complexité foisonnante du système nerveux central.

> « Nous avons concentré notre attention sur des mécanismes hypothétiques particuliers afin d'en atteindre une compréhension suffisamment claire pour guider les études et les expérimentations histologiques. Mêmes faux, ces mécanismes présentent toujours des hypothèses sur les caractères généraux de circuits capables de reconnaître des universaux, et donnent des méthodes pratiques pour leur construction. »[3]

Mais la généralité des résultats logiques pose en soi problème, y compris dans une démarche heuristique. Une même fonction peut être implémentée

1. Wiener consacre un chapitre « Gestalt and Universals » à la reconnaissance des formes. Norbert Wiener, *Cybernetics*, *op. cit.*, pp. 133-143.

2. « Les étudiants d'aujourd'hui peuvent rêver à la façon dont ils pourraient réécrire « How We Perceive Universals » si Warren McCulloch avait connu les réseaux PDP [parallel distributed processing]. » Jerome Lettvin, « Foreword », in Warren McCulloch, *Embodiments of Mind*, *op. cit.*, p. vii.

3. Walter Pitts et Warren McCulloch, « How We Know Universals : The Perception of Auditory and Visual Forms », *Bulletin of Mathematical Biophysics*, 9, 1947, pp. 127-147, in Warren McCulloch, *Embodiments of Mind*, *op. cit.*, p. 65.

par une infinité de circuits différents. Comme le dira Von Neumann, nous n'avons aucune assurance sur le fait que les résultats logiques apportent quoi que ce soit à l'étude neurophysiologique. Le programme de McCulloch apparaît donc pris entre deux feux. McCulloch montre que le cerveau est suffisant pour calculer tout ce qu'une machine de Turing peut calculer, y compris pourquoi pas la pensée ou des représentations. Mais au-delà de la démonstration de principe, qui demeure géniale, le programme de McCulloch achoppe sur la question du comment. Admettons que le cerveau puisse implémenter la pensée, mais comment ? À l'évidence le modèle du calcul booléen sur des événements psychiques élémentaires associés à la mise à feu des neurones ne suffit pas à résoudre la question. D'un côté, le calcul des propositions ou des psychones par les neurones formels ne parvient pas à atteindre le niveau de la représentation ou des états mentaux. De l'autre, le calcul des neurones formels ne nous dit pas encore grand-chose sur les opérations biologiques réelles.

L'article de 1943 propose un niveau logique, intermédiaire entre le niveau neurologique et le niveau psychique. Il s'agit d'une première manière de caractériser le traitement de l'information. Mais cette première représentation est elle-même à l'amorce d'un clivage. Soit la question de McCulloch et Pitts est reprise, par le haut en quelque sorte, du côté d'un calcul logique des représentations, ce qui constitue l'option cognitiviste, défendue par Minsky ou Papert, et dont on a pu avoir un aperçu partiel avec les travaux de Turing ; soit la question est reprise, par le bas, du côté de l'interface entre la logique et la neurologie, ce qui sera l'option défendue par Von Neumann. À tout prendre, l'interprétation de Von Neumann paraît plus proche des intentions de McCulloch que celle de Minsky ou Papert. Mais Von Neumann va en réalité inverser la démarche de McCulloch, suggérant que la logique peut moins nous en apprendre sur le cerveau, que le cerveau sur la logique.

Il faut donc distinguer deux lignes de partage si l'on veut comprendre les enjeux du débat cybernétique sur la question des analogies entre ordinateur, esprit et cerveau. Une première ligne partage une approche cognitiviste et une approche physicaliste du traitement de l'information. La première approche considère le traitement de l'information comme une opération de manipulation symbolique portant sur des représentations. Son objet est l'esprit plus que le cerveau. La seconde considère le traitement de l'information comme une opération physique effective opérée au moyen de composants réels. Son objet est le cerveau plus que l'esprit. Mais au sein de cette seconde approche, il faut considérer un autre partage entre le programme défendu par McCulloch et Pitts et le programme de Von Neumann. Le premier part d'un niveau logique prédéfini pour spécifier l'organisation des composants, le second cherche à retrouver la structuration logique à partir de l'organisation des composants. La solution intermédiaire de McCulloch et Pitts, ce fonctionnalisme sans représentation, ce connexionnisme booléen, se clive en deux représentations opposées du traitement de l'information.

La critique de Von Neumann et le symposium Hixon

Les premiers éléments d'une prise de distance vis-à-vis de la méthode de McCulloch et Pitts sont sensibles dès le « First Draft of a Report on the EDVAC » lorsque Von Neumann note les différences de comportement entre les neurones réels et les neurones formels[1]. Mais le fait que certains aspects du comportement des neurones réels soient négligés ne suffit pas à soi seul à construire une critique en règle du modèle McCulloch et Pitts. Ces derniers sont parfaitement conscients d'avoir choisi certains aspects du fonctionnement des neurones, à commencer par leur rôle de porte logique tout-ou-rien, au détriment d'autres aspects. Ce point est d'ailleurs souvent noté dans la cybernétique[2]. Si Von Neumann utilise les neurones de McCulloch et Pitts c'est précisément pour leur qualité de boîte noire et leur capacité d'abstraction. La critique de Von Neumann n'est pas calquée sur la critique standard, dont nous avions un aperçu chez Minsky, qui consiste à reprocher à McCulloch sa « biologie fictive ».

Les premiers grands éléments de critique explicites interviennent trois ans plus tard, à l'occasion du symposium Hixon à l'université de Pasadena, dans la communication présentée par Von Neumann lui-même, mais aussi dans la discussion animée qui suit la présentation de McCulloch, « Why the Mind is in the Head ? » L'objectif du symposium est de discuter des mécanismes cérébraux, non pas d'un point de vue neurologique ou biochimique, mais du point de vue de l'explication du comportement : comment le système nerveux peut-il contrôler le comportement ? Outre Von Neumann et McCulloch, plusieurs futurs membres réguliers du groupe cybernétique interviennent, comme les psychologues Karl Lashley et Heinrich Kluver. L'historien Howard Gardner en a fait un des moments clés de son histoire des sciences cognitives, un des événements qui marquent la rupture avec le programme behavioriste grâce à la référence à l'informatique naissante[3]. Von Neumann ouvre la conférence, le 20 septembre, avec une intervention intitulée « The Logic of Analogue Nets and Automata ». La conférence sera publiée en 1951 sous le titre ambitieux de « Théorie générale et logique des automates ».

1. En particulier concernant les différences dans les délais de transmission de l'influx, négligés dans les neurones formels. John Von Neumann, « First Draft of a Report on the EDVAC », *op. cit.*, § 6.3-6.4
2. Norbert Wiener, *Cybernetics*, *op. cit.*, p. 121.
3. Howard Gardner, *Histoire de la révolution cognitive*, *op. cit.* pp. 23-27.

L'essentiel de l'intervention est dédié à une comparaison critique des performances de l'ordinateur et du cerveau. Cette comparaison comporte une discussion de la méthode de McCulloch, dont l'analogie entre neurones et composants binaires avait servi à structurer le « First Draft of a Report on the EDVAC ». Ce faisant, Von Neumann est conduit à remettre en jeu toute l'architecture problématique qui présidait à la naissance de l'informatique dans le rapport de 1945. La critique de l'analogie entre ordinateur et cerveau se déroule sur trois plans à la fois dans la « Théorie générale et logique des automates » : sur le plan de la méthode, des ordres de grandeur et des types de fiabilité.

La méthode de McCulloch et Pitts en question

La réticence méthodologique de Von Neumann repose sur l'argument suivant. Le modèle de McCulloch suppose une sorte de grande répartition du travail entre l'analyse des composants, qui revient essentiellement à la neurophysiologie, et la synthèse des composants qui relève des mathématiques ou de la logique, autrement dit de la théorie des automates. La méthode de McCulloch et Pitts, mais qui est aussi celle de Von Neumann, consiste à « axiomatiser » les composants pour les traiter comme des boîtes noires. À partir de ces composants formels, il est possible de construire des automates de grande taille et de s'interroger sur les propriétés qui résultent de l'interconnexion. Mais le problème évident de cette méthode, et Von Neumann vise ici précisément l'article pionnier de 1943 comme l'article de 1947 sur la reconnaissance des universaux, est qu'elle ne donne aucune garantie sur le fait que les réseaux formels correspondent bien à des réseaux réels. La logique des réseaux de neurones risque bien d'être totalement muette pour ce qui est de revenir à la neurophysiologie et de nous indiquer la façon dont l'information est effectivement traitée dans l'automate biologique.

> « Je n'ai pas besoin de souligner les limites de cette procédure [axiomatique]. Il est possible que des chercheurs engagés dans cette voie fournissent la preuve que le système d'axiomes utilisé est commode et proche de la réalité, dans ses effets du moins. Ce n'est cependant pas la méthode idéale, et peut-être même pas une méthode efficace, pour déterminer la validité des axiomes. »[1]

Ces critiques nous renvoient à la dimension fonctionnaliste du modèle de McCulloch et Pitts, qui isole d'abord une classe de fonctions, puis cherche à montrer que ces fonctions peuvent se réaliser dans la machine vivante. Or, si le modèle fonctionne, nous n'avons aucun moyen de nous assurer qu'il

1. John Von Neumann, *Théorie générale et logique des automates*, *op. cit.*, p. 63.

est conforme à la réalité. En effet, deux boîtes noires peuvent produire le même résultat, à partir d'éléments et de processus tout à fait différents. Avec cette critique de méthode, Von Neumann anticipe sur la grande objection que Turing fera à son dispositif de test. Dans le cas de Turing, la réponse consiste à dire qu'un processus aussi complexe que la compétence linguistique ne tolère pas des modèles très différents. Mais cette réponse ne vaut pas pour McCulloch et Pitts, qui proposent des modèles de fonctions beaucoup plus limitées.

Ce point éclate dans la discussion qui suit la communication de McCulloch, lors du symposium. Von Neumann revient plusieurs fois à la charge, questionnant le statut exact de la théorie avancée par McCulloch, en l'occurrence une théorie de la mémoire à court terme assurée par des circuits réverbérants. Von Neumann est le premier à intervenir. S'ensuit un échange d'une dizaine de questions et réponses, qui doit être interrompu par le président de séance pour laisser la place aux autres intervenants.

> « Von Neumann : Vous avez insisté sur le fait que vous donniez des mécanismes suffisants et que cela est en conflit avec votre philosophie générale d'affirmer que ces mécanismes sont ceux qui sont nécessairement mis en œuvre. Vous donnez des preuves de possibilité. Il y a cependant un point sur lequel la question du mécanisme effectif est particulièrement brûlante, et c'est la question de la mémoire. [...] Il est important de savoir si le [circuit réverbérant] est un modèle possible ou pas. »[1]

L'échange se poursuit, McCulloch essayant de convaincre, sans succès, Von Neumann de la « plausibilité » biologique de ses circuits réverbérants. Cet échange nous renvoie directement à la critique de méthode dans la « Théorie générale et logique des automates ». Le modèle fonctionnaliste de la boîte noire possède un défaut irrémédiable : il est toujours possible que les données de sortie de deux systèmes soient les mêmes et nous fassent croire à l'identité des processus, alors qu'il n'en est rien. Un cerveau ou un réseau de neurones formels peuvent éventuellement produire un résultat identique, conserver des données en mémoire par exemple, par des voies qui sont tout à fait différentes.

Cet argument a deux conséquences. Premièrement, il invite à réviser constamment le modèle formel en fonction des données de la neurophysiologie. Le modèle doit se fonder sur les données de la neurologie, et non les occulter. Deuxièmement, nous avons là l'indice d'un renversement des priorités par rapport au fonctionnalisme strict : non seulement le hardware, la réalisation physique, compte, mais il n'est pas du tout indifférent pour le modèle formel. S'il y a des fonctions, celles-ci ne peuvent être détachées des composants physiques qui les implémentent et induisent des propriétés caractéristiques. La fonction n'est pas première, mais seconde, elle émerge

1. Warren McCulloch, « Why the Mind Is in the Head », *op. cit.*, pp. 88-91

d'un certain type concret d'organisation matérielle. Cette critique n'enlève pas toute validité à la procédure axiomatique, de laquelle Von Neumann continue à se réclamer, mais elle conduit à en relativiser la valeur, et à replacer la procédure axiomatique sous condition des données de la neurophysiologie. Dans l'esprit de la « Théorie générale et logique des automates », une théorie désincarnée du traitement de l'information n'a pas spécialement d'intérêt. En définitive, la neurophysiologie tranche.

Nous n'avons pour l'instant affaire qu'à une objection de forme. Rien n'est établi dans le sens d'une différence positive des modes de traitement de l'information de l'ordinateur et du cerveau. Nous savons juste que la méthode axiomatique ne peut justifier à elle seule l'identité entre traitement logique et biologique de l'information sur une simple identité des résultats obtenus par une fonction particulière. La comparaison des ordres de grandeur entre l'ordinateur et le cerveau vient apporter les premiers indices en faveur d'une hétérogénéité réelle des processus dans l'ordinateur, l'esprit et le cerveau.

Ordres de grandeur

Von Neumann introduit une première considération portant sur le volume, la consommation énergétique et le nombre de composants : « l'ENIAC pèse 30 tonnes et consomme 150 kilowatts d'énergie alors que le système nerveux central humain, qui est fonctionnellement un million de fois plus grand, pèse environ une livre et tient à l'intérieur du crâne humain. »[1] Par « fonctionnellement un million de fois plus grand », il faut entendre que le nombre de neurones dans le cerveau (10^{10}, dans l'estimation de Von Neumann) équivaut environ à un million de fois le nombre de commutateurs dans l'ENIAC (10^4).

Von Neumann recoupe cette première estimation en termes de volume par une estimation en termes d'efficacité : les tubes à vide sont bien plus gros que les neurones, consomment beaucoup plus d'énergie, mais fonctionnent beaucoup plus vite. Pour un volume physique et une consommation électrique un milliard de fois supérieurs à celle d'un neurone, le tube à vide commute 1 000 fois plus vite qu'un neurone. Nous retrouvons alors la différence d'un million :

> « Le tube pour une dépense un milliard de fois supérieure n'a des performances supérieures que de 1 000 fois environ. Il est donc assez juste de dire qu'il est moins efficace par un facteur de l'ordre d'un million. »[2]

1. John Von Neumann, *Théorie générale et logique des automates*, *op. cit.*, p. 80.
2. *Ibid.*, p. 79.

L'écart quantitatif entre les ordres de grandeur fait signe dans le texte de Von Neumann vers une différence qualitative dans les modes de fonctionnement. Conformément aux indications que donnait la critique de la méthode axiomatique, la différence entre les modes de fonctionnement réels apparaît lorsque la machine ne fonctionne plus. Ce n'est pas le fonctionnement normal qui révèle les modalités du traitement de l'information, dans l'ordinateur ou le cerveau, mais d'abord le fonctionnement pathologique, la panne ou l'erreur.

> « Nos techniques actuelles impliquent l'usage de métaux, à des distances assez faibles, et dans certains cas séparés par du vide seulement. *Cette combinaison de moyens se distingue par une instabilité mécanique particulièrement étrangère au milieu vivant.* Par là, je veux parler du simple fait que si un organisme vivant est endommagé, il a une forte tendance à se réparer. Si, au contraire, on frappe un mécanisme artificiel avec un marteau-pilon, on n'y constate aucune tendance à se réparer. Si deux pièces métalliques sont très proches, les petites vibrations et les autres perturbations mécaniques qui sont toujours présentes dans le milieu ambiant risquent de les mettre en contact. Si elles ont des potentiels électriques différents, il est possible qu'après ce court circuit elles se retrouvent soudées de façon permanente. Là, il y aura bel et bien panne irréversible. Ce n'est pas ce qui se passe quand nous endommageons la membrane d'une cellule nerveuse. Au contraire, la membrane se reconstitue d'elle-même en peu de temps. *C'est cette instabilité mécanique de nos matériaux qui nous empêche de réduire leur taille* »[1].

Ici, la différence manifeste de taille entre les composants organiques et artificiels est interprétée comme le signe d'une différence de propriétés réelles, en termes de fiabilité. L'examen des ordres de grandeur invite à ne pas se contenter d'isoler un niveau fonctionnel, sans prendre en compte les propriétés des composants. Non seulement le hardware compte, mais, nous avons la preuve, au niveau des dysfonctionnements, que les fonctionnements normaux ne sont pas du tout les mêmes. La différence quantitative entre les ordres de grandeurs renvoie à une différence qualitative, en termes de fiabilité.

Questions de fiabilité

L'essentiel de la comparaison entre l'ordinateur et le cerveau dans le texte de Von Neumann consiste ainsi à approfondir la nature de cette différence qui émerge sur la question de la fiabilité. La différence en termes de fiabilité et de gestion de l'erreur entre l'automate artificiel et l'automate naturel est d'abord envisagée à partir du partage entre le calcul digital et le

1. John Von Neumann, *Théorie générale et logique des automates*, *op. cit.*, p. 81. Je souligne.

calcul analogique. Ce partage ne suffit pourtant pas à fonder la différence entre l'ordinateur et le cerveau.

Le codage analogique et le codage digital de l'information possèdent en effet des propriétés symétriquement opposées en termes de gestion des erreurs. En mode analogique, plus il y a d'opérations ou de pas de calcul, plus l'importance des erreurs individuelles diminue. L'erreur est en quelque sorte noyée dans la masse des opérations analogiques. À l'inverse, dans un calculateur digital, la moindre erreur se répercute sur le résultat tout entier. Si un 0 est pris pour un 1, dans un pas de calcul, l'erreur va se multiplier et se répandre faussant complètement le résultat. Plus il y a de pas de calcul, plus le risque d'erreur est grand.

> « [En analogique, on peut] augmenter le résultat significatif, le « signal », par rapport au « bruit » qui le contamine. C'est ainsi qu'un dénombrement raisonnable des réactions d'un microphone avant qu'il produise un signal acoustique interprétable verbalement est de l'ordre de plusieurs dizaines de milliers. De semblables estimations en télévision donnent des chiffres de dizaines de millions, et même de milliards dans le cas des radars. Mais *si un de ces automates fait des erreurs, ces erreurs n'ont habituellement d'importance que dans la mesure du petit nombre de pas qu'elles représentent par rapport au nombre total.* [...] Dans un calculateur, ces règles ne s'appliquent pas. *Le moindre pas est, ou a des chances d'être, aussi important que le résultat final ; la moindre erreur peut altérer le résultat tout entier.* [...] Les calculateurs sont ainsi des objets artificiels exceptionnels. [...] Ils n'ont pas droit à la moindre erreur. »[1]

Mais ce qui est perdu en termes de gestion des erreurs dans le calculateur digital est gagné en termes de précision dans le calcul. La précision dans une machine analogique dépend du rapport signal/bruit. L'angle de rotation d'un disque, dispositif utilisé dans l'analyseur différentiel, ne représente jamais exactement le nombre requis. Il y a toujours nécessairement un décalage, qui est l'équivalent d'un bruit dans le système.

Améliorer le rapport signal/bruit suppose alors d'améliorer le comportement physique des composants, ce qui est souvent extrêmement difficile. À l'inverse dans la machine digitale, les nombres sont représentés conventionnellement par des marques matérielles symboliques, qui n'ont aucun rapport avec les quantités représentées. Le calcul opère sur ces marques. Tant que les composants ne dysfonctionnent pas, la fiabilité est absolue, car le produit de deux nombres est réellement le produit de deux nombres et non le produit de deux quantités physiques qui représentent à une certaine marge d'erreur près les nombres. Mais il existe cependant, pour les machines digitales, un type d'erreur qui appartient au fonctionnement normal, qui n'est pas lié au dysfonctionnement contingent d'un tube à vide dans la procédure, et qui peut nous donner un équivalent du rapport

1. John Von Neumann, *Théorie générale et logique des automates*, *op. cit.*, p. 67.

signal/bruit que l'on peut atteindre dans la procédure digitale. Von Neumann mentionne les erreurs liées à l'arrondi. Si on multiplie un nombre de 10 chiffres par un autre nombre de 10 chiffres, on obtient un nombre de 20 chiffres. Or, si la précision du calculateur est limitée à 10 chiffres, il y aura nécessairement un arrondi, qui répercuté dans les calculs suivant fait l'effet d'un bruit.

> « Cette erreur [d'arrondi] n'est bien sûr pas une variable aléatoire comme le bruit dans une machine analogique. Elle est complètement déterminée, arithmétiquement, dans tous les cas. Cependant, son mode de détermination est si compliqué, et ses variations si irrégulières au cours du développement d'un problème, qu'on peut la traiter avec une bonne approximation comme une variable aléatoire. »[1]

Nous avons affaire à une sorte de bruit logique, lié aux dépassements de capacité, analogue au bruit physique des machines analogiques. Mais la réduction du bruit logique est cependant beaucoup plus aisée que la réduction du bruit physique. Limiter le bruit logique suppose non plus d'améliorer la fiabilité absolue des composants, mais simplement d'augmenter les dimensions de la machine et de rajouter de la mémoire.

> « Dans une machine analogique, une précision de 1 sur 10^3 est facile à obtenir, mais 1 sur 10^4 est difficile à obtenir, 1 sur 10^5 très difficile et 1 sur 10^6 impossible dans l'état actuel de la technologie. Dans une machine digitale, les précisions ci-dessus signifient simplement qu'on construit une machine capable de traiter des nombres de 3, 4, 5 ou 6 chiffres. Ici le passage d'un niveau de précision au suivant est en fait de plus en plus facile. Le passage d'une machine à 3 chiffres (si tant est qu'on désire jamais une telle machine) à une machine à 4 chiffres est une augmentation de 33 %; le passage de 4 à 5 chiffres est une augmentation de 25 %; de 5 à 6 chiffres on augmente de 20 %. [...] Il est clair qu'il s'agit là d'un milieu tout à fait différent, du point de vue de la réduction du " bruit aléatoire ", de celui des processus physiques. C'est ici, et non dans sa fiabilité absolue mais sans intérêt pratique, que réside l'importance de la procédure digitale. »[2]

Dans une machine digitale, il suffit donc d'augmenter le nombre de composants pour atteindre la précision souhaitée et réduire le bruit aléatoire logique produit spontanément par le calcul.

Les possibilités de maîtrise du bruit lié au fonctionnement normal sont donc sans commune mesure entre les machines analogiques et digitales. Nous avons deux grands types d'automates qui se caractérisent par des performances inverses en termes de fiabilité : les automates analogiques sont plus fiables face à la défaillance d'un composant ou une erreur de transmission, mais leur bruit résiduel est difficile à maîtriser. Les automates digitaux

1. John Von Neumann, *Théorie générale et logique des automates*, *op. cit.*, p. 71.
2. *Ibid.*, pp. 72-73.

sont toujours à la merci d'une erreur de transmission, mais le bruit dans l'ordre du fonctionnement normal est relativement aisé à réduire (quoi qu'il implique à rebours une plus grande probabilité de panne, dans la mesure où le nombre de composants augmente).

Arrivés à ce point du raisonnement, nous pourrions nous attendre à ce que le partage entre machine analogique et machine digitale serve de modèle pour le partage entre le cerveau et l'ordinateur, à ce que Von Neumann range les automates artificiels dans la catégorie des automates digitaux et les automates naturels dans la catégorie analogique. Et ce d'autant plus que Von Neumann a fait remarquer que le système nerveux possède un fonctionnement mixte, à la fois digital et analogique. Tel n'est pas le cas.

Von Neumann présente un argument tout à fait étonnant pour maintenir le cerveau parmi les machines digitales, pour sauver le point clé de l'analogie entre ordinateur et cerveau : le principe du neurone comme composant tout-ou-rien. Cet argument est lié au cœur doctrinal de la cybernétique. Il commande sans doute en partie la représentation du traitement de l'information au sein de la cybernétique. L'argument est le suivant : on peut considérer le cerveau, qui est en réalité mixte comme une machine digitale, car aucune machine n'est véritablement digitale. En effet, un composant qui fonctionne de manière digitale, comme un tube à vide, est d'abord un mécanisme analogique, qui sous certaines conditions produit un comportement digital. Il produit un comportement tout-ou-rien sous certaines conditions particulières d'utilisation. Le comportement digital est donc toujours le résultat d'un comportement analogique particulier.

> « Le relais électromagnétique ou le tube à vide, quand on les utilise correctement, sont indéniablement des organes " tout-ou-rien ". En réalité, ce sont les prototypes de tels organes. Pourtant tous deux sont en fait des mécanismes analogiques compliqués qui réagissent de manière continue, linéaire ou non, à des stimuli convenablement réglés, et ne manifestent ce phénomène de " déclenchement ", ou réponse " tout-ou-rien ", que dans des conditions très particulières de leur fonctionnement. Il y a peu de différence entre ce mode de fonctionnement et celui des neurones [...]. En d'autres termes, je dirai qu'aucun organe n'est exclusivement " tout-ou-rien " ». »[1]

La conclusion de Von Neumann est donc que si un tube à vide peut être considéré comme un organe digital, alors il en va de même pour un neurone. Aucun des deux n'est fondamentalement un composant digital, mais ils peuvent agir de manière digitale sous certaines conditions d'utilisation.

L'argument est à double tranchant. D'un côté, il sert à justifier l'analogie entre le neurone et le tube à vide, qui peuvent être considérés comme des boîtes noires digitales. L'axiomatique de la théorie de McCulloch et Pitts

1. John Von Neumann, *Théorie générale et logique des automates*, *op. cit.*, p. 75.

reçoit en apparence un soutien précieux. Mais de l'autre côté, Von Neumann relativise le comportement digital et le renvoie en dernière instance à une propriété analogique. Il y a du fonctionnel et du digital parce qu'il y a en dessous un fonctionnement analogique particulier, avec des effets de seuil. Ce second mouvement implique l'adoption d'une représentation de l'information autre que comme code ou symbole. Le code ou le symbole n'est qu'une réalité dérivée chez Von Neumann. L'information, ce n'est plus le symbole s'implémentant dans une matière, mais le signal qui émerge d'un comportement analogique bruité. La représentation standard de l'information dans les machines informatiques comme un ensemble de symboles sur lequel un calcul universel peut s'effectuer est ramenée à une réalité plus fondamentale du traitement de l'information au niveau du fonctionnement des composants. Le comportement digital qui justifie un traitement en termes de symboles et de fonctions n'est qu'un effet de processus non digitaux, qui relèvent des catégories du traitement du signal, à commencer par le rapport entre le signal et le bruit.

On voit Von Neumann s'écarter ici de la lecture standard de l'informatique, fondée sur la partition entre le hardware et le software, la machine matérielle et la machine logique. Von Neumann invite à considérer la machine logique comme une réalité dérivée, qui dépend en un sens fort des modalités du traitement physique de l'information, plutôt qu'elle ne lui est indifférente. Cette représentation peu orthodoxe du traitement de l'information dans les machines informatiques, qui insiste moins sur le couple hardware/software que sur le ratio signal/bruit, prend sans doute sa source dans la théorie cybernétique de l'information. Von Neumann est en train d'interroger le fonctionnement des machines informatiques avec un ensemble conceptuel qui est moins celui de la logique formelle que celui du traitement de l'information. Von Neumann pense le champ de la technique informatique à partir des préoccupations cybernétiques, et il y importe une définition divergente de l'information.

En admettant que le cerveau soit une machine digitale, au sens second que Von Neumann donne à ce terme, peut-on pour autant identifier complètement le traitement de l'information dans le cerveau et dans l'ordinateur, comme le modèle de McCulloch y invite ? La réponse sur ce point est évidemment négative. Elle a été préparée par toute la discussion précédente. Il faut bien se rendre compte de la rupture majeure qu'elle constitue par rapport au sens commun cybernétique. Si nous nous référons aux chapitres de *Cybernetics*, paru la même année 1948, consacrés à l'analogie entre l'ordinateur et le cerveau, Wiener défend encore le principe d'une identité fonctionnelle entre neurones et tubes à vide. Plus précisément, il continue à considérer que les dysfonctionnements des calculateurs nous apportent des indices quant aux dysfonctionnements analogues chez les vivants. Lorsque Von Neumann explique que la question de la fiabilité et de l'erreur fait signe vers une différence radicale dans les modes de traitement de l'information, il renverse le grand schème cybernétique issu de l'article de 1943 : l'analogie entre les défaillances du canon de DCA liées à un feedback trop important et certaines pathologies du comportement humain. Wiener en 1948, dans *Cybernetics*, se situe encore dans la même ligne de pensée, là où Von Neumann est en train d'opérer un renversement complet : il y a plus à apprendre des points où l'analogie entre ordinateur et cerveau échoue que des points où l'analogie fonctionne.

La différence d'attitude vis-à-vis de l'erreur dans les machines biologiques et les machines artificielles est interprétée en 1948 par Von Neumann comme le signe d'une différence fondamentale dans les modes du traitement de l'information. Dans les automates de calcul, la défaillance d'un seul composant suffit à fausser le calcul tout entier. L'erreur doit donc être rendue la plus visible possible, afin de la détecter et de la traiter au plus vite. Plus l'erreur est visible et désastreuse, plus on est à même de la corriger. Il faut en effet détecter le composant défaillant le plus tôt possible pour le remplacer et éviter de se retrouver avec plusieurs défaillances simultanées qui risquent de rendre le diagnostic incroyablement compliqué. Quand une machine commence à dysfonctionner, loin de se réparer, tout va en général de plus en plus mal. Manifestement, le principe de traitement des erreurs est complètement inverse chez les vivants :

> « Les organismes naturels sont conçus de façon à rendre les erreurs aussi discrètes et inoffensives que possible. [...] Les organismes naturels sont suffisamment bien conçus pour être capables de fonctionner même après que des dysfonctionnements se sont établis. Ils peuvent fonctionner malgré les dysfonctionnements, et leur tendance ultérieure est de les supprimer. »[1]

Les erreurs et la façon dont elles sont repérées puis corrigées révèlent donc les différences de fonctionnement de l'ordinateur et du cerveau et brisent les analogies fonctionnelles.

Von Neumann rend raison de cette différence dans le traitement des erreurs par une différence dans les modes de codage de l'information. En conservant l'idée que le système nerveux est de nature digitale, et que l'on peut mettre entre parenthèses ses caractères analogiques, Von Neumann expose la façon dont un nerf transmet la valeur d'une pression. La pression est une quantité continue. Le nerf ne transmet que des impulsions de type tout-ou-rien, conformément à son caractère digital. Mais le codage du nombre représentant la valeur de la pression n'est pas du tout fait en transmettant la valeur sous forme numérique, par exemple avec 5 impulsions pour une valeur de pression de 5, ou n'importe quel codage décimal,

1. John Von Neumann, *Théorie générale et logique des automates*, *op. cit.*, pp. 86-87.

binaire que l'on peut imaginer. C'est la fréquence de transmission des impulsions qui est analogue à la valeur de la pression.

> « Le nerf a un temps de récupération fini : après la transmission d'une impulsion, le temps qui doit s'écouler avant la stimulation suivante est fini et dépend de la force de la stimulation à venir. Ainsi, si le nerf est soumis à une stimulation continue (une stimulation présente uniformément et constamment, comme la pression dont nous parlons), alors le nerf répondra périodiquement, et la longueur de la période entre deux stimulations successives est le temps de récupération dont nous avons parlé, c'est-à-dire une fonction de la force du stimulus continu (ici la pression). [...] Il utilise une méthode de « comptage » plutôt que de « développement décimal » (ou « développement binaire », etc.). »[1]

Les deux méthodes ont des avantages et des inconvénients diamétralement opposés. La méthode de développement décimal est beaucoup plus économique. Par exemple, transmettre un nombre à l'échelle du million demandera par comptage de transmettre un million d'impulsions, alors qu'en développement décimal il suffit de 6 ou 7 chiffres décimaux, soit environ 20 chiffres binaires. Mais en cas d'erreur, une erreur par exemple sur un million d'impulsions, les conséquences sur le résultat final sont négligeables, alors qu'elles peuvent être dramatiques dans le cas du développement digital. Ce qui est gagné en économie de transmission est perdu en fiabilité et en stabilité. Von Neumann utilise ici un principe fondamental de la théorie de l'information. Pour être sûr que l'information transmise est bien reçue, en dépit du bruit, il suffit d'introduire de la redondance, par exemple en renvoyant le message plusieurs fois, ou bien, de façon plus efficace et moins coûteuse, en rajoutant des codes correcteurs d'erreurs, qui permettent de détecter si une erreur a eu lieu dans la transmission et éventuellement de la corriger. Ici, il semble que la nature utilise un système à redondance maximale.

La prise en compte des erreurs dans le fonctionnement, que ce soit par le biais de la distinction analogique/numérique ou par le biais de la redondance et du traitement des erreurs conduit ainsi à une vision tout autre de l'informatique que celle que l'on trouve chez Turing. Les analogies entre l'ordinateur et une machine de Turing, et éventuellement l'esprit, ne peuvent plus fonctionner telles quelles. En effet, nous savons maintenant que les procédés de traitement des erreurs qui sont liés à la nature des composants utilisés diffèrent fondamentalement. Il y a donc, en raison de la nature des machines physiques, des différences fonctionnelles qui se révèlent dans les dysfonctionnements. Les arguments de Von Neumann mettent donc à mal le postulat de l'autonomie de la fonction par rapport à son implémentation physique. Von Neumann est conduit à renverser l'ordre

1. John Von Neumann, *Théorie générale et logique des automates*, *op. cit.*, pp. 88-89.

des priorités dans le champ : il faut partir des processus hardware dont les fonctions ne sont que l'expression à un certain niveau.

Ce faisant, Von Neumann remplace la définition fonctionnaliste de l'information comme symbole, par une définition en termes de signal. L'information n'est plus une forme qui domine une matière dans laquelle elle doit s'insérer, mais le résultat de certains processus matériels. De même que le comportement digital tout-ou-rien résulte d'un fonctionnement analogique particulier, le symbole dépend d'un signal. Il y a bien du symbole, mais le symbole est compris sous la dimension du signal. S'il y a de la forme, c'est en raison de certains processus matériels.

Ce changement de regard sur la notion d'information est sans aucun doute une conséquence de la relecture de l'informatique à l'aune de la théorie de l'information et de la théorie des automates. À plusieurs reprises, Von Neumann convoque des grands principes de la théorie de l'information, comme le rapport entre la redondance d'une transmission et sa fiabilité, essaye d'introduire un analogue du bruit dans la considération des machines... À partir du moment où on se demande comment est-ce que l'information naît ou subsiste dans du bruit, on ne considère plus l'information comme une forme-symbole indépendante du milieu matériel, mais comme l'expression d'un milieu matériel. Il a suffi que Von Neumann injecte dans l'informatique ces éléments qui proviennent de la théorie des télécommunications, quand bien même ils sont logicisés (le bruit est un bruit logique) pour que le regard sur l'information change.

L'interprétation des résultats de McCulloch et Pitts

Dans un passage décisif de la « Théorie générale et logique des automates », Von Neumann résume et critique la position de McCulloch et Pitts. Celle-ci est présentée comme « le résultat le plus significatif obtenu jusqu'ici par la méthode axiomatique ».

> « Le résultat important de McCulloch et Pitts est que tout fonctionnement qui peut être décrit complètement, logiquement et sans ambiguïté, en un nombre fini de mots peut aussi être réalisé par un réseau de neurones formels. »[1]

Von Neumann généralise ici les conclusions de l'article de 1943, qu'il projette sur un plan philosophique : tout algorithme peut être implémenté par un réseau de neurones formels. L'importance décisive de ce résultat est qu'il exclut tout spiritualisme ou dualisme : il n'y a pas d'activités ou de fonctions qui échappent à la réalisation par un réseau de neurones formels. Si elles sont réalisables par un réseau de neurones formels, cela signifie

1. John Von Neumann, *Théorie générale et logique des automates*, *op. cit.*, p. 92.

qu'elles ont ipso facto leur siège dans le système nerveux. Il ne sert, en principe, plus à rien de dire : « les ordinateurs ne pourront jamais faire ceci ou cela », puisque n'importe quelle fonction qui peut être décrite complètement et sans ambiguïté est réalisable par un réseau de neurones formels ou une machine de Turing. De même la proposition « telle fonction n'est pas explicable par le simple mécanisme mais suppose de faire intervenir l'âme » est invalidée dès lors qu'il suffit de montrer que cette fonction peut s'implémenter dans un réseau de neurones formels, et donc en définitive dans le cerveau. Dès lors que l'on peut décrire un comportement avec des mots, on peut le réaliser avec un réseau de neurones. Comme le dit Von Neumann, le résultat de McCulloch et Pitts écarte définitivement tout « mysticisme ». Cette position est véritablement le socle commun de la cybernétique. « Tout ce qui peut être décrit exhaustivement est réalisable par un réseau de neurones formels » revient comme un leitmotiv dans les textes de la période.

Mais restent deux problèmes qui sont en réalité deux faces d'une même difficulté. Il y a d'abord un problème pratique : quelle sera la dimension du réseau, est-ce que ses temps de réponse seront en pratique utilisables ? Ce problème pratique se redouble d'un problème logique : est-ce que tous les comportements peuvent être décrits avec des mots, complètement et sans ambiguïté ?

Il s'agit là d'une objection décisive. Cette difficulté est sans doute partagée par les acteurs du milieu technique au tournant des années 1950, dans la mesure où on la retrouve explicitement dans l'article de Turing. Il s'agit de ce que Turing appellera « l'objection de l'informalité du comportement ». Le comportement humain peut-il se réduire à un certain nombre de règles ? C'est bien le problème qui est posé à l'informatique fonctionnaliste : un ordinateur est une machine qui manipule des symboles, en lit et en écrit, selon certaines règles. Mais quel est le statut de ces règles ? Pour certaines tâches compliquées, aussi compliquées que passer le test de Turing par exemple, il semble qu'une approche par définition de règles *a priori* soit vouée à l'échec. Nous avons vu que Turing lui-même introduit une seconde approche dans laquelle les règles sont le résultat d'un processus d'apprentissage ouvert.

Von Neumann prend un exemple plus restreint, mais qui n'en est pas moins historiquement extrêmement important. Von Neumann commence par envisager une tâche relativement simple : reconnaître un triangle rectiligne en tant que triangle et le classer dans la catégorie triangle. Ici les règles sont intégralement déterminées : dès lors qu'on a une figure avec trois angles ou trois côtés on peut la classer comme triangle. « Il n'est pas difficile de décrire comment un organisme peut être capable d'identifier deux triangles aux côtés rectilignes quelconques apparaissant sur la rétine, et de les classer dans la même catégorie « triangle ». »[1] Autrement dit, la tâche de reconnaissance des triangles rectilignes peut être réalisée par un réseau de neurones formels adéquats. De même, il semble possible d'intégrer à la fonction de reconnaissance des triangles, des triangles dont les côtés sont incurvés, parfois incomplètement tracés ou des triangles qui n'apparaissent que par une teinte plus ou moins homogène de leur intérieur. Mais jusqu'où « la description exhaustive et sans ambiguïté » peut-elle aller ?

> « Plus nous essayons de décrire exhaustivement tout ce qu'il est concevable de faire entrer dans cette catégorie, plus la description s'allonge. Nous avons l'impression vague et inconfortable qu'un catalogue complet de ce genre non seulement serait excessivement long, mais aussi inévitablement indéfini à ses frontières. On peut cependant penser que cette opération est possible. »[2]

Mais en allant plus loin, la reconnaissance des triangles de toute sorte, qui est déjà une opération malaisée et pour laquelle on peut douter du fait de disposer d'un « catalogue » fini de règles, n'est qu'un des aspects mineurs de la reconnaissance des formes géométriques : laquelle n'est qu'« un morceau microscopique du concept général de ressemblance ». Dès lors que l'on demande un comportement complet comme la reconnaissance des formes ou bien la compétence linguistique globale, nous ne sommes plus du tout sûrs que l'approche classique par règles ou construction de la fonction a priori soit opératoire.

L'exemple de la reconnaissance des formes est particulièrement intéressant historiquement. En effet, c'est manifestement un lieu de divergence entre les compétences des ordinateurs et du cerveau. Si un ordinateur peut calculer n'importe quelle opération affreusement complexe beaucoup plus vite que le cerveau humain, et avec une fiabilité largement supérieure, ce cerveau dont la puissance de calcul est apparemment moindre est capable en un temps record de reconnaître par exemple un visage connu parmi une foule de visages, ce qui est une tâche particulièrement difficile pour un ordinateur. Il y a donc quelques fonctions, comme la reconnaissance visuelle, qui servent de paradigme pour l'idée que les opérations de l'ordinateur et du cerveau sont radicalement différentes. De fait, historiquement, les premières recherches connexionnistes, celles de Rosenblatt avec son *perceptron*, portent sur la question de la reconnaissance visuelle. Ces recherches relayent les premiers résultats de McCulloch et Pitts sur les réseaux capables de reconnaître des formes. Cette question est donc un des points où se produit une divergence entre les deux informatiques. Il est d'autant plus remarquable de le trouver mentionné par Von Neumann dès 1948 comme la pierre de touche de l'informatique classique.

1. John Von Neumann, *Théorie générale et logique des automates*, *op. cit.*, p. 93.
2. *Ibid.*, p. 93.

Face à la difficulté à spécifier des règles *a priori*, Von Neumann n'adopte pas la solution de Turing (apprentissage et machines-enfants). Il remet en cause la définition même de l'information.

> « Rien ne nous permet de dire si cette entreprise [la reconnaissance visuelle] exigerait des milliers, des millions ou des nombres invraisemblables de volumes. Or il est parfaitement possible que le moyen le plus simple, et le seul utilisable, de dire effectivement ce qui constitue une ressemblance visuelle soit de fournir une description des connexions des aires visuelles du cerveau. [...] Il n'est pas du tout certain que dans ce domaine [celui des objets complexes], un objet réel ne constitue pas la plus simple description de lui-même qui soit. [...] Il est vraisemblablement futile de chercher un concept logique précis, c'est-à-dire une description verbale précise de " ressemblance visuelle ". Il est possible que le réseau des connexions des aires visuelles du cerveau soit la plus simple expression ou la meilleure définition logique de ce principe. »[1]

Ce passage capital signifie deux choses. Premièrement, l'approche descendante à la McCulloch et Pitts qui suppose la spécification d'un ensemble de règles a priori pour la construction du réseau est abandonnée, au profit d'une approche ascendante, qui part de réseaux complexes existants et qui cherche à en comprendre le mode de fonctionnement. C'est manifestement l'article de 1947 que Von Neumann a en tête ici : comment aborder une performance comme la reconnaissance visuelle ? La méthode de McCulloch et Pitts qui consiste à proposer une fonction a priori pour montrer que celle-ci est a posteriori réalisable ne suffit pas pour Von Neumann. Elle ne parvient à rendre compte ni de la réalisation physique effective de la fonction ni de la logique réelle qui peut être mise en œuvre dans le système nerveux. Le logique et le physique sont encore distincts dans l'approche de McCulloch. Von Neumann n'a pas pour but de construire une logique de la physique, mais une physique de la logique, radicalisant le programme d'une « théorie logique du système nerveux ». Le problème n'est plus de démontrer le caractère logique des opérations neuronales, mais de parvenir à une description des opérations physiques effectives du traitement de l'information. Comme le dit Von Neumann, « nous n'avons aucun droit de supposer que les notations et les procédures logiques utilisées dans le passé conviennent à cette partie du sujet. »[2]

Il y a donc à ce moment-là, de façon extraordinairement nette, une inversion complète du rôle de modèle. Ce n'est plus la machine qui modélise certaines fonctions psychiques, manifestant ainsi que celles-ci sont intégralement réductibles à l'ordre mécanique, mais le cerveau, ou l'organisme de manière générale, qui sert de modèle aux machines. Il y a une priorité des vivants sur la technique, qui était déjà sensible dans les remarques concer-

1. John Von Neumann, *Théorie générale et logique des automates*, *op. cit.*, p. 94.
2. *Ibid.*

nant le traitement des erreurs. Notre logique et les machines qui en découlent sont une version simplifiée à l'extrême de la logique du vivant.

> « Tout cela ne change rien à ma conviction qu'une nouvelle théorie, essentiellement logique, est nécessaire pour comprendre les automates de haute complexité, et en particulier le système nerveux. Il est néanmoins possible qu'au cours de ce processus logique, nous soyons obligé d'emprunter à la neurologie plus que nous ne pourrons lui fournir. »[1]

À partir d'ici, nous rentrons conjointement dans une philosophie biologique de la technique et une philosophie physique de la logique, au sens où nos machines et notre logique ne sont plus considérées que comme des effets second de la logique du vivant. Les résultats de McCulloch et Pitts ne sont pas, à strictement parler, abandonnés, mais leur importance est restreinte à la description des phénomènes simples.

> « Le résultat de McCulloch et Pitts ne nous apporte plus rien à ce niveau [de complexité]. Il ne nous fournit plus qu'une illustration de la situation examinée plus haut. Il y a équivalence entre les principes logiques et leur concrétisation dans un réseau neuronal, et alors que dans les cas simples les principes peuvent fournir une expression simplifiée du réseau, il est tout à fait possible que dans les cas extrêmement complexes l'inverse soit vrai. »[2]

C'est un tout autre regard sur l'information qu'adopte ici Von Neumann. L'information, ce n'est plus un niveau symbolique indifférent à son implémentation : le niveau des règles, des fonctions et des symboles. L'information c'est la façon dont une matière est organisée, non plus le programme symbolique, mais le réseau des connexions neuronales. De ce fait, l'information n'est plus cette forme autonome qui surplombe une matière indifférente et des dispositifs d'implémentation équivalents, mais cette forme qui est l'expression singulière d'une organisation matérielle singulière. On passe d'une logique conventionnelle du symbole à une logique matérielle du signal. L'objet et sa description se confondent.

Les conférences Silliman

Au printemps 1955, l'université de Yale propose à John Von Neumann, alors au sommet de sa carrière, de prononcer les prestigieuses conférences Silliman pour le printemps 1956[3]. Mais au mois d'août, Von Neumann apprend qu'il est atteint d'un cancer des os. Sa santé se dégrade rapidement

1. John Von Neumann, *Théorie générale et logique des automates*, *op. cit.*, p. 94.
2. *Ibid.*
3. Eisenhower le nomme à la même époque, le 15 mars, conseiller de l'Atomic Energy Commission, une des plus hautes responsabilités administratives à laquelle un scientifique puisse postuler.

et il est contraint d'annuler progressivement l'ensemble de ses engagements scientifiques, à l'exception des conférences Silliman. Au début de l'année 1956, il devient évident que Von Neumann ne pourra pas assurer en personne les conférences, et l'université de Yale lui propose de faire lire son texte par quelqu'un d'autre. Von Neumann continue à travailler au manuscrit. En avril, il est admis à l'hôpital. Il emporte avec lui le texte des conférences qu'il ne pourra jamais prononcer, auquel il travaille cependant jusqu'au bout. Le manuscrit, publié en 1958, sous le titre *The Computer and the Brain*, est le véritable testament philosophique de Von Neumann. Il s'agit d'un document extraordinaire dans lequel Von Neumann redistribue toutes les cartes conceptuelles de cette technologie informatique qu'il a contribué à créer.

Les éléments de critique de la représentation dominante de l'informatique et de l'information, latents dans la « Théorie générale et logique des automates », sont actualisés dans *L'Ordinateur et le cerveau*, et leurs conséquences pleinement dégagées. Comme dans la conférence de 1948, la divergence du regard conceptuel provient du recours à la théorie de l'information. Il y a une volonté de mise en convergence des deux champs : informatique et télécommunications, qui débouche sur une transformation de la représentation de l'information. Les problématiques désormais dominantes, au milieu des années 1950, du symbole, de la partition software/hardware sont déplacées. Elles ne sont pas à proprement parler annulées – qui songerait à dire en 1956 que les ordinateurs ne manipulent pas des symboles ? – mais elles sont relativisées, situées à un certain niveau d'analyse. Elles ne sont plus le dernier mot de l'informatique ou de l'information.

Dès l'introduction, nous avons une indication très vive du but poursuivi par Von Neumann :

> « Mon objectif principal est en fait d'introduire un autre point de vue assez différent sur ce sujet [des automates]. Je soupçonne qu'une étude mathématique plus approfondie du système nerveux [...] modifiera notre compréhension des aspects des mathématiques ici en jeu. En fait, elle pourrait même changer notre façon de voir les mathématiques et la logique ellesmêmes. »[1]

L'objet de Von Neumann est de développer en mathématicien une étude du système nerveux, appuyée sur les connaissances accumulées dans le développement des calculateurs électroniques. Sur la teneur des mathématiques utilisées, Von Neumann ne laisse planer aucun doute : il s'agit de la logique mathématique de la théorie des automates, mais aussi des mathé-

1. John Von Neumann, *The Computer and the Brain*, New Haven, Yale University Press, 1958 (trad. fr. P. Engel, *L'Ordinateur et le cerveau*, Paris, Flammarion, 1996, p. 14).

matiques statistiques de la théorie de l'information avec lesquelles il essaye depuis quelques années de renouveler la théorie logique des automates. Cette étude mathématique du système nerveux possède une dimension réflexive qui manquait à l'épistémologie expérimentale de McCulloch. Les moyens logiques et mathématiques employés pour approcher le fonctionnement du système nerveux sont eux-mêmes sous condition des moyens employés par le cerveau pour nous permettre une telle approche. Autrement dit, l'approche mathématique et logique, pourvu qu'elle soit bien menée, conduit à relativiser nos propres mathématiques et notre logique. Tout le texte est dédié à l'exploration du « soupçon » selon lequel les mathématiques que nous employons pour comprendre le cerveau ne sont pas les mathématiques du cerveau lui-même. Nos mathématiques doivent être rénovées en fonction des mathématiques du cerveau, avance Von Neumann en 1956.

Le texte des conférences est construit en deux moments : il s'ouvre sur un compte-rendu des principes de fonctionnement des calculateurs, suivi par une comparaison détaillée avec le cerveau. Les termes de la première partie nous sont déjà bien connus : la distinction entre procédure analogique et digitale, la distinction des types de précision et de fiabilité. Mais la discussion de 1956 comporte aussi plusieurs « mises à jour » qui sont autant d'indices de la très bonne connaissance qu'avait Von Neumann des évolutions du calcul mécanique. La description de 1956 fait ainsi ressortir bien mieux qu'en 1948 le rôle du programme enregistré et la partition entre la machine idéale et la machine physique qu'elle engendre. Surtout, par rapport à la « Théorie générale et logique des automates », Von Neumann introduit une discussion du principe de hiérarchie des mémoires. La hiérarchie des mémoires est liée au développement du software et aux premiers essais de multiprogrammation. Dans la mesure où il y a plusieurs temps d'accès aux contenus de la mémoire, il faut gérer l'hétérogénéité des temps d'accès. Pendant que le processeur accède à une donnée stockée en mémoire ou bien à une donnée en entrée, il ne fait rien, et sa puissance de calcul est gâchée. Pour pallier ce défaut, il faut d'introduire des systèmes multiprogrammés : lorsqu'un programme s'exécutant sur le processeur requiert une donnée en mémoire, un autre programme peut s'exécuter pendant le temps d'accès. La gestion de ces temps d'accès hétérogènes, la possibilité de la multiprogrammation mènent à la nécessité d'un développement logiciel particulier pour gérer les ressources de la machine[1]. Le texte de Von Neumann porte manifestement la trace, par rapport à la « Théorie générale et logique des automates », de ces progrès dans le domaine du logiciel et des architectures.

1. L'intelligence artificielle symbolique est elle-même intimement liée à ces modifications dans la structure des machines et aux progrès du logiciel. Paul Edwards, *The Closed World*, *op. cit.*, p. 246.

Si la première partie du texte de 1956 apporte quelques innovations par rapport à la « Théorie générale et logique des automates », innovations qui sont directement liées aux derniers progrès techniques dans le domaine des ordinateurs, la seconde achève la constitution d'une représentation alternative du traitement de l'information esquissée sept ans plus tôt. L'objet même de la seconde partie de *L'Ordinateur et le cerveau* est de démontrer les différences de fonctionnement entre les deux automates. Si dans la « Théorie générale et logique des automates » nous avions des indices d'un fonctionnement différent, ce point est acquis dans *L'Ordinateur et le cerveau* et fait l'objet d'une étude en bonne et due forme.

> « Établir les éléments de similarité [entre l'ordinateur et le cerveau] nous ramène à un territoire bien connu. Mais *il y a aussi des différences* : celles, assez évidentes, qui tiennent à la taille et à la vitesse, et, beaucoup plus profondément, *d'autres qui concernent les principes de fonctionnement et de contrôle, d'organisation globale, etc. Mon but principal est de développer quelques-unes de celles-ci.* »[1]

Le territoire à explorer n'est plus l'analogie entre l'ordinateur et le cerveau, mais les différences qui existent entre ces deux systèmes de traitement de l'information. Ce renversement du point de vue conduit à accentuer la primauté du cerveau, de l'automate naturel par rapport à l'automate artificiel.

Von Neumann emploie deux types d'arguments pour préciser cette différence. Le premier parachève ce qu'on trouvait dans le texte de 1948 : les différences externes importantes, de taille, de vitesse, de consommation énergétique, sont les signes d'une différence globale dans les modes d'organisation. La discussion est plus développée qu'en 1948, témoignant d'une meilleure connaissance des données neurologiques, mais les ordres de grandeurs sont semblables. Cependant, de ces estimations identiques, Von Neumann tire une conclusion nouvelle : le système nerveux fonctionne avec beaucoup de composants lents, l'ordinateur avec relativement peu de composants, mais ceux-ci sont beaucoup plus rapides. Or, cette différence manifeste dans les ordres de grandeur justifie en 1956 l'hypothèse selon laquelle le système nerveux a de grandes chances de mener ses opérations de manière parallèle, là où l'ordinateur fonctionne de manière séquentielle. Von Neumann indique ici une première différence dans le fonctionnement global. Le traitement de l'information dans l'ordinateur est séquentiel, dans le cerveau, il est massivement parallèle. On peut s'attendre en fonction de cette différence à des performances opposées selon les domaines. Nous avons ainsi vu que dans les tâches de reconnaissance visuelle, le cerveau dépasse de beaucoup l'ordinateur. À l'inverse dans des tâches logiques,

1. John Von Neumann, *L'Ordinateur et le cerveau*, *op. cit.*, p. 45. Je souligne.

comme le calcul ou la démonstration de théorèmes, l'ordinateur dépasse le cerveau.

De plus, un fonctionnement parallèle n'est pas immédiatement réductible à un fonctionnement séquentiel. En effet, dans un fonctionnement sériel les opérations viennent à la suite les unes des autres. Il faut donc que le résultat des premières opérations soit trouvé pour passer aux opérations suivantes. Pour développer en parallèle le même calcul, il faudra donc revoir toute l'organisation logique. À l'inverse « sérialiser » une procédure parallèle demandera une modification de la structure, notamment parce qu'il y a de nouveaux besoins en mémoire pour stocker les résultats des calculs intermédiaires. Il est donc fort probable, au vu des ordres de grandeurs, que nous ayons affaire à deux fonctionnements différents. Ces fonctionnements, sériel et parallèle, ne sont pas immédiatement réductibles l'un à l'autre. La conclusion de 1956 est donc plus tranchée qu'en 1948 :

> « On ne peut pas substituer les opérations parallèle et sérielles les unes aux autres sans restrictions. [...] Par conséquent, on peut s'attendre à ce que l'approche logique et la structure des automates naturels diffèrent profondément de celles des automates artificiels. »[1]

Ce premier argument conduit à abandonner le postulat fonctionnaliste qui inférait des performances de sortie du cerveau et des ordinateurs, considérés comme des boîtes noires, l'identité des modes de fonctionnement.

Le deuxième argument est plus radical. Il est nouveau, franchement philosophique et n'a rien perdu de son actualité. Il s'agit pour Von Neumann, non plus de s'appuyer sur des indices externes (taille, vitesse, etc) pour fonder l'hypothèse d'une hétérogénéité (sérielle/parallèle) des modes de fonctionnement, mais de revenir à la racine de l'analogie entre l'ordinateur et le cerveau.

Toute l'analogie repose sur l'idée que le comportement d'un neurone est identique, sous un certain rapport, à celui d'un organe tout-ou-rien dans un ordinateur. Le neurone est connecté à d'autres neurones par ses axones. L'ensemble de ces connexions détermine les conditions de mise à feu du neurone. À partir de certains seuils ou de certaines combinaisons d'impulsions, le neurone est activé, etc. Von Neumann fait d'abord remarquer que les phénomènes électriques de transmission de l'impulsion ne peuvent en réalité pas être distingués des autres phénomènes, chimiques et mécaniques qui se déroulent dans le neurone. Cette remarque est semblable à ce qu'on trouvait déjà dans la « Théorie générale et logique des automates », voire le « First Draft of a Report on the EDVAC ». Le point de vue est simplement plus détaillé.

Mais Von Neumann va aussi plus loin, en 1956. Certes les processus physiques ne se réduisent pas à une transmission électrique, mais le vrai pro-

1. John Von Neumann, *L'Ordinateur et le cerveau*, *op. cit.*, pp. 55-56.

blème concerne la possibilité même d'isoler le neurone comme composant élémentaire. Le principe d'analyse et de réduction à des éléments simples tel qu'il est pratiqué par McCulloch et Pitts n'est plus valable. Il y a à cela deux raisons. Premièrement, la notion de seuil ne rend compte que d'une catégorie de stimulations. On sait par exemple que dans le nerf optique de nombreux neurones ne répondent pas à une somme d'impulsions représentant un seuil minimal d'éclairage, mais bien plutôt à un changement dans le niveau d'éclairage. Le critère du seuil et de la sommation des impulsions ne rend pas compte de ce qui se passe dans le système nerveux. Il s'agit d'une simplification abusive, non pas seulement parce qu'elle procède par idéalisation et abstraction, mais parce qu'elle ne rend pas compte au final de la complexité des critères de stimulation. C'est le deuxième argument : le neurone isolé n'est probablement pas le bon point de départ. D'une part il faut parfois prendre en compte « le produit de systèmes neuronaux complexes », d'autre part il faut parfois considérer ce qui se produit dans le neurone au niveau des différentes synapses. « Une cellule nerveuse est bien plus qu'un organe actif individuel, et toute énumération des organes actifs doit le reconnaître. »[1]

Comme en 1948, Von Neumann insiste sur le caractère mixte, à la fois analogique et digital, des régulations nerveuses. Dans la « Théorie générale et logique des automates », ce caractère mixte était le signe d'un autre codage de l'information. Dans *L'Ordinateur et le cerveau*, la conclusion est beaucoup plus forte : ce caractère mixte est le signe de l'insuffisance de la logique actuelle des automates, qui échoue à rendre compte de la complexité des processus neuronaux. Nous prétendons expliquer le complexe par le simple, à la manière de McCulloch et Pitts ; et, ce faisant, nous manquons justement ce que nous devons expliquer.

De là, la conclusion remarquable, annoncée par Von Neumann : notre logique, nos mathématiques ne sont qu'une simplification de la logique et des mathématiques du cerveau. Von Neumann utilise une analogie informatique. De même qu'en informatique nous avons le code complet, qui est l'expression du programme dans le langage de la machine (sous la forme d'une suite de 0 et de 1), et différents codes courts, qui sont des simplifications de ce code complet, comme les langages d'assembleur ou les langages de programmation, il faut considérer que notre logique, nos mathématiques, nos automates ne sont que des codes courts par rapport à un code long qui est le langage du cerveau.

Autrement dit, non seulement nos modèles sont des versions simplifiées de ce qui se passe dans le cerveau, mais ils sont impuissants à rendre compte de ce qui s'y passe. Von Neumann développe l'intuition de la

1. John Von Neumann, *L'Ordinateur et le cerveau*, *op. cit.*, p. 62.

« Théorie générale et logique des automates » : la plus simple description d'un objet véritablement complexe, c'est lui-même. Nos modèles ne sont que l'expression simplifiée d'un comportement en réalité beaucoup plus complexe. On retrouve ici l'argument du rapport entre analogique et numérique de 1948. Le numérique peut être compris soit comme un niveau autonome, soit comme ce qui émerge, avec un effet de seuil, de certains comportements analogiques particuliers. Nos mathématiques et notre logique ne sont que les seuils qui proviennent d'un comportement mixte autrement plus complexe.

Von Neumann arrive ici à une formulation complètement explicite de ce que pourrait être le rapport entre l'information-symbole et l'information-signal. Le symbole n'a pas d'existence en soi, c'est un effet du signal. Notre logique à base de marqueurs et de symboles n'est possible que sur le fond d'une autre logique statistique et non symbolique. La logique du symbole s'enracine dans une logique du signal.

> « Tout comme des langages comme le grec et le sanscrit sont des faits historiques et non des nécessités logiques absolues, il est raisonnable de supposer que la logique et les mathématiques sont elles aussi des formes d'expression historiques accidentelles. Elles peuvent avoir des variantes essentielles, c'est-à-dire qu'elles peuvent exister sous d'autres formes que celles auxquelles nous sommes habitués. De fait, la nature du système nerveux central et des systèmes de messages qu'il transmet indique qu'il en est ainsi. [...] Nous sommes en présence de structures logiques différentes de celles auxquelles nous sommes accoutumés en logique et en mathématiques. [...] Ainsi, la logique et les mathématiques du système nerveux central, considérées comme des langages, doivent être structurellement, fondamentalement différentes des langages de notre expérience courante. Notons enfin que le langage auquel on a affaire ici peut correspondre à un code court au sens décrit plus haut, plutôt qu'à un code complet : quand nous parlons des mathématiques, nous sommes peut-être en train de parler d'un langage secondaire, bâti sur le langage premier réellement utilisé par le système nerveux. Ainsi les formes extérieures (visibles) de nos mathématiques ne sont-elles pas absolument pertinentes pour évaluer quels sont les véritables langages mathématiques et logiques utilisés par le système nerveux central. »[1]

Dans le champ technique de l'informatique, on trouve donc deux façons de considérer l'information. La définition de l'information comme symbole qui provient de la problématique hardware/software est concurrencée par une définition comme signal qui provient à la fois de la théorie de l'information et d'une attention aux données de la neurologie. Dans les deux cas, il s'agit de composer le triangle information, états mentaux, matière. Mais avec l'information signal, le niveau symbolique apparaît comme l'expression particulière des processus matériels. Cela donne la possibilité au signal d'englober le symbole. Le niveau de l'information défini par l'intelligence

1. John Von Neumann, *L'Ordinateur et le cerveau*, *op. cit.*, pp. 79-80.

artificielle symbolique apparaît ainsi dans le dernier texte de Von Neumann comme un effet second, dérivé d'un fonctionnement alternatif, statistique, plutôt qu'algorithmique et séquentiel.

Le clivage qui se fait jour dans les textes de Von Neumann est sensible en d'autres lieux. Les premiers projets de Minsky à Harvard portaient sur des réseaux de McCulloch et Pitts capables d'apprentissage[1]. Newell situe sa conversion à l'intelligence artificielle symbolique lors de la présentation par Oliver Selfridge, l'ancien assistant de Wiener, d'un réseau de reconnaissance de forme en 1954[2]. Dans le volume des *Automata Studies* qu'il codirige avec McCarthy, Shannon continue à prôner l'approche par la modélisation du cerveau[3]. Les deux représentations de l'information ont donc coexisté pendant toutes les années 1950, à un moment où les fondateurs de l'intelligence artificielle étaient encore parfois les étudiants des cybernéticiens.

L'existence de ce clivage comporte au moins deux enseignements. Premièrement, il indique que l'ordinateur n'est pas apparu naturellement comme un dispositif de traitement de l'information, comme nous le percevons aujourd'hui, mais que sa signification a émergé au sein de représentations concurrentes du traitement de l'information. Les cybernéticiens ont proposé une vision des ordinateurs qui était à la fois cohérente avec la théorie de l'information et le programme général de la cybernétique. Si cette représentation peut nous apparaître aujourd'hui totalement étrangère et superflue, elle avait cependant de sérieux atouts à faire valoir au début des années 1950.

Deuxièmement, il serait tentant de réduire la cybernétique à une erreur de jeunesse liée au développement insuffisant des ordinateurs. Il est vrai que le progrès des langages de programmation ou les pratiques de programmation directe à la console qui apparaissent à la fin des années 1950 ont sans doute joué un rôle majeur dans la stabilisation de la partition entre machine matérielle et machine logique, si importante pour l'intelligence artificielle. Il y a cependant quelque chose d'insatisfaisant à réduire la cybernétique à un pur reflet de l'état de la technique informatique au tournant des années 1950, avant les grands développements du logiciel. En 1950, Turing propose déjà une vision de l'ordinateur comme outil universel de traitement symbolique. Les cybernéticiens le savent et ils ont conscience du conflit entre programmes de recherche. Leur position ne se réduit pas à un pur et simple archaïsme que les progrès de la technique informatique auraient peu à peu conduit à dépasser. Les études récentes qui se sont

1. Marvin Minsky, *Neural Nets and the Brain-Model Problem*, Ph.D. thesis, Princeton University, 1954.

2. « [Le programme de Selfridge] a changé ma vie. Je veux dire que c'est à ce moment que je me suis mis à travailler sur l'intelligence artificielle. » Cité dans Pamela McCorduck, *Machines Who Think*, New York, Freeman, 1979, p. 154.

3. Claude Shannon et John McCarthy, *Automata Studies*, *op. cit.*

consacrées, en aval de la période étudiée ici, à la querelle du *Perceptron*, ont montré combien la victoire de l'IA a été acquise sur plusieurs terrains à la fois, épistémologique, technique et politique, et ne se ramène au choix de la seule solution possible[1]. La résurgence des problématiques de la cybernétique avec le néo-connexionnisme au début des années 1980 ou le programme de vie artificielle renforce évidemment cette lecture. Le clivage entre les deux informations représente plus qu'un archaïsme ou une curiosité historique. Il s'agit d'un point de blocage philosophique réel entre deux matérialismes. Pour le comprendre, il faut explorer plus avant les attendus épistémologiques de la conception cybernétique.

1. Mikel Olazaran, « A Sociological Study of the Official History of the Perceptrons Controversy », *Social Studies of Science*, 26, 3, 1996, pp. 611-659 ou Paul Edwards, *The Closed World*, *op. cit.* pp. 256-273.

Troisième partie

UNE COSMOLOGIE DE L'INFORMATION

« Nous avons fait de l'ingénierie des communications une branche de la mécanique statistique ».

Norbert Wiener, *Cybernetics*

« Le software n'existe pas ».

Ralf Landauer, *Computation : A Fundamental Physical View*

1
UN MATÉRIALISME SANS MATIÈRE ?

La cybernétique fait de l'information une nouvelle dimension du monde physique. Elle ajoute aux explications existantes, par la matière ou l'énergie, un nouveau type d'explication par l'information. Elle ajoute aux phénomènes existants une nouvelle classe de phénomènes, les processus de traitement de l'information. Le monde n'est pas « fait » uniquement de matière et d'énergie, mais aussi d'information, nous apprend la cybernétique. L'information circule, s'échange, se transforme, et, jusqu'à récemment, nous n'y avions pas prêté suffisamment d'attention. Tel est le credo de la discipline, que ce soit pour la connaissance du cerveau, lorsque le modèle informationnel et logique de McCulloch et Pitts supplante le vieux modèle énergétiste de Rashevsky, ou pour l'étude de l'organisme social, de la communication et des machines.

Tout se passe ainsi dans la cybernétique comme si nous avions soudain découvert une dimension du monde matériel qui nous échappait jusqu'alors. La découverte s'exprime sous la métaphore de la contrée vierge soumise par le groupe des pionniers. Ainsi, Léon Brillouin peut affirmer que « la présente théorie [de l'information] s'étend sur le “ no man's land ” de l'information absolue, sur un ensemble de problèmes que ni les scientifiques, ni les philosophes n'avaient jusqu'à présent étudié » ou louer en Szilard « un pionnier dans cette contrée inconnue que nous avons explorée dans toutes les directions. »[1] C'était déjà là, il y avait des processus d'acquisition, de traitement et d'échange de l'information, mais on n'avait pas su les voir. Wiener ne manque jamais de rappeler que la physique des modernes ignorait tout de l'information. Ainsi, à propos de l'exemple privilégié du démon de Maxwell :

> « Ici émerge une distinction très intéressante entre la physique de nos grands-parents et celle d'aujourd'hui. Au XIXe siècle, l'information semblait ne rien coûter. La physique contemporaine reconnaît, en revanche, que le

1. Léon Brillouin, *La Science et la théorie de l'information*, Paris, Gabay, 1988 [1956], p. 162.

> démon ne peut gagner de l'information [...] qu'au moyen d'un organe des sens, en l'occurrence un œil. »[1]

Non seulement le démon doit maintenant ouvrir l'œil, mais nous-mêmes avons aussi appris à voir des échanges d'information en lieu et place des échanges de matière ou d'énergie. L'information a maintenant un coût que l'on peut chiffrer. Elle peut rentrer dans les équations de notre physique.

La singularité du nouveau monde informationnel n'est nulle part aussi manifeste que dans la formule célèbre qui clôt le chapitre sur les analogies ordinateur-cerveau dans le *Cybernetics* de 1948 : « L'information est l'information, et non la matière ou l'énergie. Un matérialisme qui n'admettrait pas cela ne pourrait prétendre survivre aujourd'hui. »[2] La cybernétique promet ainsi une forme de matérialisme renouvelé par l'analyse informationnelle. Cependant, cette situation enviable de l'information, élevée au rang des plus grandes catégories, pose un problème majeur. La cybernétique se présente comme une nouvelle forme de matérialisme ; le point est explicite dans la formule de Wiener. Mais comment un matérialisme pourrait-il se passer de matière ? Un matérialisme de l'information n'est-il pas une contradiction dans les termes ? Comment la cybernétique pourrait-elle être autre chose qu'un matérialisme désincarné ?

Le problème du statut physique de l'information

C'est toute la question du statut physique de l'information qui pose problème. Si l'information n'est ni de la matière ni de l'énergie, mais un autre type de « chose », quelle est-elle ? La difficulté n'est pas seulement verbale. L'information n'est manifestement pas de l'ordre des choses tangibles ou des substances. L'information ne se confond même pas avec le message, comme le signalait déjà Warren Weaver, dans son introduction à la théorie mathématique de la communication. Elle désigne une propriété des messages, l'expression d'un choix parmi l'ensemble des messages disponibles. L'information décrit une relation d'ordre parmi un ensemble de choses plutôt qu'elle ne désigne une chose en particulier. La cybernétique affronte ainsi, sans doute, sous le vêtement d'une question cosmologique, celle du statut physique de l'information, le vieux problème·philosophique du rapport entre la substance et la relation, le vieux problème des incorporels, le vieux problème de la forme. Si l'information n'est ni matière ni énergie, quel rapport entretient-elle avec la matière et l'énergie ? Si l'information

1. Norbert Wiener, *The Human Use of Human Beings, Cybernetics and Society*, Londres, Free Association Books, 1989 [1954], pp. 30-31.
2. Norbert Wiener, *Cybernetics*, op. cit, p. 132.

décrit une relation parmi les choses matérielles, est-ce à dire qu'elle appartient au domaine des choses immatérielles ?

Cette question cosmologique nous renvoie à l'alternative que nous avons cru discerner dans les milieux techniques entre une information conçue comme signe ou symbole et une information pensée comme signal. Le symbole domine une matière indifférente dans laquelle il vient s'inscrire après coup, le signal émerge d'un agencement matériel dont il porte la marque. Ce choix entre deux philosophies pour l'information n'est pas une simple décision d'arrière-plan qui n'engagerait que des images ou des valeurs, que le choix d'une « couleur » pour des formalismes équivalents. Signe ou bien signal, ce sont des programmes de recherche dont l'esprit et la pratique diffèrent. Nous touchons ici à cette part philosophique de l'activité scientifique qui porte sur la définition même des concepts employés.

La cybernétique serait-elle alors à l'origine de ces discours sur la dématérialisation des activités humaines qui nous sont aujourd'hui devenus familiers, avec l'essor des technologies de la communication ? Wiener ne proposait-il pas, dès 1950 dans un chapitre saisissant de *The Human Use of Human Beings*, opposant transport de l'information et transport physique, d'imaginer un architecte dirigeant d'Europe la construction d'un bâtiment aux États-Unis par un système d'« ultrafax », de sorte que « le transport physique de l'architecte et de ses documents soit remplacé efficacement par un transport de messages qui n'implique le mouvement d'aucune particule de matière d'un bout à l'autre de la ligne »[1] ? Jusqu'à quel point la description de Wiener est-elle valide ? Peut-on raisonnablement affirmer que le transport des messages n'implique aucun transport matériel ?

La question cosmologique du statut physique de l'information est une question fondamentale pour toute interprétation de la cybernétique. C'en est la pierre de touche pour une discipline manifestement tiraillée entre deux exigences opposées : la promotion de cette « découverte » fabuleuse du nouveau royaume de l'information et le développement d'un matérialisme conséquent, notamment du côté des sciences de la vie. La catégorie d'information peut apparaître ainsi tout à la fois comme le stade suprême d'un matérialisme réductionniste qui a fait du vivant une machine, de la pensée un calcul, du sens un jeu de signes, et comme l'expression d'une dimension immatérielle qui échappe à l'ordre des choses et vient glisser sur elles sans y laisser de traces. Les textes de Wiener ne sont pas exempts de toute hésitation sur le sujet, y compris dans les mêmes livres, voire les mêmes chapitres des mêmes livres, entre une réflexion sur le rôle de l'information dans les systèmes physiques et la défense de la spécificité irréductible de la transmission d'information par opposition au transport de

1. Norbert Wiener, *The Human Use of Human Beings, op. cit.*, p. 98.

matière. L'antinomie se retrouve, presque toujours, sous une forme plus ou moins thématisée, dans la vaste littérature secondaire consacrée au sujet.

La cybernétique désincarnée

Katherine Hayles, dans un essai récent, qui mêle de façon habile des considérations d'histoire des sciences et d'études littéraires, *How we Became Posthuman, Virtual Bodies in Cybernetics, Literature, and Informatics*, s'affronte directement à cette question de la dématérialisation de l'information. Le traitement proposé par Hayles est représentatif de la lecture tronquée, communément admise de la cybernétique. Hayles avance essentiellement deux thèses.

Premièrement, l'information est aujourd'hui majoritairement considérée comme une entité dématérialisée, ce que Hayles déplore. « L'information est conçue comme une sorte de fluide incorporel qui peut circuler entre différents substrats sans aucune perte de signification ou de forme. »[1] Hayles cite à l'appui de cette thèse, de manière convaincante, des auteurs comme le spécialiste de robotique Hans Moravec ou bien Marvin Minsky, qui défendent le principe informatique de l'implémentation multiple jusque dans ses dernières conséquences. L'information ou le programme existent indépendamment des divers substrats matériels dans lesquels ceux-ci peuvent venir s'incarner. Le corps devient accessoire, seul compte l'algorithme. Minsky ou Moravec imaginent ainsi que l'identité personnelle pourrait se réduire aux données et aux programmes que stocke notre cerveau. En filant les conséquences de cette représentation, Minsky ou Moravec nc nous promettent rien moins qu'une nouvelle forme d'immortalité.

> « Une personne, ce n'est pas une tête, des bras et des jambes. C'est trivial. Une personne est un gigantesque multiprocesseur composé de millions de millions de petits composants qui sont agencés comme des milliers de calculateurs. [...] La chose la plus importante à propos de chaque personne ce sont les données, et les programmes parmi ces données, qui sont dans le cerveau. Un jour vous serez capable de rassembler toutes ces données, de les mettre sur un petit disque, et de les stocker pour des milliers d'années, en branchant tout ça à nouveau vous serez vivant dans le quatrième ou cinquième millénaire. »[1]

L'âme informationnelle des fantasmes technologiques détrône l'âme immatérielle des religions. Moravec ou Minsky rejouent ainsi, selon Hayles, le geste fondateur de Turing, qui dans « Computing Machinery and Intelligence », avait choisi d'effacer la dimension corporelle des actes de

1. Katherine Hayles, *How we Became Posthuman, Virtual Bodies in Cybernetics, Literature, and Informatics*, Chicago, The University of Chicago Press, 1999, p. xi.
2. Cité par Katherine Hayles, *How we Became Posthuman*, *op. cit.*, pp. 244-245.

pensée pour les réduire à une pure manipulation sur des signes. Cette conception littéralement désincarnée de l'information, adossée à l'analogie informatique entre le hardware et le software, a effectivement cours en intelligence artificielle et en sciences cognitives. Cela n'est pas contestable.

La deuxième thèse de Hayles, historique, pose en revanche problème. Hayles cherche à montrer que cette conception de l'information, fondée sur la mise entre parenthèses de sa dimension matérielle, prend sa source dans le discours des premiers cybernéticiens. La cybernétique se serait développée en trois moments historiques, rapporté chacun à un concept dominant : le moment de l'homéostasie dans la période 1945-1960, le moment de la réflexivité de 1960 à 1980, et enfin le moment de l'auto-organisation des années 1980 à nos jours. Les deux derniers moments auraient pour fonction de rétablir la dimension matérielle et corporelle de l'information occultée dans le moment de l'homéostasie. « L'incarnation a été systématiquement sous-évaluée ou gommée dans la construction cybernétique », affirme ainsi Hayles[1].

Cette thèse historique pose un double problème. Premièrement, la périodisation proposée paraît largement contestable. Il est certes possible de distinguer différentes générations parmi les cybernéticiens ou les héritiers de la cybernétique ; en revanche, la séquence thématique homéostasie, réflexivité, auto-organisation ne colle pas bien avec le contenu de la première cybernétique. La question de la réflexivité et de la place de l'observateur est en effet fondamentale dans le grand projet d'une épistémologie expérimentale du premier cybernéticien McCulloch. La question de l'auto-organisation apparaît à plusieurs reprises chez Wiener, Ashby et surtout Von Neumann, dont Hayles n'évoque la théorie des automates que lors des chapitres consacrés à la deuxième et à la troisième cybernétique. Enfin, l'importance du concept d'homéostasie est sans doute surévaluée par une interprétation qui cherche à en faire le symbole d'une cybernétique conservatrice et frileuse par rapport aux mutations conceptuelles qu'elle introduit.

Deuxièmement, cette lecture fait l'impasse sur l'intérêt crucial des cybernéticiens pour la dimension matérielle de l'information. Il ne faut pas oublier que pour Wiener, comme cela est manifeste dans la construction même de ses ouvrages, la cybernétique est un département de la physique. Autrement dit, la seconde thèse qui adresse aux cybernéticiens le reproche d'avoir abstrait artificiellement l'information de la matière est sans doute largement erronée, bien que Hayles ne soit pas, loin de là, la seule à la proposer.

La discussion de la thèse historique de Hayles est intéressante dans la mesure où celle-ci présente sous une forme approfondie une opinion large-

1. Katherine Hayles, *How we Became Posthuman*, *op. cit.*, p. 4.

ment répandue. Philippe Breton, par exemple, dans un ouvrage de vulgarisation reconnu, consacré à l'histoire de l'informatique, insiste sur le fait que l'information se range du côté de la forme par opposition au sens ou à la matière[1]. Le même type d'opinion est exprimé chez Ronald Day qui reproche aux cybernéticiens d'avoir abusivement restreint la signification de l'information[2]. Sur quoi cette interprétation peut-elle être fondée ? Qu'est-ce qui permet de dire de la cybernétique qu'elle aurait promu une conception dématérialisée de l'information ? C'est ici le statut de la cybernétique comme matérialisme qui se joue, et, au-delà de la cybernétique, de toutes les sciences qui font usage du concept d'information.

La thèse de Hayles repose sur la lecture des conférences Macy censées fournir trois grandes lignes d'arguments en faveur de « l'importance de l'information par opposition à la matière » dans la pensée des cybernéticiens. Hayles associe d'abord la dématérialisation à la construction scientifique de la notion d'information en théorie des télécommunications. L'argument avancé tel quel n'est guère probant, alors que le terrain est plutôt favorable. Le divorce entre information et signification voulu par Shannon aurait pour effet de permettre à l'information de « conserver une valeur stable indépendamment du contexte. » En effet, la signification d'un message dépend du contexte dans lequel celui-ci est prononcé, argumente Hayles. C'est cette mise entre parenthèses du contexte de signification qui autoriserait l'information à circuler sans modification, quels que soient les supports matériels qu'elle emprunte. La mise entre parenthèses de la signification conditionnerait ainsi la mise entre parenthèses de la dimension matérielle de la communication.

Il est tout à fait exact que la théorie de Shannon, à l'image de la construction du concept scientifique d'information dans le champ des télécommunications, fonctionne en distinguant l'information de la signification et en écartant les considérations portant sur le transport matériel des messages. Shannon ne conserve que la dimension formelle de l'information pour livrer une sorte d'axiomatique définitive des télécommunications. Si l'on suit cette ligne-là, dans l'histoire du concept et de sa construction, il est tout à fait clair que la théorie de l'information se gagne en mettant entre parenthèses les considérations de physique quant au transport effectif des messages et aux propriétés énergétiques du signal. Le code est le véritable objet de Shannon. En revanche, il n'y a aucun lien évident entre la distinction information-signification et la mise entre parenthèses de la dimension matérielle du transport des messages. Il s'agit de deux questions disjointes et qui ne procèdent pas des mêmes exigences. Ce n'est pas parce que l'information est conceptualisée indépendamment de la signification qu'elle

1. Philippe Breton, *Une histoire de l'informatique*, Paris, La Découverte, 1987, p. 43.
2. Ronald Day, *The Modern Invention of Information, Discourse, History and Power*, Carbondale, Southern Illinois University Press, 2001.

est nécessairement dématérialisée. Une théorie du signal peut très bien considérer le transport physique de l'information en laissant de côté totalement la signification des messages. Le choix de s'intéresser aux propriétés des messages et des symboles constituants plutôt qu'aux propriétés physiques du signal n'a sans doute pas grand-chose à voir avec la question de la signification. Par ailleurs, on peut se demander si le partage entre l'information et le signal ne cède pas devant les problèmes posés par le bruit et la construction des filtres. La dématérialisation a aussi ses limites au sein de la théorie des télécommunications. Le bruit réintègre une part de physique dans le monde du code.

La question des rapports entre matière et information dans le cadre de la théorie des télécommunications est une question difficile, qui ne peut se résumer au projet de promouvoir une information désincarnée. Le concept d'information apparaît soumis à deux mouvements contradictoires et, cependant, profondément enchâssés. La distinction entre l'information et le contexte de transmission du signal procède de la volonté manifeste d'universaliser la théorie. Celle-ci doit être rendue indépendante des divers contextes concrets de communication, elle doit valoir pour le télégraphe, pour le téléphone, pour la télévision ou pour quelque autre moyen à venir. Ce premier mouvement conceptuel tend effectivement à faire de l'information une entité dématérialisée, totalement indépendante des considérations matérielles ou énergétiques. Le medium est mis délibérément entre parenthèses. Néanmoins, cette volonté d'universalisation incite dans le même temps les cybernéticiens à considérer l'information comme un concept de haut niveau, un concept qui transcende les contextes locaux d'ingénierie dans lesquels celui-ci a pu être formé. Le lieu naturel d'un tel concept est alors la science la plus générale, et la plus prestigieuse, la science physique. L'universalisation de la notion d'information en théorie des télécommunications, qui implique la mise entre parenthèses des questions portant sur le signal et les modalités concrètes de sa communication, entraîne une forme de relocalisation de la notion d'information dans le champ de la physique, laquelle repose à nouveaux frais la question du rapport avec la matière ou l'énergie. Plus la théorie est générale, plus elle devient indépendante des contextes matériels de communication, plus elle échappe aux disciplines de l'ingénieur, et plus il devient tentant, comme le fera Wiener, de la réintégrer dans le champ de la physique. C'est bien à cela que sert en définitive l'analogie entre l'information et l'entropie qui a été suggérée à Shannon par Von Neumann. Il y a donc en théorie des télécommunications une dialectique complexe entre information, matière et dématérialisation, dont l'argument de Hayles ne rend pas compte, semble-t-il.

Hayles s'appuie ensuite sur une étude du modèle de McCulloch et Pitts afin de montrer combien les cybernéticiens ont pu négliger la dimension matérielle des processus étudiés. Le traitement est ici plus nuancé et plus convaincant. Le modèle de McCulloch et Pitts est en effet susceptible d'une double interprétation. On peut d'abord insister prioritairement, comme l'a fait la tradition de l'intelligence artificielle, sur le résultat proprement logique de l'article de 1943, à savoir l'équivalence entre les réseaux de neurones formels et les machines de Turing. L'article de McCulloch et Pitts devient alors un article de logique formelle dans la lignée des travaux de Turing. Mais à l'inverse, il est bien évident que McCulloch ne s'est jamais contenté d'une telle interprétation, purement formelle, de son travail. Les réseaux de 1943 ont pour but d'expliquer le fonctionnement du système nerveux, et non seulement d'approfondir notre connaissance de la logique du premier ordre. Hayles rend compte de la position de McCulloch comme résultant d'une tension entre une représentation logicienne désincarnée de l'information et une représentation biologique incarnée. Hayles a sans doute raison d'insister sur l'interprétation en dernier ressort biologique du travail de McCulloch, en dépit des simplifications évidentes introduites par le modèle des neurones formels. On peut cependant se demander si l'affirmation selon laquelle la logique ou l'information est toujours incarnée n'est pas en réalité compatible avec la position rejetée par Hayles. Minsky ou Moravec sont d'accord pour dire que l'information doit toujours exister sur un substrat matériel. La ligne de partage entre information incarnée et désincarnée ne passe sans doute pas là. La question est celle de l'indifférence ou non du support matériel. Cette question n'est pas vraiment tranchée dans les premiers travaux de McCulloch. Elle émerge de façon extrêmement aigue dans la réinterprétation que Von Neumann fait subir au formalisme de McCulloch au sein de sa propre théorie logique des automates.

Enfin, Hayles ajoute à ces deux lignes d'arguments, sur la construction de la notion d'information en théorie des télécommunications et sur la portée du modèle de McCulloch et Pitts, des considérations portant sur les machines produites par les cybernéticiens. Celles-ci reposeraient sur une série de présuppositions enchaînées : l'identité entre vivants et machines conçus comme des mécanismes cherchant à maintenir leur homéostasie, la nécessité d'un langage scientifique exactement spécifié, l'idée que le principal frein à la construction des machines est l'absence de précision dans le langage. Le tout est censé conduire, de manière fort peu convaincante, à « un concept d'information qui privilégie l'exactitude au détriment du sens »[1]. Le lien entre information, signification et matière apparaît aussi ténu que lors de la discussion de la théorie des télécommunications.

1. Katherine Hayles, *How we Became Posthuman, op. cit.*, p. 67.

Pour rendre justice au travail de Hayles, il faut cependant noter que, comme cela apparaît dans la discussion du travail de McCulloch, sa position ne consiste pas exactement à dire que la cybernétique a purement et simplement désincarné l'information. Hayles affirme au contraire qu'il existe, au sein du groupe cybernétique, des tensions entre plusieurs visions de l'information. Mais le second versant de la thèse consiste à dire que l'option en faveur d'une information désincarnée l'emporte haut la main parmi les cybernéticiens. Ainsi, à l'information désincarnée et dénuée de signification de Shannon et Wiener s'opposerait l'information contextualisée de Donald MacKay. De même à la figure de McCulloch viendrait s'opposer le psychanalyste Lawrence Kubie, tenant d'une information incarnée. Kay ou Kubie jouent de fait des rôles marginaux dans la construction de la cybernétique. Comme le note Jean-Pierre Dupuy, dans son étude des conférences Macy, le freudien orthodoxe Kubie sert plus souvent de punching-ball philosophique aux autres participants que de véritable interlocuteur. Il représente le continent à coloniser pour la nouvelle science matérialiste de l'esprit[1].

Hayles a sans doute manqué le fait que l'opposition entre deux conceptions de l'information, entre une information désincarnée et une information pensée comme l'expression de propriétés matérielles, est en réalité centrale dans les débats de la cybernétique, plutôt qu'elle ne se situe à ses marges. Bien plus, la balance penche largement en faveur de la seconde option, dès lors que l'on prend en compte, à leur juste valeur, la question du rapport entre information et entropie qui joue un rôle structurel pour la construction de la cybernétique comme discipline, ainsi que la théorie des automates qui en constitue l'un des débouchés les plus féconds.

Il existe bien une hésitation structurelle au sein de la cybernétique entre deux représentations de l'information. Cette hésitation appartient à la fois au domaine de l'ontologie – comment interpréter une fonction d'état comme l'information – et de l'épistémologie – comment construire une discipline à partir d'un milieu technique qui soit capable de transcender ce milieu technique, qui ait une vocation universelle pour ce milieu technique, pour d'autres milieux techniques, et éventuellement pour d'autres sciences. La réponse à ce défi épistémologique, que la cybernétique a pour une large part surmonté au vu de la réussite des applications du concept d'informa-

1. « Plus comique encore est la façon dont plusieurs représentants des sciences de l'homme se livrent, en fait, en victimes consentantes à l'appétit féroce des cybernéticiens. Le malheureux Kubie – qui, il est vrai, était un psychanalyste d'un genre assez particulier, puisqu'il s'était arrêté à la première topique (conscient, préconscient, inconscient) et croyait, comme Freud, à l'enracinement biologique des concepts pyschanalytiques, ayant d'abord été neurophysiologiste – fit de nombreuses fois preuve d'un remarquable esprit de conciliation, pour ne pas dire de soumission, en dépit de son obstination à défendre la psychanalyse ». Jean-Pierre Dupuy, *Aux origines des sciences cognitives*, Paris, La Découverte, 1999 [1994], p. 86.

tion, a consisté à inscrire la cybernétique dans la physique et à faire de l'analogie information-entropie une pierre de touche du statut de la discipline.

Si l'on doit dresser le portrait philosophique de la cybernétique, il apparaît qu'une de ses spécificités, par rapport aux disciplines qui vont la suivre et l'éclipser, en particulier l'intelligence artificielle, est d'avoir conservé la question du statut physique de l'information, de n'avoir pas cédé à la tentation du repli dans le domaine de la forme pure, du code et de l'algorithme. Ce point a été parfaitement mis en valeur par Jean-Pierre Dupuy dans son histoire de la cybernétique :

> « Ruyer reproche aux cybernéticiens de ne jamais poser le problème de l'origine de l'information [...]. Il est bien vrai que cette question ne préoccupe guère les cybernéticiens, mais c'est précisément parce que, dès le départ pour ce qui est de Wiener et de ceux qui le suivent en tout cas, ils ont fait de l'information une grandeur physique, l'arrachant au domaine des transmissions de signaux entre humains. Si tout organisme est environné d'informations, c'est tout simplement qu'il y a partout autour de lui de l'organisation, et que celle-ci, du fait même de sa différenciation, contient de l'information. L'information est dans la nature, et son existence est donc indépendante de l'activité de ces donneurs de sens que sont les interprètes humains. »[1]

Au nom d'une lecture rétrospective, et sans doute anachronique, les commentateurs ont tendance à lire chez les cybernéticiens ce qui est une caractéristique du discours de leurs héritiers et à masquer du même coup l'une des ambiguïtés, sans doute celle qui est philosophiquement la plus riche, du discours cybernétique. Chez Hayles, cette occultation provient manifestement d'un désintérêt pour deux moments conceptuels fondamentaux dans la constitution de la cybernétique : l'analogie entre information et entropie et le développement de la théorie des automates chez Von Neumann. Les deux points sont liés. La théorie des automates autoreproducteurs constitue, d'une manière qui n'est pas d'emblée évidente, une forme de commentaire physicaliste de la notion d'information. Il s'agit donc de rendre à ces deux moments conceptuels leur juste place pour ce qui est de la constitution de la cybernétique comme discipline et pour ce qui est d'une cosmologie cybernétique de l'information.

1. Jean-Pierre Dupuy, *Aux origines des sciences cognitives*, *op. cit.*, p. 126.

2
« L'INFORMATION EST L'INVERSE DE L'ENTROPIE »

La question du statut physique de l'information se pose de deux manières dans la cybernétique, sous la forme d'une question locale, celle du bruit de ligne en théorie des télécommunications, et sous la forme d'une question globale, celle du rapport entre l'information et l'entropie. Si la première question appartient au domaine de l'ingénierie stricto sensu, la seconde émerge de la théorie de Shannon dans sa forme la plus universelle et la moins dépendante des contextes locaux de communication. La cybernétique opère ainsi le branchement entre la théorie de l'information, issue de l'ingénierie des télécommunications, et une discipline de la physique, la thermodynamique, à l'origine du concept d'entropie. Le développement de l'analogie entre information et entropie, et l'inscription du concept d'information dans le domaine de la physique qui en découle, constituent sans doute une des marques les plus distinctives de la cybernétique.

Les premiers chapitres de *Cybernetics* comme ceux de *The Human Use of Human Beings* sont consacrés à justifier cette relation, de prime abord inattendue, de la cybernétique à la science physique. Wiener cherche à montrer que la cybernétique est tributaire de l'histoire récente de la physique. *The Human Use of Human Beings* présente ainsi l'interface entre questions de physique et questions d'information :

> « Le développement de la physique quantique a conduit à une association nouvelle de l'énergie et de l'information. Une forme primitive de cette liaison se trouve dans les théories du bruit de ligne pour un circuit de téléphone ou un amplificateur. On peut montrer qu'un tel bruit de fond est inévitable, car il dépend du caractère discontinu des électrons qui transportent le courant [...]. Plus fondamentale est cette constatation que la lumière elle-même possède une structure atomique et qu'une lumière de fréquence déterminée rayonne en paquets que l'on appelle quanta lumineux, qui possèdent une énergie parfaitement déterminée dépendant de cette fréquence. [...] Le transfert d'information ne peut avoir lieu sans une certaine dépense d'énergie, si bien qu'il n'y a pas de frontière nettement délimitée entre couplage énergétique et couplage informationnel »[1].

1. Norbert Wiener, *The Human Use of Human Beings, op. cit.*, pp. 38-39.

Au niveau fondamental, la cybernétique appartient à la physique car il n'y a pas de transfert d'information qui n'implique une forme minimale d'échange énergétique. L'acquisition d'information est toujours une action physique sur un système physique. Pour acquérir de l'information, il faut observer, éventuellement projeter un rayon lumineux, ce qui, au moins à l'échelle des phénomènes quantiques, implique une interaction avec le système observé. Les questions de l'acquisition et du transfert de l'information relèvent ainsi en dernière instance de la physique.

La cybernétique va construire cette jonction fondamentale entre information et physique au moyen d'une analogie entre l'information et une quantité physique particulière, l'entropie. L'information devient pour la cybernétique la quantité physique opposée à l'entropie. L'information est de l'entropie négative. Cette thèse qui sera amenée à connaître un vaste succès, alors qu'elle est sans doute extrêmement contestable, se trouve énoncée dans l'introduction de *Cybernetics*.

> « La notion de quantité d'information se rattache très naturellement d'elle-même à une notion classique en mécanique statistique : celle d'entropie. Tout comme l'information est dans un système une mesure de son degré d'organisation, l'entropie est une mesure du degré de désorganisation d'un système. L'une est simplement l'inverse de l'autre. »[1]

En associant ainsi information et entropie, la cybernétique opère une sorte de court-circuit entre deux traditions disjointes, celle de l'ingénierie des télécommunications d'une part, et celle de la thermodynamique et de la mécanique statistique d'autre part. La notion d'entropie est en effet un des produits les plus remarquables de la théorie physique de la chaleur au XIXe siècle.

La notion d'entropie en thermodynamique

La notion est introduite par le physicien Rudolf Clausius dans les années 1850 pour caractériser mathématiquement le degré d'irréversibilité d'une transformation dans un cycle thermique. En thermodynamique, la variation de l'entropie est une fonction d'état qui exprime la variation de la quantité de chaleur en fonction de la température. Si ΔS représente la variation de l'entropie, δQ la variation de la quantité de chaleur et T la température, alors, pour le cas simplifié d'un échange de chaleur à température constante :

$$\Delta S = \frac{\delta Q}{T}$$

1. Norbert Wiener, *Cybernetics*, *op. cit.*, p. 11.

Il n'est pas aisé de se représenter intuitivement à quoi correspond la variation de cette quantité S. Pour comprendre la signification précise de l'entropie et les enjeux de son assimilation tardive à l'information, il faut revenir sur les questions qui motivent le travail de Clausius et les étapes de la constitution du concept d'entropie en physique.

L'introduction de la notion d'entropie par Clausius est liée au travail antérieur de Sadi Carnot sur le rendement des machines thermiques. En 1824, Carnot publie, dans l'indifférence générale, un mémoire intitulé *Réflexions sur la puissance motrice du feu et sur les machines propres à développer cette puissance*. Les fondateurs de la thermodynamique classique, Kelvin comme Clausius, ont tous deux pour point de départ la discussion du petit mémoire de Carnot, que Kelvin connaît de première main et Clausius, via sa reprise par Clapeyron. Carnot propose un modèle très général, indépendant des techniques en usage à l'époque, afin d'évaluer le rendement des machines thermiques. Il introduit en particulier un cycle idéal, qu'on appelle le cycle de Carnot, dont il démontre qu'il est le cycle optimal, celui qui produit le plus de travail en fonction de la chaleur disponible.

Carnot raisonne de la manière suivante : pour qu'il y ait production de travail dans une machine thermique, il faut deux sources de chaleur, une source chaude et une source froide. Dans la machine de Newcomen, par exemple, la première machine à vapeur, la production de travail a lieu en deux temps. Une chaudière transforme d'abord de l'eau, contenue dans un cylindre en vapeur, ce qui fait monter un piston. On verse ensuite, dans un second temps, de l'eau sur le cylindre qui contient le piston, pour le refroidir. La vapeur se condense alors, et par aspiration, le piston redescend en produisant un travail mécanique. Il en va de même pour n'importe quelle machine thermique qui nécessite toujours une source chaude et une source froide afin de produire un travail. On peut, par exemple, imaginer une simple barre de métal, alternativement dilatée et contractée pour produire du travail, en fonction de son contact avec deux sources de chaleur à températures différentes.

Carnot, selon les théories en cours à son époque, pense la chaleur comme une sorte de fluide incorporel et indestructible qui circule entre les corps. Suivant une analogie hydraulique, il imagine la production de travail dans les machines thermiques, comme la chute de ce fluide, qu'il appelle le « calorique », de la source chaude à la source froide, en passant par le moteur. De même que le travail dans une machine hydraulique est produit par la chute d'un liquide d'une certaine hauteur, qui passe par un dispositif mécanique comme une roue, le travail est produit dans une machine thermique, selon le modèle de Carnot, par la chute du calorique. L'écart de température entre la source chaude et la source froide est l'équivalent de la différence de hauteur entre l'amont et l'aval dans la machine hydraulique, et la quantité de chaleur transmise l'équivalent du débit de l'eau.

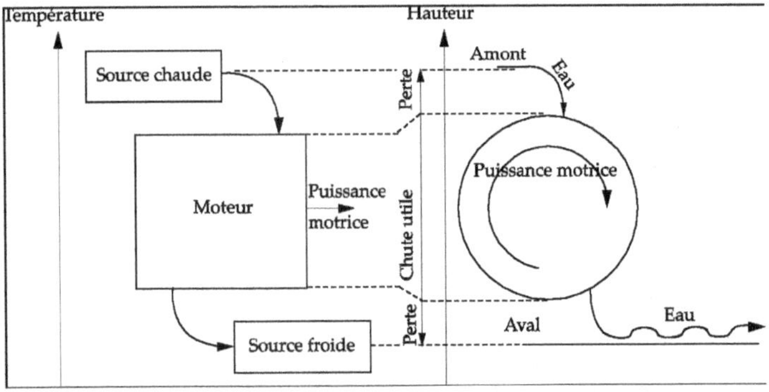

Fig. 24 – Analogie hydraulique du cycle de Carnot.

En suivant cette analogie hydraulique, fondée sur l'assimilation désormais considérée comme inexacte de la chaleur à un fluide indestructible, Carnot parvient à la conclusion correcte selon laquelle il faut éviter autant que possible que le passage de la quantité de chaleur de la source chaude à la source froide se fasse sans travail. En suivant cette règle, on peut imaginer un cycle idéal dans lequel les contacts thermiques sont systématiquement évités. Carnot parvient à démontrer qu'un tel cycle possède nécessairement trois propriétés remarquables. Premièrement, le cycle est réversible, autrement dit, il peut fonctionner dans les deux sens : le flux de chaleur peut se déplacer de la source chaude à la source froide en produisant un travail, mais aussi de la source froide à la source chaude dès lors que l'on fournit du travail pour pomper la chaleur de la source froide. Deuxièmement, il ne peut exister de cycle plus efficace pour produire du travail à partir de la chute du calorique. Carnot montre que s'il existait un cycle plus efficace, on pourrait alors construire une machine à mouvement perpétuel, ce qui par principe est absurde. Troisièmement, on peut démontrer que la quantité de travail fournie par un cycle de Carnot est finie.

Le travail de Carnot est resté largement ignoré jusqu'à sa « redécouverte » par les fondateurs de la thermodynamique, mais dans un contexte théorique différent. Dans les années 1850, les fondateurs de la thermodynamique se retrouvent confrontés au problème suivant : les expériences de Joule au début des années 1840 ont conforté l'idée que le travail et la chaleur sont fondamentalement équivalents. Cette équivalence entre la chaleur et le travail contredit l'hypothèse de base du modèle de Carnot selon lequel la chaleur est un fluide indestructible qui se conserve durant le cycle. Si la chaleur est l'équivalent du travail, alors de la chaleur est détruite pour être convertie en travail durant le cycle. Qu'est-ce qui peut donc être conservé du modèle de Carnot, dès lors que l'hypothèse fondamentale concernant la nature de la chaleur, celle qui justifie l'analogie hydraulique, n'est plus valide ?

L'équivalence entre la chaleur et le travail implique que ce ne soit plus la chaleur qui se conserve dans le cycle de Carnot, mais bien l'énergie interne du système qui est la somme de la quantité de chaleur et du travail. La conservation de l'énergie interne du système constitue le premier principe de la thermodynamique. Si ΔU est la variation de l'énergie interne, Q la quantité de chaleur et W le travail, alors :

$$\Delta U = Q + W$$

Comment aménager le travail de Carnot en prenant en compte la conservation de l'énergier principe de la thermodynamique ? La construction de la notion d'entropie résulte de cette relecture du cycle de Carnot en fonction du premier principe.

La notion d'entropie représente la formulation en langage mathématique du second principe de la thermodynamique, dont Clausius a besoin pour réinterpréter le cycle de Carnot. Dans la version de Clausius, le second principe affirme que la chaleur ne peut s'écouler spontanément d'un corps froid vers un corps chaud. Clausius donne à cette observation en apparence triviale – on n'a jamais vu un glaçon réchauffer une théière – le statut d'un principe fondamental dont l'entropie est l'expression mathématique. Le calcul de la variation de la quantité d'entropie permet donc de vérifier si le second principe est bien respecté par un système physique. Comment la notion d'entropie s'applique-t-elle à un cycle de Carnot ?

La variation de l'entropie (ΔS) représente la variation de la quantité de chaleur (δQ) en fonction de la température (T). On peut vérifier que pour le cas simple d'un échange de chaleur entre deux corps, assez faible pour maintenir les températures inchangées, ΔS prend une valeur positive. Ainsi, en admettant que le corps 1 cède une quantité de chaleur δQ à la température T_1 au corps 2 qui reçoit la même quantité de chaleur δQ à la température T_2, on obtient :

$$\frac{-\delta Q}{T_1} + \frac{\delta Q}{T_2}$$

qui prend une valeur positive dès lors que $T_1 > T_2$, c'est-à-dire que la chaleur va d'un corps chaud à un corps froid. Ainsi, l'entropie augmente lorsqu'une source chaude cède une certaine quantité de chaleur à une source froide. En revanche, si la variation d'entropie avait été négative, cela aurait signifié que

$T_2 > T_1$, autrement dit que la chaleur serait passée du corps froid au corps chaud, ce qui viole le second principe de la thermodynamique. Enfin si T_1 et T_2 sont égaux, ce qui est le cas pour un échange de chaleur entre corps à la même température, la variation de l'entropie vaut à ce moment-là zéro.

Or, dans un cycle de Carnot, on évite systématiquement les échanges de chaleur entre corps à températures différentes. On peut ainsi calculer la variation d'entropie d'un cycle de Carnot en additionnant les variations d'entropie des différents sous-systèmes qui interviennent dans le cycle. La variation d'entropie est égale à zéro dans un cycle de Carnot, dans la mesure où les échanges de chaleur se font sans écart de température.

Le calcul de la quantité d'entropie permet ainsi de lier mathématiquement deux propriétés du cycle de Carnot. Que la variation de l'entropie soit nulle pour un cycle de Carnot exprime le fait que les échanges de chaleur se produisent à température constante, comme le veut la règle qui a permis la construction du cycle, en même temps que le caractère réversible du cycle. Si l'on avait eu un échange à température inégale entre la source chaude et le moteur, comme pour n'importe quel moteur réel et non idéal, on aurait obtenu une variation positive de l'entropie, autrement dit, le cycle aurait été irréversible. La notion d'entropie reçoit ainsi deux interprétations en thermodynamique classique. Premièrement, elle exprime le principe selon lequel la chaleur ne peut s'écouler sans travail d'un corps froid vers un corps plus chaud. La variation d'entropie ne peut ainsi, pour un système isolé, qu'être nulle ou positive, sans quoi le second principe est violé. Deuxièmement, l'entropie lie le second principe au caractère réversible ou non d'une transformation thermique. La variation de l'entropie est nulle dans le cas d'une transformation réversible, l'entropie est positive pour une transformation irréversible.

Ce principe reçoit une interprétation cosmologique dès les travaux de Clausius. Le second principe de la thermodynamique a pour conséquence que l'entropie ne peut que croître ou bien demeurer constante, dans le cas d'une transformation réversible, pour un système isolé. Or, si on considère l'Univers tout entier, celui-ci constitue par définition un système isolé, dans la mesure où il englobe tous les systèmes existants. Le premier principe nous indique alors que l'énergie totale de l'Univers doit demeurer constante. Le second principe implique que l'entropie de l'Univers doit constamment augmenter en fonction de l'accumulation des transformations irréversibles dont il est le siège. Mais cette augmentation de l'entropie ne peut se poursuivre indéfiniment. En effet, pour qu'il y ait augmentation d'entropie, il faut un transfert irréversible entre une source chaude et une source froide ; autrement dit, une certaine hétérogénéité qui se marque par l'existence de sous-systèmes à températures différentes. Mais l'effet d'un transfert de chaleur du chaud vers le froid est de réduire l'hétérogénéité entre la source chaude et la source froide. Ainsi, les différences de températures s'égalisant, l'Univers tendrait nécessairement à devenir homogène jusqu'à ce qu'aucune transformation ne soit plus possible, l'entropie atteignant son maximum. Cette image de la mort thermique de l'Univers est couramment associée à la notion d'entropie. Elle participe à la signification générale, populaire, du concept et elle se retrouvera mobilisée à nouveau avec profit lorsqu'il s'agira de faire de l'information l'inverse de l'entropie.

La notion d'entropie reçoit une interprétation radicalement nouvelle dans le cadre de la mécanique statistique. Dans ses *Leçons sur la théorie des gaz*, Boltzmann donne l'interprétation canonique du second principe de la thermodynamique. Cette interprétation autorise, en se fondant sur l'hypothèse atomique, une véritable explication microscopique du phénomène macroscopique de la croissance de l'entropie. La théorie de Boltzmann nous permet d'aller, comme il l'affirme lui-même, « au fond des choses »[1].

Suivant le modèle atomique, Boltzmann imagine un gaz comme un ensemble gigantesque de petites boules microscopiques parfaitement lisses et élastiques, obéissant pour leurs mouvements et leurs collisions aux lois de Newton. L'état du gaz peut alors s'envisager de deux points de vue. Du point de vue macroscopique, nous ne connaissons que les grandeurs mesurables comme la température ou la pression tout en ignorant l'état singulier, position et vitesse, des molécules individuelles. Mais à un certain état macroscopique du gaz peut correspondre un très grand nombre d'états microscopiques définis selon le comportement des molécules individuelles. Des états microscopiques différents peuvent ainsi correspondre à des états macroscopiques équivalents. Or, connaissant la probabilité de ces états microscopiques, en fonction de la distribution de la vitesse et de la position des molécules dans le gaz, on peut évaluer la probabilité de l'état macroscopique qu'ils constituent. Boltzmann montre alors que l'entropie du gaz peut s'exprimer très simplement en fonction de la probabilité de l'état macroscopique.

L'entropie représente ainsi pour un état macroscopique que l'on connaît le nombre de micro-états ou « complexions », que l'on ne connaît pas dans le détail, qui peuvent réaliser cet état macroscopique. Si S est l'entropie, W la probabilité de l'état macroscopique ou le nombre de complexions susceptibles de le réaliser, alors :

$$S = K \ln W$$

où K est la constante de Boltzmann en joules par kelvin. L'entropie est ainsi le logarithme de la probabilité multiplié par la constante de Boltzmann.

1. Ludwig Boltzmann, *Leçons sur la théorie des gaz* (trad. fr. A. Galloti, Paris, Gabay, 1987 [1902], p. 58).

En quoi la formule de Boltzmann nous offre-t-elle une explication nouvelle, et définitive, de la croissance de l'entropie ? La formule S = K ln W permet de comprendre la croissance de l'entropie comme la croissance de la probabilité de l'état macroscopique du gaz. Spontanément, par définition, un gaz dans un état macroscopique donné évoluera vers des états macroscopiques de plus en plus probables. À l'inverse, il est improbable que le système évolue vers des états moins probables. Croissance de la probabilité de l'état macroscopique et croissance de l'entropie expriment ainsi chacune à sa manière l'irréversibilité statistique du processus d'évolution du gaz. « Le deuxième principe de la thermodynamique apparaît par conséquent comme un théorème de probabilités. »[1]

Mieux, l'état le plus probable d'un système est aussi l'état le moins ordonné ou le plus homogène. En effet, si nous imaginons une distribution des molécules en fonction de leurs positions, le nombre d'états où la distribution est homogène est nécessairement inférieur aux distributions inhomogènes. En prenant le cas hypersimplifié d'un gaz à deux molécules pouvant occuper quatre positions dans une grille. Il y a deux possibilités pour que les molécules se répartissent toutes à droite contre huit possibilités d'une répartition homogène avec une molécule à droite et une à gauche. L'état homogène est ainsi quatre fois plus probable. Plus le nombre de molécules et de positions augmente, plus le déséquilibre statistique en faveur de l'état homogène est grand, rendant les états inhomogènes pratiquement impossibles. On peut donc associer la croissance de la probabilité de l'état macroscopique exprimée par l'entropie avec l'évolution du système vers des états de plus en plus homogènes et de moins en moins ordonnés. Cette redéfinition probabiliste de l'entropie permet ainsi une interprétation remarquable du second principe, en montrant qu'un système isolé évolue de manière irréversible vers des états de plus en plus probables et de moins en moins ordonnés jusqu'à son état final le plus probable. L'entropie s'interprète alors comme une mesure du désordre moléculaire.

D'une analogie formelle à une analogie réelle

Comment peut-on maintenant comprendre la formule de Wiener selon laquelle « l'information est simplement l'inverse de l'entropie » ? Nous avons vu que l'entropie pouvait recevoir au moins cinq interprétations, de types différents, en thermodynamique et en mécanique statistique. Toutes ne sont évidemment pas compatibles avec la thèse de Wiener.

Premièrement, l'entropie permet de représenter mathématiquement le

1. Ludwig Boltzmann, *Leçons sur la théorie des gaz*, *op. cit.*, p. 58.

principe selon lequel la chaleur ne peut passer spontanément d'un corps froid à un corps chaud. Deuxièmement, l'entropie exprime le degré d'irréversibilité des processus de transformation de la chaleur en travail. Troisièmement, l'entropie peut s'interpréter au niveau cosmologique sous la forme de l'hypothèse d'une mort thermique de l'Univers. Quatrièmement, en mécanique statistique, l'entropie représente la croissance de la probabilité de l'état macroscopique et la forme d'irréversibilité statistique qui lui est associée. Enfin, cinquièmement, la croissance de la probabilité représentée par l'entropie peut s'interpréter comme l'évolution inéluctable du système vers des états de plus en plus désordonnés. L'analogie proposée par Wiener mobilise les deuxième (irréversibilité d'une transformation), troisième (mort thermique), quatrième (croissance de la probabilité) et cinquième (évolution vers un état désordonné) interprétations de l'entropie. Cette typologie doit nous permettre de « déplier » les différentes dimensions enchevêtrées du rapport entre information et entropie.

L'association entre entropie et information se gagne essentiellement sur la quatrième définition de l'entropie, comme croissance de la probabilité. Tout le discours sur l'information comme quantité physique inverse de l'entropie provient en effet d'une analogie formelle entre la fonction de Boltzmann pour le calcul de l'entropie et la fonction de Shannon pour le calcul de la quantité d'information. C'est à partir de cette analogie formelle que la cybernétique peut réinvestir les différentes dimensions du concept d'entropie.

Plus un message est probable, moins sa quantité d'information est élevée. Un message improbable est en revanche un message hautement informatif. Il s'agit là du postulat fondamental à partir duquel toutes les mesures de la quantité d'information sont construites. « Il est possible d'interpréter l'information transportée par un message comme étant essentiellement le logarithme négatif de sa probabilité. Autrement dit, plus un message est probable, moins il transmet d'information. »[1] L'usage des probabilités assure le lien entre information et entropie. Plus un système est dans un état probable, plus son entropie est élevée, moins son information est importante. L'information croît ainsi de manière inverse par rapport à l'entropie.

Le rapprochement est opéré de manière explicite par Shannon qui choisit, sur la suggestion de Von Neumann, de nommer entropie la fonction exprimant la quantité d'information. On peut ainsi lire dans la théorie mathématique de la communication que :

> « Des quantités de la forme $H = - \Sigma p_i \log p_i$ jouent un rôle central dans la théorie de l'information [...]. On reconnaîtra dans la forme de H celle de

1. Norbert Wiener, *The Human Use of Human Beings*, *op. cit.*, p. 21.

l'entropie définie dans certaines formulations de la mécanique statistique, où pi est la probabilité d'être dans la cellule i de son espace de phase. H est alors, par exemple, le H du fameux théorème de Boltzmann. Nous appellerons $H = - \Sigma p_i \log p_i$ l'entropie de l'ensemble des probabilités $p_i, \ldots, p_n$. »[1]

La dénomination « entropie » est ainsi justifiée par des raisons formelles. Cela n'a rien de surprenant, le logarithme d'une probabilité n'est pas une fonction très spécifique[2]. Dans les deux cas, on cherche à exprimer les différents états possibles d'un système. On évalue la largeur d'une distribution. Plus il y a d'états possibles, plus la quantité mesurée est élevée. Dans le cas de la fonction de Shannon ce sont les messages possibles, dans celui de la fonction de Boltzmann ce sont les complexions microscopiques possibles pour un état macroscopique donné. L'usage du logarithme s'explique de la même façon. Dans les deux cas, on attend de l'entropie comme de l'information une propriété d'additivité. L'information de plusieurs messages isolés s'additionne, de même que l'entropie de plusieurs systèmes physiques. Cette analogie formelle, qui sera interprétée de manière réaliste à partir de la situation de pensée du démon de Maxwell, permet à la cybernétique de déployer une interprétation physicaliste originale de l'information qui réinvestit plusieurs dimensions du concept d'entropie.

« L'entropie est une mesure du degré de désorganisation d'un système », écrivait Wiener. La citation de *Cybernetics* fait le lien entre la quatrième interprétation de l'entropie, comme croissance de la probabilité, et la cinquième, comme expression de l'ordre. La quantité d'information est ainsi interprétée comme une mesure du degré d'organisation d'un ensemble matériel. L'intérêt de cette définition est qu'elle ne fait, au moins en première lecture, absolument plus appel au rapport intuitif entre information et connaissance. L'information ne renvoie plus à un fait cognitif ou à une prise de connaissance dans un processus de communication, mais à une propriété matérielle des systèmes matériels. L'information est ici, au même titre que l'entropie, une grandeur physique qui nous sert d'indice quant à l'état d'un système. Cette définition retrouve ainsi derrière le concept d'information le concept classique de forme. L'information renvoie dans le vocabulaire de Wiener à la présence de *patterns*. « Les messages sont eux-mêmes une forme de schème (*pattern*) et d'organisation[3]. » La signification de l'information a basculé du côté de l'*in-formation*, de la mise en forme. Selon cette interprétation, un système dans lequel la quantité d'information

1. Claude Shannon et Warren Weaver, *The Mathematical Theory of Communication*, *op. cit.*, p. 51.
2. Elliott Montroll note que la fonction se trouve déjà dans *La doctrine des chances* de De Moivre en 1718. Eliott Montroll, « The entropy function in complex systems », in Fritz Machlup et Una Mansfield (dir.), *The Study of Information, Interdisciplinary Messages*, New York, John Wiley & Sons, 1983, p. 503.
3. Norbert Wiener, *The Human Use of Human Beings, op. cit.*, p. 21.

est élevée est un système ordonné, présentant des formes significatives par opposition à un désordre indifférencié.

De là, la cybernétique peut réinvestir les deuxième et troisième interprétations de l'entropie, qui reposent sur le phénomène de l'irréversibilité et l'hypothèse cosmologique de la mort thermique de l'Univers. Que l'entropie doive nécessairement croître pour un système isolé en fonction des transformations irréversibles que celui-ci subit entraîne pour l'information la conséquence inverse : l'information tend irrémédiablement à décroître au fur et à mesure que s'impose le désordre. Le second principe de la thermodynamique, la croissance de l'entropie, a ainsi son équivalent cybernétique, le principe de décroissance inéluctable de l'information. Aussi l'information n'a jamais pour Wiener le statut d'une substance qui se conserverait à travers ses transformations. L'information est de l'ordre d'un processus qui de lui-même s'épuise. Cette diminution irréversible de la quantité d'information se trouve tantôt rapportée chez Wiener à l'action du bruit, qui vient peu à peu éroder la signification des messages, tantôt à l'effet du temps lui-même diminuant inexorablement la quantité d'information disponible. Le meilleur des poèmes finit toujours par devenir un cliché, plaisante Wiener, dans un chapitre de *Cybernétique et Société*[1].

Les notions d'information et de communication sont donc fondamentalement inscrites dans un univers irréversible. Telle est la leçon du premier chapitre philosophique et cosmologique de *Cybernetics* qui situe la science des messages du côté du temps orienté de Bergson plutôt que de l'univers réversible de Newton. Sans irréversibilité et sans un temps orienté, il n'y aurait pas de communication, argumente Wiener en une expérience de pensée troublante qui imagine un démon solitaire.

> « C'est une expérience de pensée très intéressante que d'imaginer un être dont le temps s'écoulerait en sens inverse du nôtre. Pour un tel être, toute communication avec nous serait impossible. Chacun des signaux qu'il pourrait nous envoyer nous parviendrait avec un flux de conséquences que nous prendrions pour des prémisses. [...] S'il traçait un carré, nous verrions les résidus de la figure comme son commencement, et le carré nous semblerait une cristallisation curieuse – mais parfaitement explicable – à partir de ces résidus. Sa signification nous semblerait aussi fortuite que les visages de pierre que nous lisons sur les montagnes ou les falaises. [...] *Dans n'importe quel monde au sein duquel nous pouvons communiquer, le temps prend une direction uniforme.* »[2]

L'analogie entre information et entropie aide donc à se représenter l'univers de la communication comme un univers fondamentalement irréver-

1. Norbert Wiener, *The Human Use of Human Beings, op. cit.*, p. 119.
2. Norbert Wiener, *Cybernetics, op. cit.*, pp. 34-35.

sible et orienté. L'image de la mort thermique y trouve naturellement sa place. La diminution irréversible de l'information, sur fond de croissance inexorable de l'entropie, donne lieu à une réinterprétation sur le mode tragique de la mort de l'univers. Nous sommes en quelque sorte condamnés à faire effort pour maintenir ou créer, en vain, de l'information dans un univers où l'information tendanciellement s'épuise au profit du désordre et de l'homogénéité. Wiener reprend ici, comme tant d'autres, les postulats énoncés par Schrödinger, dans le fameux *What is Life ?* de 1944 : au second principe s'oppose l'activité de vivants qui se « nourrissent d'entropie négative »[1]. Chez Schrödinger, il s'agit de résoudre cette énigme de la vie capable de résister à la mort et à l'indifférenciation. Chez Wiener, non seulement les organismes mais aussi les machines apparaissent comme des dispositifs destinés à lutter temporairement contre l'accroissement de l'entropie, à introduire de l'ordre, des formes et de la différence dans un monde qui sombre dans le chaos. La thèse épistémologique acquiert rapidement une résonance éthique sous la plume de Wiener.

> « Nous sommes immergés dans une vie pour laquelle le monde comme un tout obéit à la seconde loi de la thermodynamique : la confusion augmente et l'ordre décroît. Cependant, comme nous l'avons vu, la seconde loi de la thermodynamique, bien qu'elle puisse constituer une proposition valide pour la totalité d'un système clos, n'est manifestement pas valable pour une partie non isolée d'un tel système. Il existe des îlots locaux et temporaires d'entropie décroissante dans un monde dans lequel l'entropie comme un tout tend à croître, et l'existence de ces îlots permet à certains d'entre nous de croire en l'existence d'un progrès. »[2]

L'organisation comme message

Cette représentation originale de l'information, comme apparition de formes transitoires opposées à la croissance de l'entropie, se retrouve présentée sous la forme d'une fable philosophique dans un des plus beaux chapitres de *The Human Use of Human Beings*, « Organization as the message ». Il s'agit probablement d'un des chapitres les plus représentatifs de la cosmologie cybernétique de l'information. Wiener y construit une expérience de pensée à mi-chemin entre la cybernétique et la science-fiction. Si l'information est l'opposé de l'entropie, alors on peut concevoir les organismes vivants comme des messages, des formes provisoires qui résistent au chaos et à la désintégration, comme les messages résistent au bruit. On pourrait ainsi décrire un organisme non plus cellule par cellule, mais « bit par bit » pour en répertorier les schémas d'organisation. Plus un organisme

1. Erwin Schrödinger, *What is Life ?*, Cambridge, Cambridge University Press, 1944, (trad. fr. L. Keffler, Paris, Christian Bourgois, 1986), p. 172.
2. Norbert Wiener, *The Human Use of Human Beings, op. cit.*, p. 36.

est évolué, plus il se caractérise par des formes complexes et improbables, et par un haut niveau d'information. « Une forme (*pattern*) devient plus significative et moins probable au fur et à mesure que l'organisme devient pour ainsi dire plus pleinement organisme. »[1]

L'organisme se conçoit ainsi comme une forme ou un ensemble de formes qui parviennent provisoirement à se maintenir face à la mort. L'identité individuelle équivaut dès lors à l'information complète, suffisante pour décrire un individu singulier. L'information est forme, non plus au sens d'une forme générique aristotélicienne, mais au sens d'une forme individuelle, l'expression d'une singularité. De là, une relecture de la question philosophique de l'identité individuelle qui peut convoquer tout à la fois l'immortalité de l'âme, la philosophie leibnizienne des monades ou les expériences de personnalités multiples !

> « C'est la forme (*pattern*) maintenue par homéostasie qui est la pierre de touche de notre identité personnelle. Nos tissus changent lorsque nous vivons : la nourriture que nous mangeons et l'air que nous respirons deviennent la chair de notre chair, les os de nos os [...] Nous ne sommes que des tourbillons dans une rivière éternelle. Nous ne sommes pas des choses qui subsistent, mais des formes (*patterns*) qui se perpétuent elles-mêmes. [...] L'identité du corps est celle d'une flamme plus que d'une pierre, d'une forme plus que d'un morceau (*bit*) de substance. »[1]

Si on admet cette représentation de l'identité individuelle, conséquence du discours cosmologique sur l'information, alors, l'organisme se réduisant à un ensemble de formes maintenues par homéostasie, la forme se réduisant à un message, on peut imaginer extraire cette forme de l'organisme, la transmettre et la reconstituer par ailleurs. Wiener suggère sur le mode de la science-fiction un dispositif de téléportation qui consisterait à scanner l'ensemble de l'information d'un individu, la transmettre à l'autre bout de la ligne et à l'utiliser pour recombiner l'individu entier. Wiener invente « le voyage par télégraphe ».

Katherine Hayles a interprété cette expérience de pensée comme une anticipation cybernétique des fantaisies de Minsky ou Moravec qui imaginent télécharger une conscience. Le voyage télégraphique de Wiener serait le paradigme imaginaire de la désincarnation de l'information dénoncée par Hayles. Mais si on regarde dans le détail du texte de Wiener, les différences avec les expériences de pensée de Minsky ou Moravec sont patentes. Le problème de Wiener est de transmettre la forme de l'organisme entier, non de conserver sur disquette la conscience assimilée à un programme. L'information comme forme représente chez Wiener l'expression de l'individualité d'un organisme singulier. Il s'agit moins de désincarner l'informa-

1. Norbert Wiener, *The Human Use of Human Beings, op. cit.*, p. 95.
2. *Ibid.*, pp. 96-102.

tion que d'exprimer par l'information complète la singularité d'un corps organisé. L'information de Wiener n'est pas un programme que l'on pourrait faire fonctionner sur une machine universelle quelconque au nom du principe d'implémentation multiple, l'information représente l'état singulier d'un corps singulier. La fable philosophique de Wiener est typique de la conception que les cybernéticiens se sont faite de l'information comme expression du degré d'organisation d'un système physique ou d'un organisme. Ce que Hayles lit comme tentation de la dématérialisation participe de ce discours cybernétique original sur le statut physique de l'information. Que l'identité ne soit pas du côté de la matière, mais de l'information, comme l'écrit Wiener, n'implique pas un renoncement au matérialisme au profit du monde éthéré des symboles. Toute la manœuvre consiste, au contraire, à placer la question de l'identité sous législation de la science physique. Ce chapitre exemplifie la thèse selon laquelle l'information doit être conçue comme l'expression de l'identité, de la singularité d'un agencement matériel.

L'informatif et l'informé

En dépit de l'enthousiasme qu'a pu soulever cette représentation originale de l'information, subsistent un certain nombre de problèmes. Warren Weaver s'est sans doute enflammé un peu vite, lorsqu'il s'écrie dans sa préface à *La Théorie mathématique de la communication* que « celui qui rencontre le concept d'entropie dans la théorie de la communication a de bonnes raisons de s'exciter – les bonnes raisons de celui qui a réussi à saisir quelque chose de fondamental et d'important »[1]. En effet, l'analogie formelle entre information et entropie ne nous garantit en rien que l'on parle bien de la même chose ou de la même quantité. Une analogie formelle entre les deux entropies ne suffit pas à fonder une analogie réelle.

La cybernétique doit surmonter deux difficultés, d'une part la question du signe, pour faire de l'information une quantité réellement opposée à l'entropie, d'autre part la question cruciale des unités. L'entropie thermodynamique est en effet une affaire de quantité de chaleur et de température, ce qui n'a a priori rien à voir avec le nombre de digits binaires requis pour encoder un message exprimé par la fonction de Shannon. Rien ne garantit donc a priori que les deux quantités possèdent un quelconque lien réel.

Tout le discours cosmologique de la cybernétique se joue à l'articulation de la définition de l'entropie comme croissance de la probabilité et comme

1. Claude Shannon et Warren Weaver, *The Mathematical Theory of Communication*, *op. cit.*, p. 13.

accroissement du désordre. C'est ici que l'information quitte la théorie de Shannon pour recevoir sa signification physique comme mesure du degré d'organisation d'un ensemble matériel. Cette assimilation entre information et entropie, fondée sur le passage de la quatrième interprétation de l'entropie (croissance de la probabilité) à la cinquième (mesure du désordre), dissimule cependant mal toute une série de problèmes.

L'analogie fondamentale postulée entre information et entropie en termes de probabilités, celle qui fait désigner à Shannon la quantité d'information d'un message comme son entropie, repose sur une représentation cognitive du transfert de l'information. Pour qu'on puisse dire d'un message qu'il est informatif, il faut que son contenu soit relativement improbable du point de vue de son destinataire. Un message dont le contenu serait déjà connu à l'avance (probabilité maximale) ne lui apprendrait en effet rien. L'assimilation entre probabilité et information repose ainsi sur une analogie cognitive, improbable signifiant ici surprenant, intéressant du point de vue du destinataire. On a donc ici une relation entre le caractère improbable du message et son caractère *informatif*.

Si l'on abandonne la théorie de la communication et si l'on se place maintenant du côté d'un système physique, nous avons une relation à trois termes, qui lie la probabilité et l'information au caractère ordonné ou désordonné de l'agencement matériel. Plus c'est improbable, plus c'est informé et plus c'est ordonné. Mais si nous transposons cette relation entre probabilité, information et ordre, qui paraît satisfaisante dans le cas d'un système physique, au cas précédent de la communication d'information, nous rencontrons une difficulté. Si un message hautement improbable demeure un message hautement informatif, il n'est en revanche pas du tout évident que ce message doive être hautement ordonné. Du point de vue de la théorie de la communication, un message bien organisé ne contient pas nécessairement plus d'information qu'un message moins organisé. Au contraire, on peut imaginer qu'un message organisé comportera des redondances qui permettront de diminuer la quantité d'information à transmettre sur le canal par rapport à une distribution purement arbitraire et désordonnée des probabilités. La relation improbable-*informé*-ordonné dans un système physique n'est, semble-t-il, pas de même nature que la relation improbable-*informatif* dans un rapport de communication. La description de l'état d'un système bien *in-formé* requiert sans doute moins d'information du point de vue de la théorie des télécommunications que la description d'un système totalement désordonné. « Toutes les molécules sont à gauche » exige moins d'information que la description d'une distribution aléatoire et homogène.

En bref, du côté de la physique, un état improbable implique une entropie faible, un ordre important et en ce sens un système bien informé. Du côté de la théorie des télécommunications, un message improbable implique, certes, une quantité d'information importante, mais aussi un message désordonné ou dont la structure statistique est suffisamment complexe pour ne pas se laisser encoder en quelques bits. La notion d'ordre sert d'interface entre l'entropie physique et l'entropie informationnelle en cybernétique. Mais la notion d'ordre, impliquée dans l'étude d'un système thermodynamique, ne semble pas de même nature, au moins intuitivement, que la notion d'ordre appliquée à la description de la structure statistique d'une source de messages.

Ce passage délicat d'une interprétation de l'information en termes de probabilités, sur le fond d'une analogie cognitive, à une interprétation en termes de désordre physique pointe vers un problème épistémologique fondamental. Il y a en effet manifestement un écart entre la dimension cognitive du transfert de l'information, même si la question de la signification en est par principe exclue, et la question physique de l'ordre et du désordre. Il n'est pas sûr que l'informatif et l'informé puissent se confondre sans un tour de passe-passe conceptuel. Sans doute cette difficulté est-elle l'autre face du problème classique d'interprétation des probabilités, entre probabilités subjectives (expression d'un degré de connaissance) et probabilités objectives (étude des distributions statistiques). Cette question apparaît centrale dans l'interprétation de la situation de pensée du démon de Maxwell qui a servi à « démontrer » l'identité entre information et entropie. La discussion du modèle de Brillouin fournit sur cette question un terrain d'études exemplaire.

Avant même d'aborder la façon dont la cybernétique a cru pouvoir justifier physiquement l'analogie formelle entre information et entropie en se fondant sur l'expérience de pensée du démon de Maxwell, il semble donc qu'il y ait là une série de difficultés qui n'a pas toujours été perçue. Les analyses de Gilbert Simondon, en contemporain de la cybernétique, sur les antinomies de la notion d'information en apparaissent d'autant plus précieuses. En prenant pour point de départ une étude des enjeux techniques du transfert de l'information, Simondon met au jour les tensions que recèle la conception cybernétique, entre information, forme, ordre et probabilité. On attend d'un côté du canal d'information ou d'un amplificateur très fidèle une disponibilité absolue par rapport à toutes les modulations du signal qu'il achemine. L'information s'apparente alors aux phénomènes contingents, sans loi. Mais d'un autre côté, on attend aussi que l'information puisse se distinguer du bruit et du pur hasard. L'information s'apparente alors à un ordre ou à une forme.

Le concept d'information est donc pris entre deux exigences opposées : d'un côté un message hautement improbable est un message hautement informatif, selon l'axiomatique de la théorie des télécommunications, mais, de l'autre côté, on attend aussi de l'information qu'elle se distingue du bruit et du pur aléatoire. Un message bruité peut ainsi être considéré comme porteur de plus d'information, en fonction des modifications aléatoires introduites par le bruit, ou de moins d'information, car son contenu est, au moins partiellement, corrompu. Tout dépend en réalité du point de vue auquel on se place par rapport au système technique, comme le suggère Simondon. Si on adopte le point de vue du canal de communication, comme en théorie des télécommunications, le bruit intervient après coup, dégradant la quantité d'information du message engendré par le processus de sélection que l'on cherche à protéger au moyen d'un codage efficient. Mais si on adopte le point de vue du message individuel, alors le message bruité peut en un sens porter plus d'information que le message non bruité. Or, en théorie des télécommunications, la question de la quantité d'information d'un message individuel ne se pose, par définition, pas, car on ne dispose pas de l'ensemble des probabilités de sélection. En revanche, l'assimilation de l'information à un concept physique conduit à se poser la question de la quantité d'information/entropie pour un système individuel ou un système isolé. Le passage de la théorie des télécommunications à la théorie physique ne peut reposer sur la simple analogie formelle entre les définitions de Shannon et de Boltzmann. Il faut montrer que la notion construite en théorie des télécommunications peut être interprétée de façon à permettre le calcul de quantités d'information individuelles, conformément aux lignes de force de la cosmologie cybernétique. C'est précisément à cela que sert la situation de pensée du démon de Maxwell. C'est précisément vers cela que tend la théorie des automates de Von Neumann lorsqu'elle construit une définition pré-algorithmique de l'information, identifiant la quantité d'information d'un automate à l'ensemble des instructions nécessaires pour le produire.

Simondon a choisi d'interpréter philosophiquement cette antinomie au sein du concept d'information en considérant l'information comme un terme intermédiaire entre la forme et le hasard, entre l'ordre et le désordre.

> « L'information n'est pas de la forme, ni un ensemble de formes, elle est la variabilité des formes, l'apport d'une variation par rapport à une forme. Elle est l'imprévisibilité d'une variation de forme et non la pure imprévisibilité de toute variation. Nous serions donc amenés à distinguer trois termes : le hasard pur, la forme et l'information. »[1]

Cette conception débouche dans *l'individu et sa genèse physico-biologique* sur une interprétation physique originale de l'information comme l'opérateur par lequel se résout un système métastable. Ce travail a l'intérêt de distinguer, contrairement à Wiener, l'information de la forme, ce qui a pour effet de désamorcer dans une large mesure les antinomies résultant de

1. Gilbert Simondon, *Du mode d'existence des objets techniques*, Paris, Aubier, 1989 [1958], p. 137.

l'analogie entre information et entropie via les notions d'ordre et de désordre. Il suggère une autre représentation physique du rôle de l'information, qui est demeurée en friche sur les terres de la philosophie.

L'interprétation physicaliste de l'information s'est développée en suivant d'autres voies, selon les lignes du rapport entre information et entropie, en réinvestissant pour le meilleur et pour le pire la vieille figure du démon de Maxwell. Pour comprendre comment l'analogie formelle suggérée par Shannon a pu être interprétée comme une relation réelle, il faut en effet faire un détour par une autre tradition théorique. La doctrine cybernétique de l'information comme quantité physique opposée à l'entropie ne peut fonctionner qu'en mettant en relation deux traditions qui jusqu'ici s'ignoraient : la tradition de l'ingénierie des télécommunications et celle de ce qu'on appelle en physique le démon de Maxwell.

On sait que l'appellation « entropie » pour la quantité d'information est suggérée à Shannon par John Von Neumann qui connaissait les travaux publiés par Léo Szilard à la fin des années 1920 et les avait discutés dans les *Fondations mathématiques de la mécanique quantiques* parues en 1932. En 1929, à la même période que les travaux de Nyquist et Hartley, mais apparemment sans en avoir connaissance, Szilard publie un article qui s'intitule « de la diminution de l'entropie dans un système thermodynamique par l'intervention d'êtres intelligents », article qui revient sur le problème du démon de Maxwell et prétend lui apporter une solution en montrant que l'information que le démon doit utiliser pour réduire l'entropie du système a en réalité un coût. Le physicien Szilard propose donc dans le cadre d'une réflexion sur l'expérience de pensée du démon de Maxwell une définition de l'information qui est tout à fait analogue à celle qu'on trouve en théorie des télécommunications et qui repose sur le principe d'un choix binaire.

C'est d'abord en réinvestissant cette tradition jusqu'ici autonome du démon de Maxwell que la cybernétique a pu prétendre donner corps à l'analogie entre information et entropie et au discours cosmologique qu'elle autorise. Les différentes strates de l'analogie entre information et entropie qui ponctuent l'univers informationnel des cybernéticiens ne seraient rien sans l'analogie fondamentale entre l'entropie comme expression de la probabilité d'un état macroscopique et l'information définie à la manière de Shannon, analogie formelle dont la signification réelle se joue à travers l'expérience de pensée du démon de Maxwell.

La question du statut physique de l'information est une question difficile, sans doute parfois mal posée, mais que l'on ne peut évacuer. Il demeure au crédit des cybernéticiens d'avoir affronté la question plutôt que de se contenter d'une approche désincarnée et purement symbolique de l'information. L'analogie entre information et entropie n'est sans doute qu'une des voies parmi l'ensemble des représentations physiques possibles de l'information. Elle n'en constitue pas moins une tradition riche, qui a été souvent féconde, elle-même tiraillée entre des antinomies, des contradictions, et des représentations opposées de l'information. L'analogie entre information et entropie a été la voie royale, et sans doute malheureuse, pour penser le statut physique de l'information, elle n'en comporte pas moins son lot de directions multiples et de chemins divergents.

3
LE DÉMON DE L'INFORMATION

La représentation physicaliste de l'information adoptée par les cybernéticiens repose sur l'analogie formelle entre information et entropie, interprétée de manière réaliste grâce à l'expérience de pensée du « démon de Maxwell ». La cybernétique a ainsi réinvesti une longue tradition issue de la thermodynamique classique. L'expérience de pensée de Maxwell, contemporaine de la constitution de la thermodynamique au XIXe siècle, a en effet connu un grand succès et possède une histoire riche et mouvementée, dont seules les dernières phases sont liées à la notion d'information.

On considère généralement que l'histoire du démon de Maxwell se compose de trois périodes majeures. La première période, la moins agitée, couvre approximativement les soixante premières années depuis la naissance du démon. Le démon est alors une des pièces du problème épistémologique posé par la constitution de la mécanique statistique. Il faut attendre 1929 pour que le démon connaisse une seconde jeunesse avec la publication de l'article de Leo Szilard qui passe pour avoir associé, pour la première fois, entropie et information. Ce n'est, cependant, qu'une vingtaine d'années plus tard, avec la cybernétique, que ce thème connaît son plein développement, chez des auteurs comme Léon Brillouin ou Dennis Gabor qui reprennent au vol les suggestions de Wiener. Brillouin ou Gabor prétendent répondre au défi posé par le démon en montrant que ses observations, effectuées au moyen de signaux lumineux, possèdent nécessairement un coût qui équilibre le bilan entropique. Durant toute cette période le démon connaît son heure de gloire, suscitant une multitude d'articles, de débats, d'interventions et de réfutations en tous sens. Enfin, la troisième et, à ce jour dernière, période de l'histoire du démon débute en 1961 avec la contribution de Ralf Landauer en informatique théorique. Ce dernier démontre que ce n'est pas l'acquisition d'information qui a un coût entropique, contrairement à ce qui était postulé dans les modèles à la Brillouin, mais bien plutôt la remise à zéro ou l'effacement des mémoires. Le développement de cette ligne d'argument par Charles Bennett au cours des années 1970 conduit à rejeter la solution de Brillouin qui avait pourtant connu un immense succès au cours des décennies précédentes.

Quelle que soit la solution retenue, à la manière de Brillouin ou de Bennett, l'expérience de pensée du démon de Maxwell a joué un rôle dans la formation et la diffusion du concept d'information. L'histoire du démon montre cependant que les usages de l'expérience de Maxwell sont loin d'être totalement homogènes. Au sein d'une même « solution » à la question posée par le démon, il est possible de viser des représentations de l'information et des objectifs théoriques qui ne sont pas toujours congruents. Aussi l'histoire du démon de Maxwell mérite-t-elle d'être examinée dans son détail.

La créature de Maxwell

Les premières apparitions du démon de Maxwell remontent à la seconde moitié des années 1860, période au cours de laquelle la jeune science thermodynamique acquiert stabilité et maturité. En 1864 Clausius rassemble ses principaux articles sous la forme d'un livre. Surtout, en 1868 Peter Guthrie Tait publie son *Sketch of Thermodynamics* qui tient lieu de manuel à destination des étudiants, en présentant à la fois l'histoire de la discipline et ses concepts de base. C'est à l'occasion de la publication du livre de Tait que le démon pointe le bout de son nez. Tait avait demandé à son vieil ami Maxwell de relire son manuscrit et de lui adresser ses critiques. Avant même de recevoir le manuscrit, dans la lettre de décembre 1867, au cours de laquelle il accepte la proposition de Tait, Maxwell suggère une expérience de pensée pour pointer les défauts dans la seconde loi de la thermodynamique.

Il suggère un dispositif qui aurait pour effet de violer le second principe en faisant passer sans travail de la chaleur d'un corps froid à un corps chaud. Maxwell imagine un gaz remplissant un récipient divisé en deux parties. Dans la partie A le gaz est à température plus élevée que dans la partie B. Si on se place du point de vue des molécules, l'énergie cinétique moyenne du gaz dans la partie A est plus élevée, corrélativement à la température, que dans la partie B. Cependant, comme Maxwell l'avait déjà montré, en complétant les premiers travaux de Clausius, l'énergie cinétique moyenne associée à la température est compatible avec une large distribution des vitesses pour chaque molécule individuelle. Il est alors possible d'imaginer un petit être qui sans fournir de travail pourrait se contenter de trier les molécules en fonction de leur vitesse de façon à ce que l'énergie moyenne soit augmentée en A et diminuée en B. La chaleur passerait ainsi, sans travail, du corps froid au corps chaud.

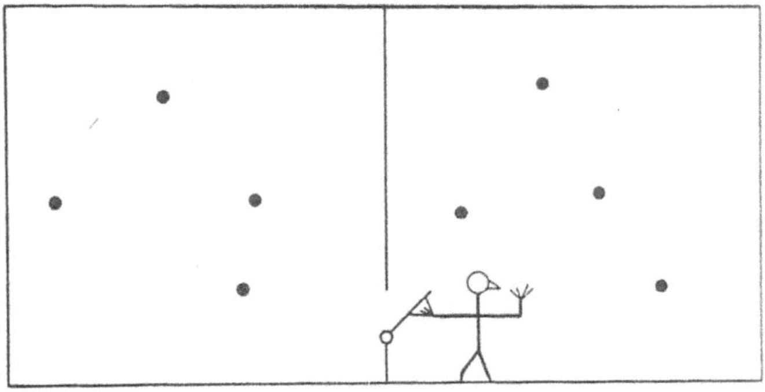

Fig. 25 – Le démon de Maxwell opérant le tri entre les molécules en fonction de leur vitesse. Reproduit d'après John Pierce, *Symbols, Signals and Noise, The Nature and Process of Communication*, New York, Harper & Brothers, p. 199.

Maxwell reprend l'idée dans sa *Théorie de la chaleur* qui paraît en 1871 et dans laquelle le démon fait sa première apparition publique sous la forme d'un « être aux facultés si développées qu'il peut suivre chaque molécule dans sa course, ce qui est impossible pour nous ». Comme dans la lettre à Tait, cette faculté de percevoir individuellement le trajet des molécules permet de trier entre les molécules lentes et les molécules rapides de façon à augmenter la température du corps chaud tout en diminuant celle du corps froid. Le petit être de Maxwell devient expressément démon quelques années plus tard lorsque William Thomson adapte l'expérience de Maxwell en enrôlant une armée de petits démons munis de battes de cricket microscopiques pour trier les molécules et empêcher la dégradation de l'énergie[1].

Du petit être solitaire aux doigts agiles à l'armée de démons férus de cricket, les représentations varient. Le démon conserve pourtant deux qualités essentielles. Premièrement, il ne s'agit pas, contrairement à ce que son nom pourrait laisser penser, d'un être aux pouvoirs surnaturels. Le démon se caractérise par sa faculté à suivre les trajets des molécules individuelles, il est juste plus habile et plus malin que nous, mais pas d'une autre nature. Thomson insiste sur ce point lorsqu'il « invente » le démon :

> « Le " démon " de Clerk Maxwell est une créature issue de l'imagination, qui possède des pouvoirs parfaitement définis et de nature purement mécanique, qui a été inventée pour nous aider à comprendre la " Dissipation de

1. William Thomson, « Kinetic theory of the dissipation of energy », *Nature*, IX, 1874, pp. 441-444, in Harvey Leff et Andrew Rex (dir.), *Maxwell's Demon, Entropy, Information, Computing*, *op. cit.*, p. 35.

l'Énergie " dans la nature. C'est un être sans qualités surnaturelles et qui ne diffère des animaux vivants que par sa petitesse et son agilité extrêmes. »[1]

Dans une lettre non datée à Tait, Maxwell confirme :

« Quelle était la nature des démons ? Ce sont des êtres très petits, MAIS vivants, incapables de produire le moindre travail, mais capables d'ouvrir et de fermer des valves fonctionnant sans friction ou inertie. »[2]

Deuxièmement, le démon peut même être réduit à un dispositif mécanique et n'a donc pas besoin d'exhiber une quelconque forme d'intelligence. Le point est établi par Maxwell lui-même dans la même lettre à Tait :

« La production d'une inégalité de température est-elle leur seule occupation ? Non, car des démons moins intelligents peuvent produire une différence de pression comme une différence de température en autorisant le passage de toutes les molécules qui se dirigent dans une même direction et en bloquant les autres. Cela réduit le démon à une valve. Considérez le comme tel. Ne l'appelez plus un démon mais une valve comme celle d'un ram hydraulique, par exemple. »[3]

Débats autour de la mécanique statistique

Pourquoi Maxwell a-t-il inventé cette expérience de pensée ? Contrairement à l'interprétation répandue par la suite, Maxwell, pas plus que Thomson ou ceux qui font usage du démon lors de cette première période, ne considère le démon comme un défi posé à la seconde loi de la thermodynamique. Le démon n'est pas un « puzzle » à résoudre. Au contraire, la fonction du démon consiste, selon les mots de Maxwell, à montrer que « la seconde loi ne possède qu'une certitude statistique »[4]. L'expérience de pensée du démon est donc liée au statut particulier du second principe de la thermodynamique. Dans une lettre à Lord Rayleigh de 1870, Maxwell en propose une image frappante : « La seconde loi de la thermodynamique a le même degré de vérité que la proposition qui affirme : si vous jetez un seau plein d'eau à la mer, vous ne pourrez pas récupérer cette même eau. »[5]

1. William Thomson, « The sorting demon of Maxwell », *Royal Society Proceedings*, 9, 1879, pp. 113-114, cité par Harvey Leff et Andrew Rex (dir.), *Maxwell's Demon, Entropy, Information, Computing*, *op. cit.*, p. 5.
2. James Clerk Maxwell, lettre à Peter Guthrie Tait, cité par Harvey Leff et Andrew Rex (dir.), *Maxwell's Demon, Entropy, Information, Computing*, *op. cit.*, p. 5.
3. *Ibid.*, p. 5.
4. James Clerk Maxwell, lettre à Peter Guthrie Tait, cité par Harvey Leff et Andrew Rex (dir.), *Maxwell's Demon, Entropy, Information, Computing*, *op. cit.*, p. 5.
5. James Clerk Maxwell, lettre à J. W. Strutt, 6 décembre 1870, cité par Martin Klein, « Maxwell, his demon and the second law of thermodynamics », *American Science*, 58, 1970, pp. 189-211, in Harvey Leff et Andrew Rex (dir.), *Maxwell's Demon, Entropy, Information, Computing*, *op. cit.*, p. 77

Autrement dit, le principe selon laquelle la chaleur ne peut passer spontanément d'un corps froid à un corps chaud n'a de validité que statistique. Il est en pratique tout à fait improbable qu'une évolution contraire au second principe se produise, mais cela n'a a priori rien d'impossible selon les lois de la dynamique. C'est cette possibilité que la situation du démon permet de représenter. Si nous imaginons un être capable d'accéder aux mouvements des molécules, non plus seulement en masse et en moyenne comme nous pouvons le faire, mais individuellement, alors nous pouvons violer la seconde loi. Si nous avions les capacités du démon, nous ne serions pas soumis à la loi de la dégradation de l'énergie et nous pourrions trier entre les molécules individuelles. Mais pour nous qui n'avons pas ces capacités, la loi possède une certitude statistique.

L'apparition du démon à la fin des années 1860 correspond à une prise de position par Maxwell dans le débat épistémologique brûlant autour du statut de la seconde loi de la thermodynamique et de la possibilité de résoudre la loi phénoménologique de la croissance de l'entropie en une loi de la dynamique. Maxwell invente son démon au moment où une querelle de priorité oppose Clausius et le jeune Boltzmann à propos de l'interprétation dynamique du second principe. Or, pour Maxwell, une interprétation en termes de dynamique du second principe est tout simplement illusoire. Le démon dispose, ce qui est la condition d'une interprétation dynamique du second principe, d'un accès intégral aux mouvements individuels des molécules au sein du gaz. Mais ce faisant, il rend caduc le second principe. Si nous avions accès aux trajets individuels des molécules, alors nous pourrions avoir une interprétation dynamique d'un second principe... qui n'aurait plus lieu d'être. Une interprétation dynamique du second principe, qui repose sur le calcul des trajectoires individuelles, représente une contradiction dans les termes. Seule une interprétation statistique est conforme au statut particulier de la seconde loi et répond à notre propre situation épistémologique vis-à-vis de phénomènes qui engagent d'immenses quantités de matière. La présentation du démon dans *la théorie de la chaleur* ne dit rien d'autre et s'achève sur le constat de l'impossibilité d'une présentation intégralement dynamique de la thermodynamique.

> « En s'occupant de larges masses de matière, alors que nous ne pouvons percevoir les molécules individuelles, nous sommes obligés d'adopter ce que j'ai décrit comme la méthode statistique de calcul et d'abandonner la méthode purement dynamique dans laquelle nous suivons chaque mouvement par le calcul. »[1]

C'est là le dernier mot du démon pour Maxwell comme pour ses contemporains. Aussi convaincantes qu'elles puissent sembler, les interprétations

1. James Clerk Maxwell, *Theory of Heat*, Londres, Longmans, Green, and Co., 1871, cité par Harvey Leff et Andrew Rex (dir.), *Maxwell's Demon, Entropy, Information, Computing*, *op. cit.*, p. 4.

dynamiques du second principe seront toujours une illusion. Le vieux démon de Maxwell garde la porte qui sépare la thermodynamique classique de la mécanique statistique.

Pour résumer, le démon de Maxwell présente, lors de la première période de son histoire, les trois caractères suivants. Premièrement, il n'est pas conçu sous la forme d'une énigme à résoudre. Le démon n'a pas besoin d'être exorcisé. Sa fonction est de révéler la dimension essentiellement statistique du second principe et de disqualifier les interprétations dynamiques. Deuxièmement, le démon opère en conséquence sur de larges masses de molécules. Troisièmement, le problème de l'intelligence du démon n'est pas thématisé en tant que tel. Le démon peut être identifié à un dispositif mécanique. La question de la prise d'information est totalement absente.

Il suffit d'inverser ces trois propositions pour voir émerger le démon de la seconde période, avec l'article de Szilard en 1929 et les contributions de Brillouin dans les années 1950, dans le sillage de la cybernétique et de la théorie de l'information. Le démon devient un défi à la seconde loi de la thermodynamique qu'il convient d'exorciser ; exorcisme qui est réalisé en intégrant dans le calcul de la variation totale d'entropie la prise d'information effectuée par le démon. De plus, les expériences de pensée privilégient les cas fictifs de gaz à une ou deux molécules, ce qui suffit à éliminer le problème de la nature statistique de la seconde loi pour lequel le démon a d'abord été inventé. Enfin, le démon de Szilard est intelligent, il opère sur un gaz à une molécule et il est exorcisé en prenant en compte le coût entropique de son processus de mesure.

Szilard et Smoluchowski

Dans quel contexte un tel retournement est-il intervenu ? Le caractère statistique de la seconde loi s'est trouvé peu à peu fortifié au début du XXe siècle par l'étude expérimentale des phénomènes de fluctuation, en particulier le mouvement brownien. En 1912, Maryan Smoluchowski montre notamment qu'il existe – il s'agit du titre de son article – « des phénomènes moléculaires expérimentalement vérifiables qui contredisent la thermodynamique ordinaire »[1]. Smoluchowski analyse des phénomènes de fluctuation qui violent quasiment toutes les formulations ordinaires du second principe dès lors qu'on s'intéresse à des systèmes suffisamment petits. Conformément aux intuitions de Maxwell, Smoluchowski confirme que la croissance de l'entropie ou la progression vers un état d'équilibre, par

1. Maryan Smoluchowski, « Experimentell nachweisbare, der üblichen Thermodynamik, widersprechende Molekularphänomene », *Zeitschrift für Physik*, 13, 1912, p. 1069.

exemple, n'ont que le statut d'énoncés statistiquement vrais et ne possèdent pas une certitude absolue. Smoluchowski démontre cependant que l'impossibilité d'un mouvement perpétuel de second type résiste à l'étude des phénomènes de fluctuation. L'argument est le suivant. Un dispositif mécanique qui utiliserait les fluctuations pour convertir intégralement la chaleur en travail devrait être lui-même soumis à ces fluctuations. Mais ces phénomènes aléatoires empêcheraient le dispositif de fonctionner et de violer la seconde loi. Pour utiliser les fluctuations il faudrait donc un dispositif dont l'action échappe à ces mêmes fluctuations. Smoluchowski, dans la discussion qui suit l'article, suggère alors qu'un être intelligent pourrait peut-être dépasser cette limitation, tout en précisant qu'une telle intelligence « excède le cadre de la physique ». Smoluchowski fait donc apparaître comme une question spécifique la question de l'intelligence du démon. Smoluchowski développe l'idée lors de la conférence de Göttingen de 1913 sur la théorie des gaz, dont les actes sont publiés en 1914. Il y affirme notamment :

> « Dans l'état de nos connaissances, il n'existe pas de machine automatique à mouvement perpétuel, malgré les fluctuations moléculaires ; mais une telle machine pourrait peut-être fonctionner régulièrement si un être intelligent l'actionnait. »[1]

C'est cette même conférence de 1913 qui sert de point de départ à l'article de Szilard en 1929. Szilard cite longuement la conférence de Smoluchowski. Jérôme Segal a donc plus que raison d'insister sur l'importance du travail de Smoluchowski qui est largement passé sous silence dans les histoires du démon de Maxwell ou les comptes-rendus de l'analogie information-entropie au profit du seul Szilard[2]. C'est bien à Smoluchowski que l'on doit d'avoir dégagé explicitement la question de la mesure et de la prise d'information par un éventuel démon. L'idée selon laquelle l'action de l'intelligence pourrait engendrer une compensation de la baisse d'entropie par dissipation d'énergie apparaît en effet dans la discussion de l'article de 1912. De même, l'extrait de la conférence de 1913 cité par Szilard dans son article de 1929, met en lumière la nécessité d'une prise d'information dans la violation apparente du second principe :

> « Une machine à mouvement perpétuel serait dès lors possible si – en accord avec la méthode générale de la physique – nous percevions l'expérimentateur comme une sorte de deus ex machina continûment et exactement informé de l'état présent de la nature et capable de démarrer ou d'interrompre son cours macroscopique à n'importe quel moment sans dépense de travail. »[3]

1. Cité par Leo Szilard, « Über die Entropieverminderung in einem thermodynamischen System bei Eingriffen intelligenter Wesen », *Zeitschrift für Physik*, 53, 1929, pp. 840-856 (trad. ang. par A. Rapoport et M. Knoller, « On the decrease of entropy in a thermodynamic system by the intervention of intelligent beings », *Behavioral Science*, 9, 1964, pp. 301-310, in Harvey Leff et Andrew Rex (dir.), *Maxwell's Demon, Entropy, Information, Computing*, *op. cit.*, p. 125.)
2. Jérôme Segal, *Le Zéro et le Un*, *op. cit.*, p. 24.
3. Cité par Leo Szilard, « On the decrease of entropy in a thermodynamic system by the intervention of intelligent beings », *op. cit.*, p. 125.

Malheureusement ce passage qui appartient à Smoluchowski a été, comme l'a signalé Segal, attribué par erreur à Szilard, lors de la traduction de l'article original en anglais, en 1964 dans la revue *Behavioral Science*. Le principe énoncé par Smoluchowski qui conduit à l'équivalence information-entropie a donc été attribué à tort au seul Szilard.

Le moteur de Szilard

Pour autant la contribution de Szilard est sans doute loin d'être aussi négligeable que ce que semble dire Segal. L'article de Szilard, ce qui n'a pas toujours été bien perçu, poursuit deux objectifs. Premièrement, il propose une évaluation de la quantité minimale d'entropie produite par une mesure physique. C'est ce que l'on conserve en général de l'article et qui est salué partout comme « une anticipation de la cybernétique »[1]. Deuxièmement, Szilard, par différence avec Smoluchowski, cherche à montrer que la seconde loi peut être violée par un dispositif totalement mécanique, dès lors que celui-ci possède l'équivalent d'une mémoire. C'est à ce but que servent les deux derniers exemples de moteurs, qui sont généralement laissés de côté par les commentateurs au profit de la discussion du seul premier modèle alors qu'ils occupent les deux tiers de l'article. Le lien entre les deux thèses est cependant clair dès l'énoncé introductif des enjeux de l'article.

> « L'objectif de cette enquête est de découvrir les conditions qui permettent en apparence de construire une machine à mouvement perpétuel de la seconde espèce, dès lors que l'on permet à un être intelligent d'intervenir dans un système thermodynamique. Quand de tels êtres effectuent des mesures, ils autorisent un comportement du système nettement différent de celui qui est manifesté par un système mécanique laissé à lui-même. Nous montrons que c'est une sorte de faculté de mémoire, manifestée par le système au moment de la mesure, qui peut causer une diminution permanente de l'entropie et ainsi violer la seconde loi, nonobstant le fait que les mesures elles-mêmes sont nécessairement accompagnées d'une production d'entropie. »[2]

Toute la fin de l'article consiste à établir cette possibilité pour un être non intelligent de produire, contrairement aux conclusions de Smoluchowski et dès lors qu'il est doté d'une mémoire, une diminution temporaire de l'entropie.

> « Nous pouvons essayer de décrire de simples dispositifs inertes qui réalisent un tel couplage et voir si en effet de l'entropie est générée et en quelle quantité. Ayant déjà reconnu que le seul facteur important est un certain

1. « Le fameux article de 1929 établit la connexion entre l'entropie et l'information et anticipe la théorie cybernétique moderne. » Scribner, *Dictionary of Scientific Biography*, in Harvey Leff et Andrew Rex (dir.), *Maxwell's Demon, Entropy, Information, Computing*, *op. cit.*, p. 2.
2. Leo Szilard, « On the decrease of entropy in a thermodynamic system by the intervention of intelligent beings », *op. cit.*, p. 124.

type de couplage, une " mesure ", nous n'avons pas besoin de construire un modèle compliqué qui imite l'intervention d'un être vivant dans son détail. Nous pouvons nous satisfaire de la construction de ce type particulier de couplage qui est accompli par une mémoire. [...] Comme nous l'avons vu dans cet exemple, un simple dispositif inanimé peut arriver au même résultat essentiel que celui produit par l'intervention d'un être intelligent. Nous avons examiné le " phénomène biologique " d'un être inerte et nous avons vu qu'il génère exactement la quantité d'entropie qui est demandée par la thermodynamique. »[1]

Le véritable apport de Szilard se situe donc à la fois dans la continuité du travail de Smoluchowski lorsqu'il établit le principe selon lequel la prise d'information lors de la mesure coûte de l'entropie, et en rupture avec ce dernier lorsqu'il montre qu'un être intelligent n'est pas nécessaire pour réaliser la violation apparente du second principe, mais qu'un dispositif automatique doté d'une mémoire produit exactement le même résultat. L'apport original de Szilard se situe ainsi là où on ne l'attend pas vraiment, dans la partie de l'article qui est généralement laissée de côté.

À la lumière de cet exposé des motifs de l'article de 1929, quel sort doit-on faire à l'énoncé commun selon lequel Szilard aurait réalisé l'équivalence entre information et entropie ? Pris au pied de la lettre cet énoncé est manifestement faux et relève d'une lecture largement anachronique du travail de Szilard. Il n'est en effet jamais directement question d'information dans le texte de Szilard. Szilard parle du coût de « la mesure » ou de « l'intelligence ». Le terme « information » est un artefact supplémentaire introduit par la traduction américaine de 1964. Segal a donc raison d'ironiser sur le fait que la seule occurrence du terme information appartient en réalité au passage que l'on doit attribuer à Smoluchowski, et non à Szilard, passage dans lequel Smoluchowski ne parle pas du tout d'information[2]. L'affirmation selon laquelle Szilard aurait découvert l'identité entre l'information et l'entropie avant tout le monde a pour effet d'écraser la vingtaine d'années qui sépare l'article de 1929 de la constitution de la cybernétique et de faire comme si l'équivalence information-entropie était une donnée naturelle que l'on aurait pu découvrir dès les années 1930. Nombre d'historiens de la notion d'information associent sans doute à tort, de manière spontanée, les travaux des ingénieurs Nyquist et Hartley dans la même période et ceux de Szilard, en estimant que les uns et les autres proposent au fond la même conception de l'information fondée sur le logarithme binaire de la probabilité. Dans certaines présentations du problème du rap-

1. Leo Szilard, « On the decrease of entropy in a thermodynamic system by the intervention of intelligent beings », *op. cit.*, pp. 130-132.

2. « Le participe allemand "*unterrichtet*" est traduit par "*informed*", laissant croire que Szilard utilise le mot "*informiert*" qui existait effectivement à l'époque dans le sens que nous connaissons aujourd'hui. En fait, c'est Smoluchowski qui écrit et personne ne parle d'information ! » Jérôme Segal, *Le Zéro et le Un*, *op. cit.*, p. 24.

port entre information et entropie, il est ainsi fait comme s'il existait une lignée problématique continue de Boltzmann à Shannon. Or, nous avons affaire, comme le rappelle Pierce, à deux traditions distinctes, qui dans les années 1930 s'ignorent et ne se rejoindront vraiment qu'au moment de la cybernétique. La théorie des télécommunications a eu besoin de se défaire du contexte physique des opérations de communication pour constituer une quantité ou une fonction dont on a pu ensuite se poser, dans un tout autre contexte, la question du statut physique. La jonction hypothétique entre les travaux de Nyquist, Hartley et Szilard dans les années 1930 a quelque chose de prématuré et ne rend pas justice aux enjeux et aux dynamiques internes de chacun des champs concernés. La véritable association entre une situation physique à la Szilard et la quantité d'information issue de la théorie des télécommunications doit attendre les travaux de Shannon et le moment cybernétique, avec comme trait d'union, sans doute décisif, l'œuvre de Von Neumann à cheval sur les deux mondes.

Il n'en reste pas moins que le texte de Szilard a pu être réintégré avec une très grande facilité dans le canon cybernétique. Que trouve-t-on dans le texte qui puisse justifier la lecture habituelle et jouer le rôle d'une preuve canonique pour l'équivalence entre information et entropie ? La première partie de l'article présente une expérience de pensée, qu'on a pu appeler « le moteur de Szilard » qui permet de dégager le fameux coût entropique minimal d'une mesure physique. C'est sur cette question que s'arrime le rapport de l'information à l'entropie.

Le raisonnement de Szilard mobilise l'éternel cylindre à deux caissons, un pseudo-démon et un gaz à une molécule. Imaginons un gaz constitué d'une seule molécule placé dans un cylindre comportant deux partitions de taille égale, V_1 et V_2. Le cylindre est lui-même plongé dans un bain de chaleur qui maintient le gaz à température constante et garantit une détente isotherme lors de sa mise au travail. Un observateur note la position de la molécule, dans l'une des deux parties du cylindre. Il introduit ensuite une cloison médiane qui fait office de piston, et en fonction de la position notée, couple le piston à un poids. En venant percuter la cloison la molécule, sans perdre d'énergie grâce au bain de chaleur, déplace lentement le piston qui fournit un travail, jusqu'à ce que le gaz vienne à occuper le volume entier du cylindre et que le système retrouve son état initial. Le cycle peut alors se répéter, transformant de la chaleur en travail mécanique et diminuant indéfiniment l'entropie du bain de chaleur.

Szilard distingue explicitement deux moments dans l'utilisation de son moteur : le moment de la mesure dans laquelle la position de la molécule est observée et celui de l'utilisation de la mesure lors duquel l'entropie décroît. Szilard en déduit alors que « [la] procédure de mesure sous-tend la diminution de l'entropie effectuée par l'intervention d'être intelligents. » Il convient

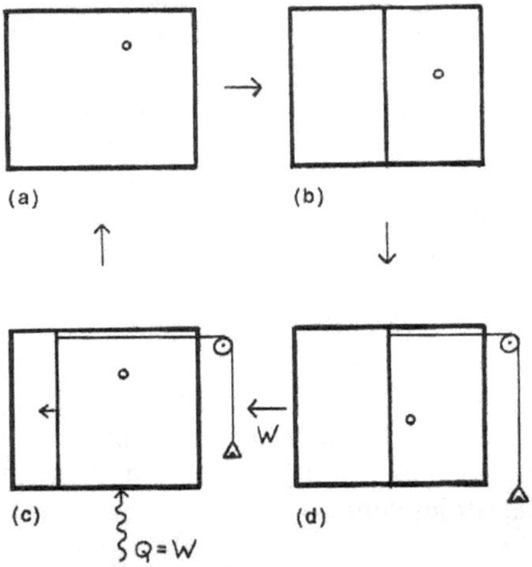

Fig. 26 – Les quatre temps du moteur de Szilard. Reproduit à partir de Harvey Leff et Andrew Rex (ed.), *Maxwell's Demon, Entropy, Information, Computing*, *op. cit.*, p. 15.

alors d'évaluer la quantité d'entropie produite lors de la mesure de façon à équilibrer le bilan conformément au second principe. Szilard démontre alors que l'entropie associée à une mesure doit toujours au moins être égale à la quantité k log 2. Si la mesure produit une entropie au moins égale à k log 2 alors le bilan entropique s'équilibre ; la seconde loi est sauvée.

Du point de vue de l'assimilation entre information et entropie le « moteur de Szilard » produit deux résultats tout à fait saisissants. Premièrement, la « quantité fondamentale » k log 2 à laquelle aboutit Szilard correspond, et ce dès les travaux d'époque de Nyquist ou Hartley, à la quantité d'information impliquée dans un processus de choix binaire. On peut donc se dire que non seulement Szilard a découvert de manière indépendante la fonction exprimant le calcul d'une quantité d'information, mais, de plus, qu'il a associé cette quantité d'information à une diminution corrélative de l'entropie. En effet, deuxièmement, le moteur de Szilard a ceci de frappant qu'il suggère lors du second temps, l'utilisation de la mesure, une diminution de l'entropie, liée au travail du piston, corrélative à celle de la quantité d'information.

> « Si la position du levier vers la droite est désignée par $y = 1$ (et la position vers la gauche par $y = -1$) nous constatons que durant la période de mesure, la position $x > 0$ [qui exprime la position de la molécule dans le cylindre] correspond à $y = 1$; mais, par la suite, $y = 1$ demeure, alors que x passe dans l'autre intervalle $x < 0$. Nous voyons que dans l'utilisation de la mesure le couplage entre les deux paramètres x et y disparaît. »[1]

1. Leo Szilard, « On the decrease of entropy in a thermodynamic system by the intervention of intelligent beings », *op. cit.*, p. 127.

Ainsi notre connaissance sur la position de la molécule au fur et à mesure de l'avancée du piston diminue, le volume où peut se trouver la molécule augmentant. À la fin du processus, tout se passe comme si notre information sur la molécule avait été entièrement consommée pour produire la diminution de l'entropie.

Szilard et l'information

Ainsi, il est évident que le texte de Szilard introduit nombre des éléments clés – la question de la mesure, de la mémoire, le modèle d'un gaz à une molécule – qui formeront l'ossature du discours sur l'équivalence entre information et entropie à partir des années 1950 et qui distinguent si nettement le démon des théoriciens de l'information du vieux démon de Maxwell. Mais il ne faut cependant pas oublier ce qu'on ne trouve pas chez Szilard, tout ce que le texte ne dit pas explicitement et qu'il est pourtant si facile de déceler après coup dans l'illusion d'une lecture rétrospective.

Premièrement, on ne trouve jamais exprimée chez Szilard l'idée que la quantité k log 2 représenterait la quantité d'information associée à la mesure. K log 2 représente l'augmentation d'entropie impliquée par le processus de mesure. Autrement dit, il n'y a pas chez Szilard un concept d'information explicitement dégagé. k log 2 est le minimum d'entropie positive associé à une mesure et non une quantité d'information. L'information demeure dans l'article de Szilard un concept fantôme. Tout juste croit-on l'apercevoir dans l'ombre de l'entropie.

Mieux, deuxièmement, la démonstration du coût entropique de la mesure suit un chemin étrange si on se place du point de vue de la littérature postérieure qui dispose d'un concept positif d'information. Il n'y a, à vrai dire, chez Szilard aucune démonstration véritable du fait que la mesure coûte de l'entropie. Le raisonnement de Szilard est le suivant : si on veut sauver la seconde loi, alors il faut bien considérer que la mesure possède un coût qu'on pourra estimer en fonction du bilan entropique attendu.

> « On peut raisonnablement penser qu'une procédure de mesure est fondamentalement associée avec une certaine production moyenne d'entropie et que cela restaure la conformité avec la Seconde Loi. »[1]

Autrement dit, Szilard ne commence pas par calculer positivement la quantité d'information associée à la détection de la molécule pour parvenir à la conclusion heureuse que cette quantité sauve la seconde loi, mais il procède de manière inverse. Pour sauver la seconde loi, alors la mesure doit avoir un coût entropique. Ce coût entropique n'est pas calculé indé-

1. Leo Szilard, « On the decrease of entropy in a thermodynamic system by the intervention of intelligent beings », *op. cit.*, p. 127.

pendamment de la seconde loi, il découle purement et simplement de la nécessité de sauver la loi. La seconde loi est sauvée par elle-même et non par le recours à un terme étranger qui serait la quantité associée à une mesure. L'expression de Szilard s'apparente à une tautologie : la quantité qui maintient le bilan entropique nul ou positif est précisément celle dont on a besoin pour maintenir le bilan nul ou positif. Ni plus, ni moins. Il se trouve que cette quantité dont on a besoin si on veut préserver la seconde loi, dans un cas, celui d'un gaz à une molécule, où sa nature profondément statistique ne l'exige peut-être pas, peut ensuite s'interpréter comme la quantité d'entropie associée à la mesure. La mesure, et Szilard se trompe car c'est la mémoire, fournit ainsi le point d'accroche pour la quantité évanescente k log 2 qui permet opportunément de sauver la loi. Mais en procédant ainsi – et comment aurait-il pu en être autrement au moment où il écrit ? –, Szilard n'associe nullement un concept positif d'information au concept positif d'entropie, mais bien plutôt le concept d'entropie à lui-même. L'information n'est encore chez Szilard que le fantôme de l'entropie.

Pour que l'article de Szilard puisse être lu comme la mise en relation pleine et entière de deux concepts pleins, on peut faire l'hypothèse qu'il manque encore, au moins, deux conditions. D'une part, il faut sans doute que la notion d'information reçoive une élaboration suffisamment consistante, et d'autre part que la question de la mesure se dégage comme une question véritablement autonome. Dans le texte de Szilard la question du « quoi ? » – quel dispositif, un démon intelligent, un être vivant ou un automate inerte mais doté de mémoire ? – héritée de Smoluchowski prend encore le pas sur l'interprétation positive du rôle de la mesure. Déjà, en 1932, les *fondements mathématiques de la mécanique quantique* de Von Neumann font pencher la balance en inscrivant l'expérience de Szilard sous le principe général d'une irréversibilité lié à la prise de mesures en physique. Le moteur de Szilard se met à fonctionner dans un contexte intellectuel qui devient, pour une quarantaine d'années, de plus en plus favorable.

Le texte de Szilard occupe ainsi un statut particulier à l'aube de la seconde vie de la créature de Maxwell, dominée par la question du rapport entre information et entropie. Szilard met en place le schéma qui pourra être si facilement réinvesti par Brillouin et les autres sans pour autant disposer d'une conceptualisation pleine et entière de la notion d'information. Ce n'est qu'après coup, mais sans beaucoup forcer, que l'article de 1929 peut être chargé de significations qu'il ne possédait sans doute pas à l'origine. L'article de 1929 est un texte qui ne dit pas tout, mais à partir duquel on pourra tout dire. Il est évidemment frappant de voir combien l'article relativement isolé de Szilard pourra être aisément colonisé et annexé par le discours conquérant des cybernéticiens et de leurs zélateurs. Si du point de vue des années 1950 l'article avait tout pour être assimilé avant même d'être lu, il ne possédait certainement pas en 1929 suffisamment de force pour contenir vingt ans de développements scientifiques et techniques autour de la notion d'information.

4
LE PRINCIPE DE NÉGUENTROPIE DE L'INFORMATION CHEZ BRILLOUIN

Il revient à Brillouin d'avoir développé l'équivalence entre information et entropie, qui n'existait qu'à l'état d'ébauche dans l'article originel de Szilard. Le modèle de Brillouin offre ainsi une interprétation complète de la notion d'information en physique, sous la forme originale d'une théorie de la mesure. Cependant, on peut montrer que le rapport information-entropie chez Brillouin n'a pas du tout la même fonction que chez les cybernéticiens. Sous couvert d'une relation en apparence similaire entre information et entropie se dissimulent en réalité des options philosophiques tout à fait opposées. La discussion du démon de Brillouin permet ainsi de mieux situer, par différence, la position des cybernéticiens. De plus, la théorie développée par Brillouin a été soumise à une série de critiques extrêmement virulentes, et, à mon sens, décisives. La mise en valeur des différences d'arrière-plan entre la position de Brillouin et celle des cybernéticiens permet de poser la question de l'éventuelle immunité de la position cybernétique vis-à-vis des critiques adressées à Brillouin.

La première occurrence de l'expérience du démon de Maxwell dans l'œuvre de Léon Brillouin se trouve dans un petit article curieux de 1949, intitulé « Life, Thermodynamics and Cybernetics ». Le physicien d'origine française, installé aux États-Unis depuis 1941 et naturalisé citoyen américain cette même année 1949, est alors principalement connu pour ses travaux de physique théorique en mécanique quantique et en physique du solide. L'intérêt de l'article de 1949 est qu'il intervient moins d'un an après la publication de *Cybernetics*. On y voit le démon de Brillouin se constituer à partir du démon de Wiener, et, cependant, contre lui.

« Life, Thermodynamics and Cybernetics »

L'article défend avec enthousiasme une position, aux accents parfois vitalistes, selon laquelle la physique aura besoin de découvrir de nouveaux principes et de nouvelles lois pour rendre compte des phénomènes biologiques. Le point de départ du raisonnement de Brillouin est bien connu : l'évolution des phénomènes du vivant semble contredire la loi physique fondamentale de la croissance irréversible de l'entropie. Brillouin mentionne le fameux livre de Schrödinger, *What is Life ?*, de 1944 qui introduit le terme d'« entropie négative » pour caractériser la tendance du vivant. « Comment peut-on comprendre la vie dès lors que le monde entier est dirigé par une loi telle que le second principe de la thermodynamique qui implique la mort et l'annihilation ? »[1] Il faudra donc dégager, selon Brillouin, de nouvelles directions au sein de la physique si l'on veut résorber cette contradiction apparente. Brillouin suggère que l'explication de ces propriétés exceptionelles manifestées par les vivants est à rechercher dans deux directions : d'une part dans un approfondissement de la théorie des équilibres instables et des catalyseurs (« La vie agit comme un catalyseur pour aider à détruire des équilibres instables, mais un catalyseur très particulier, qui profite du processus »[2]), de l'autre dans un remaniement de la notion d'entropie, généralisée au moyen de la notion d'information.

Or, il est pour le moins intéressant de noter que les deux mentions du démon de Maxwell dans le texte de 1949 se situent lors de la discussion de la théorie des équilibres instables. Curieusement, le démon n'apparaît pas dans la discussion portant sur la généralisation du concept d'entropie. Il reste ainsi à Brillouin un pas supplémentaire à franchir en 1949 pour faire du démon l'instrument d'une réinterprétation des rapports information-entropie. Cette bizarrerie du point de vue de l'histoire postérieure du démon nous apprend combien Brillouin a dû modifier les questions associées à la créature de Maxwell, l'extraire de son contexte proprement cybernétique, mettre entre parenthèses le problème qu'il portait jusqu'alors quant au statut physique de l'organisation des êtres vivants. Le démon apparaît ainsi dans l'article de 1949 sous la forme qui lui a été donnée par Wiener à la fin du deuxième chapitre de *Cybernetics* plutôt que sous la forme canonique qui lui sera donnée par Brillouin dans les articles des années à venir. La première mention du démon consiste ainsi en une citation directe d'un passage dans lequel Wiener compare les enzymes à des démons métastables, question qui disparaît totalement de la problématique de Brillouin dans les années à venir.

La seconde mention, manifestement la plus importante pour la suite de l'histoire, prend la forme d'une note de bas de page qui est encore appelée par la discussion du démon de Wiener. Brillouin introduit dans cette note,

1. Léon Brillouin, « Life, Thermodynamics and Cybernetics », American Science, 37, 1949, pp. 554-568, in Harvey Leff et Andrew Rex (dir.), *Maxwell's Demon, Entropy, Information, Computing*, *op. cit.*, p. 89.
2. *Ibid.*, p. 97.

pour la première fois, une suggestion qui se révélera décisive : Wiener pas plus que Maxwell ne s'est rendu compte que pour trier les molécules, le démon doit être capable de les voir. Or, dans un système clos à l'état d'équilibre thermique, la radiation est celle du corps noir. Autrement dit, le démon est aveugle à moins qu'on ne lui fournisse une lampe ou un autre dispositif de même sorte. Mais quel que soit le dispositif utilisé pour voir les molécules, celui-ci ajoute nécessairement de l'entropie négative dans le système, dont le démon peut ensuite extraire une fraction afin de manœuvrer comme il se doit la trappe dont il a la charge. Nous avons donc là le principe fondamental qui sera celui de la solution de Brillouin : l'information coûte de l'entropie et correspond à une entropie négative, car le démon a besoin d'un dispositif pour observer les molécules. Une telle observation est nécessairement source d'entropie pour le système. Comme Brillouin aime à le répéter, à la suite de Gabor : « on ne peut rien avoir pour rien, pas même une information »[1].

Cependant, dans l'article de 1949, la connexion entre cette amorce de solution et l'extension de la notion d'entropie au moyen de la notion d'information ne se fait pas. Brillouin se cantonne à des remarques plutôt triviales sur le rapport entre information et entropie.

L'article de 1949 est donc particulièrement intéressant car on y assiste quasiment en direct à une conversion spectaculaire de la créature de Maxwell. Brillouin s'empare du démon dans un contexte théorique qui est celui du rapport entre le second principe et les phénomènes du vivant. C'est bien ce problème qui est visé par Wiener dans le deuxième chapitre de *Cybernetics*, dans la lignée des remarques de Schrödinger. Pour que le démon de Brillouin devienne autre chose que le démon de Wiener, il faut que la question de la mesure déclasse la question du vivant et de l'organisation des formes vivantes. Le démon de 1949 est encore un démon cybernétique. Ce point de départ cybernétique est pour Brillouin un véritable faux départ. Le démon de Brillouin existe pour poser la question de la mesure et du rôle de l'observateur en physique. Il n'a rien à dire sur les formes vivantes.

De plus, en 1949, Brillouin ne connaît pas encore l'expérience de pensée de Szilard. L'article de 1929 n'apparaît dans les références de Brillouin qu'à partir de l'année 1950, au cours de laquelle, on sait par ailleurs que Brillouin a rencontré personnellement Szilard par l'entremise de Weaver. L'article original de Szilard comportait encore deux questions : celle du coût de la mesure et celle du dispositif mécanique qui pourrait éventuellement tenir lieu de démon. En développant les intuitions contenues dans la note de l'article de 1949, Brillouin délaisse totalement la seconde question au profit exclusif de la première. Ainsi naît réellement une nouvelle version inédite du démon de Maxwell.

1. Léon Brillouin, *La Science et la théorie de l'information*, *op. cit.*, p. 162.

Le principe de néguentropie de l'information

De 1950 à 1964, Brillouin publie une quinzaine d'articles consacrés au rapport entre information et entropie à partir de la situation du démon de Maxwell, ainsi que deux livres importants, qui reprennent ces articles : *La Science et la théorie de l'information*, en 1956, et *Scientific Uncertainty and Information*, en 1964. Le principe fondamental de la solution de Brillouin apparaît sous une forme développée en 1951, dans le premier d'une séric de cinq articles publiés par le *Journal of Applied Physics*. L'ensemble de ces cinq articles forme le canevas du livre de 1956.

En quoi consiste l'apport véritable de Brillouin par rapport à ce qu'on pouvait trouver chez Szilard, dorénavant promu au rang du génial précurseur ? Brillouin se distingue du travail original de Szilard sur essentiellement trois points. Premièrement, Brillouin dispose d'une théorie complète de l'information, ce que n'avait pas Szilard. Mieux, Brillouin vient à la question du démon de Maxwell par la cybernétique et la théorie de l'information. Deuxièmement, Brillouin ajoute une pièce décisive au puzzle de Szilard en rendant compte du coût de la mesure au moyen d'une étude des rayonnements lumineux. Cette explication du coût de la mesure constitue une forme de preuve, absente du travail de Szilard, de l'équivalence entre l'information et l'entropie négative, pour laquelle Brillouin invente le terme de « néguentropie ». Enfin, troisièmement, le démon de Brillouin sert une philosophie idéaliste de la physique qui se développe en une théorie de la mesure visant à intégrer le rôle de l'observateur ou de l'expérimentateur directement dans les équations décrivant le comportement des systèmes physiques. Aucun de ces trois points – théorie complète de l'information, démonstration du coût de la mesure, physique de l'observateur – n'apparaissait en tant que tel dans le texte de Szilard.

Le rôle de la théorie de l'information et de la cybernétique est manifeste dans la résolution de l'énigme du démon par Brillouin. Contrairement à Szilard, Brillouin dispose d'un corpus théorique qui fournit une définition positive de l'information. L'ouvrage de 1956, *La Science et la théorie de l'information*, repose ainsi à part égale sur un exposé de la théorie de Shannon et des considérations de physique, à tel point que l'ouvrage a pu être conseillé aux ingénieurs comme un manuel de la théorie de la communication, enrichi d'applications originales. La question du rapport entre l'information et l'entropie envisagées comme deux termes au départ distincts peut donc se poser chez Brillouin, contrairement à ce qu'on trouvait chez Szilard.

La première résolution du problème du démon en 1951 s'inspire ainsi explicitement du cycle de la communication de Shannon pour interpréter la conversion de l'information en une quantité physique. Le cycle de Shannon nous a déjà appris à associer de l'information avec les états d'un système physique. Le schéma de la communication est ainsi interprété par Brillouin comme une transformation réversible de l'information en un signal ordonné, chargé de « néguentropie ».

> « Notre nouveau cycle est similaire au modèle des télécommunications donné par C. E. Shannon, qui peut se résumer ainsi : information → télégramme → néguentropie sur le cable → télégramme reçu → information reçue. »[1]

Le moteur de Brillouin repose de même sur une succession de transformations de l'information en néguentropie. Dans *La Science et la théorie de l'information*, Brillouin propose une distinction entre ce qu'il appelle « l'information libre », lorsque les événements possibles qui permettent de construire le logarithme de la probabilité n'ont pas de signification physique et « l'information liée », lorsque ces événements peuvent être interprétés comme aspects d'un système physique. On peut donc concevoir des moments dans lesquels « l'information libre » qui correspond à la définition abstraite de Shannon est convertie en « information liée », laquelle peut être assimilée à de la néguentropie. Brillouin propose ainsi de réinterpréter le cycle de communication comme une forme d'échange entre information libre et information liée. Lorsque je possède une information libre, l'information résidant uniquement dans mon esprit, j'ai besoin pour la transmettre de la transformer en une information liée, en l'occurrence aux propriétés d'un signal physique, ondes sonores ou impulsions électriques par exemple, dont je réduis l'entropie.

La situation du démon de Maxwell ne serait donc pas fondamentalement différente des situations de communication conceptualisées par Shannon : nous n'avons affaire qu'à la transformation banale de quantités physiques en information et vice versa. L'information est équivalente à de la néguentropie, autrement dit, à l'ordonnancement d'un système physique pour le transport de l'information. Le cycle du démon peut alors se résumer sous la forme de la fameuse transformation :

néguentropie → information → néguentropie[2].

La preuve qui établit la nécessité d'une telle « physique de l'information » repose essentiellement chez Brillouin sur l'étude du premier moment dans le cycle du démon de Maxwell, c'est-à-dire le moment de la production de néguentropie et de sa conversion en information. Cette étude

1. Léon Brillouin, « Maxwell's demon cannot operate : Information and entropy. I », *Journal of Applied Physics*, 22, 1951, pp. 334-337, in Harvey Leff et Andrew Rex (dir.), *Maxwell's Demon, Entropy, Information, Computing*, *op. cit.*, p. 135.

2. Léon Brillouin, *La Science et la théorie de l'information*, *op. cit.*, p. 150.

constitue la deuxième innovation, décisive, de Brillouin par rapport à Szilard. C'est sur elle que repose l'exorcisme supposé du démon de Maxwell.

Chez Szilard, on trouvait une description de la façon dont la mesure effectuée par le démon pouvait être utilisée pour diminuer l'entropie du système. En fonction de sa connaissance de la position de la molécule, le démon pouvait coupler le piston à un dispositif susceptible de fournir un travail mécanique. Ce point est désormais considéré comme acquis par Brillouin. Le second moment du cycle, la transformation de l'information en néguentropie, ne reçoit ainsi aucune élaboration particulière. Ce n'est plus le problème de Brillouin, qui considère sans doute qu'il s'agit d'une question triviale, qui plus est, déjà résolue par le cycle de la communication de Shannon.

Il introduit, en revanche, une nouveauté dans la description du premier moment du cycle, en explicitant les raisons pour lesquelles l'acquisition d'information comporte nécessairement un coût physique. Chez Szilard le coût de la mesure était simplement déduit de l'exigence logique visant à sauvegarder la seconde loi. Chez Brillouin le coût de la mesure et de l'acquisition d'information est dégagé à partir d'une étude indépendante de la nature des rayonnements lumineux. Brillouin, reprenant les travaux de Pierre Demers, suppose que le démon est obligé d'utiliser une torche à haute température pour fournir des signaux distincts de la radiation du corps noir[1]. La conclusion est que le démon doit utiliser, pour voir les molécules, au moins un photon dont le niveau d'énergie est plus élevé que celui des photons de l'arrière-plan thermique. Le processus de mesure dissipe alors une énergie au moins égale à kT. Ce coût est suffisant pour sauver la seconde loi.

> « Il est toujours nécessaire d'avoir une différence de température, sinon le démon ne pourrait agir. Or, si nous avons une différence de température, il n'est plus nécessaire d'avoir recours au démon. Tout moteur thermique ferait aussi bien. Par exemple, si nous voulons créer une différence de température et si nous utilisons une lampe à la température T1, le moyen le plus simple pour y parvenir est de laisser le rayonnement chauffer la moitié du gaz, alors que l'autre moitié reste à la température T0. Ce procédé s'avère plus efficace que le travail du démon ! »[2]

Ce résultat conduit Brillouin à développer, au-delà de la question de la nature quantique du rayonnement lumineux, une théorie générale de la mesure reposant sur le principe selon lequel toute prise d'information doit toujours se payer par un accroissement de l'entropie.

> « Toute expérience permettant d'obtenir de l'information relativement à un système physique, conduit, en moyenne, à une augmentation de l'entro-

1. Pierre Demers, « Le second principe et la théorie des quanta », *Canadian Journal of Research*, 23, 1945, pp. 47-55.
2. Léon Brillouin, *La Science et la théorie de l'information*, *op. cit.*, p. 162.

pie dans les appareils de mesure. Cette augmentation moyenne est toujours supérieure (ou égale) à la quantité d'information obtenue. En d'autres termes, l'information doit toujours se payer en néguentropie, ce paiement correspondant à un accroissement de l'entropie générale, ce qui entraîne un processus irréversible. »[1]

Sur ce principe, Brillouin montre que l'on peut déterminer la plus petite quantité de néguentropie associée à une mesure comme étant de l'ordre de la constante de Boltzmann. De là on peut parvenir à une évaluation du coût des mesures au sein de plusieurs dispositifs expérimentaux : observations effectuées sur un oscillateur, sur un résonateur à haute fréquence, sur un interféromètre, sur un microscope, dans un guide d'ondes... On peut alors définir le rendement d'une observation comme le rapport entre l'information obtenue et le coût en entropie qui accompagne l'observation. Il apparaît ainsi que plus une mesure doit être précise plus son rendement diminue et plus le coût de la mesure est élevé.

De la théorie de la mesure à une philosophie idéaliste de la physique

Cette théorie de la mesure qui est issue de l'étude du premier moment de la situation du démon de Maxwell se développe en une véritable philosophie de la physique chez Brillouin. Cette position d'arrière-plan commande l'examen de la situation du démon de Maxwell, en un sens qui est sans doute fort éloigné de la position cybernétique. La théorie de la mesure comporte essentiellement deux résultats fondamentaux.

Premièrement, il n'existe pas de mesure absolument précise. Les mesures ont toujours une limite. Aucune mesure n'est exempte d'erreurs ou d'imprécisions. Une mesure à la précision infinie délivrerait une quantité d'information infinie, au prix d'un accroissement infini de l'entropie. Le rendement des mesures doit diminuer inéluctablement au fur et à mesure qu'augmente la précision. Il n'y a donc pas de mesure absolue.

> « La théorie de l'information nous apprend qu'une expérience rigoureuse est absolument irréalisable, car elle donnerait une quantité d'information infinie, et exigerait une dépense infinie en néguentropie. Le fait nouveau c'est la considération du prix, du coût d'une observation. Le physicien classique croyait pouvoir passer à la limite et considérer ce qui se produit lorsque les erreurs sont réduites à zéro. Nous savons maintenant que ce passage à la limite n'est pas concevable, car il coûterait un prix infini. »[2]

Deuxièmement, la théorie de l'information nous permet d'exprimer le coût de la mesure de manière mathématique et donc d'intégrer le prix

1. Léon Brillouin, *La Science et la théorie de l'information*, *op. cit.*, p. 178.
2. *Ibid.*, p. 285.

inaliénable des erreurs expérimentales dans la théorie physique elle-même. La description peut maintenant intégrer l'expression de ses conditions de précision. Suivant le principe selon lequel « les erreurs expérimentales ne peuvent être ignorées, il faut les réintroduire dans la théorie », Brillouin nous enjoint donc à récrire toute la physique au moyen de la théorie de l'information[1]. L'intégration de la théorie de l'information à la physique repose ainsi sur la nécessité de rendre compte au niveau du formalisme lui-même de l'imprécision des mesures expérimentales. Il y a théorie de l'information parce que la mesure est une opération de prise d'information. Mais la question de la mesure est loin de constituer une question annexe en physique. Au contraire la théorie de la mesure, et avec elle la théorie de l'information, constituent pour Brillouin le cœur de toute l'entreprise physique. En effet, chaque terme théorique reçoit sa définition en dernière instance d'une situation expérimentale d'observation. Chaque terme physique exprime une situation d'information. Toute la connaissance physique n'est qu'information.

Cette seconde position relève ainsi d'une philosophie empiriste et opérationaliste de la physique. Brillouin adopte la position commune selon laquelle l'ensemble des termes de la théorie physique doit être susceptible d'une définition opérationnelle. Autrement dit, on doit être capable de ramener l'ensemble des termes théoriques à des situations expérimentales et à des grandeurs mesurables.

> « Une loi mathématique rigoureuse n'est qu'un rêve, si elle n'est pas appuyée sur des expériences rigoureuses. [...] Nous devons nous en tenir au point de vue opérationnel de Bridgman et nous rappeler que toute quantité inobservable et non mesurable n'a pas d'existence scientifique réelle. »[2]

En conjuguant l'exigence d'une définition opérationnelle des termes théoriques au théorème fondamental du coût de la mesure, Brillouin est amené à construire une philosophie subjectiviste ou idéaliste de la physique. Les lois physiques ne font jamais que décrire l'état de connaissance incomplète d'un observateur vis-à-vis d'un système physique.

> « C'est un abus de confiance de parler de lois de la Nature comme si ces lois existaient en dehors de l'homme. La Nature est bien trop complexe pour que notre esprit puisse l'embrasser. »[3]

L'ensemble des termes théoriques doit en effet être ramené à des conditions de précision expérimentale, conformément au postulat opérationaliste. Or, une précision absolue est impossible, selon le résultat bien connu de la théorie de la mesure, ce qui implique que la description d'un système physique soit toujours relative à la connaissance imparfaite que nous en avons. Par conséquent, la théorie doit être conçue comme exprimant l'état

1. Léon Brillouin, *La Science et la théorie de l'information*, *op. cit.*, p. 285.
2. *Ibid.*, p. 285.
3. Cité par Jérôme Segal, *Le Zéro et le Un*, *op. cit.*, p. 378.

de connaissance d'un observateur quant à un système physique donné, à un moment donné. Rien de plus. En particulier, la théorie n'a pas vocation à décrire les choses telles qu'elles sont, mais uniquement telles que nous pouvons y accéder, de manière toujours imparfaite, par l'expérience et la mesure. Brillouin estime ainsi que son principe de néguentropie des observations représente une condition fondamentale de l'exercice de la physique, devant le principe d'incertitude de Heisenberg, qui n'en constitue qu'un cas particulier pour les relations quantiques. Tel doit être le résultat philosophique de la théorie de l'information appliquée à la physique.

> « Nous utilisons les lois mathématiques pour ce qu'elles valent : ce sont des formules commodes pour résumer un matériel expérimental considérable, mais la valeur de ces formules ne doit pas être surestimée. Elles s'appliquent dans un domaine limité et avec une précision limitée. »[1]

L'idéal d'objectivité est renvoyé à une position déterministe désormais intenable. Le physicien classique croyait pouvoir obtenir une description mathématique des phénomènes physiques qui soit indépendante de la position d'un observateur en réduisant les erreurs expérimentales. Or de telles erreurs font partie intégrante de notre connaissance et elles ne sauraient être éliminées. La théorie doit au contraire exprimer cette situation fondamentale d'indétermination gnoséologique. « Moralité, le déterminisme absolu est un rêve car la précision absolue des conditions initiales ne peut s'obtenir. »[2] Aussi, le démon de Maxwell emporte avec lui le démon de Laplace.

> « Le principe de néguentropie de l'information a déjà fourni une réponse définitive au paradoxe du démon de Maxwell. Il élimine aussi le démon de Laplace sans autre discussion. »[3]

Une interprétation subjective de l'entropie

Le rapport entre information et entropie occupe une position déterminante dans ce dispositif théorique. D'un côté, le fait que la quantité physique entropie consiste en de l'information ne constitue qu'un cas particulier par rapport à la situation générale de l'ensemble des concepts physiques. Après tout, le concept de température est lui aussi dépendant d'une opération de prise d'information, et Brillouin suggérera d'ailleurs de le traiter comme tel[4]. Mais d'un autre côté, le concept d'entropie entretient un rapport particulier à la théorie de l'information. C'est sur le concept

1. Léon Brillouin, *La Science et la théorie de l'information*, *op. cit.*, p. 285.
2. *Ibid.*, p. 285.
3. Léon Brillouin, *Scientific Uncertainty and Information*, New-York, Academic Press, 1964, p. 91.
4. Jérôme Segal, *Le Zéro et le Un*, *op. cit.*, p. 355.

d'entropie que se gagne la possibilité d'étendre la théorie de l'information à toute la physique via la théorie de la mesure. La philosophie tout à la fois phénoménologique et idéaliste de Brillouin repose sur la théorie de la mesure. Cette théorie de la mesure est elle-même constituée à partir du premier temps de l'expérience du démon de Maxwell. Mais on peut montrer que la solution apportée à l'expérience de pensée du démon repose sur une lecture qui est déjà subjectiviste de l'entropie. Autrement dit, la philosophie de la physique qui apparaît fondée sur l'exorcisme du démon est en réalité déjà requise pour réaliser l'exorcisme. En l'occurrence, le subjectivisme se mort ici la queue.

Les conversions d'information en néguentropie, qui constituent chez Brillouin le centre de la description des activités du démon de Maxwell, reposent sur une interprétation particulière de la quantité physique entropie. Pour associer, comme le fait Brillouin, information et néguentropie, il faut interpréter l'entropie d'une manière qui est déjà subjective, comme exprimant un manque de connaissance de notre part quant à la structure d'un système physique. Selon cette interprétation, le fait que l'entropie d'un système soit élevée, exprime le fait que la connaissance que nous pouvons avoir de son état réel, microscopique, présente forcément d'importantes lacunes. À l'inverse une information élevée quant à l'état du système correspond à une entropie faible. Cette définition subjective, qui renvoie l'entropie à un degré de connaissance, s'explique par le caractère statistique de la définition de l'entropie chez Boltzmann. Plus l'entropie est élevée, plus il y a de complexions ou de micro-états susceptibles de réaliser l'état macroscopique que nous connaissons. Aussi, notre connaissance de l'état microscopique du système est amoindrie. Au fur et à mesure que l'entropie augmente, le nombre de complexions microscopiques susceptibles de produire l'état macroscopique constaté augmente, et nous en savons de moins en moins quant à l'état réel du système considéré. La croissance de l'entropie peut donc s'interpréter comme signifiant une diminution de notre connaissance.

Brillouin est ainsi amené à considérer que la définition de l'entropie à partir du concept de désordre, définition qui renvoie à une propriété du système concerné, en apparence objective et indépendante de l'observateur, gagne à être remplacée par une définition « plus précise » qui repose sur la connaissance que nous avons du système.

> « L'entropie est en général, considérée comme exprimant l'état de désordre d'un système physique. D'une façon plus précise, on peut dire que *l'entropie mesure le manque d'information* sur la véritable structure du système. Ce manque d'information implique la possibilité d'une grande variété de structures microscopiques distinctes qui sont, en pratique, impossibles à distinguer les unes des autres. »[1]

1. Léon Brillouin, *La Science et la théorie de l'information*, *op. cit.*, p. 155.

Dans cette interprétation c'est toute la mécanique statistique qui, par l'introduction des probabilités en physique, aurait fait basculer la connaissance du côté du sujet et de sa finitude. « Les géniales découvertes de Boltzmann, Maxwell, Gibbs représentent la véritable signification de l'expérience », le fait que l'expérience soit toujours relative à un sujet soumis à l'erreur et à l'absence de détermination[1].

Qu'une telle interprétation de l'entropie détermine la lecture de l'expérience du démon de Maxwell ne fait aucun doute. La connaissance partielle de l'état microscopique du système grâce aux observations du démon correspond chez Brillouin à une diminution du nombre de complexions possibles pour le système étudié, c'est-à-dire à une diminution de son entropie. On peut ainsi calculer une entropie diminuée de la quantité d'information obtenue à propos des complexions microscopiques. L'information quant aux complexions et les complexions sont une même grandeur. Le nombre de complexions est le terme commun qui permet de lier information et entropie et justifier le principe d'une conversion réciproque. Ainsi l'équation fondamentale associant modification de l'information liée (I_b) et modification de l'entropie s'écrit sans autre forme de procès :

$$I_{b1} - I_{b0} = k\,(\ln P_0 - \ln P_1) = S_0 - S_1 > 0,$$

où P_0 et P_1, la probabilité des états macroscopiques, servent de terme médian pour relier information et entropie, suivant le principe selon lequel « l'entropie du système décroît lorsqu'on obtient de l'information, car cette information réduit le nombre des complexions », proposition considérée comme une « évidence »[2].

Ainsi, le démon a moins pour fonction de démontrer l'équivalence entre information et néguentropie établie par ailleurs que de servir d'illustration intuitive de la façon dont l'entropie et l'information peuvent se transformer l'une en l'autre. Le démon ne démontre rien qui n'ait été établi en amont de l'expérience de pensée du démon de Maxwell. Si l'information peut être associée à l'entropie chez Brillouin c'est que l'entropie possède cette propriété d'être déjà une quantité relative à un observateur. Les conversions de néguentropie en information et d'information en néguentropie qui ont lieu dans la situation du démon de Maxwell ne sont pour Brillouin que des exemples d'une unité plus fondamentale entre les deux concepts, unité qui engage toute une philosophie de la physique, pour laquelle notre connaissance relève en dernière instance des lois de l'information. Les contro-

1. Léon Brillouin, « Maxwell's demon cannot operate : Information and entropy. I », *op. cit.*, in Harvey Leff et Andrew Rex (dir.), *Maxwell's Demon, Entropy, Information, Computing*, *op. cit.*, p. 135.
2. Léon Brillouin, *La Science et la théorie de l'information*, *op. cit.*, p. 148.

verses qui entourent cette partie de l'œuvre de Brillouin s'expliquent donc en partie par des différences d'ordre philosophique quant au statut de la connaissance physique.

Au regard des travaux contemporains de la cybernétique, l'entreprise de Brillouin apparaît marquée au sceau d'une ambiguïté fondamentale. En adoptant la théorie de la mesure comme cadre pour penser les rapports entre information et entropie, Brillouin a tout à la fois physicalisé l'information et psychologisé l'entropie. Le réalisme objectif de l'information s'échange chez Brillouin contre un idéalisme subjectif de l'entropie. Les questions, si typiques de la cybernétique, comme celles de l'accroissement de l'ordre, des principes de maintien de l'organisation ou des automates, disparaissent complètement chez Brillouin. À peine deux pages sont consacrées à la question de « l'information structurelle » dans le livre de 1956, rejetées dans le dernier chapitre qui rassemble les « problèmes divers ». On peut déjà mesurer combien la physique de l'information proposée par Brillouin a pu prendre un chemin en tout point opposé à celui emprunté par la cybernétique. Le prix à payer pour faire de l'information une quantité physique chez Brillouin consiste à faire de toutes les quantités physiques l'expression d'une situation cognitive. Dans le même temps, on voit Brillouin prendre à rebours les cybernéticiens en refusant toute validité à l'analogie entre l'ordinateur et le cerveau, qualifiée par Brillouin d'« absurde »[1]. Or la fonction d'une telle analogie est de ramener, en un sens matérialiste, les processus de connaissance à des processus physiques. Chez Brillouin on voit les processus physiques ramenés à la connaissance que peut en prendre un sujet, connaissance qui échappe pour l'instant à toute interprétation physicaliste. Brillouin « matérialise » l'information pour mieux déréaliser la physique. Les cybernéticiens ont manifestement pris l'analogie entre information et entropie dans l'ordre inverse comme un moyen pour dégager la dimension matérielle de l'information et les processus d'incorporation qui lui sont associés.

1. Jérôme Segal, *Le Zéro et le Un, op. cit.*, p. 381.

5
LES CRITIQUES DE L'ANALOGIE INFORMATION-ENTROPIE

L'équivalence entre information et entropie, dans la version donnée par Brillouin, a connu deux types de critiques. D'un côté, nous avons des critiques d'ordre épistémologique, principalement centrées sur la question du subjectivisme en physique et de l'interprétation des probabilités dans la définition de l'entropie. De l'autre, nous avons des critiques qui portent sur la solution précise proposée par Brillouin à la question du démon de Maxwell. Bennett, notamment, en s'appuyant sur les travaux de Landauer, a pu montrer pourquoi la solution fondée sur la question du coût thermodynamique de la mesure n'est pas recevable.

Popper

Popper a proposé deux réfutations du principe d'équivalence entre l'information et l'entropie à une quinzaine d'années d'intervalles ; la première, en 1957, dans un article du *British Journal for the Philosophy of Science*, « Irreversibility ; or Entropy since 1905 », la seconde, en 1974, dans un chapitre de son autobiographie intellectuelle, *Unended Quest.* Techniquement, les arguments ne sont pas les mêmes, mais la conclusion demeure pratiquement inchangée :

> « L'édifice qui a été construit sur l'argument (à mon avis non valide) de Szilard, et sur des arguments du même type donnés par d'autres, continuera, j'en ai peur, à grandir. Et nous continuerons à entendre que « l'entropie – comme la probabilité – mesure le manque d'information » et que les machines comme celles de Szilard peuvent être mues par le savoir. On continuera à produire de l'air chaud et de l'entropie aussi longtemps qu'il y a aura des subjectivistes pour fournir une quantité équivalente de non-savoir. »[1]

1. Karl Popper, *Unended quest*, Londres, Routledge, 2002 [1974], p. 194. En 1957, l'article se concluait sur une formule similaire : « je pense que de l'air chaud continuera à s'échapper de façon entropique même si aucun être intelligent ne vient fournir la quantité équivalente de non-savoir. » Karl Popper, « Irreversibility ; or Entropy since 1905 », *The British Journal for Philosophy of Science*, 8, 30, Aug. 1957, p. 155.

L'intérêt de la réfutation de Popper est qu'elle procède de raisons philosophiques et épistémologiques fondamentales et qu'elle est ainsi amenée à dégager ce qui est sans doute au cœur de la doctrine de Brillouin. Il convient cependant de noter que Popper ne parle jamais explicitement de Brillouin. Brillouin n'est jamais nommé et l'objet de toutes les critiques est l'article de Szilard de 1929. Cependant, il apparaît évident que Popper connaît le travail de Brillouin. Il emploie en effet pour décrire l'expérience de Szilard un vocabulaire qui n'est pas celui de Szilard mais celui de Brillouin, parlant, par exemple, de « néguentropie ». Popper ne prélève, ce qui est sans doute un des défauts historiques de sa critique, de l'article de Szilard que ce qui en a été retenu par Brillouin ; ce qui revient à passer sous silence les deux tiers de l'article original. Surtout, la position combattue, le subjectivisme en physique, correspond parfaitement à ce qui est développé en long et en large par l'auteur de *la science et la théorie de l'information*, concernant notamment la question des mesures.

Le ressort principal de la critique de Popper repose sur une discussion du statut qu'il convient d'accorder à la seconde loi de la thermodynamique. Schématiquement, on peut dire que Popper réactualise, sans doute sans le savoir ou en tout cas sans le mentionner, la signification du démon original de Maxwell contre le démon de Szilard-Brillouin.

En 1957, l'argument de Popper est le suivant. La théorie du mouvement brownien a ruiné les formulations phénoménologiques usuelles du second principe. En effet, lors d'un mouvement brownien, on peut assister à des mouvements de particules qui ne sont pas conformes au second principe. Popper cite le fameux article d'Einstein de 1905, apparemment sans connaître les travaux contemporains de Smoluchowski qui portent exactement sur la même question, mais de façon encore plus directe. L'article de Szilard est alors interprété comme l'exemple parfait de la confusion qui règne dans l'esprit des physiciens quant au statut du second principe. En particulier, Popper fait le reproche à Szilard de se livrer à un raisonnement complètement circulaire. Le principe invoqué par Szilard pour sauver la seconde loi, le fait que toute observation ait un coût thermodynamique, découle en réalité de la nécessité de sauver la loi. Sur ce cercle vicieux, Szilard aurait cru pouvoir fonder une interprétation de la mécanique statistique en termes d'ignorance subjective.

Comme nous l'avons vu, l'argument de Popper est tout à fait justifié. On ne trouve chez Szilard aucune preuve au sens strict du principe selon lequel le coût de la mesure sauve la seconde loi. Sa conclusion, selon laquelle Szilard cherche à fonder une interprétation subjective des probabilités impliquées par le calcul de l'entropie, est en revanche sans doute exagérée. Popper manque la connexion entre l'article de Szilard et les articles antérieurs de Smoluchowski qui conduisent précisément Szilard à développer, non pas tant une théorie subjective de l'entropie à la manière de Brillouin comme le veut Popper, qu'une réflexion, dont on peut dire qu'elle anticipe plutôt sur les travaux de la cybernétique, quant aux dispositifs mécaniques susceptibles de produire une diminution de l'entropie. Or, cette seconde partie, objective, de l'article de Szilard n'a rien qui ne soit conforme avec la propre position philosophique de Popper, qui insiste justement sur le fait que la loi n'a qu'une validité statistique.

En résumé, Popper est fondé à dire que le premier moteur de Szilard repose sur un raisonnement circulaire et ne démontre en rien une équivalence entre information et entropie. Il a en revanche probablement tort lorsqu'il accuse Szilard, premièrement, d'avoir cherché à développer une interprétation subjective des probabilités en mécanique statistique, et, deuxièmement, de n'avoir pas compris que le caractère statistique de la seconde loi autorisait des exceptions, du type mouvement brownien. La seconde partie de l'article de Szilard, qui ne donne pas lieu à un quelconque développement subjectiviste, apparaît largement immunisée aux critiques de Popper. Popper a sans doute été influencé par l'interprétation majoritaire depuis Brillouin de l'article de Szilard et il n'a pas vu que la situation historique de l'article de 1929 ne conduisait pas à poser la question du rapport entre information et entropie à la manière des années 1950. Popper critique l'article de Szilard tel qu'on peut le reconstituer à partir de la position de Brillouin, c'est-à-dire à la fois amputé de sa plus grande partie et augmenté de l'équivalence entre information et néguentropie. Mais, et c'est l'ironie de l'histoire, la position de Brillouin n'est pour l'instant pas plus touchée par la critique de Popper, dans la mesure où Brillouin possède à son actif une démonstration véritable, au moins d'un point de vue logique, du coût de la mesure, appuyée sur l'étude du rayonnement lumineux. Le reproche d'un argument circulaire qui est fait, à raison à Szilard, pour lui reprocher, à tort, une thèse subjectiviste qu'il ne défend sans doute pas, ne s'applique pas à Brillouin qui défend pourtant, lui, clairement, la thèse incriminée.

Il faut donc attendre le chapitre de *Unended Quest* pour obtenir un argument qui parvienne au cœur de la solution de Brillouin. Le point de départ de la discussion reste le même. Le problème posé par la résolution chez Brillouin du paradoxe du démon de Maxwell tient au caractère statistique de la seconde loi de la thermodynamique. Mais le cadre de l'argument est beaucoup plus large et permet, cette fois-ci, de rendre parfaitement compte des enjeux épistémologiques de la position de Brillouin. L'introduction des probabilités en physique à partir de la mécanique statistique pose un redoutable problème d'interprétation. Comment doit-on comprendre le statut des probabilités impliquées par la théorie ? Les probabilités décrivent-elles un état objectif, réel, ou bien rendent-elles compte, selon l'interprétation subjective, uniquement de la situation d'incertitude du sujet connaissant ?

Il est clair que cette partition entre une interprétation subjective et une interprétation objective des probabilités constitue la pierre de touche de l'expérience du démon de Maxwell à la manière de Brillouin. Popper dégage ainsi le point central à partir duquel tout se joue chez Brillouin.

S'il accepte l'interprétation probabiliste de l'information comme l'interprétation probabiliste de l'entropie, il conteste en revanche l'idée, présentée comme une évidence chez Brillouin, selon laquelle il s'agirait dans les deux cas des mêmes probabilités. Pour Popper, et il s'agit là du point fondamental, l'équivalence entre probabilité informationnelle et entropique, qui en ferait « les mêmes attributs du même système », n'est satisfaisante intuitivement que dans le cas d'un gaz à une molécule. Dans ce cas, en effet, le mouvement du piston qui diminue l'entropie, dans le dernier temps du moteur de Szilard, correspond bien à une diminution de notre connaissance quant à la position de la molécule. De là, deux arguments qui visent à la réfutation définitive du dispositif de Szilard-Brillouin. Premièrement, même dans le cas favorable d'un gaz à une molécule, il n'y a en réalité besoin d'aucune mesure pour activer le moteur de Szilard. Savoir que la molécule est située à droite ou à gauche ne change rien, il suffit d'introduire le piston qui produira du travail sous l'action de la molécule, quel que soit le côté où celle-ci se situe. Deuxièmement, dans le cas d'un gaz à deux molécules au moins, la connaissance que je peux prendre de la position des molécules ne sert plus à rien. Imaginons qu'une molécule se situe à droite et l'autre à gauche, la connaissance de leur position n'est d'aucune aide et le piston ne saurait être activé. Le piston ne peut produire un travail que si les deux molécules se trouvent du même côté du cylindre. Mais alors, c'est l'agencement objectif des molécules qui permet d'activer le piston et non le savoir subjectif quant à cet agencement. Autrement dit, avec un gaz à une molécule, la mesure n'est pas nécessaire, avec un gaz à deux molécules, elle ne sert à rien et n'est pas suffisante pour faire fonctionner le moteur.

En résumé, l'équivalence entre information et entropie n'est satisfaisante intuitivement que dans le cas d'un gaz à une molécule. Or, même dans ce cas, l'expérience de pensée ne prouve rien car il n'y a besoin d'aucune connaissance pour actionner la machine. Dès que l'on passe à deux molécules, il devient évident que c'est la situation objective des molécules qui détient un pouvoir causal et que le savoir, tantôt utile, tantôt inutile, ne change rien à l'affaire.

La critique épistémologique de Popper est-elle vraiment décisive ? Le premier argument, portant sur le caractère superflu de la prise d'information pour actionner le moteur de Szilard, est discutable. Popper imagine un dispositif dans lequel le piston est couplé de chacun des deux côtés à un poids via une poulie de façon à ce que les poids ne puissent que monter. Mais à la fin du cycle, un poids est levé, et la corde qui maintient l'autre pend de manière relâchée. Autrement dit, le cycle n'est pas véritablement réversible et la position des poids représente une forme de mémoire quant à la position passée de la molécule qui doit être réinitialisée pour effectuer un nouveau cycle. Le moteur imaginé par Popper n'impliquant aucune connaissance quant à la position de la molécule ne peut donc fonctionner tel quel. Cette discussion pointe en direction du problème essentiel de la remise à zéro de la mémoire qui sera au principe de la seconde grande réfutation par Bennett[1].

Quoi qu'il en soit, que le premier argument de Popper fonctionne ou non, cela laisse inchangé le raisonnement principal : la situation de pensée de Szilard repose sur un gaz à une molécule ; or, la seconde loi de la thermodynamique n'a qu'une validité statistique, autrement dit, elle n'a rien à faire avec la situation du moteur de Szilard. Popper retrouve ici la signification originelle de l'expérience de pensée du démon de Maxwell. Le démon a vocation à montrer chez Maxwell que la connaissance intime du mouvement des molécules dans un gaz permettrait de violer la seconde loi, car celle-ci ne vaut que pour de larges quantités de matière pour lesquelles nous n'avons pas accès à une description microscopique exhaustive. L'expérience de Szilard repose précisément sur le cas d'une description microscopique exhaustive qui d'après Maxwell ou Popper tombe hors de la seconde loi.

> « Les expériences de pensée que j'ai proposées réfutent-elles la seconde loi de la thermodynamique (la loi de la croissance de l'entropie) ? Je ne le crois pas, bien que je croie que la seconde loi est en fait réfutée par le mouvement brownien. La raison en est la suivante : le postulat d'un gaz représenté par une molécule, M, n'est pas seulement une idéalisation (ce qui n'aurait pas d'importance), mais implique le postulat selon lequel le gaz est, objectivement, constamment dans un état d'entropie minimale. »[2]

Popper retrouve ainsi le problème de la nature du second principe qui motivait la rédaction du premier article de 1957. Mais le cadre de la discussion s'est entre-temps élargi. Le chapitre sur le moteur de Szilard-Brillouin appartient dans *Unended Quest* à une série de trois petits chapitres qui porte sur la question du subjectivisme en physique. Popper, qui décrit sa propre position comme un objectivisme et un réalisme, s'oppose à une position subjectiviste dont il estime qu'elle domine la philosophie contemporaine de la physique. La discussion des fondements de la position subjectiviste chez Popper offre une perspective remarquable sur la situation épistémologique du démon de Brillouin.

Le développement de la position subjectiviste repose pour Popper sur deux problèmes sérieux et sur un problème moins sérieux. Le premier pro-

1. Sur ce point, voir Harvey Leff et Andrew Rex (dir.), *Maxwell's Demon, Entropy, Information, Computing*, *op. cit.*, pp. 27-28.
2. Karl Popper, *Unended Quest*, *op. cit.*, pp. 192-193.

blème sérieux est celui de l'interprétation des probabilités en mécanique quantique, le second celui du caractère éventuellement subjectif de la flèche du temps. La question du démon de Maxwell et son interprétation dans le sens d'une entropie subjective constituent le problème « moins sérieux ». La situation du démon de Maxwell doit s'interpréter au fond pour Popper comme un faux problème quant à l'usage des probabilités. Pour comprendre ce qui fausse le problème, il faut revenir au cas de la mécanique quantique. La théorie quantique pose un véritable problème pour une interprétation objective des probabilités en physique. Le formalisme probabilitaire est en effet employé pour décrire non plus le comportement de larges masses de molécules, comme en thermodynamique statistique, mais le comportement de particules individuelles. Or l'interprétation objectiviste des probabilités la plus répandue, celle qui était disponible au moment de la formation de la mécanique quantique, celle de von Mises, Venn ou Reichenbach, repose sur la définition des probabilités en fonction de la fréquence relative à laquelle un événement se produit dans une suite d'occurrences. Les probabilités peuvent ainsi recevoir une interprétation objective dès lors qu'on s'intéresse à une série d'événements répétés. Pour un événement isolé, l'interprétation en termes de fréquence ne fonctionne plus et l'objectivité devient problématique. De là, selon Popper, le tournant subjectiviste adopté par les physiciens, qu'ils considèrent le formalisme quantique comme achevé, ou bien, à la manière d'Einstein, comme exprimant l'état incomplet de notre connaissance des phénomènes atomiques. Puisque l'on ne sait pas, on doit utiliser les probabilités. Tout l'effort de Popper depuis les années 1930 et *la logique de la découverte scientifique*, qui consiste à développer une théorie objective des probabilités fondée non plus sur la fréquence statistique, mais sur des tendances objectives (« *propensity interpretation* »), se comprend comme la tentative d'apporter une solution épistémologique objectiviste et réaliste aux paradoxes de la mécanique quantique. Si nous revenons maintenant à la situation du démon de Maxwell, celle-ci fournit un argument qui est beaucoup moins sérieux que la situation en mécanique quantique en faveur du subjectivisme. En effet l'expérience de Szilard consiste à se placer dans le cas d'un gaz à une molécule, en une sorte d'imitation de la situation qui prévaut en mécanique quantique, mais dans le cadre d'une théorie statistique qui porte de manière tout à fait traditionnelle sur le comportement de larges masses de molécules. Nul besoin en ce cas d'entreprendre le coûteux travail de constitution d'une interprétation tendancielle des probabilités, il suffit de montrer que le second principe est compatible avec une interprétation objective classique des probabilités.

La critique de Popper ne se contente donc pas d'isoler tel ou tel défaut dans le moteur de Szilard-Brillouin, elle permet d'en préciser les enjeux épistémologiques fondamentaux, d'autant plus facilement que Popper défend une position symétriquement opposée à celle développée par Brillouin. Popper n'est pas le seul à avoir attaqué Brillouin sur le principe d'une lecture subjective de l'entropie. Kenneth Denbigh, par exemple, a développé dans les années 1980 une critique qui est axée exactement sur le même point[1]. L'équivalence entre information et entropie repose chez Brillouin sur une lecture subjective de l'entropie qui considère l'entropie par définition comme l'expression d'un manque d'information de la part du sujet qui connaît. Mais la critique de Popper laisse ouverte la possibilité d'une interprétation objective de l'équivalence entre information et entropie, interprétation qui correspond sans doute beaucoup plus aux travaux effectifs de la cybernétique que l'interprétation développée par Brillouin.

Bennett

Au début des années 1980, Charles Bennett introduit un second type de critique, qui porte un coup fatal à la solution apportée précédemment par Brillouin au paradoxe du démon de Maxwell. Cette seconde critique ne repose plus sur des considérations épistémologiques, comme chez Popper ou Denbigh, mais sur des résultats fondamentaux en informatique théorique. Si l'on suit Bennett, ce n'est plus, contrairement à ce que présupposait Brillouin, dans la lignée de l'article de Szilard, l'acquisition d'information qui possède un coût thermodynamique et sauve la validité de la seconde loi, mais la destruction d'information impliquée lors de la remise à zéro de la mémoire du démon. Pour fonctionner, la machine de Szilard a besoin, comme il le reconnaissait lui-même d'une mémoire. C'est le coût de la réinitialisation de cette mémoire, et non celui de la mesure, qui sauve la seconde loi. Les mesures peuvent être effectuées sans augmentation d'entropie. Ce n'est pas le cas de la réinitialisation de la mémoire qui constitue une opération fondamentalement irréversible du point de vue physique.

Cette nouvelle solution, en apparence moins intuitive que la première, repose sur la combinaison de deux résultats fondamentaux : premièrement, il existe des processus logiquement et physiquement irréversibles dans les calculateurs et, deuxièmement, il est cependant possible de concevoir un calculateur intégralement réversible. Le premier résultat est démontré par Ralf Landauer en 1961, le second par Charles Bennett en 1973. Il faut attendre 1981 pour que Bennett applique ces résultats à la situation du démon de Maxwell et montre que la solution de Brillouin doit être aban-

1. Kenneth Denbigh, « How subjective is entropy ? », *Chem. Brit.*, 17, 1981, pp. 168-185, in Harvey Leff et Andrew Rex (dir.), *Maxwell's Demon, Entropy, Information, Computing, op. cit.*, pp. 109-115 et Kenneth Denbigh et J. S. Denbigh, *Entropy in relation to incomplete knowledge*, Londres, Cambridge University Press, 1985.

donnée. Seul l'effacement de la mémoire constitue un processus fondamentalement irréversible. Une mesure, une observation, ou de manière générale toute acquisition d'information, peut être accomplie de façon réversible. Il se trouve que Brillouin a étudié un cas, celui de l'observation au moyen d'un signal lumineux, pour lequel l'observation implique irréversibilité. Mais de ce cas particulier, il a tiré une règle générale non valide. Que Brillouin, et tous ceux qui ont adopté une solution similaire, ne se soient pas rendu compte du caractère erroné de l'inférence ne doit pas nous étonner, au vu du programme épistémologique dans lequel travaille Brillouin. Il y a, au moment où Brillouin écrit, principalement en raison des résultats en mécanique quantique, une évidence partagée en faveur de l'idée selon laquelle toute mesure vient perturber le phénomène étudié et introduit des effets irréversibles.

La démonstration du caractère physiquement irréversible d'une opération logiquement irréversible comme l'effacement de la mémoire intervient dans l'article de 1961 de Ralf Landauer, « Irreversibility and Heat Generation in the Computing Process ». La question posée est celle des limites physiques ultimes des processus de traitement de l'information. Les processus de traitement de l'information ne se résument pas à des échanges de symboles dans un milieu spirituel et éthéré mais impliquent toujours nécessairement des transformations physiques réelles. Quelles sont donc les limites et les conditions physiques du traitement de l'information ?

L'opération de remise à zéro d'une mémoire est une opération logiquement irréversible. On entend par opération logiquement irréversible une opération pour laquelle la connaissance de l'état final ne permet pas, à elle seule, de « remonter » à l'état initial, sans utiliser d'information supplémentaire. Lorsqu'une mémoire est remise à zéro, on ne peut généralement pas retrouver l'état antérieur de la mémoire. L'information qui y était stockée est irrémédiablement perdue. L'opération est logiquement irréversible. La thèse de 1961 est que « l'irréversibilité logique implique une irréversibilité physique, et que cette dernière est accompagnée par des effets dissipatifs. » À chaque état logique doit correspondre un état physique. La réinitialisation de la mémoire diminue le nombre d'états dans lequel se trouve le système réduisant ainsi son entropie et exigeant une augmentation correspondante de l'entropie de l'environnement. À l'inverse, on peut, a priori, extraire du travail d'une mémoire réinitialisée et bien ordonnée[1].

Poursuivant le travail de Landaeur dans « Logical Reversibility of Computation », Bennett montre, contre toute attente, qu'une machine uni-

1. Charles Bennett, « The thermodynamics of computation – a Review », *Int. J. Theor. Phys.*, 21, 1982, pp. 905-940, in Harvey Leff et Andrew Rex (dir.), *Maxwell's Demon, Entropy, Information, Computing*, *op. cit.*, pp. 242-243.

verselle peut être rendue totalement réversible. L'idée est que l'on peut construire des machines qui évitent de manière ingénieuse l'opération irréversible d'effacement de la mémoire. Le principe en est le suivant.

On pourrait construire une machine réversible en un sens trivial, en se contenant d'ajouter un dispositif qui enregistre chacun des pas de calcul et permette ainsi de revenir aux prémisses à partir du résultat. Mais, comme l'avait déjà noté Landauer, on ne fait alors que déplacer le problème dans la mesure où l'enregistrement supplémentaire devra en définitive être lui aussi effacé, opération irréversible. Pour être pleinement réversible le calculateur doit être capable en quelque sorte de se « nettoyer » lui-même de l'information superflue pour ne plus conserver à la fin que le résultat du calcul original et sa prémisse obtenue par un calcul réversible.

La solution du problème repose sur une modification du principe original de Landauer. Une mémoire remplie de données aléatoires ne peut être effacée qu'au moyen d'un processus irréversible. Mais, ajoute Bennett, l'historique des pas de calcul généré par un calculateur n'est pas aléatoire et l'on peut se passer de l'irréversibilité en exploitant la redondance existant entre cet historique et le calcul qui l'a produit. Il faut alors introduire à la fin du premier calcul un second processus qui utilisant l'inverse de la fonction de transition de la première machine refera le calcul pas à pas, en

A

Computation Stage	Contents Work area	of History area	Output area
	_INPUT	_	_
Untidy	WORK	HISTO_	_
	_OUTPUT	HISTORY_	_
	OUTPUT	HISTORY_	OUT_
Copy output	OUTPUT_	HISTORY_	OUTPUT_
	_OUTPUT	HISTORY_	_OUTPUT
Cleanup	WORK	HISTO_	_OUTPUT
	_INPUT	_	_OUTPUT

Fig. 27 – Le schéma d'un calcul réversible chez Bennett. La machine réversible possède trois zones de stockage : une zone de travail (*Work area*) au sein de laquelle se déroule le calcul, une zone d'historique (*History area*) au sein de laquelle les étapes du calcul sont provisoirement sauvées, et enfin une zone de résultat (*Output area*). Au point de départ, la zone de travail comporte les données du problème (*input*), les zones d'historique et de résultat sont vides. Le calcul se déroule en trois phases. Les tirets bas (_) représentent la position de la tête de lecture/écriture dans chacune des zones. Lors de la première étape (*untidy*), le calcul est effectué, comme un calcul irréversible dans la zone de travail, mais les pas de calcul sont conservés dans l'historique. Le résultat du calcul est ensuite copié (*copy output*) dans la zone de résultat. Enfin, le calculateur « défait » (*cleanup*) le premier calcul en utilisant l'historique et retrouve les données initiales. Lors de la phase finale ne restent plus que les données initiales et le résultat du calcul qui a été sauvegardé dans la zone de résultat. D'après Charles Bennett, « The thermodynamics of computation – a Review », *op. cit.*, in Harvey Leff et Andrew Rex (dir.), *Maxwell's Demon, Entropy, Information, Computing, op. cit.*, p. 233.

défaisant en quelque sorte ce que la première machine a fait. Pour obtenir la machine réversible désirée, qui fait et défait un calcul originellement irréversible, il suffit d'introduire une étape réversible de copie qui en sauvegarde à la fin du premier calcul le résultat. À la fin du cycle, on dispose ainsi du résultat intact du premier calcul et de la prémisse reconstituée lors du second temps.

Le premier article, celui de Landauer, nous apprend que la réinitialisation de la mémoire est un processus irréversible, le second, celui de Bennett, que l'ensemble des autres processus impliqués dans un calcul peuvent être rendus réversibles. Or, une opération de mesure peut se ramener à une opération de couplage ou d'écriture, et donc à une opération réversible. Elle ne « coûte » pas nécessairement, contrairement au postulat de Brillouin. Le principe d'une nouvelle solution au paradoxe du démon de Maxwell est donc présent dès le second article, de 1973, de Bennett. Il faut cependant attendre 1981 pour que ce dernier songe à appliquer directement ces résultats à la situation du démon de Maxwell, dans un article intitulé « The Thermodynamics of Computation – a Review », qui fait le point sur l'état des recherches et présente en particulier divers dispositifs physiques à même de réaliser des calculs réversibles. Il est évident que les ordinateurs dont nous disposons, de part la taille des composants et les processus physiques qu'ils emploient, sont fondamentalement irréversibles. On peut cependant imaginer des dispositifs qui obéissant aux lois de la physique présentent la propriété de réversibilité. Bennett introduit en 1981 deux modèles en particulier : le modèle « balistique » de Fredkin et Toffoli qui repose sur les collisions parfaitement élastiques de petites boules à vitesse égale dont les trajectoires sont dirigées par des barrières fixes. La position des boules à la fin du calcul nous donne le résultat. Obéissant aux lois de Newton, leur mouvement peut être intégralement inversé. L'inconvénient d'un tel modèle est qu'il est absolument vulnérable à la moindre interférence et au bruit.

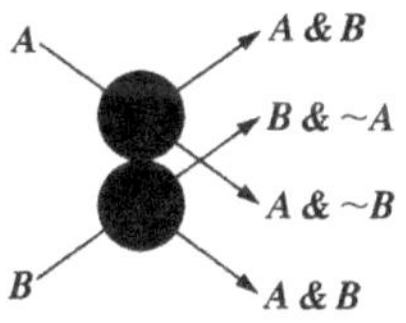

Fig. 28 – Un modèle de calcul à partir de collisions entre boules de billards idéales. Les données sont représentées en entrée par la présence ou l'absence des boules sur les trajectoires possibles. Reproduit à partir de Charles Bennett, « Notes on the history of reversible computation », op. cit., in Harvey Leff et Andrew Rex (dir.), *Maxwell's Demon, Entropy, Information, Computing*, *op. cit.*, p. 285.

Bennett propose alors une seconde série de calculateurs réversibles, sur le modèle de la reproduction biologique de l'ADN, qui intègrent le mouvement brownien. Les ordinateurs browniens de Bennett reprennent le problème du démon de Maxwell précisément là où Smoluchowski l'avait laissé. Qu'un ordinateur brownien soit capable, en apparence, de violer la seconde loi de la thermodynamique, rend caduque la suggestion de Smoluchowski selon laquelle il faudrait faire appel à l'intelligence du démon. Au fond la solution de Bennett, aux antipodes de la lecture standard de l'article de Szilard, n'est cependant pas si éloignée des intentions originelles de l'article. Tout comme chez Szilard, au moins dans la seconde partie de l'article, la question porte sur l'existence de dispositifs automatiques susceptibles de violer, à condition de disposer d'une mémoire, la seconde loi. La solution de Bennett exige cependant de localiser autrement l'augmentation de l'entropie. Comme Bennett lui-même le reconnaît, Szilard n'était pas passé si loin de la solution.

> « Ironiquement, Szilard est arrivé très près de comprendre le coût thermodynamique de la destruction de l'information. À la fin de son article, après avoir suivi une version de son démon au cours d'un cycle complet, il a découvert que la réinitialisation du démon pour la préparation de la prochaine mesure générait k ln 2 d'entropie. Malheureusement, il n'a pas poursuivi ce résultat au point de reconnaître que la destruction d'information possède toujours un coût thermodynamique, et que par conséquent aucun coût thermodynamique n'a besoin d'être postulé pour l'acquisition d'information. La découverte partielle de Szilard a été perdue lorsque les chercheurs suivants ont négligé la réinitialisation et ont cherché au contraire à prouver en détail l'irréversibilité de divers processus de mesure, en particulier ceux par lesquels le démon observe la molécule au moyen de la lumière. »[1]

Appliqué au problème du démon de Maxwell, les résultats de Landauer et Bennett conduisent à une solution qui supplante la solution de Brillouin. Les mesures opérées par le démon peuvent être rendues réversibles pourvu que l'appareil de mesure soit réinitialisé avant le processus. Le seul acte fondamentalement irréversible, qui empêche le démon de violer la seconde loi, est la réinitialisation de l'appareil afin de préparer la mesure suivante.

Comment cette nouvelle critique de la solution de Brillouin peut-elle s'articuler avec les critiques épistémologiques précédentes comme celles de Popper ? À un premier niveau de lecture, les deux apparaissent foncièrement incompatibles. La critique de Bennett consiste, en effet, en une nouvelle solution à un problème dont Popper considère qu'il est en réalité dénué de signification. Landauer et Bennett, après tout, ne disqualifient pas l'association entre information et entropie ; bien au contraire, ils lui donnent une nouvelle jeunesse. Popper en revanche semble contester le principe même de l'association.

1. Charles Bennett, « Notes on the history of reversible computation », *op. cit.*, in Harvey Leff et Andrew Rex (dir.), *Maxwell's Demon, Entropy, Information, Computing*, *op. cit.*, p. 282.

Cependant, il est clair que la critique par Popper prend son sens dans le cadre d'une critique plus générale de la position subjectiviste en physique. L'association entre information et entropie apparaît à Popper comme une des tentatives pour fonder en physique la position subjectiviste. Or, il est manifeste que ni Landauer ni Bennett n'adoptent ni de près ni de loin une position subjectiviste ; ils défendent au contraire des positions réalistes, qui se situent du même côté que Popper. Aussi, la solution de Landauer et Bennett, jaugée à l'aune de la critique épistémologique de Popper, doit nous inciter à distinguer entre différents usages, radicalement hétérogènes quant à leurs enjeux philosophiques et épistémologiques, de l'association entre information et entropie dans le cadre de la situation du démon de Maxwell. Il n'est pas sûr que Popper puisse trouver quoi que ce soit à redire à la solution objectiviste et réaliste de Landauer et Bennett. Loin de s'opposer frontalement à la critique de Popper, on peut considérer que la solution de Landauer et Bennett explore un autre pan de la relation information-entropie. En cela, elle la prolonge et l'achève : c'est une interprétation objectiviste de la question du démon de Maxwell qui porte le coup de grâce à la position subjectiviste honnie.

Reste, cependant, le problème délicat de la nature statistique de la seconde loi, sur laquelle Popper fonde une grande partie de son argument. La solution de Bennett considère en effet, sans plus de question et à la manière de Szilard, le cas d'un gaz à une molécule. Or Popper considère ceci comme une idéalisation fondamentalement erronée. L'usage du concept d'entropie et du second principe est-il justifié dans une telle situation ? La difficulté peut sans doute être esquivée si l'on considère que Bennett ne fait pas usage du concept standard d'entropie, mais de la version algorithmique introduite par Kolmogorov, qui autorise le calcul de quantité d'information pour des objets singuliers.

Le point essentiel est que la solution de l'énigme du démon par Landauer et Bennett rompt avec la solution admise depuis Brillouin sur deux plans à la fois. Premièrement, la solution de Bennett invite à considérer que le principe fondamental qui régit l'univers de l'information n'est plus la dépense lors d'une opération d'acquisition d'information, mais la dépense lors d'une opération de compression. La question du rapport entre information et entropie est conservée : mathématiquement, l'adaptation est marginale, mais philosophiquement les conséquences sont considérables. Le problème de Bennett n'a plus rien à voir avec un quelconque fondement de la position idéaliste et subjectiviste en physique. Le terrain de la solution de Bennett est une position qui est fondamentalement objectiviste et réaliste, qui repose sur la physique des automates de calcul. Ce point est tout à fait clair dès le premier article de Landauer lorsque ce dernier explique qu'il n'a nul besoin de la connexion entre information et entropie telle qu'elle est habituellement conçue. La connexion entre information et entropie chez Landauer résulte simplement du fait que « chaque bit doit être localisé dans un système physique »[1]. Rien dans une telle formulation ne laisse prise à une interprétation subjectiviste du rapport entre information et entropie. Le lien entre information et entropie provient de la seule nécessité de localiser en dernière instance l'information dans des systèmes physiques. Cette inscription matérielle définit les conditions limites du traitement de l'information qui ne doit pas être considéré autrement que comme un processus de nature physique. Landauer a résumé de manière particulièrement vive l'esprit profondément réaliste d'un tel programme de recherche, dans son article de 1986, « Computation : a Fondamental Physical View ».

> « L'information, numérique ou de quelque autre sorte, n'est pas une abstraction, mais est inévitablement attachée à une représentation physique. La représentation peut être un trou dans une carte perforée, l'orientation du spin d'un électron, l'état d'un neurone ou une configuration ADN. En réalité, le software n'existe pas, au sens strict d'une information désincarnée [...]. Le traitement de l'information est inévitablement attaché à l'univers physique, à son contenu et à ses lois. »[2]

Cette profession de foi réaliste décrit le programme d'une physique de l'information en tout point opposée à celle de Brillouin. Dans les travaux de Landauer et Bennett l'information est traitée de manière authentique comme un aspect du monde physique. Il n'y a pas de place pour une distinction aux relents spiritualistes entre l'information libre et l'information liée. Il n'y a que de l'information liée. Avec le problème de la mesure, disparaît le problème de l'observateur. De même que l'interprétation subjective des probabilités dans la fonction entropie était au principe de la solution de Brillouin, l'interprétation objective de l'information commande les résultats de Landauer et Bennett. À quoi bon s'interroger sur les conditions physiques des processus logiques irréversibles comme Landauer ou réversibles comme Bennett si l'on conçoit l'information comme un terme immatériel relevant du pur royaume des symboles ? Aussi, l'enjeu de ce programme n'est plus de ramener toute la physique aux conditions phénoménologiques de la prise de mesure, mais bien de physicaliser l'information et de déchirer le voile d'une information désincarnée. Le software n'existe pas. L'arrière-monde des symboles et du traitement algorithmique pur de l'information doit être ramené du ciel sur la terre.

Il est tout à fait frappant que lors de cette tentative, Bennett comme

1. Ralf Landauer, « Irreversibility and heat generation in the computing process », *op. cit.*, in Harvey Leff et Andrew Rex (dir.), *Maxwell's Demon, Entropy, Information, Computing*, *op. cit.*, p. 192.

2. Ralf Landauer, « Computation : a fundamental physical view », *Phys. Scr.*, 35, 1987, pp. 88-95, in Harvey Leff et Andrew Rex (dir.), *Maxwell's Demon, Entropy, Information, Computing*, *op. cit.*, pp. 260-262.

Landauer proposent une description du démon de Maxwell quasiment identique à celle de Wiener, lorsqu'ils considèrent des démons agissant sur le modèle des enzymes dans la réplication de l'ADN. La leçon du programme de Landauer et Bennett est que l'analogie entre information et entropie peut s'interpréter en un sens véritablement physicaliste et réaliste. Il n'y a pas une seule interprétation de l'analogie, mais bien plusieurs et qui engagent des options philosophiques et épistémologiques radicalement opposées. Quel rapport le programme de Landauer et Bennett entretient-il avec le programme cybernétique ? La question exige quelques nuances. Il est évident qu'un des premiers résultats majeurs de Landauer et Bennett a été de disqualifier le principe selon lequel chaque opération de calcul logique possède un coût thermodynamique minimal. Or ce principe remonte à Von Neumann. L'informatique théorique détruit donc une erreur associée à la cybernétique. Pour autant, il est évident que s'il n'en conserve pas les résultats, le programme de Landauer et Bennett demeure pourtant exceptionnellement proche, dans l'esprit, du programme des cybernéticiens. Si le résultat de Von Neumann peut être annulé, ce n'est pas seulement parce les cybernéticiens auraient été abusés par le principe du coût de la mesure, mais aussi parce qu'ils ont posé les premiers les questions d'une physique objectiviste de l'information. Au-delà de l'interprétation originale du démon par Wiener, toute la théorie des automates de Von Neumann, avec des questions comme celle de la stabilité au regard de l'emploi de composants instables, pose les jalons d'une authentique physique du traitement de l'information.

6
LE RÔLE DU DÉMON DANS LA CYBERNÉTIQUE

Il est question du démon de Maxwell à plusieurs reprises au sein de l'œuvre de Wiener. L'expérience du démon fournit ainsi un cadre au sein duquel interpréter l'analogie entre information et entropie. La cybernétique conçoit de manière originale la connexion entre physique et théorie de l'information. On peut en effet montrer que la mention du démon de Maxwell sert avant tout à assurer une passerelle entre la physique et les sciences du vivant. Le démon fonctionne chez Wiener comme une interface entre théorie de l'information, physique et physiologie. Il présente sous une forme incarnée les postulats fondamentaux qui gouvernent en cybernétique la théorie des automates naturels et artificiels. Le démon incarne à lui seul le choix d'une information incarnée.

Première mention dans Cybernetics

La question du démon de Maxwell apparaît à deux reprises dans le *Cybernetics* de Wiener. Il y est d'abord fait allusion lors de l'introduction, dans le passage décisif où se trouve affirmée l'équivalence entre information et entropie. Information et entropie sont considérées comme des mesures de l'organisation et de la désorganisation des systèmes physiques. Cette première mention, rapide, du démon de Maxwell nous donne une idée assez exacte de sa fonction au sein de la cybernétique.

Le contexte de cette première mention est le suivant : Wiener vient tout juste d'insister sur la puissance d'unification de l'étude de l'information pour les disciplines de l'ingénieur. L'étude de l'information, si on la replace dans le contexte de l'analyse statistique des séries temporelles, permet d'unifier des disciplines aussi différentes que la théorie du contrôle par feedback, le design des filtres ou encore la théorie de la prédiction. Il s'agit là du résultat fondamental de la première cybernétique, qui rassemble sous la législation du concept d'information toute une série de disciplines d'ingénieurs jusqu'alors envisagées séparément.

Mais la puissance d'unification de la théorie de l'information ne s'arrête pas là, insiste Wiener. Comme discipline mathématique, elle relève fondamentalement des méthodes développées en mécanique statistique. L'étude du traitement de l'information doit donc s'envisager comme une branche de la physique. Cette relation d'inclusion de la cybernétique dans la physique mobilise l'association, dès lors considérée comme naturelle, de l'information à l'entropie. Or, une telle association, argumente Wiener, livre ses enseignements dans la situation du démon de Maxwell. Wiener lie ainsi, sans doute pour la première fois de manière authentique, information, entropie et démon de Maxwell. Cette première liaison possède un caractère profondément original au regard des développements ultérieurs comme ceux que l'on trouve chez Brillouin. La question du démon est en effet appelée chez Wiener à partir d'une réflexion sur la biologie. Wiener cite d'ailleurs à ce moment-là le *What is Life ?* de Schrödinger.

La fonction du démon consiste chez Wiener à offrir une interface entre les questions de physique et les questions de biologie. Cela n'a rien de surprenant dans la mesure où la cybernétique se définit avant tout comme une entreprise d'extension des concepts de l'ingénierie des télécommunications et du traitement de l'information à la physiologie : science du contrôle et de la communication chez l'animal et la machine. La relation entre information et entropie, envisagée à partir de l'expérience de pensée du démon de Maxwell, prend donc sens à l'intersection de la physique et de la biologie, si l'on suit le texte de Wiener. À quoi sert l'analogie information-entropie pour la cybernétique ? À quoi sert le démon de Maxwell ? À étendre le royaume de la théorie de la communication, désormais considérée comme une branche de la mécanique statistique, aux phénomènes biologiques.

> « La notion de quantité d'information se rattache d'elle-même naturellement à une notion classique en mécanique statistique : celle d'entropie. [...] Ce point de vue nous mène à un certain nombre de considérations concernant la seconde loi de la thermodynamique, et à une étude de la possibilité de soi-disant démons de Maxwell. De telles questions ont surgi de manière indépendante de l'étude des enzymes et autres catalyseurs, et leur étude est essentielle à une compréhension adéquate des phénomènes fondamentaux de la vie comme le métabolisme et la reproduction. »[1]

Le démon de Wiener

Conformément à ce programme, la situation du démon de Maxwell est discutée de manière plus approfondie lors du passage qui conclut le deuxième chapitre, « Groups and statistical mechanics ». Ce chapitre porte

1. Norbert Wiener, *Cybernetics*, *op. cit.*, p. 11.

sur les concepts fondamentaux de la mécanique statistique, présentés à partir de l'œuvre de Gibbs. Il s'achève par une discussion de nature plus philosophique et moins technique, comme cela est courant dans *Cybernetics*, sur la question du démon de Maxwell. À titre d'exemple, le chapitre suivant inclut une discussion du principe d'incertitude.

Le contexte de la discussion de l'expérience du démon de Maxwell est le suivant : ayant défini le concept d'entropie, comme une propriété des régions dans l'espace des phases, s'exprimant par le logarithme de leur probabilité, Wiener se demande dans quelle mesure cette définition peut être appliquée aux cas des êtres vivants. Qu'est-ce que les lois physiques associées à la notion d'entropie peuvent nous apprendre sur les êtres vivants ? Wiener est confronté à une objection. L'étude des systèmes thermodynamiques porte en effet habituellement sur des systèmes à l'équilibre ou proches de l'équilibre ; or, tel n'est manifestement pas le cas des vivants. Aussi les concepts thermodynamiques classiques, comme l'efficacité thermique, ne sont pas adaptés à la biologie, reconnaît Wiener. « La mécanique statistique de Gibbs peut bien être un modèle relativement adéquat de ce qui se passe dans le corps ; l'image suggérée par la machine thermique ordinaire ne l'est point. »[1]

L'enjeu de cette discussion consiste à promouvoir un nouveau type d'explication physicaliste des phénomènes biologiques, distinct des explications énergétistes traditionnelles. On reconnaît ici un des points clés de la première cybernétique, qui s'attache à distinguer les transferts d'énergie et les transferts d'information, afin de promouvoir ces derniers comme modèles explicatifs. McCulloch et Pitts mènent une opération similaire en 1943 lorsqu'ils introduisent une description logique du fonctionnement du cerveau qui s'éloigne de l'interprétation énergétiste de Rashevsky. La situation du démon de Maxwell offre ainsi l'occasion de nouer pour la cybernétique physique, théorie de l'information et biologie.

Wiener utilise une description de la situation du démon tout à fait classique et fort semblable à celle donnée par Maxwell dans *la théorie de la chaleur*. Autrement dit, nous avons affaire à un démon qui trie les molécules en fonction de leur vitesse. Wiener, conformément à la suggestion de Maxwell, ajoute que le démon peut être considéré indifféremment comme un petit être anthropomorphe ou comme un mécanisme automatique. Contrairement à ce que l'on trouve chez Brillouin ou Szilard, il n'est donc pas question chez Wiener d'un démon de pression, d'un gaz à une seule molécule, ou même de l'intelligence du démon. L'interprétation de Wiener est en tout point semblable à la situation originale définie par Maxwell, à ceci près que Wiener considère le démon comme un problème à résoudre, qui plus est un problème difficile.

1. Norbert Wiener, *Cybernetics*, *op. cit.*, p. 57.

La solution de Wiener est extrêmement originale, tout en combinant un certain nombre d'éléments déjà existants dans la littérature. Son argument fonctionne essentiellement en deux temps. Premièrement, nous dit Wiener, il ne faut pas considérer uniquement l'entropie du gaz, mais l'entropie totale du système formé par le gaz et le démon. Le gaz n'est en réalité qu'un sous-système non isolé dans le système total. Son entropie peut donc décroître sans violer la seconde loi. Mais le problème se reporte alors sur l'entropie du démon lui-même. Si l'entropie du gaz peut décroître, il n'en va pas de même de celle du démon, si le bilan doit être maintenu conforme à la seconde loi. Wiener reprend ici un argument avancé en 1923 par Lewis et Randall, qui mettait déjà l'accent sur la question de l'entropie du démon[1]. Il faut donc considérer le système dans son ensemble – gaz + démon –, et s'intéresser à l'évolution de l'entropie de ce dernier.

Or, explique Wiener, dans un deuxième temps, sur le long terme l'entropie du démon ne peut que croître. En effet, l'acquisition d'information ne peut se faire sans une forme, au moins minimale, de couplage énergétique. Le transfert d'information a beau avoir lieu à des niveaux d'énergie très faibles, le démon est nécessairement couplé avec le gaz. Certes, le transfert d'énergie peut rester pour un temps considérable quasiment insignifiant par rapport au transfert d'information, il n'en reste pas moins que, au final, le démon devra être sujet aux mêmes fluctuations aléatoires que le gaz. Le démon est progressivement gagné par le bruit, il cesse peu à peu de fonctionner et sombre avec son environnement. Le démon cybernétique se métamorphose alors en une créature leibnizienne, peu à peu étourdie par une multitude de perceptions évanouissantes.

> « Sur le long terme, le démon de Maxwell est sujet à un mouvement aléatoire fonction de la température de son environnement et comme Leibniz le dit de ses monades, il reçoit énormément de petites impressions qui le plongent dans « une sorte de vertige », le rendant incapable de perceptions claires. Il cesse alors d'agir comme un démon de Maxwell. »[2]

Autrement dit, si le démon peut bien fonctionner pendant un temps, il est, à terme, condamné à être emporté à son tour par la dégradation du système qu'il forme avec le gaz. Wiener retrouve ici un argument similaire à celui avancé par Smoluchowski en 1912 qui montrait que n'importe quel système mécanique conçu pour jouer le rôle du démon se retrouverait nécessairement soumis, à terme, du fait de ses échanges énergétiques avec le gaz à des mouvements aléatoires rendant impossible sa fonction de sélection. Wiener tire cependant une conclusion tout à fait originale du résultat

1. G. Lewis et M. Randall, *Thermodynamics and the free energy of chemical substances*, New York, McGraw-Hill Book Co., 1923. « On peut maintenir la loi de la croissance de l'entropie en postulant un accroissement de l'entropie au sein du démon plus que suffisant pour compenser la diminution en question. » Cité par Harvey Leff et Andrew Rex (dir.), *Maxwell's Demon, Entropy, Information, Computing*, *op. cit.*, p. 292.
2. Norbert Wiener, *Cybernetics*, *op. cit.*, p. 58.

de Smoluchowski. Au lieu de se dire, comme Smoluchowski, que pour opérer le démon devrait manifester une forme d'intelligence inexplicable par les lois de la physique, Wiener considère que le démon opère et peut opérer, du moins pendant un certain temps. Il n'y a pas de démon qui puisse réellement entretenir un mouvement perpétuel de second type. Mais l'intérêt de l'expérience du démon n'est pas là. Tout l'intérêt se situe lors de la période, limitée mais cruciale, pendant laquelle un démon peut effectivement fonctionner avant d'être emporté à son tour par le bruit de fond aléatoire de l'univers.

Le démon de Maxwell ne peut donc fonctionner en tant que tel que pour un certain temps. C'est la thèse de Wiener. Pendant ce temps, il transforme effectivement de l'information en entropie négative. Mais sa propre entropie ne peut qu'augmenter corrélativement, suite à quoi il devient lui-même instable. Nous avons là une solution originale qui repose sur une distinction entre le temps court pendant lequel le démon peut effectivement fonctionner, à la manière de Szilard ou de Brillouin en quelque sorte, transformant de l'information en entropie négative, et le temps long pendant lequel le démon se retrouve selon l'expression de Wiener « déconditionné ». Wiener cherche moins à exorciser le démon qu'à comprendre les conditions dans lesquelles celui-ci pourrait fonctionner, au moins pour un temps.

Une interprétation réaliste de l'information

Comment cette solution doit-elle s'interpréter d'un point de vue épistémologique ? Ce qui frappe c'est la façon dont la résolution de Wiener diffère de celle de Brillouin. Il serait erroné de considérer la solution de Wiener comme une version simplement moins élaborée que celle de Brillouin. Les deux solutions présentent, certes, un point commun avec la mention de la question de la radiation et des conditions quantiques de l'observation. Wiener note en particulier que « d'après la mécanique quantique, il est impossible d'obtenir une information donnant la position ou la vitesse de la particule, et encore moins des deux ensemble, sans un effet positif sur l'énergie de la particule examinée, effet qui excède un minimum dépendant de la fréquence de la lumière utilisée pour l'observation. »[1] On reconnaît là le principe de la solution de Brillouin qui permettra de calculer la quantité minimale d'entropie consommée par n'importe quelle observation. Mais il est manifeste que Wiener ne fait pas du tout le même usage de ce principe. Non seulement la question du coût des observations n'est pas dégagée en tant que telle, mais Wiener considère que le démon de Maxwell peut fonctionner bien au-delà d'un cycle. La solution à l'énigme du démon

1. Norbert Wiener, *Cybernetics*, *op. cit.*, p. 58.

de Maxwell n'est pas apportée de manière directe par la question du coût des observations, mais par l'hypothèse du déconditionnement du démon au fur et à mesure de son action au sein du gaz. Ainsi, la référence à la mécanique quantique ne sert pas, comme chez Brillouin, le développement d'une théorie de la mesure ; elle sert à introduire le fait fondamental selon lequel il n'y a pas de transfert d'information sans un échange physique, même minimal. Loin de se développer dans le sens d'une théorie de la mesure, les remarques de Wiener renvoient à une position physicaliste et réaliste. Il n'y a pas d'information désincarnée, pas d'information sans échanges physiques. Il ne s'agit pas ici de faire passer toute la physique dans le royaume de l'information, mais bien plutôt toute l'information dans le royaume de la physique.

> « Le démon peut seulement agir en fonction de l'information reçue, et cette information [...] représente une entropie négative. L'information doit être transportée par quelque processus physique, disons par exemple une forme de radiation. »[1]

Le raisonnement de Wiener peut sans doute se reconstituer ici de la manière suivante : la théorie de la commande nous a appris à distinguer les transferts d'information et les transferts d'énergie. Les transferts d'information ont en général lieu à des niveaux d'énergie très faibles, et servent à piloter des mécanismes qui requièrent de haut niveau d'énergie. Il s'agit là d'un axiome de base de la cybernétique, celui-là même qui autorise Wiener à affirmer ailleurs que « l'information est l'information et non la matière ou l'énergie ». Le recours à la mécanique quantique permet cependant d'établir l'idée d'un couplage minimal et fondamental entre le transfert de l'information et les systèmes physiques. De ce couplage fondamental, on déduit, conformément à ce qu'affirmait déjà Smoluchowski, que le démon associé au gaz finira par être vaincu et emporté par le bruit thermique. La référence à la mécanique quantique ne sert pas à constituer une théorie du coût fondamental de la mesure, mais à établir la réalité du couplage entre le démon et son environnement. Un transfert d'information prend toujours la forme d'une opération physique.

La solution de Wiener diffère donc de celle Brillouin par ses aspects techniques autant que philosophiques. Techniquement, elle constitue une sorte de tiers terme entre la position de Brillouin et la solution plus récente de Bennett. Comme chez Brillouin, Wiener s'inquiète du coût de la mesure, puisque c'est via le couplage requis par l'observation que le démon se retrouvera en fin de compte déconditionné. Mais, comme chez Bennett le problème fondamental concerne l'impossibilité pour le démon de maintenir ou de retrouver son état initial sans une intervention extérieure. Il n'est

1. Norbert Wiener, *Cybernetics*, *op. cit.*, p. 58.

certes pas question de la mémoire du démon chez Wiener, mais d'une manière ou d'une autre, pour continuer à agir le démon a besoin d'être réinitialisé.

Philosophiquement, l'élaboration de la situation du démon par Wiener penche, en revanche, très nettement du côté de Bennett. Qu'est-ce qui intéresse Wiener dans cette affaire du démon ? Ce n'est manifestement pas la dimension subjective de l'entropie en physique. Le problème n'est jamais quel est le rôle de l'observateur et comment comprendre l'introduction des probabilités en physique, de façon subjective ou bien objective, mais plutôt, qui sont les démons, c'est-à-dire quels systèmes, notamment biologiques, peuvent jouer de façon transitoire le rôle de démons de Maxwell.

De fait la question des probabilités en physique est tranchée pour Wiener depuis le premier chapitre de *Cybernetics* : l'usage des probabilités est certes fonction de notre connaissance insuffisante de l'ensemble des paramètres, mais il reflète en réalité pour Wiener la nature même de l'univers. Le passage suivant, extrait de *Cybernétique et Société*, donne une version imagée et particulièrement incontestable de cette thèse objectiviste :

> « Ainsi le hasard (chance) a été admis, non pas simplement comme un instrument mathématique pour la physique, mais comme une partie de la chaîne et de la trame [de l'univers]. [Il faut reconnaître] un élément fondamental de hasard dans la texture de l'univers lui-même. »[1]

L'usage des probabilités doit ainsi s'interpréter de manière réaliste chez Wiener. Toute sa philosophie de la physique s'oppose à une interprétation purement instrumentaliste des théories mathématiques. Les mathématiques n'ont pas seulement un rôle d'outil commode pour décrire les enchaînements phénoménologiques, elles nous font accéder à la réalité même des choses. La distinction imagée entre le mal manichéen et augustinien poursuit la même finalité.

> « Par leur prise de conscience d'un élément fondamental de hasard dans la texture de l'univers lui-même, ces hommes [Gibbs et Freud] sont proches les uns des autres et proches de la tradition de saint Augustin. Car cet élément de hasard, cette incomplétude organique, est ce que nous pouvons considérer, sans trop tordre le langage, comme le mal ; le mal négatif que saint Augustin considère comme incomplétude, plutôt que le mal positif et malicieux des Manichéens. »[2]

L'interprétation physicaliste de l'information repose essentiellement sur trois thèses, énoncées lors du premier chapitre de *Cybernetics*. Premièrement notre univers est fondamentalement contingent et se caractérise par des processus irréversibles. Le hasard est une partie de la chaîne et de la

1. Norbert Wiener, *The Human Use of Human Beings, op. cit.*, p. 11.
2. *Ibid.*, p. 11.

trame de l'univers. Deuxièmement, les processus de communication et de traitement de l'information ne peuvent exister que dans un tel univers. Ils en portent la marque. Le traitement statistique des notions associées à la communication n'est donc pas seulement affaire de commodité mathématique. Enfin, troisièmement, dans un tel univers on assiste à des phénomènes d'évolution ou d'émergence, le hasard génère des formes dont certaines peuvent persister. L'information désigne ces formes transitoires, précaires, gagnées sur le hasard. Le démon de Maxwell est l'image d'un tel dispositif. Il renverse pendant un temps pour des raisons purement physiques liées aux processus fondamentaux du traitement de l'information le cours de l'entropie. Wiener, loin de considérer la question du statut physique de l'information comme une question accessoire, ainsi que le prétendait Hayles, affirme au contraire que celle-ci constitue « le cœur de la cybernétique ».

> « Dans la mesure où l'entropie s'accroît, l'univers et tous les systèmes clos de cet univers, tendent naturellement à se détériorer et à perdre leur caractère distinct, pour passer de l'état le moins probable à l'état le plus probable, d'un état d'organisation et de différenciation dans lequel des distinctions et des formes existent, à un état de chaos et d'indifférence. Dans l'univers de Gibbs l'ordre est le plus improbable et le chaos le plus probable. Mais alors que l'univers comme un tout, si tant est que l'univers forme un tout, tend à se détériorer, il y a des enclaves locales dont la direction semble opposée à celle de l'univers dans son ensemble et pour lesquelles il existe une tendance limitée et temporaire à l'accroissement de l'organisation. La vie trouve abri dans certaines de ces enclaves. Ce point de vue est le cœur de la cybernétique et c'est à partir de lui que la nouvelle science a commencé son développement. »[1]

Si la philosophie naturelle de la physique tend naturellement pour Wiener en faveur d'une interprétation objective des probabilités, à commencer par l'idée que l'entropie est une mesure de la désorganisation et l'information une mesure d'ordre, à quoi sert le démon dans le contexte de la cybernétique ? Il sert le grand projet des cybernéticiens, congruent avec celui de Schrödinger quoi qu'avec des méthodes renouvelées : étendre l'empire de la physique au vivant. Telle est en dernière instance la leçon de la situation du démon de Maxwell :

> « Il n'y a aucune raison de supposer que des démons métastables ne puissent exister en réalité ; de fait, les enzymes sont peut-être bien des démons de Maxwell métastables, diminuant l'entropie, sans doute pas en séparant les particules lentes des particules rapides, mais par quelque autre processus équivalent. Nous pouvons aussi bien regarder les organismes vivants, comme l'Homme lui-même, sous ce jour. Certainement l'enzyme et l'organisme vivant sont chacun métastables : l'état stable d'un enzyme est d'être déconditionné et d'un vivant d'être mort. »[2]

1. Norbert Wiener, *The Human Use of Human Beings*, *op. cit.*, p. 12.
2. Norbert Wiener, *Cybernetics*, *op. cit.*, p. 58.

Le démon n'est donc pas l'observateur, le démon c'est la cellule, l'enzyme, l'organisme. Le démon est à chasser du côté de ces systèmes biologiques métastables, capables de renverser pour un temps le cours de l'entropie, et de maintenir leur ordre ou homéostasie à travers le désordre et par le désordre.

L'analogie entre information et entropie est au fond susceptible d'une double lecture : soit on considère l'entropie comme essentiellement subjective, et l'on fait alors en quelque sorte du savoir un paramètre des système physiques, soit on pense l'information comme l'expression d'un ordre matériel précaire qui ne peut que gagner provisoirement contre l'entropie ou le bruit. Telle est la conception de Wiener qui se comprend bien mieux comme une tentative de traiter de manière physicaliste de l'information que comme un avatar du subjectivisme en physique. Il faut donc distinguer entre des positions comme celles de Brillouin et celles adoptées par la cybernétique. Il n'est pas impossible que la cybernétique soit au fond beaucoup plus proche des critiques de l'analogie entre information et entropie chez Brillouin que de la position de ce dernier ; beaucoup plus proche de la position réaliste et objectiviste de Popper, beaucoup plus proche du programme physicaliste de Landauer et Bennett.

L'analogie entre information et entropie paraît susceptible d'au moins trois grandes interprétations. Elle peut servir une philosophie idéaliste à la manière de Brillouin, mais aussi une représentation réaliste et physicaliste de l'information dans le cadre d'une thermodynamique du calcul comme chez Landauer et Bennett, ou enfin être mobilisée dans les théories, considérées comme représentatives de « la seconde cybernétique » de l'ordre par le bruit. Cette partition est cependant quelque peu affaiblie du fait de la référence positive au travail de Brillouin chez les partisans du principe d'ordre par le bruit. Henri Atlan, par exemple, prétend appuyer ses propres travaux sur les résultats de Brillouin[1]. Il n'est cependant pas impossible que la théorie de l'ordre par le bruit puisse se passer de l'analogie entre information et entropie, conçue à la manière de Brillouin à partir de la question de la mesure. La position cybernétique intègre des éléments qui vont manifestement dans le sens des deux interprétations objectivistes, physique du calcul et ordre par le bruit. Le physicalisme ne fait aucun doute. Il est sans doute vrai que la question de l'homéostasie et du maintien de l'organisation face au bruit domine la problématique des cybernéticiens. Il n'en reste pas moins que l'idée que le bruit puisse agir comme un générateur de formes et d'information apparaît, certes sous une forme qui n'est jamais totalement thématisée, à quelques reprises dans les travaux des premiers cybernéticiens. L'idée est présente en particulier dans le cha-

1. Henri Atlan, *L'Organisation biologique et la théorie de l'information*, *op. cit.*, p. 174.

pitre de *The Human Use of Human Beings* qui rend compte de façon élogieuse des travaux du cybernéticien britannique Ashby. Wiener y loue Ashby pour avoir introduit l'idée de formes résiduelles naissant de combinaisons aléatoires et capables de se maintenir pour un temps face à l'entropie.

> « Le concept de forme résiduelle est revenu sur le devant de la scène avec le travail du Dr. W. Ross Ashby. Celui-ci l'utilise pour expliquer le concept de machines apprenantes. Il montre qu'une machine dont la structure inclut un élément de hasard et de désordre aura certaines positions proches de l'équilibre et certaines positions éloignées de l'équilibre, et que les formes proches de l'équilibre dureront du fait de leur nature plus longtemps, alors que les autres n'apparaissent que de temps en temps. Le résultat est que dans la machine d'Ashby, comme dans la nature de Darwin, nous avons l'apparence d'une finalité dans un système qui n'est pas construit de manière finalisé, simplement parce que la finalité est par sa nature même transitoire. Bien entendu, sur le long terme, la grande finalité triviale du maximum d'entropie se révélera la plus résistante d'entre toutes. »[1]

Dans le même ordre d'idées, la théorie des automates autoreproducteurs de Von Neumann mentionne la possibilité que le bruit puisse être utilisé par les automates, à partir d'un certain niveau d'organisation et d'autonomie, de façon à augmenter leur complexité. Le bruit est conçu ici encore comme l'analogue des mutations dans le schème darwinien.

La cybernétique a donc choisi d'interpréter l'information de manière objectiviste et réaliste. Ce faisant, elle a pu anticiper sur les options théoriques de la physique du calcul et du principe d'ordre par le bruit, qui donnent corps à une représentation incarnée de l'information. On peut toujours discuter l'interprétation de la notion d'entropie comme expression du niveau d'organisation d'un système physique, telle qu'adoptée par la cybernétique. Toujours est-il qu'elle constitue une option clairement réaliste dans l'œuvre des cybernéticiens. On ne peut que mettre au crédit de ces derniers, contrairement à ce qu'affirment des lectures erronées comme celle de Hayles, de n'avoir pas cédé à la tentation de traiter l'information comme un terme purement logique, comme une affaire de symboles et de programme.

Il est évident que les successeurs de la cybernétique, en particulier les tenants de l'intelligence artificielle, ont pu considérer cette position comme un défaut ; une position beaucoup trop lourde à assumer du point de vue théorique et qui devrait être éliminée au profit d'une interprétation uniquement symbolique de l'information. Cette dernière interprétation élimine toute une série de questions et autorise un programme de recherche à l'effi-

1. Norbert Wiener, *The Human Use of Human Beings, Cybernetics and Society*, *op. cit.*, pp. 37-38.

cacité immédiate. Il n'en reste pas moins que la question de la dimension physique de l'information est une question épistémologique fondamentale, qui a ouvert la possibilité de programmes féconds, comme ceux de Landauer et Bennett ou des tenants de la seconde cybernétique. Elle correspond sans doute à une question philosophique fondamentale et qui ne peut être écartée.

7
LA SIGNIFICATION ÉPISTÉMOLOGIQUE DE LA THÉORIE DES AUTOMATES

Le développement de l'analogie entre information et entropie via l'expérience de pensée du démon de Maxwell représente un moment décisif dans la constitution cybernétique du concept d'information. La cybernétique a conçu l'étude du traitement de l'information comme une branche de la mécanique statistique. Cette relation originale d'inclusion de concepts issus de la théorie des télécommunications au sein de la physique est porteuse d'une double signification du point de vue épistémologique. Premièrement, elle nous indique que la théorie du traitement de l'information relève des mêmes outils statistiques que ceux qui ont été développés pour la physique. On doit donc s'attendre à une transposition des résultats obtenus en physique dans le domaine du traitement du signal. C'est déjà ce que Wiener a fait lorsqu'il a réutilisé, par exemple, ses travaux sur le mouvement brownien dans ses recherches de guerre sur la théorie de la prédiction et des filtres. Mais à un second niveau, cette inclusion signifie plus qu'une simple relation de dépendance instrumentale entre les concepts physiques et les concepts de la théorie de l'information. Elle implique une interprétation en dernier ressort physicaliste du traitement de l'information. Au niveau fondamental, le traitement de l'information doit être envisagé comme un processus intégralement physique. On trouve ici un des nœuds du matérialisme radical des cybernéticiens. Le recours au concept de traitement de l'information ne sert ni une réinterprétation idéaliste de la physique du point de vue de l'observateur, comme chez Brillouin, ni une étude purement logique des processus de traitement de l'information, comme en intelligence artificielle. Le hardware compte et ne s'efface pas devant le monde idéal du software et des opérations symboliques.

De cette physique de l'information la cybernétique n'a cependant pas retenu, hors quelques résultats marginaux, et, qui plus est erronés, le projet d'une thermodynamique du calcul à la manière de Landauer ou Bennett. C'est sans doute la théorie des automates de Von Neumann qui reflète le mieux l'interprétation originale du concept d'information au sein de la cybernétique. La théorie des automates possède une situation épistémologique remarquable. D'un côté, il s'agit, en un sens, d'une théorie formelle, et purement formelle, du traitement de l'information. La théorie repose, en effet, largement sur la mise entre parenthèses des conditions physiques effectives, le recours à des composants dont le comportement est idéalisé et qui sont traités comme des « boîtes noires ». Cependant, de l'autre côté, nous avons une théorie qui s'interdit le recours à un traitement de l'information simplement symbolique et qui cherche au contraire à rendre compte de la possibilité de ce traitement symbolique à partir d'un niveau plus fondamental. En ce sens, il y a la volonté manifeste d'expliquer les conditions de possibilité du traitement symbolique de l'information tel qu'il est pratiqué en informatique ou postulé dans les sciences cognitives. Enfin, la théorie des automates, si elle se développe comme une théorie formelle, vise toujours en dernière instance, chez Von Neumann, à rendre compte du traitement effectif, réel de l'information, en particulier au sein des organismes biologiques. L'automate abstrait, l'automate logique, n'est qu'une passerelle vers l'automate biologique.

La théorie des automates peut donc s'interpréter comme la poursuite, par d'autres moyens, du programme physicaliste inscrit dans la relation information-entropie. Nous avons affaire à une élaboration théorique qui propose une forme d'interface entre les différentes dimensions du concept cybernétique d'information. La théorie des automates fait se rejoindre dans une même trame l'information de l'informatique, l'information de la théorie des télécommunications, de la logique ou de la biologie. Dans son dernier texte, inachevé, sur la théorie des automates, Von Neumann écrit que la théorie occupe « une région intermédiaire entre la logique, la théorie de la communication et la physiologie. »[1] La théorie des automates est un des lieux à partir duquel les forces centrifuges du programme cybernétique peuvent être tenues en bride. Elle constitue à soi seule une petite philosophie de l'information et une épistémologie en acte. Elle est un miroir des engagements cybernétiques.

Le développement de la théorie des automates

On peut repérer quelques grands moments dans le développement de la théorie des automates, qui voient apparaître des directions de recherches ou des thèmes nouveaux. Ce que Von Neumann appelle théorie des automates recouvre essentiellement quatre grands champs de questions. Nous avons affaire, premièrement, à une interrogation sur la portée de l'analogie entre le cerveau et l'ordinateur. La théorie des automates fournit un appa-

1. Arthur Burks, *Theory of Self-reproducing Automata*, Urbana, University of Illinois Press, 1966, p. 91.

reil critique pour évaluer la pertinence de l'analogie et surtout tirer des résultats positifs des points sur lesquels celle-ci échoue. Cette question traverse toute l'œuvre. Elle est présente dans l'ensemble des interventions, jusqu'aux dernières conférences Silliman, rassemblées dans *L'Ordinateur et le cerveau*.

Deuxièmement, Von Neumann parvient à démontrer que certains automates possèdent une capacité d'autoreproduction. La question de l'autoreproduction représente une première approche du concept de complexité. À partir d'un certain seuil, on peut s'attendre à ce que certains automates soient en état de produire des automates au moins aussi complexes qu'eux. Cette démonstration de la capacité d'autoreproduction constitue donc le premier grand résultat de la théorie des automates. Il est présenté publiquement pour la première fois lors du symposium Hixon de Pasadena au mois de septembre 1948.

Troisièmement, à partir de 1949, une nouvelle question apparaît, qui prend la forme d'une théorie statistique des automates. Von Neumann cherche à préciser le degré de fiabilité que l'on peut attendre d'un automate composé d'éléments instables. Cette question reçoit un traitement statistique qui constitue une première rupture avec les ressources logiques employées jusqu'ici par la théorie.

Enfin, à partir de la fin de l'année 1952, Von Neumann introduit un nouveau modèle mathématique, celui des automates cellulaires, pour formaliser les questions précédentes. Il donne notamment une preuve d'existence de la construction d'un automate cellulaire autoreproducteur. La théorie des automates se développe donc en intégrant progressivement ces quatre directions de recherche : l'analogie ordinateur-cerveau, l'autoreproduction, le problème de la fiabilité à partir de composants instables, le modèle des automates cellulaires.

Les neurones de McCulloch et Pitts dans le First Draft of a Report on the Edvac

Le premier texte, dans lequel apparaissent les rudiments de ce qui deviendra la théorie des automates, est sans doute le « First Draft of a Report on the Edvac » du 30 juin 1945. Le design logique de l'ordinateur y est défini à partir de composants idéaux, analogues aux neurones de McCulloch et Pitts, avec leurs entrées inhibitrices et excitatrices, leurs sorties et leurs fonctions de seuil. Le « First Draft of a Report on the Edvac » introduit ainsi une première ébauche de la théorie des automates qui repose sur le « vocabulaire » de McCulloch et Pitts. La théorie des automates désignera la théorie de ces composants idéaux qui permettent, au moins dans un premier temps, de masquer la complexité physique inutile des composants réels. La théorie a cette propriété intéressante qu'elle surplombe le partage entre le vivant et la machine. Vivants comme machines, automates biologiques comme automates logiques, sont susceptibles d'un même type de description, en termes de traitement de l'information.

Mais le « First Draft » reste encore au seuil des décisions épistémologiques qui constitueront la théorie des automates. Il s'agit d'un premier pas, qui ne présente pour l'instant pas autre chose qu'une théorie abstraite du traitement de l'information. L'usage du formalisme de McCulloch et Pitts sert initialement à masquer la complexité physique au profit de considérations purement logiques. Cette première étape partage avec l'option fonctionnaliste le même principe d'indifférence vis-à-vis des réalisations matérielles. La physique de l'information se trouve rejetée à l'arrière-plan comme une entrave inutile, susceptible de compliquer le dégagement du niveau proprement logique du traitement de l'information.

Mais toute la position épistémologique de la théorie des automates va se jouer dans la modification du rôle assigné au formalisme de McCulloch et Pitts. Dès le « First Draft of a Report on the Edvac », nous avons un indice de la façon dont la première grammaire de la théorie des automates pourra être réinterprétée. La théorie abstraite des automates fondée sur le modèle de McCulloch et Pitts est en effet présentée comme une théorie incomplète. Il s'agit, nous dit Von Neumann, d'une théorie provisoire avant qu'on ne discute du design effectif des composants.

> « La procédure idéale consisterait à traiter les éléments comme ce qu'ils doivent être : autrement dit, des tubes à vide. Cependant, cela exigerait une analyse détaillée de questions d'ingénierie radio, à un stade peu avancé de la discussion où trop d'alternatives sont encore ouvertes pour être traitées de manière exhaustive et en détail. Aussi, les nombreuses possibilités alternatives pour construire les procédures arithmétiques, le contrôle logique, etc, se superposeraient aux possibilités également nombreuses quant au choix des types ou des tailles de tubes à vide et autres éléments du circuit du point de vue des performances pratiques, etc. [...] Cette simplification est seulement temporaire, elle n'est qu'un point de vue transitoire, afin de rendre cette discussion préliminaire possible. »[1]

La théorie se présente donc comme une simplification en attente d'une théorie physicaliste complète. Non seulement, la théorie n'a pas vocation à se substituer à la théorie complète, mais elle intégrera progressivement une remise en cause des éléments simples de McCulloch et Pitts. Un des champs de recherche de la théorie des automates portera précisément sur les améliorations à apporter au fonctionnement des composants de base pour les rendre plus conformes à ce que l'on sait des composants réels. Le recours au modèle de McCulloch et Pitts, conçu comme modèle incomplet,

1. John Von Neumann, « First draft of a report on the Edvac », *op. cit.*, pp. 8-9.

ouvre ainsi un champ de questions qui porte sur la complexification du comportement des composants de base. Les boîtes noires sont destinées à être ouvertes.

Tout le mouvement de la théorie des automates, dès lors qu'elle se développera pour elle-même, au-delà de la mention du modèle de McCulloch dans le « First Draft », consistera en effet à renverser complètement l'interprétation du rôle des composants formels. Ceux-ci ont été introduits au départ, dans l'article de McCulloch et Pitts, pour représenter de manière logique le fonctionnement du cerveau. Von Neumann les réemploie dans le « First Draft » pour représenter logiquement le fonctionnement des ordinateurs. Mais la théorie des automates prendra le problème de manière inverse. Il ne s'agira plus d'interpréter le cerveau ou les machines à partir de la logique, mais bien plutôt d'interpréter la logique à partir du fonctionnement des machines ou du cerveau, et de rendre compte ainsi à un niveau fondamental des possibilités du traitement logique de l'information. Ce qui est pris dans « First Draft » comme un point de départ, le calcul logique au moyen d'éléments idéalisés, apparaîtra, à l'aune du programme complet de la théorie des automates, comme un résultat ou une conclusion. Il s'agit d'essayer de rendre compte, de manière évidemment formelle et logique, des conditions physiques qui nous permettent de développer un discours formel et une logique.

La lettre du 29 novembre 1946 à Wiener

La théorie des automates prend véritablement corps au cours de l'année 1946, alors que Von Neumann est engagé dans le projet de calculateur de l'IAS. Au printemps 1946, il développe les premiers modèles d'automates autoreproducteurs et donne au mois de juin une série de lectures informelles à Princeton, qui formeront le canevas de son intervention au symposium Hixon en 1948. On peut se faire une idée de l'état de la réflexion de Von Neumann à la fin de l'année 1946 grâce à une lettre extraordinaire, adressée à Wiener le 29 novembre, dans l'intention de préparer leur rencontre début décembre. Cette lettre expose les motivations fondamentales de la constitution de ce qui ne s'appelle pas encore la théorie des automates. La lettre à Wiener constitue un exemple parfait de « rupture épistémologique ». Elle consiste en une discussion sur les programmes de recherches. Ce genre de discussion comporte toujours nécessairement un élément philosophique et implique une discussion qui fait retour sur le sens des concepts engagés. Ici, les concepts d'information et de traitement de l'information. Il s'agit sans doute d'un des moments clés de la première cybernétique.

La lettre nous donne une indication chronologique intéressante. Von Neumann mentionne qu'il a conçu depuis quasiment un an des doutes quant à la poursuite du programme originel de McCulloch et Pitts. La représentation abstraite du traitement de l'information telle qu'on la trouve dans le « First Draft » de juin 1945 aura finalement duré peu de temps. La théorie des automates apparaît comme le résultat de cette année de doutes qui voit Von Neumann réaménager radicalement l'usage qu'il avait fait du formalisme de McCulloch et Pitts. Von Neumann explique avoir tenu ses doutes en réserve faute d'un véritable programme alternatif. La théorie des automates s'impose comme cette alternative au sein du premier programme cybernétique.

En quoi consiste précisément le message de la lettre ? Von Neumann presse Wiener de changer de tactique. Jusqu'ici les cybernéticiens se sont intéressés surtout au fonctionnement du système nerveux central, en particulier humain, autrement dit à un objet de très haute complexité. En dépit de cette complexité, ils ont pu obtenir un résultat remarquable. Turing nous a appris qu'il existe des mécanismes universels capables de calculer n'importe quelle fonction calculable de premier ordre, et McCulloch et Pitts nous ont appris que le cerveau humain possédait les propriétés minimales d'un tel calculateur universel. Mais une fois ces résultats d'une très grande généralité assimilés, que peut-on montrer de plus, si ce n'est au moyen d'une véritable étude microscopique du système nerveux ?

> « Ce sur quoi il me semble important d'insister est qu'une fois la grande contribution de Turing-cum-Pitts-et-McCulloch assimilée, la situation est plutôt pire qu'avant. En effet, ces auteurs ont démontré avec une généralité absolue et désespérante que toute la logique de Brouwer peut être effectuée par un mécanisme approprié, et en particulier un mécanisme neuronal – et que même un mécanisme particulier peut être " universel ". Inversons l'argument : rien de ce que nous pouvons savoir ou apprendre au sujet du fonctionnement de l'organisme ne peut nous donner, sans un travail " microscopique ", cytologique, aucune clé quant aux détails avancés du mécanisme neuronal. »[1]

Ainsi, les seuls progrès véritables à faire dans l'étude du système nerveux ne se situent plus du côté de la logique – une fois le résultat de McCulloch et Pitts acquis –, mais du côté de l'étude neurologique fine. Or le système nerveux est un objet d'une incroyable complexité qui échappe encore largement à nos méthodes d'investigation biologiques. Non seulement le nombre de composants est énorme, mais nombre de processus ont lieu de manière analogique et non digitale. Autrement dit, l'étude de détail du système nerveux est beaucoup trop complexe au regard des moyens actuels. Essayer de comprendre le système nerveux avec les moyens actuels serait

1. John Von Neumann à Norbert Wiener, 29 Novembre 1946, in Miklos Rédei (dir.), *John Von Neumann, Selected Letters*, American Mathematical Society, 2005, p. 278.

comme « essayer de comprendre l'ENIAC sans jamais avoir entendu parler d'arithmétique. »[1] Étudier des systèmes nerveux plus simples que le système nerveux humain, comme celui des fourmis par exemple, ne change rien à l'affaire, argumente Von Neumann, car la complexité que l'on gagne en termes de composants se perd de l'autre côté : la part analogique augmente et devient moins accessible, on ne peut plus s'appuyer sur la connaissance des pathologies et nos possibilités de communication sont diminuées...

Von Neumann suggère alors un changement de cap radical consistant à s'attaquer non plus à des organismes complexes, mais aux composants de base des systèmes biologiques. Abandonner par exemple une étude du cerveau, qui postule le fonctionnement stable et logique du neurone, pour s'intéresser au neurone lui-même et rendre compte de ses performances réelles. Autrement dit, c'est toute la tâche assignée au formalisme de la théorie des automates qui se trouve renversée. En 1945, dans le « First Draft of Report on the Edvac », le formalisme de McCulloch et Pitts servait à masquer le fonctionnement des composants en faveur d'une interprétation purement logique et fonctionnaliste de la machine. En 1946, le formalisme de McCulloch et Pitts doit servir, non plus à masquer le fonctionnement des composants, mais à l'étudier et à le décrire en tant que tel. C'est toute l'axiomatique qui se trouve la tête à l'envers.

Von Neumann emploie une analogie technologique pour exposer la nécessité de cette authentique révolution, d'où procède la théorie des automates.

> « Cela doit nous rendre suspect le choix des cellules comme concepts de base " non définis " d'une axiomatique. Pour être plus terre-à-terre : considérons, dans n'importe quel champ de la technologie, le moment qui se caractérise par le développement de " composants standards " hautement complexes, qui sont dans le même temps individualisés, bien adaptés à la production de masse, et (en dépit de leur caractère " standard ") bien adaptés à différents usages. Ceci représente clairement un style tardif et hautement développé, et non celui qui est idéal pour une première approche du sujet de la part de quelqu'un d'extérieur. »[2]

Qu'est-ce que ce renversement vis-à-vis du statut des composants implique au point de vue épistémologique ? L'usage des neurones formels de McCulloch et Pitts qui est à la base de la théorie des automates change profondément de signification à partir de l'année 1946. Ils ne servent plus à asseoir une interprétation logique du fonctionnement du cerveau, mais ils servent à décrire la logique des comportements de base du vivant. Il ne s'agit donc plus de montrer que le cerveau est formellement capable d'une performance cognitive comme le calcul des propositions, mais de s'attaquer

1. John Von Neumann à Norbert Wiener, 29 Novembre 1946, in Miklos Rédei (dir.), *John Von Neumann, Selected Letters*, *op. cit.*, p. 279.
2. *Ibid.*., pp. 279-280.

à la compréhension des performances biologiques infra-cognitives des cellules, des virus, des bactériophages ou des enzymes, pour reprendre les exemples donnés par Von Neumann. La théorie des automates se présente ainsi comme une nouvelle logique du vivant. Mais ce faisant, c'est tout le statut de la logique qui a changé de sens pour se lier de manière intime à la description du comportement des organismes. Il ne s'agira plus de démontrer que tel ou tel système est capable d'une performance logique, au sens ordinaire, comme le cerveau peut implémenter la logique du premier ordre dans la théorie de McCulloch et Pitts, mais de caractériser d'une manière logique et formelle le comportement d'un système. Nous avons affaire à une logique qui est toujours investie dans le comportement d'un système matériel. Le traitement de l'information abandonne le royaume des programmes ou de la logique abstraite pour descendre s'immiscer dans les interstices du comportement des vivants les plus simples. On pourra alors s'interroger sur le nombre de composants simples requis pour telle ou telle performance, sur le type d'organisation formelle nécessaire, etc. Von Neumann suggère ainsi plusieurs champs de recherche qui concernent des performances fondamentales comme l'autoreproduction, l'orientation dans un milieu, le maintien du milieu intérieur… Et il annonce avoir déjà obtenu ses premiers résultats sur le terrain de l'autoreproduction.

> « Les organismes moins-que-cellulaires du type du virus ou du bactériophage possèdent les traits décisifs des organismes vivants : ils sont autoreproducteurs et ils sont capables de s'orienter d'eux-mêmes dans un milieu inorganisé, de se déplacer en direction de la nourriture, de se l'approprier et de l'utiliser. En conséquence une " véritable " compréhension de ces organismes peut constituer le premier pas en avant et peut-être le plus grand pas qu'on puisse exiger. […] J'ai pas mal réfléchi au sujet des mécanismes autoreproducteurs. Je peux formuler le problème de manière rigoureuse, à peu près dans le même style que Turing pour ses mécanismes. Je peux montrer qu'ils existent dans ce système de concepts. Je pense que je comprends certains des principes fondamentaux qui sont impliqués. Je veux compléter les détails et rédiger ces considérations au cours des deux prochains mois. J'espère apprendre diverses choses au cours de cet exercice littéraire, en particulier, le nombre de composants requis pour l'autoreproduction. »[1]

La lettre se conclut sur l'évocation enthousiaste de la « prochaine rupture décisive » qui doit résulter de cette réorientation complète de la théorie des automates. À l'analyse des procédés d'autoreproduction, Von Neumann ajoute déjà l'étude de la relation gène-enzyme ou des mutations. Le canevas général de la théorie des automates est ainsi établi dès la fin de l'année 1946, en pleine période d'effervescence cybernétique, au moment où Von Neumann réoriente le modèle de McCulloch et Pitts vers l'étude des propriétés fondamentales de l'organisation biologique.

1. John Von Neumann à Norbert Wiener, 29 novembre 1946, in Miklos Rédei (dir.), *John Von Neumann, Selected Letters*, *op. cit.*, pp. 280-282.

La rencontre manquée avec la biologie moléculaire

Le travail de Max Delbrück sur ces virus connus comme bactériophages (ou « phages » en abrégé) constitue alors, de manière explicite, la référence de Von Neumann. Le terme « bactériophage » a été introduit vers 1915 par le bactériologiste Félix D'Hérelle pour désigner un type de virus qui se multiplie en détruisant les bactéries qu'il parasite. Les recherches de Delbrück, Salvador Luria et Alfred Hershey, ou ce qui est connu comme « le groupe du phage », ont formé le cadre de ce qui ne s'appelle pas encore en 1946 la biologie moléculaire et qui permettra la découverte dans les années à venir de la structure de l'ADN. James Watson est un étudiant de

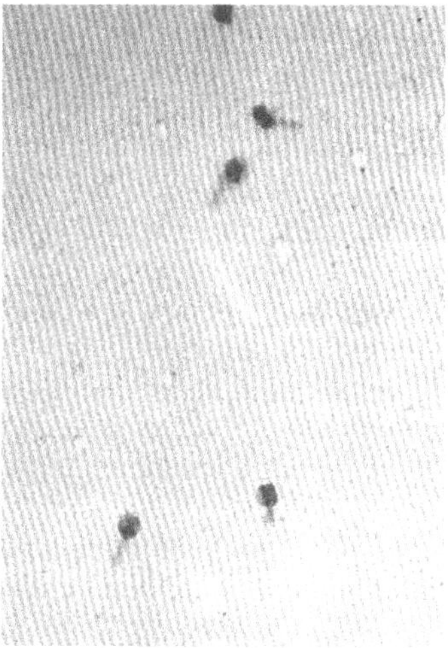

Fig. 29 – La première photographie des phages, obtenue au microscope électronique en mars 1942 par Thomas Anderson à partir des préparations de Luria. Reproduit à partir de Horace Freeland Judson, *The Eight Day of Creation, Makers of the Revolution in Biology*, *op. cit.*, p. 204. La lettre à Wiener comporte la description suivante : « [Le phage] est assurément un animal avec quelque chose comme une tête et une queue. Ses dimensions sont, je pense, approximativement 60mμ x 25mμ x 25mμ, c'est-à-dire que son volume est 60 x 25 x 25 x 10^{-21}cm^3 = 3,7 x 10^{-17}cm^3. Sa densité peut être considérée comme 1, sa masse est donc d'environ 3,7 x 10^{-17}gr., c'est-à-dire l'équivalent de 2,5 x 10^7 atomes de H. Dans la mesure où la composition chimique moyenne de ces choses est habituellement un C ou N ou O pour un ou deux H, le poids atomique moyen de ses constituants est d'environ 6. De là, son nombre d'atomes est d'environ 4 x 10^6. [...] On peut vraiment parler d'« éléments mécaniques », chacun pouvant comprendre 10 atomes ou plus. Ainsi l'organisme en question consiste en six millions d'atomes, dont probablement uniquement quelques centaines de milliers d'« éléments mécaniques ». Je suppose (sans l'avoir fait) que si on compte rigoureusement le nombre d'« éléments » dans une locomotive, on doit en trouver au maximum dix mille. Par conséquent, le degré de complexité n'est pas nécessairement au-delà de l'endurance humaine. » John Von Neumann à Norbert Wiener, 29 novembre 1946, in Miklos Rédei (dir.), *John Von Neumann, Selected Letters*, *op. cit.*, p. 280.

Luria. Delbrück, qui est au point de départ un physicien, un élève de Bohr, a été intrigué par la capacité des virus ou des phages de se multiplier au sein des organismes vivants, une propriété « si étrangère au règne de la chimie et si fondamentale pour la biologie »[1]. L'idée était de faire servir l'étude des phages à la découverte de la structure du gène et des mécanismes physiques impliqués dans le fonctionnement de l'hérédité. Von Neumann exprime d'ailleurs l'esprit de ce programme de recherche lorsqu'il mentionne que « les gènes sont probablement très semblables aux virus et aux phages, mis à part le fait que l'on ne peut en avoir qu'une connaissance indirecte, et qu'on ne peut ni les isoler ni les multiplier à volonté »[2].

La lettre de Von Neumann reflète ainsi les progrès récents dans le domaine, concernant notamment la compréhension de la structure des phages, plus complexe que ce que l'on avait pu croire au début. Depuis 1942, la microscopie électronique a permis d'étudier leur structure, et de découvrir, en particulier, le processus par lequel le phage parasite les bactéries.

Depuis l'année 1945, Delbrück dispense à Cold Spring Harbor, le saint des saints de la biologie moléculaire, un cours d'été, destiné aux non-biologistes, en particulier aux physiciens. Peut-être Von Neumann y a-t-il assisté. On sait par exemple que Szilard y participe lors de l'année 1947.

Quoi qu'il en soit, le programme de la théorie des automates présente des similitudes frappantes avec celui du groupe du phage. La question de Delbrück consiste, au fond, moins à se demander quel est le support physique de l'hérédité, acide nucléique ou bien protéine selon le débat de l'époque, qu'à comprendre comment le mécanisme fonctionne. Ces gens-là sont avant tout des physiciens et non des biochimistes. Protéines ou ADN, qu'importe. Ce qui compte, c'est le comment. On sait même que Delbrück avait connaissance, de première main, de la désormais fameuse lettre d'Oswald Avery, négligée à l'époque, qui établit la preuve en faveur de l'ADN comme support physique du gène. La théorie des automates aurait pu fournir une passerelle remarquable avec ce type de recherche : interpréter les mécanismes de l'hérédité au moyen de la grammaire physicaliste du traitement de l'information. L'idée est exprimée dans la lettre lorsque Von Neumann explicite ce que l'on doit entendre par une « explication » en matière biologique :

> « Je veux prendre l'expression compréhension « véritable » dans son interprétation la plus restrictive possible : c'est-à-dire, comprendre l'organisme

1. Cité par Horace Freeland Judson, *The Eight Day of Creation, Makers of the Revolution in Biology*, New York, Cold Spring Harbor Laboratory Press, 1996, p. 35.

2. John Von Neumann à Norbert Wiener, 29 Novembre 1946, in Miklos Rédei (dir.), *John Von Neumann, Selected Letters*, *op. cit.*, p. 281.

au sens exact où on peut vouloir comprendre le schéma détaillé d'une machine, autrement dit découvrir où chaque rouage individuel est situé, etc. »[1]

En octobre 1946, un mois avant la lettre, Von Neumann a rencontré Irving Langmuir pour discuter des possibilités d'étude des protéines par les analyses cristallographiques. En décembre, il soumet même une demande de fonds pour une recherche de ce type auprès de l'Office of Naval Research. La demande est rejetée. Par l'entremise de Szilard, Von Neumann propose par la suite à Delbrück de devenir un participant régulier des conférences Macy. Delbrück assiste à la cinquième conférence, en 1948, mais n'y remet plus jamais les pieds et jure qu'on ne l'y reprendra plus. Il déclare par la suite à Steve Heims que la rencontre a été « vide au plus au point et complètement inepte »[2].

La théorie des automates s'est donc développée à part, sans parvenir à intégrer le domaine en plein essor des recherches biochimiques. Les résultats obtenus, dans le domaine de l'autoréplication notamment, montrent cependant ce qu'on aurait pu en attendre : la mise en lumière des conditions tout à la fois logiques et physiques, les limites théoriques minimales, du traitement de l'information au sein des organismes vivants. La jonction ne s'est pas faite dans les années 1940, sans doute en partie pour des raisons contingentes, l'échec de la rencontre avec Delbrück, les difficultés et le retard de publication de la théorie des automates, et en partie pour des raisons essentielles : le programme de Delbrück n'avait pas besoin des outils du traitement de l'information. Ce n'est que bien plus tard que l'importation du vocabulaire du message et de la communication, qui nous paraît aujourd'hui comme une évidence, a eu lieu en biologie moléculaire, à l'instigation des théoriciens. François Jacob peut bien affirmer rétrospectivement, dans *La Logique du vivant*, que la cybernétique a été le grand tournant ; on doit plutôt dire qu'il s'agit d'un tournant que la cybernétique a largement manqué, pas nécessairement de son propre fait d'ailleurs. On affirme souvent que la théorie de l'information est de peu d'intérêt pour les biologistes, qu'il s'agit d'une métaphore qui ne mène nulle part. On note en particulier combien la théorie de Shannon donne peu de résultats mathématiques intéressants en biologie. Mais, ce faisant, on oublie sans doute que la théorie de l'information ne se limite pas en cybernétique à la théorie de Shannon, et que la logique de Von Neumann fournit, au moins à l'état d'ébauche, une véritable théorie du traitement de l'information pour les automates artificiels et naturels.

1. John Von Neumann à Norbert Wiener, 29 novembre 1946, in Miklos Rédei (dir.), *John Von Neumann, Selected Letters*, *op. cit.*, p. 280.

2. Max Delbrück, à Steve Heims, 18 septembre 1973, cité par Steve Heims, *John Von Neumann and Norbert Wiener, From Mathematics to the Technologies of Life and Death*, Cambridge, MIT Press, 1980, p.475.

La cybernétique aura en quelque sorte manqué ses deux rendez-vous les plus importants. Elle constitue l'effort de la part de mathématiciens orientés vers la physique, physique statistique du mouvement brownien pour Wiener, axiomatique de la mécanique quantique pour Von Neumann, en vue d'unifier les disciplines de l'ingénieur autour de la théorie des messages. Au moment où Von Neumann écrit, à la fin de l'année 1946, elle peut encore entretenir l'espoir démesuré de tenir ensemble ce qui apparaît comme des résultats scientifiques parmi les plus importants de la première moitié du XXe siècle en physique et ce qui seront les résultats les plus significatifs de la seconde moitié, avec la biologie moléculaire et le développement des sciences cognitives. La cybernétique a sans doute constitué le moment un peu fou dans lequel toutes ces lignes de recherche ont pu se retrouver concentrées, avant qu'elles n'éclatent en une multiplicité de programmes. La lettre de Von Neumann de novembre 1946 symbolise ce moment singulier… et son échec.

La théorie générale et logique des automates

Von Neumann ne donne la première présentation publique de la théorie des automates que deux ans plus tard lors du symposium organisé par la fondation Hixon à l'Université de Pasadena. L'essentiel de l'intervention porte, comme nous l'avons vu, sur les failles de la comparaison entre l'ordinateur et le cerveau. À la fin du texte, conformément aux annonces faites en novembre 1946, la *Théorie générale et logique des automates* introduit une preuve de l'existence d'automates autoreproducteurs. Il s'agit du premier résultat notable de la théorie des automates. La démonstration de la possibilité d'une autoréplication non triviale intervient à partir d'une discussion du concept de complexité, discussion elle-même appelée par la question du statut épistémologique de la théorie des automates.

Von Neumann présente, en effet, à la fin du texte ce qu'il appelle « la future théorie logique des automates ». La discussion porte, conformément au programme de la lettre de novembre 1946, sur le statut du terme « logique » dans théorie logique des automates. En quel sens la théorie sera-t-elle une théorie logique ? Jusqu'ici la théorie des automates s'est développée, explique Von Neumann, avec Turing et avec McCulloch et Pitts, à partir de résultats de logique formelle. Mais la « théorie future des automates » ne pourra pas se contenter de la logique existante. Si l'on veut rendre compte des automates les plus complexes, comme les automates naturels, il faudra, explique Von Neumann, réformer le caractère tout-ou-rien de la logique standard, introduire des techniques mathématiques pour intégrer le caractère à la fois continu et statistique des processus naturels de traitement de l'information. Autrement dit, si l'on veut une logique des automates qui soit capable d'affronter la complexité, il faut aller au-delà des premiers résultats obtenus par Turing ou McCulloch et Pitts.

> « La logique des automates différera du présent système de logique formelle à deux égards. 1. La longueur effective des " chaînes de raisonnement ", c'est-à-dire des chaînes d'opérations, devra être prise en compte. 2. Les opérations de logique [...] devront toutes être traitées par des procédures qui permettent les exceptions (dysfonctionnements) avec une probabilité faible mais non nulle. Tout cela conduira à des théories qui sont bien moins strictement de type tout-ou-rien que la logique formelle passée et présente. Elles seront de nature bien moins combinatoire et bien plus analytique. »[1]

Les options programmatiques de Von Neumann, la façon dont il définit l'avenir de la théorie du traitement de l'information, sont marquées au sceau de la cybernétique. Le modèle ultime d'une science du traitement de l'information pour Von Neumann n'est plus la logique formelle, mais bien la mécanique statistique.

> « En fait, de nombreux signes nous portent à croire que ce nouveau système de logique se rapprochera d'une discipline qui a eu jusqu'ici peu de liens avec la logique. Il s'agit de la thermodynamique, surtout dans la forme que lui a donnée Boltzmann ; c'est la partie de la physique qui se rapproche le plus, dans certains de ses aspects de la manipulation et de la mesure de l'information. »[2]

Dans le texte de 1948, Von Neumann n'approfondit pas les raisons qui justifient cette association entre traitement de l'information et mécanique statistique, mais on peut se douter que le démon de Maxwell n'est jamais loin. Dans une lettre de la même période, du 8 avril 1947, Von Neumann fait ainsi part à Teller de ses « idées concernant les automates, la mémoire, l'irréversibilité et l'entropie, en lien avec le traitement par Szilard du démon de Maxwell »[3]. Dans les derniers textes, le lien entre information et entropie est clairement postulé.

La mention de la mécanique statistique dans ce passage de la *Théorie générale et logique des automates* n'implique pas nécessairement que, pour Von Neumann, l'information soit une quantité physique. Il est ici seulement question, explicitement, d'emprunts techniques. Les bons outils pour la théorie du traitement de l'information sont à rechercher du côté de la mécanique statistique plus que du côté de la logique, dès lors que l'on aborde des phénomènes complexes qui impliquent de nombreux pas de calcul et la prise en compte des erreurs. Cependant, le développement d'une nouvelle théorie statistique du traitement de l'information a évidemment

1. John Von Neumann, *Théorie générale et logique des automates*, *op. cit.*, p. 84.
2. *Ibid.*, p. 85.
3. John Von Neumann à Edward Teller, 8 avril 1947, in Miklos Rédei (dir.), *John Von Neumann, Selected Letters*, *op. cit.*, p. 245.

pour fonction de rendre compte des propriétés des automates naturels les plus complexes. Le traitement naturel de l'information est probablement de nature statistique, ce qui correspond aux lois physiques fondamentales. La question de la complexité opère le partage entre une logique des automates simples, fondée sur la logique formelle tout-ou-rien de Turing ou McCulloch, et une logique des automates complexes renouvelée par la référence à la mécanique statistique.

La théorie des automates autoreproducteurs constitue une première approche de la question de la complexité. Cette question se présente à la théorie des automates sous la forme d'un paradoxe. On doit en effet s'attendre à ce que les opérations effectuées par un automate soient toujours d'une complexité moindre que l'automate lui-même. Comment un automate pourrait-il effectuer des actions qui soient plus complexes que lui ? Il faudrait à ce moment-là qu'il dispose d'instructions décrivant ces actions, mais son niveau de complexité augmenterait d'autant. En particulier, on ne voit pas comment un automate pourrait construire d'autres automates, sans que ceux-ci ne soient nécessairement moins complexes que lui. En effet, si un automate A peut produire un automate B, A doit disposer de mécanismes de production, ainsi que d'une description complète de B. Autrement dit, A, ses mécanismes de production, plus la description complète de B, apparaît comme étant nécessairement plus complexe que le simple produit B, dont la description n'est qu'un élément chez A. On devrait donc s'attendre à une dégénérescence inéluctable de la complexité lors des opérations de production entre automates, chaque produit étant nécessairement moins complexe que son producteur.

Or, la complexité loin de décroître semble au contraire croître dans l'ordre naturel. Non seulement les organismes biologiques se reproduisent sans perte de complexité, mais sur de longues périodes d'évolution, leur complexité peut même croître. On retrouve manifestement ici sous la forme d'un paradoxe de la théorie des automates, la grande question cybernétique de la contradiction entre le fait de l'augmentation de l'ordre ou de l'information chez les vivants et la tendance inscrite dans les lois de la thermodynamique à l'accroissement du désordre et de l'entropie. La démonstration de l'existence d'automates autoreproducteurs chez Von Neumann est l'exact symétrique de la résolution du paradoxe de démon de Maxwell chez Wiener. Von Neumann fait cadeau avec son automate autoreproducteur d'un authentique démon à Wiener. Comme par hasard, le démon de Wiener et l'automate de Von Neumann intègrent la même analogie avec le travail des enzymes. L'automate autoreproducteur est un petit démon, un processus physique de traitement de l'information qui résiste à la croissance de l'entropie.

La théorie de Von Neumann présente ainsi une vision cohérente et originale du statut de l'information qui anticipe sur la conception algorithmique.

L'information d'un organisme désigne manifestement chez Von Neumann l'ensemble des instructions qui sont nécessaires à la production de cet organisme. Il y a une conversion fondamentale entre le concept d'information et le concept d'automate. Un automate n'est pas autre chose que de l'information. L'information est ce qui est requis par un automate pour en décrire ou en produire un autre. La théorie des automates se meut dans le même système conceptuel que le chapitre de *The Human Use of Human Beings* qui nous expliquait le principe d'équivalence entre organisme et message. La théorie des automates autoreproducteurs est un des lieux clés où la représentation cybernétique de l'information vient se réfléchir, se concentrer et fonctionner.

La résolution du paradoxe de la complexité repose sur le principe des machines universelles de Turing. Il est possible de construire la description complète de n'importe quel automate particulier et de fournir cette description à un automate universel qui saura l'interpréter pour réaliser la fonction de l'automate original. La solution de la question de l'autoreproduction repose sur une extension de la notion de calculateur universel. Il est en effet possible d'imaginer un automate qui ne soit plus simplement un calculateur, mais un constructeur universel. Von Neumann imagine en 1948 une sorte de robot baignant dans un bain de composants, qui serait capable de produire n'importe quel automate dont la description lui serait fournie.

Le constructeur universel possède évidemment la capacité de produire des automates qui seront au final plus complexes que lui, en fonction de la complexité des instructions qui lui sont fournies. Le constructeur universel n'a pas de propriétés plus mystérieuses qu'un calculateur universel de Turing qui agit en fonction d'un jeu d'instructions données. Il est simplement d'une complexité excessivement plus grande dans la mesure où il doit être muni d'organes pour sélectionner les pièces, les assembler, etc. Il ne s'agit plus d'une machine élémentaire fonctionnant au moyen d'une bande de papier à une dimension, mais d'un robot en trois dimensions. Mais sur le fond le principe reste le même.

Ce constructeur universel suffit-il à former un automate autoreproducteur ? Manifestement, non. L'autoreproduction pose en effet un problème d'autoréférence qui interdit au constructeur universel de résoudre à lui seul la question. Imaginons que l'on fournisse à un constructeur universel, A, la liste d'instructions I_B, décrivant un automate quelconque B. A reproduit B au moyen de I_B. Sur le même modèle, on pourrait imaginer fournir au constructeur universel A, une liste d'instructions I_A le décrivant afin qu'il produise une copie. Mais pour que l'automate soit véritablement autoreproducteur, il faut que la liste d'instructions I_A décrivant A fasse partie de A et soit donc elle-même déjà décrite dans I_A. Pour que A plus I_A soit autoreproducteur, il faut que A plus I_A produise A plus I_A, et non seulement A.

Mais pour que A plus I_A produise A plus I_A, il faut que I_A représente déjà A plus I_A. Mais la description doit alors intégrer une description de la description de la description… ce qui est irréalisable.

Pour briser le cercle de l'autoréférence, la solution de Von Neumann consiste à distinguer entre un mécanisme de construction de l'instruction et un mécanisme de simple copie. Pour construire l'automate autoreproducteur, il faut ajouter au constructeur universel, A, un copieur universel B, capable de copier n'importe quelle série d'instructions I. A et B sont combinés au sein d'un automate D qui comprend aussi un mécanisme de contrôle C assurant le bon déroulement de la séquence des opérations. Si l'on fournit à A une instruction I, C fait en sorte que A construise d'abord l'automate décrit par I, puis que B copie I et insère la copie dans l'automate construit par A. Enfin, C sépare l'automate construit de l'ensemble A, B, C et le lâche comme une entité indépendante.

Imaginons maintenant que l'on fournisse à A, une instruction I_D, décrivant l'ensemble A, B, C. On appelle E l'ensemble résultant : A, B, C plus I_D. E est autoreproducteur. E interprète d'abord I_D pour construire l'ensemble A, B, C, puis il fabrique une copie de I_D qu'il insère dans le nouvel ensemble. L'incorporation de la copie de I_D après la construction de A, B, C permet de rompre le cercle vicieux de l'autoréférence.

> « Il est clair que E est autoreproducteur. Remarquez qu'il n'y a pas de cercle vicieux. L'étape décisive se situe dans E, quand l'instruction I_D décrivant D est construite et incorporée à D. Quand la construction (la copie) de I_D se produit, D existe déjà, et n'est d'aucune manière modifié par la construction de I_D. I_D est simplement ajouté pour former E. D et I_D doivent ainsi être formés dans un ordre chronologique et logique défini, et le processus est légitime et correct selon les règles de la logique. »[1]

Ce résultat comporte une double signification. Premièrement, il signifie que l'autoreproduction n'est pas une propriété spécifique des êtres vivants, contrairement à une thèse vitaliste. Les machines sont capables d'autoreproduction. Mais, deuxièmement, il implique aussi que l'on peut rendre compte des propriétés fondamentales du vivant, à partir d'une théorie mécaniste, renouvelée par les concepts du traitement de l'information. Conformément au programme de la théorie des automates, Von Neumann cherche ainsi à interpréter cette démonstration de la possibilité logique d'autoréplication sur le plan biologique. La description logique du processus d'autoreproduction peut donner une indication sur les fonctions minimales requises par tout processus réel d'autoreproduction.

Von Neumann suggère dans la *Théorie générale et logique des automates* deux analogies en direction du traitement biologique de l'information. L'instruction I_D joue le rôle d'un gène qui non seulement donne les règles

1. John Von Neumann, *Théorie générale et logique des automates*, *op. cit.*, p. 102.

de construction des molécules, mais peut, grâce à un mécanisme B, être copié de manière autonome. Cette copie du matériel génétique est « l'opération fondamentale de la multiplication des cellules vivantes ». Ce que nous apprend le modèle de Von Neumann, dans sa très grande généralité, c'est que les opérations d'autoreproduction impliquent toujours deux moments distincts : un moment de construction à partir du code d'un nouvel ensemble et un moment autonome de réplication du code qui est inséré dans l'ensemble produit. La distinction entre le mécanisme de construction et le mécanisme de copie modélise les propriétés hétérocatalytique et autocatalytique qui définissent le gène.

Enfin, le modèle d'automate autoreproducteur de Von Neumann suggère une dernière analogie dynamique. On peut imaginer que l'ensemble autoreproducteur puisse être soumis à des mutations non létales. Des modifications arbitraires de I_D, notamment au niveau du processus de copie, induisent une modification de l'automate produit. En imaginant un automate D qui non seulement se reproduise, mais produise en même temps un autre automate F, au moyen de l'instruction I_{D+F}, une « mutation » aléatoire dans la partie concernant F de I_{D+F} n'est jamais une mutation fatale. Nous aurions un mutant autoreproducteur, mais dont le produit ne serait plus F, mais F'.

Le mutant autoreproducteur résout à sa manière l'énigme cybernétique du démon de Maxwell. À partir d'un certain seuil de complexité, on peut s'attendre à ce que l'organisation ne soit plus simplement dégénérative, que l'information ne soit plus irrémédiablement corrompue par le bruit, mais que l'information ou la quantité d'organisation non seulement parvienne à se maintenir, mais puisse aussi augmenter en fonction des mutations aléatoires qui interviennent lors du processus de reproduction ou de copie. Nous ne sommes pas loin ici, en 1948, au cœur de la première cybernétique du principe d'ordre par le bruit. La première théorie des automates autoreproducteurs de Von Neumann suggère ainsi l'idée selon laquelle à partir d'un certain seuil de complexité le bruit peut être utilisé de manière positive comme un facteur de croissance et de complexification par des organisations capables de se maintenir ou de s'autoreproduire.

> « [Cette étude] illustre le fait que la « complexité », à son niveau le plus bas, est probablement dégénérative, à savoir que tout automate capable d'en produire d'autres ne pourra produire que des automates moins complexes. Cependant, il y a un niveau minimum où cette dégénerescence cesse d'être universelle. C'est à ce point que des automates qui peuvent se reproduire, ou même construire des entités de niveau supérieur, deviennent possibles. Le fait que la complexité, comme l'organisation, soit dégénérative en dessous d'un certain seuil, mais devienne autosuffisante et même proliférante au-dessus de ce seuil, jouera certainement un rôle important dans toute future théorie de ce sujet. »[1]

1. John Von Neumann, *Théorie générale et logique des automates*, *op. cit.*, pp. 103-104.

Il est évident que le modèle de Von Neumann ne donne que des indications très grossières quant au fonctionnement réel de l'autoreproduction biologique et aux possibilités de maintien de l'organisation. Mais sa fonction consiste avant tout à essayer de délimiter les conditions de possibilité du traitement biologique réel de l'information. Von Neumann envisage une relation typique de la théorie des automates dans laquelle une meilleure connaissance des processus biologiques permettrait d'enrichir le modèle logique. Il suggère en particulier, dans le texte de 1948, d'approfondir la question des possibilités d'encodage génétique.

En résumé, *La Théorie générale et logique des automates*, le premier grand texte publié sur le sujet, introduit deux innovations majeures. Premièrement, elle dégage avec force les enjeux épistémologiques de la théorie des automates. La théorie doit se développer en rénovant ses moyens logiques de façon à rendre compte des règles du traitement réel de l'information, en particulier au plan biologique. La théorie des automates constitue ainsi un programme qui reprend les principes fondamentaux de la cybernétique. Deuxièmement, la communication de septembre 1948 présente pour la première fois un résultat remarquable, avec l'analyse logique des conditions de l'autoreproduction. Cette analyse se présente comme une première approche en direction de la question de la complexité. On ne trouve encore aucun exposé détaillé du nombre d'éléments requis, aucune spécification fonctionnelle. De fait, la théorie se tient encore dans le champ de la logique tout-ou-rien de Turing, mais le programme pour les années à venir est tracé avec le modèle épistémologique d'une théorie statistique des automates et du traitement de l'information.

Vers une théorie statistique des automates

En décembre 1949, un peu plus d'un an après le symposium Hixon, Von Neumann donne sa deuxième présentation publique de la théorie des automates, avec « The Theory and Organization of Complicated Automata », une série de cinq conférences à l'Université de l'Illinois. Von Neumann reprend et développe les principaux résultats du symposium Hixon, donnant notamment une présentation plus détaillée de l'automate autoreproducteur. Mais c'est la question d'une théorie statistique des automates qui constitue la véritable nouveauté des conférences de 1949. Von Neumann n'en donne encore qu'une présentation programmatique. L'idée est la suivante : la théorie actuelle des automates ne se préoccupe pas de la fiabilité des composants, ou plutôt elle fait comme si les composants possédaient une fiabilité absolue. Or, il doit être possible de prendre en compte la fiabilité relative des composants et de parvenir ainsi à une évaluation en termes statistiques de la fidélité du résultat global. Cette amorce de théorie statistique des automates présente un triple intérêt du point de vue épistémologique. Premièrement, elle conduit à enrichir le modèle de McCulloch et Pitts pour ce qui est des composants de base. On pourra considérer la fiabilité globale d'un résultat produit par une série de neurones formels faillibles. Deuxièmement, elle ouvre ainsi à une série de questions inédites portant sur les modes de traitement et de correction des erreurs. L'erreur n'est plus considérée comme un événement isolé et malheureux qui intervient de manière absolument contingente sur la trame du fonctionnement normal, mais comme un élément normal du fonctionnement des automates. On pourra alors se demander par quels dispositifs mécaniques le taux d'erreur final peut être réduit, s'il existe un seuil au-dessous duquel l'erreur peut être maintenue, etc. Autrement dit, nous retrouvons au sein de la théorie des automates toute une série de questions analogues à celles de la théorie de Shannon, sur l'efficacité du codage, la fiabilité de transmission à travers une ligne bruitée, etc. Mais ces questions procèdent maintenant d'une réflexion sur les propriétés des composants de base du traitement de l'information et non plus d'une théorie abstraite du code. L'intervention de la fiabilité comme paramètre supplémentaire dans la définition des composants de base obéit à une double logique, technologique et biologique. Technologiquement, on peut espérer améliorer le fonctionnement des machines en introduisant des dispositifs qui réduisent la marge d'erreur au sein du fonctionnement normal. Mais la motivation de Von Neumann n'est sans doute pas là. Les applications technologiques demeurent en effet assez éloignées des résultats produits par la théorie. Biologiquement, on peut, en revanche, attendre de ces composants complexifiés une meilleure compréhension des modes de traitement réels de l'information. En enrichissant les composants de base, en s'éloignant du monde idéal de la logique tout-ou-rien, on peut espérer entrevoir de nouveaux aspects du traitement biologique de l'information.

Enfin, troisièmement, l'introduction d'une dimension statistique dans la théorie des automates permet à Von Neumann de situer ses propres recherches au sein du programme cybernétique. Von Neumann justifie en effet plus avant l'association entre la théorie statistique des automates et les concepts de la thermodynamique qui n'était qu'ébauchée en 1948. La théorie statistique des automates vient désormais s'inscrire dans l'horizon de la physique cybernétique de l'information.

> « Des concepts thermodynamiques entreront probablement dans cette nouvelle théorie de l'information. Il y a de fortes indications que l'information est similaire à l'entropie et que les processus dégénératifs de l'entropie sont parallèles aux processus dégénératifs dans le traitement de l'information. Il est probable que vous ne puissiez définir la fonction d'un automate, ou son efficacité, sans caractériser le milieu dans lequel il fonctionne au

> moyen de traits statistiques similaires à ceux utilisés pour caractériser un milieu en thermodynamique. »[1]

La troisième conférence de décembre 1949 définit ainsi les enjeux et le programme d'une théorie statistique des automates. Il faut cependant attendre un peu plus de deux ans, avec la série de conférences intitulées « Probabilistic Logics and the Syntheses of Reliable Organisms from Unreliable Components », prononcée en janvier 1952 au Californian Institute of Technology, pour que Von Neumann aborde la question de manière mathématique. « Probabilistic Logics and the Syntheses of Reliable Organisms from Unreliable Components » introduit deux résultats nouveaux. Premièrement, Von Neumann démontre qu'il existe un système, le multiplexage, qui permet de réduire le taux d'erreur global en deçà d'un seuil arbitrairement choisi. Deuxièmement, Von Neumann introduit un modèle pour représenter un traitement analogique, et non plus seulement digital, de l'information.

Le problème des erreurs au niveau des composants élémentaires n'est pas que l'on obtienne de temps en temps un résultat incorrect, mais que celles-ci introduisent un élément de doute sur la fiabilité de l'ensemble des résultats. Von Neumann montre ainsi que si l'on construit un organe mémoire au moyen de composants faillibles, la probabilité d'obtenir une bonne réponse se dégrade au fur et à mesure du temps. La question qui gouverne l'introduction de la théorie statistique est alors la suivante : si on définit une probabilité d'erreur e pour les composants de base, comment et jusqu'où peut-on réduire le taux d'erreur final ? En apparence, le taux d'erreur global apparaît toujours limité par le taux d'erreur du dernier neurone à intervenir dans le calcul. Mais Von Neumann montre qu'il est toujours possible d'obtenir un taux d'erreur fixé a priori, quel que soit le taux d'erreur des composants individuels, en utilisant une technique qu'il appelle le multiplexage.

> « Le système complet doit être organisé de telle sorte qu'un dysfonctionnement de l'automate complet ne puisse pas être causé par le dysfonctionnement d'un composant isolé, ou d'un petit nombre de composants, mais uniquement par le dysfonctionnement d'un grand nombre d'entre eux. Comme nous le verrons par la suite, la probabilité de telles occurrences peut être rendue arbitrairement faible pourvu que le nombre de ligne dans chaque ensemble soit suffisamment important. »[2]

L'idée consiste à transporter l'influx non plus sur une ligne isolée, mais simultanément sur un ensemble de lignes. Chaque neurone est alors rac-

1. John Von Neumann, « Statistical Theories of Information », in Arthur Burks, *Theory of Self-reproducing Automata*, *op. cit.*, p. 465.
2. John Von Neumann, « Probabilistic Logics and the Synthesis of Reliable Organisms from Unreliable Components », in William Aspray, Arthur Burks (dir.), *Papers of John Von Neumann on Computing and Computer Theory*, Cambridge, MIT Press, 1987, p. 577.

cordé aux autres neurones par un tel ensemble de lignes, en entrée et en sortie. On peut alors fixer un ratio à partir duquel l'ensemble est considéré comme stimulé ou non stimulé. Un résultat intermédiaire indique une erreur.

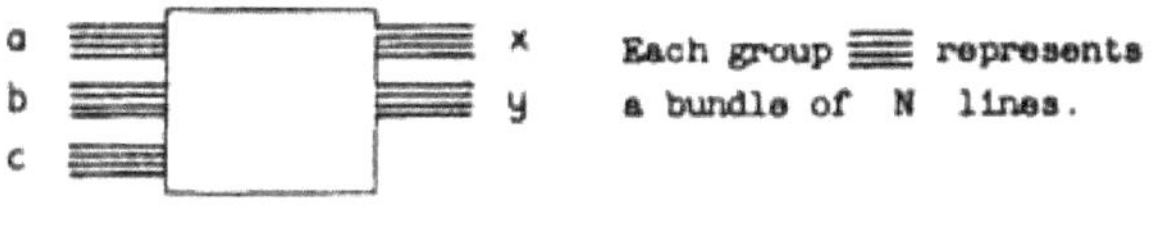

Fig. 30 – Le principe du multiplexage. Chaque automate, considéré comme une boîte noire, est relié en entrée et en sortie par un faisceau (bundle) de N lignes, au lieu d'une seule ligne dans le modèle standard de McCulloch et Pitts. On définit un niveau critique D à partir duquel l'ensemble est considéré comme stimulé ou non stimulé. Un niveau intermédiaire indique une erreur. En construisant correctement l'automate, on peut maintenir le niveau d'erreur à un taux arbitrairement bas. Reproduit à partir de John Von Neumann, « Probabilistic Logics and the Synthesis of Reliable Organisms from Unreliable Components », in William Aspray, Arthur Burks (dir.), Papers of John Von Neumann on Computing and Computer Theory, Cambridge, MIT Press, 1987, p. 571.

Von Neumann montre qu'on peut construire des organes qui sauront interpréter le résultat d'un ensemble de ligne en entrée pour un neurone classique de McCulloch et Pitts (*executive organ*) et traduire le signal à un niveau approprié en sortie (*restoring organ*), permettant ainsi de convertir un réseau classique en un réseau utilisant la technique de multiplexage. Il démontre alors qu'en utilisant un ensemble suffisamment important de lignes, on peut toujours obtenir un taux d'efficacité arbitrairement choisi pour le résultat final.

Appliqué au cas d'un ordinateur digital de 25 000 tubes à vide, dont on attend un fonctionnement correct pendant 8 heures, la méthode de Von Neumann indique que l'on doit utiliser environ 14 000 lignes de multiplexage afin d'obtenir une fiabilité excellente. Appliqué au cas du cerveau humain, avec 10^{13} composants de base, à 10 actions par seconde, on obtient une valeur proche de 20 000 lignes de multiplexage. L'intérêt de la technique de multiplexage n'est donc pas tant d'indiquer un dispositif technologique effectif pour traiter la question de l'erreur, que de démontrer a priori la possibilité d'atteindre des taux de fiabilité arbitrairement bas à partir de composants faillibles. Ce système qui nous donne un taux de fiabilité idéal permet alors d'interroger les modalités réelles du traitement de l'erreur au sein des organismes biologiques.

> « La discussion précédente montre que la technique de multiplexage est impraticable au niveau de la technologie actuelle, mais tout à fait praticable pour une technologie avancée parfaitement concevable et pour les organes-relais naturels (neurones). Autrement dit, elle requiert simplement des microcomposants, ce qui n'est pas un concept arbitraire à ce niveau. Il est

donc tout à fait raisonnable de se demander si une telle technique, ou une technique approchante, ne serait pas une propriété des systèmes nerveux humains (ou plutôt animaux) existants. »[1]

La théorie de Von Neumann permet ainsi d'attirer l'attention sur le fait que le regroupement de larges ensembles de fibres dans les nerfs pourrait jouer un rôle analogue aux regroupements de lignes dans la technique de multiplexage. Mais les analogies s'arrêtent rapidement, dans la mesure où le traitement de l'information au sein du système nerveux n'a pas lieu sur un mode exclusivement digital. Von Neumann cite toute une série d'opérations qui sont probablement conduites au sein du système nerveux sur le mode analogique. La théorie statistique des automates n'apparaît alors plus que comme un premier pas en direction des modalités du traitement réel de l'information. Le neurone faillible de Von Neumann est déjà un perfectionnement par rapport au neurone parfait de McCulloch et Pitts, mais il appartient encore à la même tradition logicienne qui favorise les processus tout-ou-rien et le calcul digital. Von Neumann suggère alors de pousser plus loin la théorie statistique du traitement de l'information en combinant procédures digitales et procédures analogiques.

« Il n'y a aucune raison valable de penser que le système développé dans les pages précédentes soit le seul ou le meilleur modèle des systèmes nerveux existants ou d'éventuels ordinateurs ou machines logiques exempts d'erreurs. De fait, la forme de notre système modèle est largement influencée par les techniques développées pour le calcul digital et les tendances des soixante dernières années en logique mathématique. [...] Il est possible de prendre en charge tous les processus [qui ont lieu dans le système nerveux] par des méthodes digitales et de traiter l'information digitalisée, habituellement sous forme numérique, par des méthodes algébriques. C'est probablement ainsi qu'un constructeur humain approcherait aujourd'hui le problème. Il a été montré dans la discussion [du point précédent] que les données disponibles, bien que disparates et inadéquates, tendent plutôt à indiquer que le système nerveux humain fonctionne selon d'autres principes et procédures. [...] Aussi, on peut faire en sorte que notre système multiplexé soit plus proche des traits fondamentaux du système nerveux humain, si nous atténuons son caractère strictement discret et digital en quelque manière. »[2]

La procédure analogique présente un double intérêt évident par rapport à la procédure digitale : elle permet, d'une part, de représenter l'information avec beaucoup moins de composants que dans la procédure digitale, d'autre part, il est très facile de construire sur le mode analogique des machines capables de réaliser les opérations élémentaires de l'arithmétique. Mais la difficulté de maintenir les niveaux de précision face au bruit

1. John Von Neumann, « Probabilistic Logics and the Synthesis of Reliable Organisms from Unreliable Components », in William Aspray, Arthur Burks (dir.), *Papers of John Von Neumann on Computing and Computer Theory*, *op. cit.*, p. 592.
2. *Ibid.*, p. 596.

annule largement ces avantages. Au bout d'un petit nombre d'opérations, « les niveaux d'excitation ont plus de chance de ressembler à un tirage au sort aléatoire qu'à des mathématiques »[1]. On peut cependant imaginer des mécanismes qui puissent maintenir la précision des opérations au sein d'une machine analogique comme le système nerveux. Von Neumann suggère un mécanisme neuronal mixte avec des effets de fatigue et de seuil afin de convertir une quantité analogique en un train de pulsations et des mécanismes de restauration, analogues aux organes utilisés en multiplexage, afin de stabiliser le signal et maintenir la précision des opérations.

Les discussions sur le traitement statistique des erreurs et l'efficacité des procédures digitales dans les conférences de janvier 1952 sont représentatives des enjeux de la théorie des automates pour Von Neumann. Les modèles avancés ne sont que des modèles, qui restent encore éloignés du peu que l'on sait de la réalité biologique du traitement de l'information.

> « Le but principal de toute cette étude du système nerveux est de pointer le fait qu'il est dangereux d'identifier le monde physique (ou biologique) réel avec les modèles que nous construisons pour l'expliquer. Le problème de la compréhension de l'action nerveuse chez les animaux est bien plus complexe que le problème de la compréhension du mécanisme d'un ordinateur. Même les explications plausibles de la réaction nerveuse doivent être prises avec des pincettes. »[2]

Il n'en reste pas moins que la théorie des automates donne des résultats intéressants, en particulier en termes de limites théoriques, pour envisager les modalités réelles du traitement de l'information. La théorie des automates se tient à mi-chemin entre deux exigences. Elle fonctionne d'abord comme un instrument heuristique. Ses résultats, y compris lorsqu'ils découlent, comme ceux de Turing ou McCulloch et Pitts, de la logique classique, permettent de fixer les conditions de possibilité du traitement de l'information. Elle permet de considérer les conditions limites fondamentales des opérations informationnelles. Mais deuxièmement, la connaissance de ces limites se précise, comme une nasse se resserre, au fur et à mesure que la théorie apprend des mécanismes biologiques effectifs, pour intégrer notamment la dimension statistique et analogique du traitement réel de l'information. La théorie a vocation à constituer l'instrument d'une description effective des processus informationnels.

1. *Ibid.*, p. 613.
2. John Von Neumann, « Probabilistic Logics and the Synthesis of Reliable Organisms from Unreliable Components », in William Aspray, Arthur Burks (dir.), *Papers of John Von Neumann on Computing and Computer Theory*, *op. cit.*, p. 600.

Automates cellulaires

Les conférences de janvier 1952, caractérisées par leur approche mathématique du traitement statistique et analogique de l'information, constituent un des points les plus avancés de la théorie des automates. Von Neumann n'aura guère l'occasion d'aller plus loin sur le sujet. Sa dernière grande contribution à la théorie des automates date du mois de mars 1953. À l'occasion des conférences Vanuxem à Princeton, Von Neumann présente un tableau général de la théorie. Le contenu des conférences nous est connu grâce au compte-rendu qui en a été donné par John Kemeny dans *Scientific American* en 1955. Von Neumann n'a jamais achevé le manuscrit qui devait être publié pour présenter la théorie sous le titre de « Theory of Automata : Construction, Reproduction, Homogeneity ». On sait qu'il y a travaillé de septembre 1952 jusqu'à la fin 1953. Le manuscrit qui ne contient que deux chapitres dans un état quasiment achevé a été complété par Burks. Le compte-rendu de Kemeny et le manuscrit édité par Burks sont nos seules sources d'information sur le dernier état de la théorie des automates.

Lors de la dernière conférence, Von Neumann introduit une distinction intéressante entre plusieurs types d'automates, qui permet de faire le point sur les différents niveaux de la théorie. Von Neumann envisage quatre grands modèles d'automates : le modèle cinématique, qui correspond à l'automate robot autoreproducteur du symposium Hixon, le modèle cellulaire, introduit lors des conférences Vanuxem sur la suggestion de Stan Ulam, le modèle excitation-seuil-fatigue, raffinement du modèle cellulaire pour prendre en compte le fonctionnement du neurone biologique, et le modèle continu, dans la lignée des modèles analogiques ou mixtes de décembre 1952. La grande nouveauté des conférences de mars 1953 et du manuscrit est le modèle d'automate cellulaire. Le travail sur les deux derniers modèles, modèle excitation-seuil-fatigue et modèle continu, reste fondamentalement inachevé.

Ulam a convaincu, à la fin de l'année 1952, Von Neumann d'abandonner son modèle cinématique pour reformuler la théorie dans le langage des automates cellulaires. La nouvelle version présente l'intérêt d'éliminer les aspects physiques, démesurément complexes, introduits par la première version robotique de l'automate autoreproducteur, réduisant le nombre de dimensions de trois à deux. Elle autorise un traitement mathématique plus rigoureux de la question. Ulam est à l'origine de la théorie des automates cellulaires. Il s'est intéressé, dans les années 1940, à la dynamique complexe de ces configurations graphiques engendrées par des règles simples. Les principes de la théorie de Ulam sont simples. Il se donne un espace à deux dimensions, comme une feuille quadrillée, divisé en cellules. Chaque cellule peut prendre deux états : allumé ou éteint. À chaque génération, l'état de chaque cellule est déterminé par l'état des cellules voisines. Par exemple, on peut imaginer qu'une cellule s'allume si elle est en contact avec au moins deux cellules voisines allumées. En partant de règles simples de ce type, Ulam constate que l'on peut engendrer une très grande diversité de configurations complexes.

Techniquement un automate cellulaire se définit par quatre paramètres : le nombre de dimensions de son espace (en général, une ou deux pour des raisons de simplicité), le voisinage cellulaire, c'est-à-dire le nombre de cellules considérées comme voisines pour une autre cellule et qui influent donc sur son évolution, le nombre d'états que peut prendre chaque cellule, et enfin une fonction de transition qui détermine les règles de changement d'état en fonction du voisinage. L'automate cellulaire le plus célèbre est sans conteste le jeu de la vie du mathématicien anglais Conway.

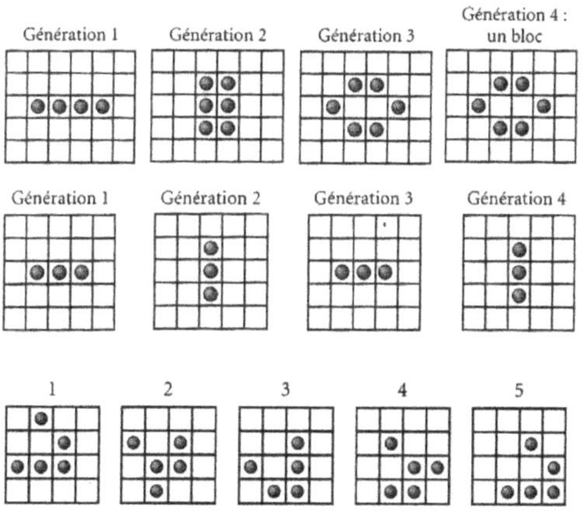

Fig. 31 – Plusieurs configurations typiques obtenues à partir des règles du jeu de la vie. Dans l'ordre, un nid d'abeille (structure stable), un oscillateur de période 2, et un planeur (qui se déplace dans l'espace de l'automate cellulaire). Reproduit à partir de Jean-Philippe Rennard, *Vie artificielle, Où la biologie rencontre l'informatique*, *op. cit.*, pp. 69-70.

À titre d'exemple, le jeu de la vie se déroule dans un espace à deux dimensions. Sont considérées comme voisines les 8 cellules qui entourent une cellule dans le quadrillage. Chaque cellule peut prendre deux états : vivant ou mort. Enfin, le jeu est défini par seulement trois règles élémentaires : (1) une cellule morte entourée d'exactement trois cellules vivantes « naît », (2) une cellule vivante entourée de deux ou trois voisines vivantes reste vivante, (3) dans tous les autres cas, la cellule « meurt » ou reste inactive. Ces règles extrêmement simples permettent dans le jeu de la vie d'engendrer une très grande diversité de structures imprévisibles dont on peut étudier les propriétés caractéristiques. Le travail de Conway résulte d'ailleurs en partie de la volonté de simplifier le modèle de Von Neumann.

Von Neumann adopte en effet pour rendre compte de la capacité d'autoréplication une configuration d'automate cellulaire, ou de « régularité cristalline » selon son expression, nettement plus compliquée. L'automate de Von Neumann comporte deux dimensions. Le voisinage est défini à cinq cellules. Chaque cellule est susceptible d'adopter 29 états : 1 état inexcitable qui correspond à l'absence de neurone, 20 états de repos, mais excitables et 8 états excités. Les cellules au repos peuvent répondre à des stimuli ordinaires provenant des cellules voisines, les cellules inexcitables ne peuvent être activées que par des stimuli spéciaux qui provoquent la construction de nouvelles cellules. Enfin, nous trouvons des règles de transition en fonction des propriétés du voisinage. Au point de départ un automate cellulaire se définit par une distribution particulière de cellules excitées et au repos. Il y a autoréplication si cette distribution est copiée dans une autre région de l'espace cellulaire.

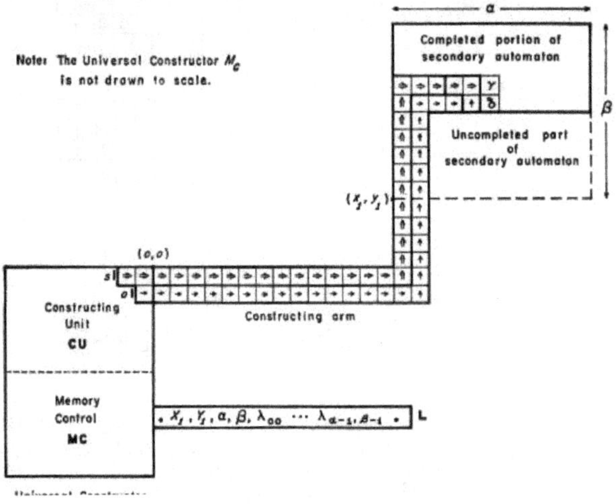

Fig. 32 – L'automate cellulaire autoreproducteur de Von Neumann. Le bras de construction réalise la réplique de l'automate originel avant d'insérer la copie des instructions. Reproduit à partir de Arthur Burks, *Theory of Self-Reproducing Automata*, *op. cit.*, p. 371.

Von Neumann retranscrit dans le langage des automates cellulaires les principales étapes de la démonstration de 1948. Il montre d'abord que l'on peut construire une machine de Turing universelle à partir d'un automate cellulaire. Or le constructeur universel requis pour l'autoréplication n'est qu'une adaptation de la machine de Turing universelle. L'automate comprend ainsi un contrôleur, un copieur et le constructeur universel. Étant donné la description d'un automate, le contrôleur la transmet au constructeur universel qui construit l'automate avant que le copieur ne fournisse une copie de la description qui est insérée dans l'automate produit. L'essentiel du manuscrit est consacré à essayer de montrer que les 29 états suffisent à modéliser toutes les circonstances de la construction et à dériver les règles de transition. Von Neumann montre en particulier que l'on peut construire un bras de construction capable de voyager dans l'espace cellulaire, sentir l'état des cellules voisines, retourner l'information au constructeur universel, revenir au lieu des instructions, et les implémenter. Le bras de construction comporte des organes pour envoyer des signaux d'un endroit à un autre, les décoder, lire les instructions…

Von Neumann cherche clairement à démontrer la faisabilité d'un automate autoreproducteur, non à optimiser son design. La complexité de l'automate de Von Neumann est telle, sa taille est estimée à 200 000 cellules, qu'il a fallu attendre le milieu des années 1990 pour disposer d'une simulation, et encore à partir d'une version simplifiée. Von Neumann lui-même a été surpris par la complexité de la tâche. En septembre 1952, il ne prévoyait que deux chapitres pour le projet. Un an plus tard, et après quatre longs chapitres, la tâche demeurait inachevée.

En dépit de sa très grande complexité l'automate cellulaire autoreproducteur partage le défaut du modèle robotique des conférences Hixon :

> « En axiomatisant les automates [autoréplicateurs] de cette manière, on a jeté la moitié du problème par la fenêtre et c'est peut-être la moitié la plus importante. On s'est résigné à ne pas expliquer comment ces éléments sont constitués de particules élémentaires ou même de molécules. […] On considérera simplement que des particules élémentaires dotées de certaines propriétés existent. La question à laquelle on espère répondre, ou au moins examiner, est : “ Quels principes sont mis en œuvre dans l'organisation de ces molécules dans les êtres vivants fonctionnels ?” »[1]

La théorie des automates de Von Neumann est représentative de la conception cybernétique de l'information. La théorie demeure une théorie formelle et logique du traitement de l'information, et non une théorie physique à la manière de Landauer ou Bennett. Mais elle implémente ce qui est requis par une représentation physicaliste de l'information. Premièrement, elle reprend, avec l'autoreproduction, la question du démon de Maxwell telle que Wiener l'avait définie. Deuxièmement, elle cherche à

1. Arthur Burks, *Theory of Self-Reproducing Automata*, *op. cit.*, p. 77. Cité et traduit par Jean-Philippe Rennard, *Vie artificielle, Où la biologie rencontre l'informatique*, *op. cit.*, p. 125.

rendre compte des possibilités du traitement biologique réel de l'information. Le modèle formel n'a ainsi d'intérêt que dans la mesure où il vient se frotter à ce que l'on sait de la réalité du traitement de l'information. Le traitement de l'information n'appartient pas au pur royaume des symboles, mais on peut au contraire comprendre comment la possibilité du traitement symbolique de l'information émerge à partir du comportement de composants simples, comme les neurones de McCulloch et Pitts ou les cellules d'un automate cellulaire. On a une théorie qui cherche à rendre compte des conditions physiques du traitement de l'information, qui partage l'idée que les conditions du traitement de l'information sont à chercher essentiellement du côté de la mécanique statistique, et, enfin, qui postule que l'information symbolique tout-ou-rien peut s'expliquer à partir d'un niveau sous-jacent dont les règles sont de nature probabiliste.

Démons et métaphores

Les développements précédents conduisent à la conclusion suivante : la cybernétique, contrairement à l'interprétation défendue par Hayles, n'a pas considéré l'information comme un terme désincarné. Elle a, au contraire, cherché à construire une signification physique des notions d'information et de traitement de l'information. Cette lecture physicaliste prend son point de départ dans l'analogie formelle entre quantité d'information et entropie en théorie des télécommunications. Cette analogie formelle peut s'interpréter de manière réaliste dans la situation de pensée du démon de Maxwell. Néanmoins, l'analogie entre information et entropie, réfléchie à partir de la situation du démon de Maxwell, peut donner lieu à des développements dont les enjeux philosophiques et épistémologiques sont très éloignés. On a pu montrer notamment que l'analogie information-entropie ne joue pas du tout le même rôle chez Wiener et chez Brillouin. Au sein de la cybernétique, l'analogie information-entropie et la situation du démon de Maxwell servent principalement à mettre en lumière la possibilité d'une étude mécaniste des phénomènes biologiques à partir des catégories du traitement de l'information. La théorie des automates de Von Neumann met précisément en œuvre un tel programme, fondé sur la représentation originale de l'information au sein de la cybernétique. Rapportée à l'alternative entre le signe et le signal, considérée comme l'antinomie qui structure la construction du concept scientifique d'information, ces développements indiquent que la cybernétique a pris fait et cause pour une conception de l'information associée aux processus matériels ; autrement dit, pour une conception de l'information qui penche nettement du côté du signal, selon la terminologie proposée.

Quel statut doit-on accorder à ce type de décision épistémologique ? Dans le petit opuscule *Refiguring Life*, l'historienne de la biologie Evelyn Fox Keller a étudié le rôle des métaphores et du langage dans la construction des théories scientifiques. Elle s'intéresse, en particulier, au rôle de la métaphore informationnelle pour la biologie. Son étude croise ainsi le chemin des disciplines cybernétiques, du démon de Maxwell et de la loi de la croissance de l'entropie, du programme de Schrödinger et des questions portant sur le statut du code. Evelyn Fox Keller prétend que les métaphores, comme celle du message ou du code génétique en l'occurrence, ont joué un rôle actif, performatif, dans la constitution des programmes de recherche, et n'ont pas eu seulement pour fonction d'illustrer, de manière lointaine ou à destination du profane, un ensemble formel ou technique.

L'alternative entre signe et signal possède sans doute un statut similaire aux métaphores de Fox Keller. Elle ne constitue pas seulement un jeu de langage flottant, de manière un peu trouble, comme une brume sur le socle rocheux d'un formalisme indifférent. La façon dont on interprète philosophiquement un formalisme, puisque c'est sans doute de cela qu'il s'agit, possède une signification et une effectivité épistémologique que l'on ne peut pas simplement négliger ou renvoyer à l'arrière-plan d'un monde de chimères. Lorsque Von Neumann, par exemple, choisit, dans la lettre à Wiener de novembre 1946, de faire retour sur la signification des concepts et des méthodes employés en cybernétique, nous assistons à un de ces moments philosophiques où se produit corrélativement une structuration du monde et des choses dites. Signe ou bien signal, ce seront des univers d'objets légèrement différents, des questions et des méthodes qui ne sont pas exactement les mêmes. Nous avons appris depuis Kuhn à repérer ces moments de décision philosophique dans l'activité scientifique, ces moments où le choix des paradigmes détermine l'espace de ce qui se pense, se dit ou s'expérimente. Mais la détermination d'un programme, le choix d'une représentation des concepts d'arrière-plan, ne se produit jamais sur le terrain de la seule représentation. Les choses dites sont des actes, le dire scientifique est toujours une pratique investie d'une puissance que l'on peut bien dénommer phénoménotechnique. La raison produit un monde à son image. Le choix d'une représentation de l'information exprime et emporte en définitive avec soi un monde de choses, d'artefacts, de techniques et d'expériences.

Quelle est l'effectivité scientifique d'une métaphore ? À l'évidence le matérialisme informationnel de la cybernétique n'a pas produit les bénéfices escomptés. Le programme s'est épuisé et n'a pas vraiment survécu à la génération des fondateurs. L'univers de l'information-matière, de l'information-automate s'est effacé devant le monde symbolique d'une information désincarnée. Il n'empêche. Il apparaît aujourd'hui que la théorie des automates anticipe sur des développements ultérieurs, comme ceux de la deuxième cybernétique de l'ordre par le bruit, ou sur le champ de recherche contemporain, en vogue, de la vie artificielle. Cette question de la vie artificielle supplante même chez les cybernéticiens la question de la description de l'esprit comme programme informatique, faisant pencher la balance de l'information du côté de la forme et de l'organisation plutôt que du cognitif. Le programme cybernétique a ainsi pu féconder de-ci, de-là des programmes alternatifs qui remettent en chantier le questionnement sur la véritable nature du code. Les images scientifiques dont il est porteur, et que l'on pourrait être tenté de réduire à de pures constructions idéologiques, jouent un rôle non négligeable dans la définition des programmes de recherche. La cybernétique nous a ouvert le champ d'une physique matérialiste de l'information.

Quatrième partie

POLITIQUE DE L'INFORMATION

« Si les navettes tissaient d'elles-mêmes et les plectres jouaient tout seuls de la cithare, alors les ingénieurs n'auraient pas besoin d'exécutants ni les maîtres d'esclaves. »

Aristote, *Les Politiques.*

« Nous ne sommes que des naufragés sur une planète maudite. Nous sombrerons, mais au moins que cela se fasse avec dignité. »

Norbert Wiener, *The Human Use of Human Beings.*

1
UN MIXTE D'ÉPISTÉMOLOGIE ET DE POLITIQUE

La notion d'information développée par la cybernétique a donné lieu, dans l'œuvre de Norbert Wiener en particulier, à tout un discours politique. Il existe ainsi, en complément du discours scientifique, technique ou cosmologique des cybernéticiens, une politique de l'information. *Cybernetics* se conclut un chapitre dont la dimension politique est évidente. *The Human Use of Human Beings*, sa contrepartie populaire, est pour l'essentiel un essai de philosophie politique. Pourquoi s'intéresser à cette « politique cybernétique » ? Il y a à cela essentiellement trois raisons.

Premièrement, parce que ce discours participe manifestement à la construction de la signification générale et populaire du concept d'information. Ce discours politique est la face la plus accessible du travail des cybernéticiens. Il forme une condition essentielle de la publicité de la discipline, ce qui a pu être regretté par certains ; et le rôle qu'il joue dans la réception du discours informationnel, est sans doute au moins aussi important que la partie technique proprement dite. On peut se dire que cet engagement a participé à la réception du concept d'information pour un public dépassant largement celui des spécialistes de la théorie de la communication. Or le concept d'information est intéressant comme concept nomade qui a pu fournir un schème pour investir une multiplicité de champs disciplinaires. Cela est manifeste pour un domaine en particulier, dont l'importance est considérable. La transformation du champ du calcul automatique en informatique n'est pas étrangère à l'évaluation de ses usages sociaux. On peut montrer par exemple que le discours de Wiener sur les impacts de l'usine automatisée participe de la détermination de la signification technologique de l'informatique naissante, comme instrument universel de contrôle et de commande.

Deuxièmement, on peut s'interroger au niveau de la construction des concepts sur le rôle que joue l'engagement politique. Il s'agit d'une question difficile, souvent reprise, et que l'on peut rarement trancher de manière empirique. Dans le cas de la cybernétique, il semble que la constitution des concepts scientifiques et techniques précède leur extension dans le champ politique, ce qui leur garantirait une forme de neutralité essentielle. Tout le reste pourrait alors être traité comme une extension idéologique malheureuse au-delà du champ originel de validité des concepts. Mais cette partition idéologie-rationalité pose dans le cas présent un certain nombre de problèmes, la frontière n'étant pas toujours facile à tracer. En particulier, on voit bien qu'une dimension de valeur rentre manifestement en jeu pour certains schèmes conceptuels, comme l'analogie information-entropie, dont on a pu montrer par ailleurs l'importance décisive du point de vue de la construction de la discipline et du programme cybernétique. Il est difficile dans ce cas-là de ne pas se poser la question d'éventuels effets de feedback dans la constitution des concepts entre le champ politique et le champ scientifique.

Troisièmement, le véritable rapport entre les contenus scientifiques et l'engagement politique ne se joue sans doute pas au niveau des concepts pris un à un, ou sinon de façon marginale, mais au niveau de la définition du champ conceptuel, au niveau des règles de fonctionnement du discours. L'engagement politique de Wiener marque de façon décisive la manière dont la science cybernétique s'est constituée. L'ensemble de ce discours politique, souvent surprenant par son mélange fort peu convenable, et parfois franchement contraire aux bonnes mœurs, de politique et d'épistémologie, participe de manière majeure à la définition du rôle et du projet de la cybernétique. Wiener écrit à un moment où les conditions de la politique de la science sont en pleine transformation et en plein débat aux États-Unis. Son discours politique est une manière de se confronter à cette question des transformations de la pratique scientifique. Wiener cherche à promouvoir une forme d'alliance entre la cybernétique, les sciences humaines et les sciences de la vie qui puisse l'arracher à ses origines militaires. À ce niveau-là, il est manifeste que l'engagement politique est pleinement lié à la configuration, véritablement étrange du point de vue de la science institutionnelle, prise par le discours cybernétique ; lié en particulier à ses composantes philosophiques qui peuvent dès lors s'interpréter comme un instrument visant à arrimer la cybernétique aux sciences humaines et à la sortir de l'orbite des recherches de guerre.

Aussi, ces trois grandes raisons pour étudier l'engagement de Wiener, ne relèvent pas simplement d'une étude du contexte externe. Ce discours politique participe en effet à plein de la configuration du discours cybernétique et de la définition du type de science que les cybernéticiens ont prétendu faire. Cette dernière détermination ne joue plus sur la signification générale et publique du concept ou sur les conditions de sa réception, ne joue plus sur d'éventuels effets en retour de l'engagement sur la signification des concepts, mais sur la configuration globale du discours, sur le type de projets, le type de recherches entreprises par les cybernéticiens. En ce sens, ce que l'on appelle contexte se replie ici dans le texte.

Un serment

En janvier 1947, la revue *Atlantic Monthly* publie sous le titre « un scientifique se rebelle » une lettre de Norbert Wiener[1]. Wiener rend publique, en la développant un peu, la réponse qu'il a adressée un mois plus tôt à George Forsythe, un ingénieur de Boeing, qui lui demandait une copie de son rapport au NDRC sur les filtres et la prédiction, le fameux *Yellow Peril*, à l'époque encore classé. Forsythe sollicite Wiener dans le cadre de travaux sur le guidage des missiles. Dans sa première réponse, privée, Wiener refuse d'accéder à la demande de Forsythe et se félicite de ce que son travail ne soit plus disponible.

> « Depuis la fin de la guerre j'ai souvent déploré qu'un large pourcentage de l'effort scientifique de ce pays soit investi dans la préparation de la prochaine catastrophe. Je suis donc très content d'apprendre que mes articles ne sont plus disponibles pour ceux qui construisent des missiles guidés. Je ne peux bien évidemment vous fournir aucun conseil quant à la façon de vous les procurer. »[2]

Dans un style sans concessions, la lettre ouverte de janvier 1947 transforme le refus initial de Wiener en l'engagement, dénué de toute ambiguïté, de ne plus communiquer aucune information ou aucun résultat scientifique qui pourrait être utilisé à des fins militaires. Depuis la fin du contrat qui le liait au NDRC, cette volonté d'exclure les usages militaires de la cybernétique, de faire servir la cybernétique uniquement à des fins civiles et humanistes, est devenue une constante dans l'attitude de Wiener. La lettre publiée par *Atlantic Monthly* intègre un serment sans équivoque :

> « Nous devons regarder les choses en face : la politique du gouvernement durant et après la guerre, c'est-à-dire le bombardement d'Hiroshima et Nagasaki, a rendu évident le fait que fournir de l'information scientifique n'est pas nécessairement un acte innocent et peut comporter les conséquences les plus graves. [...] L'échange des idées qui est une des plus grandes traditions de la science doit donc recevoir certaines limitations dès lors que le scientifique devient l'arbitre de la vie et de la mort. [...] À l'avenir, je n'entends pas publier de travaux susceptibles de faire des dégâts entre les mains de militaires irresponsables. »[3]

1. Norbert Wiener, « A scientist rebels », *The Atlantic Monthly*, Jan. 1947, Vol. 179, p. 46, reproduit dans Pesi Masani (dir.), *Norbert Wiener, Collected works with commentaries, Volume IV*, Cambridge, MIT Press, 1985, p. 748. *The Atlantic Monthly* est une revue, fondée en 1857 à Boston, qui publie aussi bien des articles politiques engagés que des critiques littéraires ou des nouvelles. La lettre de Wiener est en bonne compagnie puisque *Atlantic Monthly* ouvre ses colonnes la même année aux manifestes pacifistes et internationalistes d'Einstein (Albert Einstein, « Einstein on the Atomic Bomb », *The Atlantic Monthly*, Nov. 1947, Vol. 180, p. 29).
2. Norbert Wiener to George E. Forsythe, Boeing Aircraft Company, 10.31.46, cité dans Flo Conway and Jim Siegelman, *Dark Hero of the Information Age*, Basic Books, Cambridge, 2005, p. 240.
3. Norbert Wiener, « A scientist rebels », *op. cit.*, p. 748.

Plus loin, Wiener parle des « massacres indiscriminés de civils étrangers » ou fustige « l'insolence tragique de l'esprit militaire ».

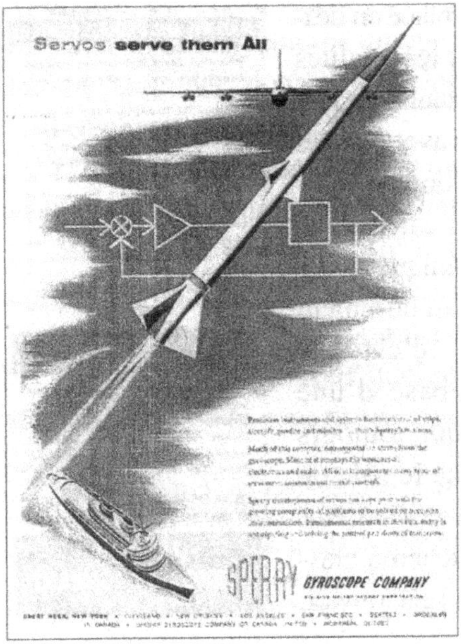

Fig. 33 – « Servos serve them All », publicité parue en 1952 dans Scientific American pour la firme d'instruments scientifiques Sperry. On reconnaît derrière le missile guidé le circuit général d'une boucle de rétroaction par feedback négatif. Reproduit à partir de Jérôme Segal, *Le Zéro et le Un*, *op. cit*, p. 742.

La lettre d'*Atlantic Monthly* constitue la première grande déclaration publique de Wiener, une déclaration largement commentée et relayée à l'époque. Wiener prend parti sans ambiguïté contre tout usage des nouvelles disciplines cybernétiques aux fins de la guerre froide et devient « le premier scientifique associé aux nouvelles technologies du contrôle et de la communication qui refuse publiquement de coopérer avec le gouvernement et ses agents sur un projet de défense nationale. »[1] Le *Bulletin of the Atomic Scientist*, l'organe de la Federation of American Scientists, republie immédiatement le texte, en pleine mobilisation contre les armes nucléaires[2]. La position de Wiener fait l'objet d'une série d'articles dans la presse généraliste tout au long de l'année 1947.

La lettre n'a rien d'une déclaration isolée, même si rares sont ceux qui ont accepté de s'engager au même point que Wiener. Le ton de la lettre, sa

1. Flo Conway et Jim Siegelman, *Dark Hero of the Information Age*, *op. cit.*, p. 240.
2. Norbert Wiener, « A scientist rebels », *The Bulletin of Atomic Scientists*, 3, 1, Jan. 1947.

violence non retenue, témoigne du sentiment largement partagé d'urgence et d'indignation qui a saisi la communauté scientifique américaine dans l'immédiat après-guerre, après les bombardements d'Hiroshima et Nagasaki. *One World or None*, le best-seller de la FAS, co-écrit au début de l'année 1946 par Einstein, Bohr, Oppenheimer, Urey ou Szilard, les principaux représentants du mouvement des savants, regorge de formules inquiétantes qui n'ont rien à envier à celle de Wiener. Les mots sur lesquels se conclut l'ouvrage rendent bien compte de l'esprit de l'époque : « Le temps est compté et notre survie est en jeu. »[1]

L'engagement de Wiener s'inscrit donc dans le cadre de cette première grande mobilisation des scientifiques américains au lendemain de la guerre. La lettre de 1947 contient en germe la plupart de ses grands thèmes politiques, largement dans l'air du temps, – la condamnation de la course aux armements et de la mainmise des militaires sur la recherche, la responsabilité du scientifique, les conditions d'une libre circulation des informations – qui seront développés à travers de nombreux autres articles et prises de positions, et plus ou moins rassemblés dans *Cybernétique et Société.*

L'importance de l'engagement de Wiener pour l'histoire de la cybernétique et de ses concepts ne saurait être exagérée. Deux événements se jouent et se croisent derrière les mots de la lettre d'*Atlantic Monthly*. Il s'agit d'abord pour Wiener de la tentative, sans doute vouée à l'échec, de défaire le lien entre les technologies du contrôle et de la communication et l'organisation de la recherche issue de la guerre. Il s'agit d'assurer à la cybernétique un avenir civil, quitte à bâtir une autre alliance avec les sciences humaines et les sciences de la vie. Cette décision éclaire sans doute le tour « philosophique » pris par la discipline, dont le premier chapitre de *Cybernetics*, rédigé lors de la même année 1947, donne la meilleure illustration. À la question « qu'est-ce que la cybernétique ? », Wiener répond en citant Newton, Leibniz, Gibbs ou Bergson. Newton, Leibniz, Gibbs ou Bergson plutôt qu'Elmer Sperry, le fabricant de gyroscopes et de dispositifs de conduite de tir pour la Navy, plutôt que Harold Black, Harry Nyquist ou Hendrik Bode les ingénieurs qui chez Bell ont formalisé dans l'entre-deux-guerres l'idée de feedback négatif, plutôt que Harold Hazen ou Gordon Brown qui au Servo Lab du MIT ont commencé à unifier les différentes cultures des ingénieurs de l'entre-deux-guerres. Le choix politique de Wiener définit ainsi en creux ce que sera la cybernétique et pèse, en un sens, au-delà du style de la discipline sur l'élaboration des concepts eux-mêmes.

Mais cette décision politique prend au sein de l'œuvre de Wiener une forme tout à fait singulière, car Wiener ne s'est pas contenté d'espérer que la cybernétique resterait arrimée aux technologies civiles et échapperait à

1. Harold Urey, « How Does It All Add Up ? », pp. 58-60, in Harold Dexter Masters et Katherine Ways (eds.), *One World or None*, New York, McGraw-Hill, 1946.

la logique de guerre, il a fait servir à ce dessein les concepts cybernétiques. Il a engagé la cybernétique et tout son jeu de concepts dans les luttes en cours. Il est ainsi question de politique à l'entrecroisement de ces deux décisions : faire de la cybernétique une discipline civile, au service de l'humanité, et mobiliser à cette fin les concepts cybernétiques eux-mêmes.

Une politique de l'information

Wiener n'hésite donc pas à faire un usage politique de la notion d'information telle qu'elle a été élaborée par la cybernétique. Non content de refuser de faire servir la cybernétique aux fins de la guerre froide, Wiener a largement puisé dans la boîte à outil conceptuelle de la discipline pour étayer son refus. L'ensemble de ces interventions forme le corpus d'une première politique de l'information. On y voit apparaître une série d'arguments caractéristiques qui prennent la forme suivante : « étant donné ce qu'est réellement l'information, étant donné ce que nous savons d'elle au moyen de la nouvelle science cybernétique, telle ou telle chose doit ou ne doit pas être faite ». Les valeurs techniques associées à la notion d'information prennent alors une dimension prescriptive dans le contexte politique. Ainsi, à propos du droit des brevets, par exemple, on lit :

> « L'étude de la communication a aujourd'hui atteint un degré d'indépendance et d'autorité suffisant pour en faire une science en soi. Qu'est-ce que la science moderne a à nous dire quant au statut et aux fonctions de la communication et du secret ? [...] Le destin de l'information dans le monde typiquement américain est de devenir quelque chose qui peut être acheté ou vendu. Mon affaire n'est pas de décider si cette attitude mercantile est morale ou immorale, grossière ou subtile. Mon affaire est de montrer que cela mène à une mécompréhension et à un mauvais traitement de l'information et de ses concepts associés. »[1]

Si on sait ce que c'est que de l'information, alors on se rend compte que l'idée de propriété intellectuelle est absurde. L'information n'est pas faite pour être une marchandise, comme le dit Wiener. Si on sait ce que c'est que de l'information, alors on se rend compte que le contrôle et le cloisonnement de l'information dans les recherches militaires sont désastreux. Si on connaît la nature des processus de communication, on se rend compte que le maccarthysme est non seulement moralement condamnable, mais aussi politiquement erroné, et ainsi de suite. Wiener met le concept d'information tel qu'il a été élaboré dans le milieu technique de l'informatique et des télécommunications au service d'un discours politique progressiste violemment opposé aux évolutions de la société américaine à l'aube de la guerre froide.

1. Norbert Wiener, *The Human Use of Human Beings, op. cit.*, p. 113.

Il est donc constamment, dans les textes politiques de Wiener, question d'information, de messages et de communication, des formes de leur échange, de leur contrôle... L'information devient non seulement un objet central du discours politique, mais aussi le prisme par excellence à travers lequel les situations politiques doivent être analysées. Cette transformation du regard politique repose sur le postulat extrêmement fort selon lequel la société elle-même doit être étudiée comme un processus de traitement de l'information. Ainsi, les instruments, mis en œuvre pour étudier la façon dont l'information est traitée par les machines et les organismes, sont transposés dans le cas de la société. La cybernétique de Wiener développe la métaphore d'une sorte de super-organisme social qui reçoit, transforme et émet de l'information. Cette thèse qui est déjà présente dans le dernier chapitre de la première édition de *Cybernetics* en 1948 ouvre, sous certaines conditions, la cybernétique aux sciences sociales. « Pour ce qui est de la sociologie et de l'anthropologie, il est manifeste que l'importance de l'information et de la communication comme mécanismes d'organisation s'étend bien au-delà de l'individu jusqu'à la communauté. »[1] Il s'agit alors d'isoler le niveau formel des processus sociaux de traitement de l'information et de s'en servir comme un révélateur des véritables rapports de pouvoir. Autrement dit, et c'est le postulat de *The Human Use of Human Beings*, « la société ne peut être comprise qu'à travers une étude des messages et des moyens de communication qui lui sont propres. »[2]

Guerre froide

De ce nouveau paradigme, Wiener a donc fait un usage largement critique. Il faut se rappeler que les débuts de la guerre froide sont marqués par une série de luttes politiques intenses aux États-Unis. Ce n'est que rétrospectivement que les mandats de l'administration Truman peuvent apparaître comme le moment de la prospérité retrouvée. Sur le plan social, l'immédiat après-guerre est marqué par une série de mouvements très durs, dont des grèves dans les transports et les mines, auxquelles Truman répond en agitant la menace de la réquisition et de l'incorporation automatique des grévistes dans l'armée. Les incertitudes de la politique internationale se répercutent au niveau de la politique intérieure dans les luttes concernant la course aux armements. Lorsque l'alliance de guerre se retourne, l'Union Soviétique, l'allié d'hier, devenant l'ennemi d'aujourd'hui, les deux grands s'engagent dans la course aux armements nucléaires. En 1949, les Russes rattrapent leur « retard » sur la bombe A, alors que dans le même temps les Américains reprennent et intensifient les recherches sur la bombe à hydrogène.

1. Norbert Wiener, *Cybernetics*, *op. cit.*, p. 18.
2. Norbert Wiener, *The Human Use of Human Beings*, *op. cit.*, p. 16.

Cette séquence, qui constitue l'enclenchement de la guerre froide, a fait l'objet de débats et de luttes majeures aux États-Unis, dans lesquels une partie de la communauté scientifique s'est trouvée impliquée. Une minorité influente s'est engagée sur une série de problèmes qui sont intrinsèquement liés à l'enclenchement de la guerre froide : les plans de régulation internationale des armes atomiques, la promotion d'un système de gouvernement mondial, mais aussi la contestation du modèle de la *Big Science* et de la mise sous tutelle des sciences par les militaires... La réflexion sur la place de la science devient un thème politique à part entière et un véritable miroir de la guerre froide, à un moment où les conditions structurelles d'exercice de la science américaine sont en pleine transformation. Rétrospectivement, la réélection surprise de Truman en 1948, alors que le Congrès est en majorité républicain, l'échec de la candidature de William Wallace, l'ancien secrétaire au commerce de Roosevelt, partisan d'une conciliation avec l'Union Soviétique, marquent la fin d'une certaine gauche américaine, de l'aile gauche du New Deal. Heims intitule *Mid-Century USA* le premier chapitre de son étude consacrée aux conférences Macy. De fait la cybernétique est liée inextricablement avec les conflits, les contestations et les luttes de ces années-là. La cybernétique de Wiener appartient à l'histoire de ceux qui ont perdu, l'histoire d'une certaine gauche américaine, pacifiste et internationaliste, laminée par la guerre froide.

Des interprétations opposées

Pour autant l'expression de « politique cybernétique » ne peut être reçue sans autres justifications, dans la mesure où celle-ci peut donner lieu à des interprétations opposées. Notons tout d'abord que l'expression de « politique cybernétique » ne peut que recevoir une interprétation locale. La cybernétique est un mouvement qui a connu une diffusion internationale très large, à partir de son foyer nord-américain, avec à chaque fois des histoires et un destin différents. On sait notamment que la cybernétique a connu une forme d'institutionnalisation, à partir des années 1950, en Europe occidentale et en Union Soviétique qu'elle n'a jamais réussi à atteindre aux États-Unis, où, en dépit des efforts de Wiener, la cybernétique n'a jamais trouvé à s'incarner en un lieu institutionnel privilégié, finissant par céder à la pression centrifuge de ses différents programmes de recherche. L'Intelligence Artificielle, par exemple, programme qui est largement issu de la cybernétique, qui a été portée par des gens qui ont été proches des cybernéticiens, souvent leurs élèves, ne s'est pas réclamée directement de la cybernétique, bien au contraire. À vrai dire, celle-ci n'avait plus grand-chose à offrir au milieu des années 1950 aux États-Unis, dénuée de cadre institutionnel stable, décapitée par la brouille entre

McCulloch et Wiener, et enfin, et surtout, peu propice à la collecte de fonds auprès des bailleurs gouvernementaux. On ne peut donc parler de « politique cybernétique » que par rapport à des contextes nationaux de réception singuliers. On dispose aujourd'hui d'un tableau relativement complet de ces différentes accommodations nationales[1].

Pour ce qui est du cas des États-Unis, schématiquement, l'expression « politique cybernétique » peut être employée, dans la littérature secondaire, pour désigner trois objets distincts, qui ne se recoupent que partiellement, ce qui peut être source de confusion. Premièrement, l'expression de « politique cybernétique » peut renvoyer aux rapports entre les technologies du contrôle et de la communication et le développement de la guerre froide. Les auteurs qui traitent de la cybernétique font quasiment tous remarquer le lien qui existe entre les technologies dites « cybernétiques », comme l'informatique ou les techniques de codage, et le contexte de guerre. Il est évident, par exemple, que le développement de l'informatique a été profondément influencé par les besoins en calcul de l'armée, au départ pour l'établissement de tables balistiques fiables, puis pour la mise au point de la bombe nucléaire... De manière plus précise, les études de Peter Galison ou Paul Edwards, notamment, ont insisté de façon tout à fait éclairante sur les liens entre la cybernétique et le « grand jeu » militaro-industriel des années de guerre froide[2]. Edwards, en particulier, a établi la façon dont les idées cybernétiques, à commencer par le principe du couplage homme-machine dans les systèmes automatisés, se sont retrouvées intégrées dans le développement de projets militaires déterminants. Cybernétique et technologies militaires ont ainsi contribué à façonner ce que Edwards appelle le « monde clos », matériel et idéologique, de la guerre froide.

Cette présentation du devenir des idées cybernétiques contraste singulièrement avec les engagements de Wiener. Il faut cependant noter que l'étude d'Edwards ne porte pas tant sur l'histoire de la cybernétique elle-même que sur des développements postérieurs, qui ont souvent été portés par des gens influencés par le mouvement cybernétique, mais sans faire, pour autant, partie directement du premier cercle des cybernéticiens. Le

1. Slava Gerovitch, *From Newspeak to Cyberspeak : A History of Soviet Cybernetics*, Cambridge, MIT Press, 2002. David Mindell, Jérôme Segal et Slava Gerovitch, « From Communications Engineering to Communications Science : Cybernetics and Information Theory in the United States, France, and the Soviet Union », in Mark Walker (dir.), *Science and Ideology : A Comparative History*, Londres, Harwood Academic Publishers, 2003, pp. 66-95. Jérôme Segal, « Kybernetik in der DDR – dialektische Beziehungen », in Claus Pais (dir.), *Cybernetics – Kybernetic – The Macy Conferences 1946-1953*, Zürich-Berlin, Diaphanes, 2004, pp. 227-251.

2. Paul Edwards, *The Closed World, Computers and the Politics of Discourse in Cold War America*, Cambridge, MIT Press, 1996. Peter Galison, « The Ontology of the Ennemy : Norbert Wiener and the Cybernetic Vision », *Critical Inquiry*, 21, 1994, pp. 228-266.

cœur de l'étude est chez Edwards constitué par les années 1950-1960 et au-delà, alors que la grande période de la cybernétique proprement dite se situe au tournant des années 1950. On pourrait dire que ce premier type d'études, qui s'est consacré aux liens entre le développement des recherches militaires et les tropes du discours cybernétique, poursuit la filiation du « cyborg », plus que de la cybernétique. Cette « politique du cyborg », pour ainsi dire, fait évidemment contraste avec le discours politique explicite de la cybernétique, en l'occurrence celui de son fondateur, Norbert Wiener, qui consiste comme on l'a vu en un discours extrêmement critique vis-à-vis de la société américaine, et singulièrement vis-à-vis de la militarisation de la science américaine. Par « politique cybernétique », il faut donc entendre ici le discours politique qui s'est tenu de manière explicite sous la bannière de la cybernétique et non la question plus large de la diffusion des techniques cybernétiques, bien souvent sous d'autres vocables d'ailleurs, dans l'appareil technologique, militaire et idéologique de la guerre froide.

L'étude de Edwards doit attirer notre attention sur cette ambiguïté fondamentale de la cybernétique, qui sous la forme voulue par Wiener a échoué à se constituer en tant que discipline, et dont les idées ont pourtant connu une diffusion tout à fait extraordinaire dans le monde des sciences et des techniques. L'échec de la discipline est contemporain d'une formidable diffusion des idées portées par le mouvement. L'expression de « politique cybernétique » prend donc un sens différent selon que l'on considère la cybernétique comme une discipline ou un mouvement, ce qui est le cas ici, ou bien comme un ensemble d'idées, profondément imbriquées dans les agencements de la guerre froide, ce qui est le cas chez Edwards.

Cependant, deuxièmement, même en considérant la cybernétique comme mouvement, une ambiguïté subsiste. En effet, les cybernéticiens eux-mêmes sont loin de présenter un front uni dès lors qu'il s'agit des positions politiques. On sait notamment comment quelqu'un d'aussi important pour le groupe cybernétique que John Von Neumann a pu jouer un rôle dans le développement de la bombe à hydrogène. Von Neumann s'est engagé sans réserves dans le soutien à ce programme, qui a été extrêmement controversé parmi la communauté scientifique, ainsi qu'en témoigne l'affaire Oppenheimer, et qui symbolise à lui tout seul l'entrée dans la course aux armements. Il a soutenu les initiatives consistant à construire des missiles balistiques, a publiquement exprimé son accord vis-à-vis des plans de frappes nucléaires préventives contre l'Union Soviétique, ou encore a contribué à dissimuler les effets de la contamination par les armes nucléaires lors de l'affaire du Lucky Dragon, alors qu'il était membre de l'AEC ; positions manifestement aux antipodes de celles de Wiener. Il faut cependant noter que pour défendre ses engagements, Von Neumann n'a jamais eu besoin de mobiliser en quoi que ce soit les conceptions issues de la cybernétique, ce type de positions donnant plutôt lieu à des rapports de comités d'experts qu'à de grandes déclarations publiques.

De façon plus générale, les conférences Macy, qui sont les actes de la cybernétique au travail, sont restées largement apolitiques, se tenant à l'écart de sujets qui auraient pu être gênants en plein maccarthysme, pour se concentrer sur des questions techniques. Heims, dans son étude des conférences Macy, a bien montré comment dans le contexte, cette manière d'écarter les enjeux sociaux et politiques, notamment en ce qui concerne la psychologie et les sciences humaines, constituait en soi une prise de position politique. Paradoxalement, l'apolitisme des cybernéticiens donnerait ainsi lieu en creux à une seconde définition de « la politique cybernétique ».

> « Comme pour nier les sentiments d'impuissance et d'anxiété face au nouveau danger de la guerre nucléaire, l'humeur aux conférences cybernétiques était celle de gens qui construisent un espoir pour l'avenir de la science et de la technologie d'un côté, la psychologie de l'autre, tout en faisant des plans pour une Pax Americana imaginaire. [...] La science et la technologie cybernétiques étaient en apparence apolitiques, neutres et objectives. Pour les représentants des sciences sociales, les modèles mécanistes remplissait le besoin d'être, ou au moins d'apparaître, plus scientifiques, besoin qui reflète la surestimation des sciences et la tendance largement répandue à esquiver les controverses politiques fondamentales. »[1]

Plus particulièrement, Heims met au jour l'implication de participants clés des conférences Macy, au sein de la Fédération Internationale pour la Santé Mentale (World Federation for Mental Health, WFMH), organisation créée après-guerre dans le but de faire de la psychanalyse et des sciences sociales un instrument pour apaiser les tensions politiques. Aux yeux des tenants de la WFMH, la cybernétique présente un double intérêt. L'insistance sur le concept de feedback fournit d'abord un moyen commode pour modéliser le rapport de causalité circulaire entre personnalité et société, au cœur d'une problématique, celle de l'hygiène mentale, qui consiste à traiter en dernière instance les problèmes sociaux comme des problèmes psychologiques. Plus profondément, la cybernétique fournit une occasion d'inscrire les problématiques de la psychanalyse et des sciences sociales dans le cadre des sciences dures et de leur offrir au final un gain de légitimité non négligeable au moment où les sciences sociales doivent être mobilisées pour gagner les cœurs et les esprits sur l'échiquier de la guerre froide. Heims insiste particulièrement sur le fait que le programme de la Fédération Mondiale pour la Santé Mentale est tout à fait compatible avec l'agenda de la politique étrangère des États-Unis, ce qui assure d'ailleurs à l'organisation un financement conséquent de la part des gouvernements américain et britannique. Le discours de la Santé Mentale fournit une sorte d'alternative

1. Steve Heims, *Constructing a Social Science for Postwar America: The Cybernetics Group, 1946-1953*, Cambridge, MIT Press, 1993, pp. 177-178.

libérale humaniste au marxisme, teintée de positivisme, dans laquelle un certain nombre de représentants des sciences sociales et de la psychiatrie américaine ont pu sans mal se reconnaître. On peut donc considérer que cet ensemble caractérise une seconde « politique cybernétique », quand bien même celle-ci consisterait à neutraliser systématiquement les enjeux politiques, les déplaçant sur le terrain prétendument objectif de sciences humaines réformées à l'école des ingénieurs. La « politique cybernétique » serait une politique par défaut en quelque sorte. Il faut cependant noter que les perspectives de la WFMH ne sont pas représentatives de l'ensemble des cybernéticiens. On sait que McCulloch comme Wiener, qui ne sont pas pour rien dans la cybernétique, se sont montrés tout à fait réticents par rapport à ce genre d'initiatives.

Enfin, l'expression de « politique cybernétique » peut être employée en un dernier sens pour qualifier, comme c'est le cas ici, le discours explicite de Norbert Wiener. L'usage de l'expression « politique cybernétique » dans ce cas présente bien sûr le défaut de prêter à la cybernétique tout entière des engagements qui n'appartiennent manifestement qu'à Wiener. Les positions de Wiener ne sont pas plus représentatives de l'ensemble du mouvement que celles des tenants de la WFMH. On sait par exemple que Wiener est le seul participant des conférences Macy à avoir soutenu l'appel de Stockholm contre les armes atomiques ou la conférence internationale culturelle et scientifique pour la paix dans le monde de 1949 à New York[1]. L'usage politique systématique qu'a fait Wiener des concepts cybernétiques reste donc largement isolé, si on le met en regard de l'absence d'implication sociale du groupe cybernétique dans son ensemble.

Pour autant, il faut se garder de réduire ce discours politique à une pure idiosyncrasie wienerienne, le résultat de ses exubérances et de ses fantaisies légendaires d'outsider, comme semble le penser, par exemple, son éditeur et biographe Pesi Masani, qui en vient presque à s'excuser de l'engagement de Wiener, considéré comme une suite d'enfantillages inconséquents[2]. Il est certes acquis que Wiener n'a pas toujours adopté des vues pacifistes. On sait aussi avec quel enthousiasme Wiener proposa ses services à Vannevar Bush au début de la guerre, comme il l'avait d'ailleurs déjà fait en 1914-1918. Néanmoins, après la fin de la guerre, et surtout depuis les bombardements d'Hiroshima et Nagasaki, son engagement pacifiste est absolument indéniable, à une époque, où guerre froide et hystérie maccarthyste aidant, la position n'est pas des plus faciles à tenir. Au fond, la position de Wiener est loin d'être aussi originale et aussi inconséquente que Masani veut bien le dire. Les positions exprimées par Einstein ou Szilard, par exemple, qui

1. Steve Heims, *Constructing a Social Science for Postwar America : The Cybernetics Group, 1946-1953*, *op. cit.*, p. 199.
2. Pesi Masani, *Norbert Wiener, 1894-1964*, Basel, Birkhäuser Verlag, pp. 296-297.

ont été particulièrement impliqués après guerre présentent le même type de retournement que celui qu'a connu Wiener : à l'engagement dans la construction des armes atomiques pendant le projet Manhattan, dans l'urgence de la lutte antinazie, succèdent une condamnation sans réserve de l'usage de ces armes contre les populations civiles japonaises et un engagement extrêmement fort dans la lutte contre la course aux armements qui s'engage avec l'Union Soviétique. Le discours politique de Wiener s'intègre parfaitement dans l'espace des luttes autour des débuts de la guerre froide.

Le choix de l'expression « politique cybernétique » a le défaut de faire passer la position de Wiener pour celle de l'ensemble du groupe, et de dissimuler corrélativement la tendance à un alignement des sciences humaines sur les sciences dures avec toutes les occultations que cela implique. Elle a cependant l'avantage irremplaçable de mettre en valeur l'usage direct, explicite, conséquent des concepts cybernétiques dans les débats politiques de l'après-guerre par Wiener. Cette politique mérite donc d'être appelée « cybernétique », non au sens où elle serait représentative des positions politiques effectives de l'ensemble des cybernéticiens, ce qui, comme on l'a vu, est loin d'être le cas, mais au sens où celle-ci a été constituée en référence explicite aux concepts de la discipline cybernétique.

Quelques faux débats autour de la notion de technoscience

Mettre au jour cette cybernétique critique, attachée à la communication comme valeur en soi, soucieuse des conditions matérielles d'exercice de l'activité scientifique comme de ses finalités, doit permettre de dépasser l'image fausse et sans doute trop répandue de la cybernétique comme paradigme d'une technoscience conquérante et déshumanisée. Les ouvrages récents de Katherine Hayles ou Céline Lafontaine présentent, chacun dans leur genre, mais en partageant une même problématique d'arrière-plan, une vision caricaturale de la cybernétique, qui les conduit systématiquement à mésestimer les engagements de Wiener. Affirmer, comme Philippe Breton par exemple, dans la préface qu'il consacre à l'ouvrage de Céline Lafontaine, *L'Empire cybernétique, des machines à penser à la pensée machine*, que « la cybernétique, mais aussi la religion qui l'entoure, ont contribué à engendrer une conception de la démocratie, militarisée et fonctionnelle » paraît non seulement tout à fait exagéré, mais aussi fort peu respectueux de l'engagement réel des acteurs de l'époque. L'étude de Lafontaine croise les analyses de Heims avec l'interprétation développée par Katherine Hayles, dans *How We Became PostHuman*, qui fait de la cybernétique le moment fondateur dans le processus de déconstruction du sujet de l'humanisme libéral classique ; processus dont Hayles jusqu'à un certain point se félicite, mais que Lafontaine semble largement déplorer :

« Le monde où nous entrons ressemble étrangement à celui auquel rêvaient les premiers cybernéticiens au sortir de la seconde guerre mondiale. Un monde sans frontières, tout entier voué à la communication et à l'échange d'informations, au sein duquel les anciennes barrières entre humain, animal et machine semblent définitivement abolies. Un monde rendu plus rationnel par le contrôle et la gestion informationnels. Un monde peuplé d'êtres hybrides tels ces machines intelligentes, ces robots et ces cyborgs dont les médias annoncent chaque jour les nouveaux exploits. Bref, un monde meilleur où l'humain peut enfin espérer atteindre techniquement l'immortalité. [...] Véritable matrice de la technoscience, la cybernétique a marqué le coup d'envoi d'une révolution épistémologique dont on commence à peine à entrevoir la portée. [...] Du structuralisme au systémisme, du postmodernisme au posthumanisme, du cyberspace au remodelage biotechnologique des corps, on constate une même négation de l'héritage humaniste, une même logique de désubjectivation. »[1]

Cette interprétation selon laquelle le projet cybernétique se caractériserait par la promotion d'un nouveau type de sujet informationnel, en rupture avec les formes classiques de la subjectivité telles qu'elles sont pensées dans l'humanisme, repose sur une tactique de lecture qui consiste à prêter beaucoup aux textes d'origine tout en faisant l'impasse sur une lecture historique, précise et détaillée. Dans la mesure où il s'agit de faire dire à ces textes ce que par eux-mêmes ils ne peuvent énoncer, puisque par définition ils n'en ont pas conscience, ce type de lecture autorise quelques libertés avec les textes originaux[2]. Ainsi, Lafontaine écrit, à propos des origines américaines de la cybernétique :

« Acquise en bonne partie grâce à la bombe A, l'autorité scientifique des États-Unis culmine ainsi dans la création d'une science authentiquement américaine, la cybernétique. Norbert Wiener insistera d'ailleurs, dans son célèbre ouvrage de vulgarisation Cybernétique et société, sur le fait que son " livre est destiné principalement à des Américains vivant dans le milieu américain " ».[3]

Il se trouve que la citation de Wiener replacée dans son contexte vise à dire globalement l'inverse de ce qu'en tire Lafontaine.

« J'écris ce livre principalement pour des Américains vivant dans un milieu où les questions d'information sont évaluées en fonction du critère américain standard : une chose a de la valeur en fonction de ce qu'elle rapportera comme marchandise sur le marché. C'est la doctrine officielle d'une orthodoxie qu'il devient de plus en plus périlleux de remettre en question pour ceux qui résident aux États-Unis. Cela vaut sans doute la peine de rap-

1. Céline Lafontaine, *L'Empire cybernétique, des machines à penser à la pensée machine*, Paris, Seuil, 2004, pp. 13-15.

2. « L'anti-humanisme dont est porteuse la cybernétique semble avoir échappé à son fondateur puisque Wiener se définissait lui-même comme un humaniste. » Céline Lafontaine, *L'Empire cybernétique, op. cit.*, p. 33. Si la cybernétique est porteuse d'un projet dont elle n'a elle-même pas pris la mesure, et qui a dû attendre quelque 50 ans ses commentateurs autorisés, rien n'interdit plus de lire dans les textes ce que, par définition, ils ne disent précisément pas.

3. Céline Lafontaine, *L'Empire cybernétique, op. cit.*, p. 29.

peler que celle-ci ne représente pas un fondement universel pour les valeurs humaines : qu'elle ne correspond ni à la doctrine de l'Église qui cherche le salut de l'âme humaine, ni à celle du marxisme qui valorise une société en fonction de la réalisation de certains idéaux spécifiques de bien-être humain. »[1]

Alors que, dans le passage cité, Wiener présente une critique des valeurs de la société américaine, celui-ci se trouve caricaturé comme le promoteur d'une « science authentiquement américaine », ce qui fait, par ailleurs, tout à fait injure à ses engagements internationalistes. On sait que Wiener, non seulement s'est toujours opposé à tout racisme, y compris aux États-Unis, mais qu'il a, en outre, donné de sa personne pour aider les scientifiques allemands, juifs ou non juifs, qui fuyaient le régime nazi, à trouver des postes en Amérique, en dépit de lois sur l'immigration restrictives, sans parler de son engagement auprès des scientifiques asiatiques.

Au-delà des stratégies de lecture et du rapport au texte, sur le fond, ce type d'étude, sous couvert de lutter contre une vision naturalisante et fataliste de l'histoire, celle qui serait promue par la cybernétique, conduit souvent à occulter le contexte historique réel de production des textes originaux, contexte qui est marqué comme on l'a vu par un grand nombre de tensions. La propre position de Wiener ne peut plus alors être traitée que comme un résidu malencontreux (le militariste et antihumaniste malgré lui de Lafontaine[2]) ou le signe d'une angoisse, d'une résistance à demi consciente, vis-à-vis des implications radicales du nouveau sujet informationnel (Hayles[3]). Lorsque Lafontaine écrit : « l'empire avance sous le masque de l'inéluctabilité, l'inéluctable est l'horizon de pensée du paradigme cybernétique. Devant un pareil fatalisme, on en vient à croire que le destin de l'humanité est tout entier tracé par l'évolution technologique et la lutte contre l'entropie »[4], non seulement elle raye d'un trait de plume les écrits explicites de Wiener, notamment la critique de l'idéologie d'un progrès technique inéluctable et infini, mais elle fait l'impasse, au nom de l'histoire, précisément sur l'histoire de la cybernétique et ses contingences. À ce compte-là, on a tôt fait de considérer la cybernétique comme le moment d'un destin et l'œuvre humaine de Wiener comme un simple accroc sur le grand récit de la technoscience. Pour nier le déterminisme technologique, on en fabrique.

1. Norbert Wiener, *The Human Use of Human Beings*, *op. cit.*, p. 113.

2. « Malgré le pacifisme affiché de son fondateur, la cybernétique sera marquée de façon indélébile par ses origines militaires. » Céline Lafontaine, *L'Empire cybernétique, op. cit.*, pp. 37-38.

3. « Dans *Cybernetics*, le texte technique à partir duquel *The Human Use of Human Beings* a été adapté, Wiener se regarde dans le miroir du cyborg mais se retire. Les scénarios qu'il construit pour incarner et justifier ce retrait indiquent de manière suggestive le rôle que l'anxiété érotique joue dans les récits cybernétiques. [… Wiener construit] une scène imaginaire qui exprime et contrôle l'anxiété en reconstituant les frontières [du sujet]. » Katherine Hayles, *How we Became Posthuman, op. cit.*, p. 108.

4. Céline Lafontaine, *L'Empire cybernétique, op. cit.*, p. 221.

L'idée qu'il doit nécessairement exister une tension dans la pensée de Wiener entre un travail de type matérialiste réductionniste du côté des sciences du vivant et une pensée progressiste du côté politique apparaît comme typique de la lecture qui est souvent faite du matérialisme en science, comme si la position matérialiste ou mécaniste devait nécessairement être le signe d'un appauvrissement des perspectives morales et politiques. Le traitement réservé à la cybernétique est révélateur des réticences vis-à-vis du matérialisme, affublé de son qualificatif infâmant de « réductionniste ». Comme si le matérialisme devait imposer mécaniquement un affaiblissement des exigences éthiques. Au lieu de chercher une tension toute faite au cœur de la cybernétique, on peut au contraire lire la politique cybernétique de Wiener comme le signe d'une grande rigueur et continuité : en biologie comme en politique, on ne peut se contenter d'une définition désincarnée de l'information et des processus de communication. Tout comme pour l'organisme ou la machine, la société requiert que l'on ouvre la boîte noire et que soient mises au jour les conditions matérielles effectives du traitement de l'information.

Pour autant, la problématique qui oriente les travaux de Hayles et Lafontaine, celle du rapport entre informatique, cybernétique et subjectivité, est loin d'être négligeable. Les travaux de Paul Edwards ou de Sherry Turkle, par exemple, fournissent des éléments de réflexion qui sont tout à fait remarquables. La source de cette problématique est à chercher du côté des écrits de la féministe américaine Donna Haraway. Dans « A manifesto for cyborgs : science, technology and socialist feminism in the 1980s », Haraway a donné une lecture irrévérencieuse et pleine d'humour de la cybernétique. Il s'agit alors de jouer contre les projets militaro-industriels de la présidence Reagan une première cybernétique transgressive qui fait éclater les barrières de genre. Autant la lecture à la fois militante et ludique que fait Haraway convient au style du manifeste, autant la problématique ne peut pas forcément être transposée telle quelle pour une étude historique de la cybernétique et notamment de ses aspects politiques. Non seulement les problématiques transposées ne sont pas forcément pertinentes au regard des textes originaux, mais elles sont aussi largement anachroniques. Quitte à réhabiliter l'histoire et les luttes, autant commencer par celles dans lesquelles la cybernétique a été elle-même effectivement engagée.

Restituer la dimension à la fois critique et progressiste de cette « politique cybernétique » est d'autant plus intéressant que le discours politique associé aujourd'hui à la notion d'information est aux antipodes de celui qu'a tenu Wiener. Le discours qui vise aujourd'hui à promouvoir « la société de l'information » n'est bien souvent que le masque de l'exigence de libéralisation totale des marchés. On se souvient que la première conférence internationale consacrée explicitement à la « société de l'information », une initiative de la Commission Européenne, organisée dans le cadre du G7 à Bruxelles en février 1995, préconisait comme « principes de base susceptibles de faire de la vision commune de la société planétaire de l'information une réalité : la promotion d'une concurrence dynamique, l'encouragement à l'investissement privé, la définition d'un cadre réglementaire évolutif, l'assurance d'un accès ouvert aux réseaux », toutes mesures destinées à accroître la rentabilité des capitaux sur fond de grande dérégulation du marché des télécommunications[1]. Il y a donc quelque ironie à considérer que le discours critique de Wiener, dont la composante anticapitaliste est loin d'être négligeable, ait pu se retrouver ainsi converti en un discours d'accompagnement destiné à fournir le supplément d'âme dont les politiques libérales ont besoin. Il est bon de se souvenir aujourd'hui qu'il y a eu dans les années 1940-1950 une première « société de l'information » avant « la société de l'information » ; une société de l'information qui reposait sur l'idée que la communication est une valeur hors marché, une valeur qui ne peut être subordonnée à la loi du profit ou à ce que Wiener appelle la « liberté d'exploiter »[2]. Il s'agit là d'une position constante de Wiener, qui s'exprime de façon d'autant plus polémique qu'elle est énoncée dans un contexte largement hostile : la maîtrise des changements technologiques ne peut être laissée aux acteurs privés, principe qui vaut aussi bien pour l'énergie nucléaire (« Too big for private enterprise »[3]) que pour ce que Wiener appelait déjà à l'époque « la nouvelle révolution de la communication ».

> « Nous avons pas mal d'expérience quant à la façon dont les industriels regardent les nouvelles potentialités en matière d'industrie. Toute leur propagande a pour seul fin que celles-ci ne soient pas considérées comme l'affaire de l'État mais laissées ouvertes pour n'importe quel entrepreneur qui souhaite y investir. Nous savons aussi que ceux-ci ont fort peu d'inhibitions quand il s'agit de prendre tous les profits qu'il y a à prendre dans un secteur industriel et laisser le public ramasser les miettes. C'est l'histoire de l'industrie du bois et des mines, et une partie de ce que nous avons appelé dans un autre chapitre la philosophie américaine traditionnelle du progrès [fondée sur le pillage à courte vue des ressources naturelles] »[4].

La source principale du discours contemporain sur la société de l'information est donc, ironie de l'histoire, un discours de protestation issu des débats et des luttes de l'après-guerre.

On peut discerner dans le corpus des œuvres politiques de Wiener trois grands thèmes d'intervention, qui ne sont pas répartis de manière égale

1. http ://europa.eu.int/abc/doc/off/bull/fr/9501/p000469.htm
2. Norbert Wiener, *The Human Use of Human Beings*, Londres, Eyre and Spottiswoode, 1950, p. 189.
3. Norbert Wiener, « Too Big for Private », 20 mai 1950, in Pesi Masani (dir.), *Norbert Wiener, Collected works with commentaries, Volume IV*, *op. cit.*, pp. 702-703.
4. Norbert Wiener, *The Human Use of Human Beings, op. cit.*, p. 161.

dans le temps. Nous avons d'abord une petite série de textes qui appartiennent à la période de la fin des années 1940, série qui porte sur la question de l'énergie atomique et plus particulièrement des armes nucléaires. Ce regroupement dans le temps est tout à fait logique puisque la période de l'immédiat après-guerre correspond à la première période d'engagement important aux États-Unis contre les armes atomiques, avec la mobilisation d'une partie de la communauté scientifique, regroupée notamment dans la Federation of American Scientists. La FAS est l'émanation des groupes formés par les savants associés au projet Manhattan et qui se sont opposés très rapidement au bombardement des villes japonaises.

À partir du début des années 1950 deux thèmes prennent le relais dans l'engagement social et politique de Wiener. Nous avons tout d'abord une série d'articles qui portent sur l'état de la politique de la science aux États-Unis et sur les conséquences d'une réorganisation de la recherche en fonction des intérêts militaires de la Guerre Froide. Il s'agit d'un thème qui était déjà présent dans la critique de l'escalade nucléaire, par exemple dans la lettre de 1946, mais qui devient un thème autonome à partir du moment où la lutte contre la prolifération des armes nucléaires n'est plus à l'ordre du jour. Nous verrons que ce thème sert de canevas à l'approche cybernétique de la sociologie et plus généralement des sciences humaines.

Enfin, la majorité des articles publiés porte sur les effets sociaux probables des machines à traiter de l'information. Au début des années 1950, Wiener s'engage dans une véritable campagne, rencontrant des syndicalistes ou des patrons, pour faire connaître de façon large les risques de la nouvelle automatisation promise par les machines cybernétiques. Wiener est particulièrement inquiet de la perspective d'un chômage de masse qui serait le résultat de ce qu'il décrit comme une « nouvelle révolution industrielle ».

2
LA QUESTION NUCLÉAIRE

La lutte contre la course aux armements et le contrôle par les militaires de l'énergie atomique constituent le premier engagement politique de Wiener après-guerre, précédant la réflexion sur les modes d'organisation de la société américaine et l'analyse du nouvel âge informationnel. Les positions de Wiener sont celles de bon nombre d'opposants au développement des armes nucléaires : la condamnation répétée des bombardements d'Hiroshima et Nagasaki, une critique conséquente du principe de la sécurité par l'escalade nucléaire, l'appel à un contrôle international des armes et de l'énergie atomique, ou à défaut, à un règlement diplomatique de la question entre les États-Unis et l'Union Soviétique, et, enfin, le refus de la subordination des scientifiques aux intérêts militaires. Considérées dans leur ensemble, ces thèses échappent encore largement à l'encodage informationnel systématique qui est typique des derniers engagements de Wiener. On trouve ici et là des bribes de cybernétique, des arguments qui empruntent la syntaxe de la nouvelle grammaire du contrôle et de la communication, mais les arguments sur les armes nucléaires ne sont pas intégrés dans un schème cybernétique au sens propre. On peut penser que la question des armes nucléaires n'était guère, en soi, propice à l'encodage informationnel, qu'il était difficile de faire de la sécurité atomique un pur problème de communication. Mais l'absence d'encodage systématique s'explique aussi, sans doute, par la précocité du questionnement. Il faut, en effet, vraiment attendre les années 1950 et la parution de *The Human Use of Human Beings* pour assister à la mobilisation générale des concepts de la cybernétique, alors que la lutte contre les armements nucléaires, sous sa première forme aux États-Unis, appartient déjà au passé.

Les conséquences de l'engagement de Wiener pour la cybernétique

Pour autant, ce premier moment de la « politique cybernétique » n'est pas à négliger. Il faut bien avoir conscience que l'engagement contre les armes atomiques a laissé des marques profondes, tant sur la carrière personnelle de Wiener que sur le destin du mouvement cybernétique. On sait combien la réaction de Wiener à l'annonce des bombardements sur Hiroshima et Nagasaki a été forte, au point d'envisager l'abandon de toutes ses activités scientifiques. Heims, dans la biographie qu'il a consacrée au fondateur de la cybernétique, mentionne l'existence d'une lettre de démission adressée à Karl Compton, le président du MIT, à la mi-octobre 1945. Wiener y déclare vouloir « quitter définitivement tout travail scientifique » pour « vivre en accord avec [sa] conscience »[1]. La lettre ne fut probablement jamais envoyée, mais elle témoigne du choc éprouvé par Wiener après l'annonce des bombardements d'Hiroshima et Nagasaki. La correspondance privée de Wiener avec ses amis proches, comme Arturo Rosenblueth ou le biologiste britannique J.B.S. Haldane confirme le dégoût de Wiener et son refus de se lier à tout projet militaire. *I am a Mathematician* livre une recension détaillée des sentiments par lesquels Wiener est passé à l'époque.

> « Toutes ces expériences émotionnelles n'étaient rien par rapport à ce que j'ai vécu au moment du bombardement d'Hiroshima. [...] En toute franchise, je m'accrochais à l'espoir qu'à la dernière minute quelque chose dans la bombe atomique ne fonctionnerait pas, car j'avais déjà considérablement réfléchi à la signification de la bombe et à sa signification pour une société dont les membres devraient vivre à partir de maintenant sous la menace d'une destruction illimitée. Bien sûr, j'étais content lorsque la guerre contre le Japon prit fin, sans les lourdes pertes qu'une attaque frontale sur la terre ferme aurait impliquées. Cependant, même cette nouvelle heureuse, me laissait dans un état de profonde inquiétude. Je connaissais très bien la tendance (qui n'est pas confinée à l'Amérique, quoi qu'extrêmement forte ici) à considérer la guerre comme une sorte de partie de football glorifiée, pour laquelle le score final est fixé une fois pour toute à un moment donné et représente soit une victoire définitive soit une défaite définitive. [...] La chose la plus importante au sujet de la bombe atomique était, selon moi, non la fin d'une guerre particulière sans morts inutiles de notre côté, mais le fait que nous nous trouvions confrontés à un monde nouveau et à des possibilités nouvelles avec lesquelles nous aurions à vivre pour toujours »[2].

C'est dans ce contexte de crises et de doutes que Wiener rédige la fameuse lettre qui donne lieu en janvier 1947 à la parution de « A Scientist Rebels » dans *Atlantic Monthly*. Wiener raconte l'affaire de la lettre comme une sorte de coup de chaud qui aurait mené à des conséquences imprévues :

> « Je montrai la lettre à un des mes collègues qui se trouvait avoir du flair en matière de journalisme. Il suggéra immédiatement que j'envoie ma note à *Atlantic Monthly* comme la base de ce qui pourrait donner un article plus

1. Steve Heims, *John Von Neumann and Norbert Wiener, From Mathematics to the Technologies of Life and Death*, *op. cit.*, p. 189.
2. Norbert Wiener, *I am a Mathematician, op. cit.*, p. 299.

élaboré. Je suivis sa suggestion et fis l'envoi. Si j'avais su quel profond engagement moral je m'imposais, alors que lui-même ne s'imposait rien, j'aurais sans doute hésité, tout en considérant cette hésitation comme un acte de lâcheté. Les conséquences morales de mon acte n'allaient pas tarder à suivre »[1].

La lettre oblige, en effet, Wiener à tirer au clair son attitude vis-à-vis des différents projets qui lui sont soumis après guerre. Wiener est ainsi amené à se couper des développements dans le champ du calcul mécanique, largement financé par les militaires pour des applications militaires. *I am a Mathematician* expose la façon dont Wiener rejette la proposition de diriger, sous le patronage du Bureau of Standard, la première agence impliquée dans le financement de la bombe atomique, un projet semi militaire de construction de calculateurs en Californie. Mais l'affaire qui fait le plus de bruit est, sans conteste, le scandale de la conférence organisée par Aiken à Harvard sur les nouveaux calculateurs automatiques à grande vitesse, conférence sponsorisée par la Navy, principal bailleur de fond des Mark-I et Mark-II de Aiken. Fidèle à sa ligne de conduite, consistant à éviter tout projet lié aux militaires après son refus de l'offre californienne, Wiener demande à Aiken d'être retiré de la liste des participants, ce que Aiken fait… en rayant purement et simplement le nom de Wiener sur le programme officiel. La presse s'empare alors de l'affaire, suggérant que la participation de Wiener aurait pu être annulée par les organisateurs en réponse à la lettre d'*Atlantic Monthly*. Un jour après le début de la conférence, qui rassemble plus de 300 scientifiques et ingénieurs de tous pays, le *Boston Traveler* titre en première page : « M.I.T. scientist 'rebels' at war research talk : cites moral issue, hits 'irresponsible militarists'», « nouvelle » reprise le lendemain par le *New York Times*, le tout donnant lieu, quelques jours plus tard, à une intervention d'Einstein en soutien à Wiener : « J'admire beaucoup et j'approuve l'attitude du Professeur Wiener. Je pense qu'une telle attitude de la part de tous les scientifiques importants contribuerait beaucoup à résoudre le problème urgent de la sécurité nationale. »[2] À compter de ce jour, comme on s'en doute, la carrière de Wiener dans le champ de l'informatique était sérieusement compromise. Lucide, Wiener, dans une lettre adressée à McCulloch le jour de la parution de l'article du *Boston Traveler*, affirme : « j'abandonne tout travail sur les machines à calculer parce qu'elles sont trop liées au projet de missiles guidés. »[3] Ce qui n'empêcha aucunement le MIT de devenir, dans le même temps, un des premiers dépositaires de contrats militaires, avec le projet SAGE-Whirlwind. Wiener s'est donc, tout à la fois, de lui-même mis à

1. Norbert Wiener, *I am a Mathematician, op. cit.*, p. 297.
2. Cité par Flo Conway et Jim Siegelman, *Dark Hero of the Information Age, op. cit.*, p. 243.
3. *Ibid.*, p. 242.

l'écart et a été mis à l'écart d'un domaine qui le passionnait et pour lequel il possédait une expertise reconnue depuis le mémorandum adressé à Bush en septembre 1940. Il faut ajouter que toute l'affaire vaut à Wiener l'ouverture d'un dossier au FBI, le 10 janvier 1947, en qualité de « personne suspectée d'activités subversives contre le Gouvernement des États-Unis », dossier qui reste ouvert pendant toute la période maccarthyste, Wiener échappant de peu à la mise à l'index.

Cet engagement viscéral contre la course aux armements a sans aucun doute joué un rôle important dans le destin de la cybernétique, dans l'étrange déclin de la discipline au moment même où nombre de ses conceptions triomphent. On sait que la rupture entre Wiener et McCulloch, à l'arrivée de ce dernier au MIT, au moment même où la cybernétique dispose enfin d'un lieu institutionnel pour exister comme champ de recherche, est motivée sur la forme par la question de l'origine des financements du groupe de McCulloch, même s'il semble établi que les motifs profonds étaient d'une autre nature, plus personnelle. Cette rupture brise complètement le groupe cybernétique à un moment clé de son histoire, sans parler des conséquences personnelles sur les uns et les autres, à commencer par Walter Pitts qui sombre dans le chaos.

Le rapport étrange qu'entretient l'intelligence artificielle avec la cybernétique, dont la première est clairement issue, mais dont elle cherche avec constance à se distinguer, procède tout autant de raisons conceptuelles, de divergences d'arrière-fond sur le statut de l'information, que de motifs politiques et historiques. Au milieu des années 1950, pour différentes raisons, la cybernétique devient une sorte de mouton noir, alors que ses conceptions scientifiques ont largement eu gain de cause. Flo Conway et Jim Siegelman citent ainsi les propos ironiques et désabusés de Heinz von Foerster, qui fut le secrétaire des conférences Macy avant d'animer le mouvement connu comme la seconde cybernétique.

> « D'après Von Foerster, l'adoption de l'IA par les militaires américains, corrélativement à celle de la cybernétique par les soviétiques, signa l'arrêt de mort de la cybernétique aux États-Unis, pendant ces années idéologiquement chargées. " Ils voulaient chasser la cybernétique aussi vite que possible. Elle ne fut pas supprimée, mais ils la négligèrent et se mirent à diriger tout leur argent dans l'intelligence, que celle-ci soit naturelle ou artificielle [intelligence a ici le double sens de intelligence, comme dans intelligence artificielle, et de renseignement dans le contexte de guerre froide, comme dans Central Intelligence *Agency* !]. [...] J'ai discuté avec ces gens, encore et encore, et je leur disais, 'regardez, vous ne comprenez pas le mot', à propos de l'IA. Ils répondaient, 'non, non, non. Nous savons exactement ce que nous finançons ici. C'est de l'intelligence !' [...] À l'Université de l'Illinois, nous avions un gros programme qui n'était pas appelé intelligence artificielle. C'était en partie appelé cybernétique, en partie études cognitives, mais partout on me disait, 'écoutez, Heinz, tant que vous ne serez pas inté-

ressé par l'intelligence, on ne peut pas vous financer. [...] Tout cela donna plus ou moins le coup de grâce à la cybernétique. [...] Les gens disaient, 'laissez tomber cette cybernétique. Cela détruit notre manière américaine de penser.'" »[1]

Ce qui se comprend comme échec au niveau des concepts scientifiques, l'impossibilité à maintenir un champ cohérent entre d'un côté l'étude formelle du traitement symbolique de l'information (IA et sciences cognitives) et de l'autre l'étude des processus biologiques d'encodage (biologie moléculaire et neurobiologie), doit aussi se comprendre au plan politique comme difficulté à maintenir un champ de recherche civil, à maintenir le refus de tout engagement dans la logique de guerre froide, alors que les processus de financement de la recherche ont été profondément modifiés par la guerre. Ces derniers éléments ne sont sans doute pas à négliger si on veut comprendre comment la cybernétique a pu passer du statut de science à la mode à celui de mouton noir.

Le décompte des occasions manquées par la cybernétique ne doit cependant pas occulter les conséquences positives des choix de Wiener. On sait que Wiener a concentré l'essentiel de son travail, lors des dernières années, à la fabrication de prothèses pour handicapés. Mais ici encore, la cybernétique n'échappe pas à ses ambiguïtés : si le travail sur les prothèses a dans l'esprit de Wiener une vocation humaniste évidente, il appartient pourtant, par un autre côté, à la problématique de l'intégration homme-machine qui est si importante pour les technologies militaires. La cybernétique est donc le développement civil de ces technologies du contrôle et de la communication, qui en quelques années vont fournir le cœur matériel et idéologique de la guerre froide, des deux côtés du rideau de fer ; ce qui est une autre manière de pointer l'éternel hiatus entre la diffusion sans égale de la cybernétique au sein de la culture technique et scientifique et l'échec de la cybernétique à se constituer comme discipline en bonne et due forme aux États-Unis.

Le mouvement des savants atomiques

L'engagement de Wiener contre l'usage des armes atomiques, la course aux armements, et plus généralement la militarisation de la science américaine est loin d'être absolument original. Les textes de Wiener s'inscrivent dans un contexte de luttes qu'il n'est sans doute pas inutile de restituer brièvement ici avant d'aborder la façon dont la cybernétique a pu être mobilisée au lendemain de la guerre[2].

1. Cité par Flo Conway et Jim Siegelman, *Dark Hero of the Information Age, op. cit.*, pp. 321-322.
2. Cette histoire est bien connue. On pourra se référer en particulier à Alice Kimball Smith, *A Peril and a Hope, The Scientists' Movement in America, 1945-1947*, Chicago,

La contestation la plus organisée, la plus argumentée et la plus importante de la politique américaine de l'atome provient en ligne directe des savants engagés dans le projet Manhattan, en particulier le groupe du Met Lab de Chicago. L'histoire de la rébellion du Met Lab est décisive dans la mesure où il est possible d'y déceler une bonne part des lignes de fractures de l'après-guerre. Au début de l'été 1944, le Met Lab est proche d'atteindre ses objectifs, notamment en ce qui concerne les techniques de production du plutonium. Circule alors une rumeur selon laquelle le laboratoire devrait être prochainement démantelé, les scientifiques de la compagnie privée DuPont de Nemours prenant en charge le processus de production. Cette rumeur lance le premier mouvement de révolte parmi les scientifiques de Chicago, inquiets à la fois de l'avenir du laboratoire et de la concurrence d'une compagnie privée, mais aussi des implications morales et politiques de la bombe. Pour faire face à l'agitation des scientifiques et éviter que son équipe ne soit dispersée, Arthur Compton, le directeur du laboratoire, suggère au responsable du projet Manhattan, le général Groves, de transformer le Met Lab en centre de recherche atomique pour l'après-guerre, ce à quoi Groves est fermement opposé. Afin de soutenir son projet, Compton commande un premier rapport sur l'avenir de l'énergie atomique à une commission nommée pour l'occasion. Le 18 novembre 1944, la commission rend un document de 65 pages intitulé « Prospectus on Nucleonics » détaillant les potentialités scientifiques, industrielles et militaires de la recherche sur les énergies nucléaires et l'électronique. Ce texte, dont les sections clés sont rédigées par le biophysicien Eugene Rabinowitch, qui deviendra un acteur majeur dans la lutte contre les armes atomiques après-guerre, est un des premiers documents concernant les aspects sociaux et politiques de l'atome. Il est de ce point de vue très critique vis-à-vis de la politique américaine de l'époque. Sont énoncées pour la première fois les idées qui vont structurer le discours contre les armes atomiques, notamment l'idée que l'on ne peut attendre aucune sécurité véritable d'un monopole anglo-américain illusoire, fondé sur le secret militaire et la chasse aux espions. « La paix fondée sur un développement incontrôlé [des armes atomiques] ne sera qu'une armistice [...] sur le chemin du désastre », écrit Rabinowitch. La seule solution viable consisterait en l'établissement immédiat « d'une administration internationale avec des pouvoirs de police qui puisse contrôler efficacement les moyens de la guerre nucléonique. »[1] Wiener et la plupart des opposants aux armes nucléaires ne disent pas autre chose après-guerre. Le rapport recommande en outre que le public soit informé au plus tôt de la signification et de

University of Chicago Press, 1965 et Lawrence Wittner, *One World or None, A History of the World Nuclear Disarmament Movement Through 1953*, Stanford, Stanford University Press, 1993.

1. Cité dans Alice Kimball Smith, *A Peril and a Hope, op. cit.*, p. 22.

l'enjeu des armes atomiques, suggestion qui ne pouvait qu'exaspérer au plus au point les militaires.

Avec le soutien de Bush et de l'OSRD, Compton réussit à maintenir le laboratoire à flot. Mais le Met Lab est devenu un foyer de critique sur la politique américaine d'armements atomiques. Dès le printemps 1945, les scientifiques commencent à se préoccuper non plus seulement des dangers d'une course aux armements dans l'après-guerre, mais aussi de l'usage qui pourrait être fait de la bombe atomique dans la guerre, alors même que l'Allemagne est quasiment vaincue et que ses chances de construire une bombe atomique avant les Alliés sont nulles. La peur que les Allemands parviennent à construire une bombe atomique avait en effet constitué le motif le plus important aux yeux des scientifiques pour entreprendre la construction de la bombe aux États-Unis. Or, une fois l'Allemagne virtuellement vaincue, pourquoi continuer ? La crainte que la bombe atomique puisse être utilisée comme arme offensive contre le Japon émerge lors de réunions, organisées par les plus jeunes scientifiques, sur les implications sociales et politiques de l'atome au Met Lab. À ces réunions, on discute des modalités d'un contrôle international, de l'éventualité d'une frappe contre le Japon et de la mise en place d'un mouvement organisé parmi les scientifiques pour lutter contre cette dernière éventualité. En avril 1945, James Franck, qui dirige le département de chimie du Met Lab, écrit à Rabinowitch pour préparer un rapport destiné à informer les autorités des thèmes débattus au Met Lab et à les convaincre de changer de politique.

Au même moment, Szilard, qui est mobilisé au Met Lab, où il joue un rôle majeur dans la rébellion, finit par perdre patience et décide de porter l'affaire directement devant le Président des États-Unis. Szilard, comme il l'a déjà fait en 1939, s'adresse à Einstein pour qu'il serve d'intermédiaire et rédige une lettre dans laquelle il tente d'avertir des dangers d'une course aux armements atomiques entre la Russie et les États-Unis et recommande de repousser tout usage de la bombe atomique contre le Japon. Roosevelt meurt sans avoir lu la lettre. Son successeur, le vice-président Harry Truman, suggère que Szilard rencontre James Byrnes, son nouveau secrétaire d'État. L'entretien est une catastrophe. Byrnes ne veut rien entendre et repousse systématiquement les arguments de Szilard, allant même jusqu'à défendre l'idée que l'usage de la bombe justifierait les énormes dépenses du gouvernement. La Bombe offre une carte maîtresse à la diplomatie américaine dans les négociations avec les Soviétiques, ajoute Byrnes, qui se montre tout à fait confiant dans la possibilité d'assurer le monopole américain des armes atomiques. Il est persuadé de la supériorité du savoir-faire national en la matière, ayant reçu de plus par Groves l'assurance que les Russes seraient incapables de se procurer de l'uranium.

Szilard sort furieux de l'entretien, mais il n'est pas le seul. Groves prend prétexte de la rencontre pour dénoncer une atteinte inadmissible à la sécurité nationale. Pour ramener la contestation dans les canaux officiels et calmer les choses, Compton nomme un nouveau comité sur les implications sociales et politiques de l'énergie atomique, avec James Franck à sa tête. Le rapport Franck s'oppose vigoureusement à tout bombardement atomique et propose comme alternative une démonstration aux officiels japonais assortie d'un ultimatum. Le rapport est remis à Stimson, le secrétaire à la guerre. « On aurait pu aussi bien le jeter directement dans le lac Michigan », dira plus tard Rabinowitch[1]. Néanmoins, le cabinet de Stimson prend la peine de nommer une commission consultative, composée de scientifiques possédant de hautes responsabilités dans le projet Manhattan : Compton, Lawrence, Oppenheimer et Fermi. La commission se prononce contre une démonstration technique de la bombe comme moyen d'obtenir la reddition japonaise. Quoi qu'il en soit, et quelles qu'aient pu être les conclusions de ce comité, au demeurant bien mal nommé pour donner un avis équilibré, la décision de larguer la bombe sur des villes japonaises était déjà prise depuis la fin du mois de mai, par une instance désignée sous le nom de Comité par Intérim. Sous cette appellation d'apparence bénigne se trouve une commission, comprenant Stimson, Bush, Conant et George Marshall, le chef d'état major des armées, à qui Truman a confié les décisions concernant l'usage de la bombe atomique. On sait que la possibilité d'une démonstration non militaire de la bombe atomique, telle qu'elle est proposée dans le rapport Franck, n'a jamais été sérieusement prise en compte, seulement évoquée par Conant à la fin d'un dîner.

Au début du mois de juillet, Szilard lance une pétition contre un usage militaire de la bombe parmi les scientifiques du projet Manhattan. C'est la dernière initiative avant que la bombe ne soit larguée sur Hiroshima et Nagasaki. La pétition de Szilard recueille 68 signatures au Met Lab, 67 à Oak Ridge, mais aucune à Los Alamos où le directeur du laboratoire, Robert Oppenheimer, refuse de la faire circuler et signale l'initiative aux autorités militaires, déjà excédées par la conduite de Szilard que le général Groves cherche à exclure du projet Manhattan depuis l'entretien avec Byrnes.

Le 16 juillet a lieu le test de la première bombe atomique dans le désert du Nouveau Mexique à Alamogordo. Le 24 juillet Truman fait rapidement allusion devant Staline à « une nouvelle arme d'une puissance destructrice extraordinaire » pendant la conférence de Potsdam. Le matin du 6 août la première bombe détruit entièrement la ville d'Hiroshima, faisant 140 000 morts, à 95 % des civils. Le 9 août le gouvernement américain lâche une seconde bombe sur Nagasaki, faisant 70 000 victimes.

La première puis la seconde bombe, alors qu'elles sont largement approuvées par l'opinion américaine qui y voit un mal nécessaire pour en

1. Cité dans Alice Kimball Smith, *A Peril and a Hope, op. cit.*, p. 26.

finir avec la guerre, provoquent en revanche un mouvement de répulsion dans la communauté du projet Manhattan, bien au-delà du petit cercle de ceux qui militaient avant le 6 août. Rapidement, la communauté s'organise. La première association est créée au Met Lab, où le comité sur les implications sociales et politiques de l'énergie atomique fonde le mouvement des scientifiques atomiques de Chicago. Le 1er novembre, les groupes de Chicago, Oak Ridge, Los Alamos et New York se rejoignent pour former la Federation of Atomic Scientists, qui deviendra, quelques mois plus tard, la Federation of American Scientists (FAS), recrutant sur une base plus large que les seuls participants au projet Manhattan. Au début de l'année 1946, le mouvement compte plus de 3 000 membres, organisés en 70 groupes locaux. Les scientifiques ayant de près ou de loin travaillé sur la bombe composent l'écrasante majorité des adhérents. Dans le même temps, Rabinowitch édite, en décembre 1945, le *Bulletin of Atomic Scientists of Chicago*, qui renommé un peu plus tard en *Bulletin of Atomic Scientists* devient le porte-voix du mouvement, orné de sa célèbre doomsday clock (l'horloge du jugement dernier), dessinée par Teller, dont les aiguilles avancent ou reculent vers minuit, selon l'état de la situation internationale.

La ligne politique de la FAS est la synthèse de deux objectifs principaux. À court terme, la FAS défend la nécessité d'un système de contrôle international des armements atomiques. Un contrôle international est destiné à prévenir, non seulement la prolifération des armes atomiques, mais aussi une course aux armements entre les États-Unis et la Russie. L'objectif de cette première revendication est de pacifier les relations internationales pour éviter l'enclenchement d'une guerre froide qui risquerait fort de s'achever en apocalypse nucléaire. En 1946, le projet ne semble pas si irréaliste que cela et la guerre froide semble pouvoir encore être empêchée. Le plan de la FAS comporte la création d'une agence internationale chargée des inspections, mais aussi de l'échange des informations techniques entre les différents pays de la communauté internationale pour la coopération en termes de nucléaire civil. À long terme la FAS adopte un autre objectif politique : la création d'un gouvernement mondial. Cette idée représente un des thèmes du paysage politique libéral américain, apparentée à la mouvance pacifiste. Alors que les mouvements pacifistes sortent éreintés de la seconde guerre mondiale, le fédéralisme a le vent en poupe. La crainte d'une nouvelle guerre nucléaire à terme entre Américains et Soviétiques apporte un argument de poids en faveur de la création d'un gouvernement mondial, vu comme le moyen ultime d'éviter la guerre. En novembre 1945, Einstein en défend l'idée dans la revue *Atlantic Monthly* : « la libération de l'énergie atomique n'a pas créé un nouveau problème. Elle a simplement rendu plus urgente la nécessité de résoudre un problème existant. [...] Aussi longtemps qu'il y aura des nations souveraines dotées d'une grande puissance militaire, la guerre est inévitable. »[1] C'est l'époque du slogan *One World or None*, selon le titre du recueil d'articles publié en 1946 par les savants de la FAS .

Au niveau national, la FAS remporte une première victoire en réussissant à imposer contre l'avis des militaires un contrôle civil de l'énergie atomique. L'Atomic Energy Act, voté en 1946, établit l'Atomic Energy Commission (AEC), constituée de cinq membres civils chargés de gérer tout ce qui touche à l'énergie atomique dans le domaine militaire et civil, de l'approvisionnement en uranium au financement des programmes de recherches. Sur le plan international, on retrouve les positions de la FAS dans le rapport Acheson-Lilienthal en faveur d'un contrôle de l'énergie atomique, à qui la FAS apporte son entier soutien, avant qu'il ne soit torpillé par l'action de Baruch, le négociateur censé le défendre aux Nations Unies.

Analyses et encodage informationnel

Parmi les nombreux textes d'engagement sur la question nucléaire, la majorité consiste en des réactions « à chaud », des textes courts qui reviennent sur un événement déterminé, ainsi « Conspiracy of Conformists », consacré à l'affaire Oppenheimer en 1954. Quelques textes offrent cependant des analyses plus poussées, appuyées sur un usage des notions cybernétiques. On voit ici Wiener essayer de s'affranchir, au moyen des effets d'autorité permis par le recours à la cybernétique, de la fragilité d'une posture seulement morale. Le chapitre VII de *The Human Use of Human Beings*, « Communication, Secrecy and Social Policy », offre ainsi une critique suivie des paradoxes la sécurité nucléaire, fondée une analyse de la communication et du secret. Il s'agit de réencoder la question de sorte qu'une réponse purement technique vienne saturer le problème politique qui en est à l'origine. « Communication, Secrecy and Social Policy » apparaît ainsi caractéristique de ce mixte d'épistémologie et de politique qui fait tout le sel des analyses de Wiener. L'inflexion vers la question du secret conduit ce dernier à développer deux thèses dont chacune apparaît comme le prolongement direct d'un précepte épistémologique : l'information diffère de la matière et de l'énergie en ce qu'elle ne peut faire l'objet d'une appropriation privée ; l'information est toujours une affaire de durée. De là, se déduit la nécessité de changer de politique en matière nucléaire.

La cybernétique nous apprend en effet, explique Wiener, que l'information ne peut être stockée sans perdre de sa valeur – « l'information est affaire de processus et non de stockage ». Aussi, l'idée qu'une politique de

1. Albert Einstein, « Einstein on the Atomic Bomb », *Atlantic Monthly*, 176, Nov. 1945, pp. 43-45.

sécurité puisse s'appuyer sur des stocks d'information ou de savoir-faire décrétés propriété nationale est par essence absurde. D'une part, parce que la science atomique n'a jamais été la propriété exclusive d'aucune nation, le projet Manhattan étant, comme le rappelle Wiener, un projet international qui n'a rien à voir avec un quelconque leadership américain de droit en matière de R&D. D'autre part, plus fondamentalement, parce que l'information n'est pas faite pour être en quoi que ce soit une propriété.

Il s'agit du cœur de l'argument : les droits de propriété ne conviennent pas à la nature de l'information. Cette thèse, qui justifie l'abandon du principe selon lequel la sécurité nationale pourrait être obtenue en préservant les secrets militaires dont les États-Unis sont détenteurs, est elle-même justifiée par un argument qui emprunte aux principes fondamentaux de la cybernétique.

> « Qu'est-ce qui fait d'une chose une bonne marchandise ? Essentiellement, le fait qu'elle puisse passer de main en main sans perte substantielle de sa valeur et que les parties de cette marchandise peuvent se combiner de façon additive tout comme l'argent qui permet de les acheter. [...] L'information ne peut se conserver aussi aisément [que la matière ou l'énergie], car comme nous l'avons vu la quantité d'information communiquée est liée à cette quantité non additive connue comme entropie dont elle diffère par son signe algébrique et probablement par un facteur numérique. De la même manière que l'entropie tend à croître spontanément dans un système clos, l'information tend à décroître, de la même manière que l'entropie est une mesure du désordre, l'information est une mesure d'ordre. L'information et l'entropie ne sont pas conservées et sont toutes deux mal adaptées pour être des marchandises. »[1]

Wiener emprunte ici directement au fond de commerce épistémologique de la cybernétique : il ne faut pas confondre information, matière et énergie, l'information est une quantité opposée à l'entropie qui exprime la quantité d'ordre ou d'organisation dans un message, ou plus généralement dans tout objet physique. Dans la mesure où l'entropie tend spontanément à croître et l'information à décroître, celle-ci étant en quelque sorte inéluctablement contaminée par le bruit, il est illusoire de prétendre sécuriser une quelconque propriété sur de l'information. Une information qui est stockée pendant un certain temps perd inéluctablement de sa valeur. L'argument peut paraître spécieux dans la mesure où il semble confondre le message (l'information scientifique, les secrets atomiques) et la mesure de la quantité d'ordre qui est une propriété de ce message (l'information comme quantité opposée à l'entropie), il n'en reste pas moins qu'il constitue un des moments les plus saisissants dans lequel l'autorité de la cybernétique est convoquée à des fins politiques[2].

1. Norbert Wiener, *The Human Use of Human Beings, op. cit.*, p. 116.
2. L'argument apparaît d'autant plus étrange aujourd'hui que les opposants à la « marchandisation » de l'information font plutôt valoir un argument inverse selon lequel l'information

Cette objection contre l'idée d'une appropriation privée de l'information se poursuit au chapitre VII sous la forme d'une critique du droit des brevets, manière la plus commune de posséder une propriété sur des éléments d'information. Wiener fait remarquer que le droit de la propriété intellectuelle repose sur des fondements qui ont été rendus obsolètes par le développement contemporain des grands laboratoires. Ce droit reposait sur la distinction entre l'invention, brevetable, considérée comme le résultat de l'activité originale d'un inventeur privé et la découverte d'une loi de la nature qui n'est pas brevetable. L'invention appartient au domaine du singulier : tel dispositif amélioré ou telle machine inventée par un processus contingent d'essais et erreurs, mêlé d'habileté et d'ingéniosité individuelle. L'invention est pour le droit des brevets idiosyncrasie. À l'inverse la loi de la nature possède une validité universelle qui l'arrache aux contingences de sa production. Or cette dichotomie entre l'invention et la loi de la nature disparaît dans ce que Wiener n'appelle pas encore la technoscience contemporaine. « General Electric, Westinghouse emploient des scientifiques par centaines [...]. L'invention en est venue à signifier non plus le gadget issu de l'ingéniosité d'un ouvrier d'atelier, mais le résultat de la recherche soigneuse, exhaustive menée par une équipe de scientifiques compétents. »[1] La différence entre invention et loi de la nature s'estompe, à partir du moment où les dispositifs techniques résultent de l'application de lois générales. Le droit des brevets ne peut plus garantir légitimement le principe d'une appropriation privée de l'information. Les arguments convergent ici pour faire de l'information autre chose qu'une marchandise.

Les prémisses une fois posées, la conclusion suit : tout stockage qui reposerait sur la mise au secret exclusive des informations scientifiques est par nature absurde.

> « Aucune quantité de recherche scientifique, soigneusement consignée dans des livres et des articles, et alors placée dans nos bibliothèques sous le sceau du secret, ne suffira à nous protéger dans un monde où le niveau d'information augmente continûment. Il n'y a pas de ligne Maginot du cerveau. [...] Dans tout ce qui ressemble à une situation normale, il est à la fois plus difficile et plus important de nous assurer que nous disposons d'un savoir adéquat que de nous assurer que quelque ennemi éventuel n'en dispose pas. L'organisation toute entière de nos laboratoires de recherche militaires est dans ses grandes lignes hostile à notre propre usage et au développement optimal de l'information. »[2]

---

peut se transmettre et se partager sans perdre de sa valeur contrairement à un bien matériel classique. Il est permis de douter de la pertinence d'arguments qui cherchent une objection à l'appropriation privée dans la nature du bien échangé, plutôt que d'interroger directement la structuration sociale effective des rapports de propriété.

1. Norbert Wiener, *The Human Use of Human Beings, op. cit.*, p. 115.
2. *Ibid.*, p. 122.

En conséquence, la politique du secret est inadaptée à la situation présente et doit être abandonnée au profit du retour à la tradition de libre recherche et de coopération internationale que défendait déjà « A Scientists Rebels ». On sait combien l'idée que les États-Unis posséderait un savoir-faire national spécifique en matière de recherche, qui les placerait au-dessus des autres nations, est critiquée par Wiener qui y voit l'effet du mépris pour les étrangers et du racisme dont font montre les grands administrateurs de la science. Wiener est persuadé que la nouvelle organisation en grands laboratoires ne peut mener qu'au déclin de la science américaine. Utile pour développer le stock d'idées déjà présentes, elle n'est pas adaptée à la production d'idées nouvelles qui ne peut être le fait que de penseurs originaux.

Suite à ce premier argument construit sur les contradictions d'une appropriation privée de l'information, Wiener ajoute une seconde thèse qui approfondit le rapport entre information et temps, mobilisant le savoir cybernétique dans le domaine de la cryptanalyse. La logique est identique : connaissant les propriétés techniques de l'analyse cryptographique, la cybernétique est à même d'énoncer un certain nombre de recommandations quant à l'usage politique et militaire de la recherche scientifique. « La question du temps est essentielle dans toutes nos estimations de la valeur de l'information », avance d'abord Wiener. Cette proposition est familière au lecteur de *Cybernétique et Société*, dont la préface et le deuxième chapitre expliquent que l'information ne peut apparaître que lorsqu'on considère un univers contingent, caractérisé par des processus irréversibles et un temps orienté. L'information appartient à l'univers physique de Gibbs et non à celui de Newton. Si la valeur de l'information est affaire de temps, nous pouvons considérer que l'information scientifique ou nos secrets nucléaires partagent les propriétés des codes. La valeur d'un code est en effet toujours relative à une certaine durée, le temps qu'il faut pour le lire rapporté au temps qu'il faut pour le craquer. Il n'existe pas de code qui soit dans l'absolu inviolable. Wiener a beau jeu de rappeler aux militaires que sur le champ de bataille le secret est toujours une afffaire de temps.

> « L'information tactique qui est utilisée par des petites unités au combat sera certainement obsolète en une heure ou deux. Il est de peu d'importance que celle-ci puisse être décodée en trois heures, mais il est fondamental qu'un officier recevant le message puisse le lire en quelque chose comme deux minutes. D'un autre côté les plans de bataille dans leur ensemble sont trop importants pour reposer sur un niveau si faible de sécurité. Cependant si l'officier qui reçoit le plan a besoin d'un jour entier pour le décoder, ce délai peut être une gêne bien plus importante que n'importe quelle fuite. Les codes et les cryptages pour une campagne toute entière ou pour une politique diplomatique peuvent et doivent être encore moins faciles à décoder ; mais il n'y en a aucun qui ne puisse être décodé en une période finie de

temps dès qu'ils intègrent une quantité significative d'information et non une série de décisions individuelles sans liens entre elles. »[1]

À ce premier attribut des codes – un code est toujours relatif à une durée, il n'existe pas de code absolu – s'ajoutent ainsi les propriétés qui ont trait au décryptage. Comment s'y prend-on pour décrypter un code inconnu ? Les techniques de décryptage reposent sur la reconnaissance de séquences ordonnées dans le message. Dès lors que le message est suffisamment long, rien n'empêche donc a priori son déchiffrement. Transposons enfin les propriétés du code à l'activité scientifique. La science, nous explique Wiener, n'est rien d'autre qu'une entreprise de décryptage des lois de la nature.

> « La dernière chose au monde adéquate pour la protection des secrets et un système de codage élaboré est une loi de la nature. En dehors de la possibilité de briser le code par une attaque directe sur les véhicules humains ou matériels de ces secrets, il y a toujours la possibilité d'attaquer le code en amont. »[2]

Le code du noyau atomique est sans doute plus difficile à déchiffrer que tous les codes que l'on pourra ajouter artificiellement en aval pour en préserver le secret, il n'en reste pas moins qu'il s'agit d'un code qui peut être déchiffré. Or, l'information la plus importante pour celui qui veut déchiffrer un message et en briser le code est que ce message possède une signification, et n'est pas une simple suite de symboles réunis au hasard et destinée à tromper le cryptanalyste. C'est précisément une telle information, la validité du code, qui a été révélée avec les bombardements nucléaires d'Hiroshima et Nagasaki. Cette information seule aurait mérité le secret. Chacun sait maintenant que l'entreprise de décryptage a un sens. À partir du moment où cette information est connue, les propriétés cybernétiques du code nous apprennent que les secrets atomiques ne resteront pas dissimulés bien longtemps.

> « Il est parfaitement légitime de dire que le seul secret concernant la bombe atomique qui aurait du être gardé et qui a été donné au public et à tous nos ennemis potentiels sans la moindre inhibition a été la possibilité de sa construction. Prenez un problème de cette importance et assurez le monde scientifique qu'il a une réponse, la capacité intellectuelle des scientifiques et les laboratoires existants sont si largement distribués que la réalisation quasi-indépendante de la tâche sera l'affaire de quelques années n'importe où dans le monde. »[3]

Résumons : le premier argument nous apprend que l'information n'est pas faite pour être conservée au secret, le second que l'information en matière nucléaire sera tôt ou tard déchiffrée, dès lors que l'on reconnaît

1. Norbert Wiener, *The Human Use of Human Beings, op. cit.*, p. 123.
2. *Ibid.*, p. 124.
3. *Ibid.*, p. 125.

maintenant l'existence du message. Moralité : il est illusoire de prétendre se reposer sur un quelconque leadership nécessairement temporaire, la course aux armements ne peut que se poursuivre sous la forme d'une spirale apocalyptique, « il n'y a aucune différence entre nous armer nous-mêmes et armer nos ennemis. » Wiener parvient ainsi à présenter la course aux armements comme un concentré de contradictions. Nous sommes dans la position de celui qui doit « inventer tout à la fois le solvant universel qui dissoudra n'importe quelle substance solide et le contenant universel qui retiendra n'importe quel liquide. » Nous devons préserver des secrets qu'il est impossible par nature de préserver, assurer notre sécurité en augmentant continûment la disponibilité d'armes de plus en plus destructrices.

> « Chaque nouvelle découverte accroît notre dépendance à l'égard de nouvelles découvertes. [...] L'effet de ces armes ne peut être que d'accroître l'entropie de cette planète jusqu'à ce que toutes les distinctions du chaud et du froid, du bien et du mal, de l'homme et de la matière aient disparu dans la fournaise blanche de la formation d'une nouvelle étoile. »[1]

Ces textes de *The Human Use of Human Beings* présentent ainsi la version la plus élaborée d'une critique cybernétique de la course aux armements, dont les arguments seront ensuite répétés et déclinés. Six ans plus tard, *I am a Mathematician*, maintient la critique du secret ou la réflexion sur la nature des codes et n'ajoute pas grand-chose si ce n'est le concept d'une guerre « pousse-bouton » pour caractériser la guerre moderne. Les armes atomiques nous ont fait entrer dans un univers où le coût de la destruction est si faible rapporté au nombre de personnes tuées par une seule bombe que « la guerre est passée du champ de l'effort national à celui de la conspiration privée. »[2] Alors que les guerres anciennes réclamaient l'assentiment prolongé des peuples en conflit et l'accord profond de millions de personnes, les armes atomiques autorisent aujourd'hui un groupe restreint de quelques milliers d'hommes à menacer de destruction absolue des millions d'autres sans encourir de risques immédiats pour eux-mêmes.

Un socialisme écologique

Un article se distingue parmi les textes sur la question nucléaire, « Too Big for Private Enterprise », publié la même année que *The Human Use of Human Beings*, dans l'hebdomadaire *The Nation*. L'article aborde une question de prospective : que peut-on imaginer du futur de l'énergie nucléaire pour les applications civiles ? L'originalité de l'article réside dans cette considération des usages civils, et non plus militaires, de l'énergie atomique. On y voit se déployer, plus distinctement qu'ailleurs, les options

1. Norbert Wiener, *The Human Use of Human Beings, op. cit.*, p. 129.
2. *Ibid.*, p. 301.

politiques de Wiener, qui prend ici position pour une forme de socialisme teintée d'écologie. Comme le titre l'indique, Wiener milite pour une gestion publique, au niveau de l'État, de l'énergie nucléaire, par opposition à une gestion privée. Ce thème peut paraître en retrait par rapport à la problématique dominante pendant les années 1945-1948 du contrôle international de l'énergie atomique, mais, en 1950, un contrôle par l'État, à défaut de contrôle international, vaut mieux que pas de contrôle du tout ou un contrôle par les intérêts privés, semble penser Wiener.

L'article repose sur trois lignes d'arguments. Wiener défend d'abord l'idée que le développement de l'énergie nucléaire possède des propriétés qui le rendent impropre à un contrôle privé. Nous retrouvons ici une structure d'argument familière qui consiste à disqualifier une chose en tant que marchandise susceptible d'appropriation privée à partir de propriétés qui seraient inhérentes à sa nature. Ce que *The Human Use of Human Beings* faisait pour l'information, « Too Big for Private Enterprise » le fait pour l'énergie nucléaire. En effet, l'énergie nucléaire, explique Wiener, au vu des réserves de pétrole dont nous disposons, n'apparaît nécessaire qu'à l'échelle du siècle. Si on se place dans un temps court, quelques dizaines d'années, on peut très bien se passer du recours à l'énergie atomique. Or, il est évident que des intérêts privés ne sont pas bien adaptés pour gérer une échelle de temps aussi longue et un objectif collectif aussi imposant que la survie de l'espèce si on raisonne en millénaires. De plus la production d'énergie atomique suppose un appareillage extrêmement coûteux et ne peut être valable qu'à grande échelle afin d'amortir les dépenses préalables. Nous avons ainsi quatre critères qui disqualifient la propriété privée : l'échelle de temps, l'intérêt commun, des investissements hors de portée des firmes privées et la nécessité d'une production à grande échelle.

> « [L'énergie atomique] est une trop grosse affaire pour qu'on autorise son développement sous le contrôle relâché des intérêts privés. C'est une affaire à l'échelle de l'État lui-même ; ou l'État sera contraint de l'avaler ou elle avalera l'État. »[1]

La seconde ligne d'argument expose les formes à venir de l'exploitation de l'énergie atomique, ainsi que leurs conséquences sur les formes sociales. On retrouve dans ce second moment le style de réflexion technologique qui caractérise l'examen cybernétique de la nouvelle révolution de la communication. Wiener essaye de montrer comment la forme de l'exploitation de l'énergie nucléaire pourrait déterminer l'organisation du territoire. L'énergie nucléaire se caractérise en effet par des centrales énormes, mais aussi une immense quantité d'énergie, ce qui impose une forme d'organisation centralisée. On ne pourra pas propulser des véhicules ou des petits bateaux

1. Norbert Wiener, « Too Big for Private », 20 mai 1950, in Pesi Masani (dir.), *Norbert Wiener, Collected works with commentaries, Volume IV*, *op. cit.*, p. 703.

par exemple à partir de l'énergie produite dans les grandes centrales. Bien plus, la disponibilité d'une forme d'énergie bon marché et illimitée impose une révolution complète des installations industrielles et agricoles. On pourrait par exemple augmenter nos stocks de métaux par électrolyse, technologie qui est si coûteuse qu'elle n'est pas envisageable aujourd'hui, mais qui pourrait devenir courante. Les plastiques synthétiques seront peu à peu amenés à remplacer les industries dominées par le bois et les fibres naturelles ou entreront même en compétition avec les métaux. De même l'agriculture pourra être révolutionnée par la possibilité de purifier l'eau de mer et de l'utiliser pour l'irrigation. On peut imaginer un système agricole qui ne soit plus centré sur les rivières. L'énergie atomique implique donc une réorganisation industrielle et agricole complète à l'échelle du territoire, ce qui est encore un argument pour un contrôle étatique.

Cet exercice de futurition, dont les limites sont évidentes, débouche sur une réflexion sur la forme de pouvoir politique le plus adapté au changement technologique. Si la situation décrite devait se réaliser nous serions alors face à un monde entièrement anthropisé. Les États-Unis ou la Russie qui comportent encore de grandes parts sauvages deviendraient à l'image des polders hollandais une « nature » entièrement produite par l'homme. Or, si nous regardons le régime de propriété dans ces polders, nous voyons que les Hollandais, aussi soucieux des droits de l'individu qu'ils soient, ne vont pas jusqu'à céder ces riches terres de polder à n'importe qui en propriété privée. La terre est, explique Wiener, louée aux fermiers les plus méritants qui sont en position d'en tirer le plus, tout en en conservant la valeur pour les générations futures. On voit ainsi dans cet argument saisissant Wiener introduire un nouveau principe de responsabilité vis-à-vis des générations futures comme guide du changement technologique. L'ouvrage célèbre de Hans Jonas, *Le Principe responsabilité,* ne paraît, à titre de comparaison, qu'en 1979. Un peu plus loin Wiener suggère une autre formulation en expliquant qu'un pays « ne peut abandonner ainsi ses droits à l'avenir au premier venu. » Droit à l'avenir et responsabilité vis-à-vis des générations futures justifient l'adoption d'une certaine « forme de socialisme qui est rendue nécessaire par le fait que la terre même sur laquelle nous vivons et l'eau que nous buvons sont le produit de l'effort soutenu de la communauté dans son ensemble. »

L'énergie atomique impose donc des formes de propriété collective, mais toutes les formes de propriété collective ne sont pas également bonnes. Si l'exemple des polders hollandais semble fournir un bon compromis entre propriété collective et liberté individuelle, le cas de Los Alamos constitue un repoussoir. Il existe ainsi déjà aux États-Unis des modes de gestion socialisés de la production scientifique fondés sur des intérêts à long terme. Mais ceux-ci sont placés sous le contrôle des militaires dans une atmosphère de centralisation qui mêle l'intérêt de la communauté à ce que

Wiener appelle, citant *1984* sorti à peine quelques mois plus tôt, le « big brotherism ». Si les droits individuels ne sont pas suffisamment reconnus, Wiener écrit en pleine période de maccarthysme, le laisser-faire qui a présidé à l'âge du charbon et du pétrole risque de laisser place à de nouvelles formes de « fascisme ». Nous avons ici affaire à un des rares textes dans lequel Wiener définit de façon aussi claire ses options politiques : une forme de socialisme, définie comme propriété collective des produits de la communauté, soucieuse des libertés individuelles et déterminée par un impératif écologique de maîtrise du changement technologique et de responsabilité vis-à-vis des générations futures, un socialisme écologique.

L'engagement sur la question des armes nucléaire nous aide à situer la cybernétique dans son époque. Il fonctionne comme une matrice pour les engagements futurs et conditionne en grande partie la structuration de la discipline. Commencent à affleurer, notamment à partir de *The Human Use of Human Beings*, le style d'arguments, caractéristique de la « politique cybernétique », qui mêle épistémologie et réflexions politiques.

3
CYBERNÉTIQUE ET SOCIÉTÉ

La nouvelle politique de la science, mise en place au cours de la seconde guerre mondiale, constitue le deuxième grand domaine d'intervention de Wiener. Cette question est naturellement déjà présente dans la critique de la course aux armements nucléaires, mais elle acquiert progressivement son autonomie et finit par dépasser nettement, du point de vue de l'ampleur des contributions, le premier engagement contre les armes atomiques. Contrairement à la question nucléaire, le thème se maintient en effet dans l'œuvre politique, de la fin des années 1940 jusqu'aux derniers écrits de l'année 1964. Il se caractérise donc par sa très grande robustesse dans le discours politique de Wiener. De plus, si la présentation des arguments peut changer sur la forme, le fond demeure exceptionnellement constant. C'est dans ce domaine que l'encodage informationnel est le plus riche et le plus fourni.

De fait, ce thème joue un rôle structurant pour l'application des concepts cybernétiques au champ politique. Il constitue une sorte de terrain d'essai tout désigné pour la boîte à outil conceptuelle développée en matière sociale. Il est souvent difficile de faire la part des choses entre ce qui relèverait d'un discours purement théorique sur la sociologie de la communication et l'engagement pratique contre la nouvelle politique de la science qui sert d'exemple privilégié. Sur ce terrain, l'engagement et l'élaboration théorique vont manifestement de pair. Il est donc possible de soutenir tout à la fois que la critique des nouveaux rapports entre scientifiques, politiques et militaires joue le rôle d'un cas privilégié pour appliquer le prisme de la communication à l'organisation sociale, mais aussi que cette étude du rôle social de la communication prend sa source dans la réflexion sur la politique de la science et l'engagement qui en découle.

C'est donc sur cette question de la politique de la science que Wiener a mené la cybernétique le plus loin en matière sociale. Mieux, celle-ci fournit, à l'occasion, le canevas d'une critique beaucoup plus générale de la société américaine en pleine période maccarthyiste. L'œuvre politique de Wiener, à son meilleur, conjoint ainsi des propositions théoriques pour une application des concepts de la cybernétique à l'étude de la société à une réflexion sur la pratique scientifique elle-même. Au moment où la science américaine se trouve engagée dans la guerre froide, au moment où sévit la chasse aux sorcières, quelle forme pourrait prendre une pratique scientifique qui soit non seulement progressiste quant à ses finalités, mais aussi fondamentalement démocratique dans ses modes d'organisation ? On voit dans ces textes de Wiener se dessiner l'image de ce qu'une autre pratique scientifique pourrait être dans les années 1940-1950, dont le groupe cybernétique constitue l'ébauche imparfaite.

Les textes de Wiener sur le sujet, pour peu qu'ils soient encodés dans le vocabulaire de l'information, reposent peu ou prou sur les mêmes ressorts conceptuels. Il s'agit de convertir les propriétés techniques du traitement de l'information en propriétés des organisations sociales, les valeurs techniques en valeurs politiques. De même qu'une machine capable de comportement d'apprentissage, capable de faire face aux contingences d'un environnement changeant, est préférable à une machine routinière, close et figée, de même une société qui privilégie une circulation horizontale de l'information, de nombreux feedback entre les acteurs sociaux, est préférable à une société strictement hiérarchisée où les voies de transfert de l'information sont fortement contraintes et stéréotypées. Pour qu'une machine puisse apprendre et évoluer, la cybernétique a montré qu'elle devait disposer non seulement d'une capacité de feedback négatif, mais aussi de la possibilité de renégocier en quelque sorte son programme et ses propres finalités. Tout ceci suppose un certain nombre de schèmes techniques qui peuvent être transposés par analogie au plan de l'organisation sociale.

Non seulement les artefacts possèdent dans la philosophie de Wiener des propriétés politiques, comme l'ont montré les analyses de la bombe atomique, mais la politique elle-même peut s'analyser comme un vaste artefact. L'idée que la société soit tout à la fois organisme et machine cybernétique forme ainsi la contrepartie des analyses sur le traitement social de l'information. Qu'il s'agisse d'un organisme, d'une machine ou d'une société, on a affaire à une forme d'organisation qui ne peut se maintenir qu'en récoltant, échangeant ou transformant de l'information. Quel que soit le cas, on peut étudier la structure du point de vue des circuits informationnels qui sont mis en jeu, en dégageant les différentes manières dont ceux-ci peuvent être configurés. Les propriétés cybernétiques de l'information servent alors à révéler l'organisation des pouvoirs au sein de la structure sociale et les différentes formes de domination. Plus que jamais contrôle et information s'échangent.

The Megabuck Era

L'engagement de Wiener au sujet de la politique de la science, au même titre que celui dirigé contre les armes atomiques, ne peut se comprendre hors du contexte de l'après-guerre. Les structures de la recherche ont en effet été profondément modifiées par l'engagement des scientifiques pendant la seconde guerre mondiale. Alors que lors de la grande guerre les scientifiques s'étaient retrouvés en uniformes dans le bourbier des champs de bataille, payant le même tribut que le reste de la population aux horreurs de la guerre, ils ont bénéficié, à grande échelle, d'un traitement à part lors de la seconde guerre mondiale, mobilisés en tant que scientifiques, c'est-à-dire dans leurs laboratoires, sur des projets sélectionnés et financés par le gouvernement. Le projet Manhattan, qui aboutit à la construction de la bombe atomique, ou encore l'immense effort scientifique entrepris au Rad Lab du MIT pour la mise au point et le perfectionnement du radar, ne sont que les aspects les plus visibles des nouveaux rapports entre l'État fédéral, les militaires et les institutions de la recherche universitaire.

Des sommes d'argent colossales ont été investies dans les programmes de recherche, dans des proportions qui n'ont plus rien à voir avec les maigres subsides dont la science américaine devait se contenter dans l'Amérique en crise de l'avant-guerre. À lui seul, le projet Manhattan engloutit, sur quatre ans, deux milliards de dollars, une somme sans précédent dans l'histoire de la science américaine. La seconde guerre mondiale inaugure ainsi un nouveau type de recherche de pointe, nécessitant de gros équipements, répartis sur plusieurs laboratoires et mobilisant des centaines de scientifiques. Les États-Unis sont entrés dans l'ère de ce qu'on appellera la *Big Science*, cette science sous forme de grands projets qui engloutissent des sommes faramineuses, ce que Wiener et Von Neumann nommaient déjà *The Megabuck era*[1].

L'écart entre les dépenses de recherche et développement aux États-Unis avant et après-guerre est un bon indicateur des transformations qui affectent la recherche américaine. On estime qu'en 1940, l'année de la création du NDRC, le pays investit au total 345 millions de dollars en recherche et développement, dont 74 à 97 millions au titre de l'État fédéral, soit 0,3 % de la richesse nationale et 0,8 % du budget fédéral[2]. Sur ces 345 millions de

1. Norbert Wiener, « Science : The Megabuck Era », The New Republic, 27 janvier 1958, in Pesi Masani (dir.), *Norbert Wiener, Collected Works with Commentaries, Volume IV*, *op. cit.*, pp. 710-711.

2. Daniel Greenberg, *The Politics of Pure Science*, *op. cit.*, p. 8. Michael Reagan, *Science and the Federal Patron*, New York, Oxford University Press, 1969, p. 15. Il n'existe pas de source fiable pour l'année 1940, la NSF n'étant pas encore créée. Les chiffres de Greenberg ou Reagan proviennent pour partie du célèbre rapport de Vannevar Bush, *Science, The Endless Frontier*, de 1945 et des études a posteriori de la NSF.

dollars, la part de la recherche fondamentale est très faible (de l'ordre de 10 %), en comparaison des sommes allouées à la recherche appliquée et au développement technique (68 % à lui seul). Sur la part fédérale, le Département de l'Agriculture, premier investisseur, pour environ 30 % du budget, devance les militaires (25 %).

Quelque vingt ans plus tard, lors du budget 1961-1962, le pays investit 14,7 milliards de dollars en recherche et développement, dont 65 % proviennent du budget fédéral, soit près de 3 % du revenu national et 14 % du budget fédéral[1]. Il y a donc deux transformations majeures : d'une part les sommes allouées ont considérablement augmentées en volume (elles ont été multipliées par 40), d'autre part la contribution relative du budget fédéral à l'effort global de recherche a triplé.

Cet afflux d'argent a entraîné la création de structures de contrôle originales pour piloter les priorités de la recherche scientifique. Avec la seconde guerre mondiale, se pose de manière inédite, du fait de l'échelle des financements, la question de l'autonomie des scientifiques par rapport aux institutions et aux groupes qui les financent. Qui doit prendre la décision de financer tel programme de recherche plutôt qu'un autre ? Au nom de quels critères ? Jusqu'où les scientifiques peuvent-ils rester libres de leurs programmes et de leurs objectifs ? À qui appartiennent les résultats ? Peut-on concilier le secret militaire ou industriel avec les normes de la communication scientifique ? Toutes ces questions existaient évidemment depuis fort longtemps, mais la mobilisation de la science pour la guerre leur a donné une ampleur inédite. Les nouveaux arrangements institutionnels issus de la guerre apportent une réponse originale à ces questions.

La forme prise par cette alliance entre science, gouvernement et armée, résulte de l'action coordonnée d'une partie de la communauté scientifique, confrontée à des circonstances exceptionnelles. On considère en général que l'histoire moderne des rapports entre science et gouvernement peut remonter à la fameuse lettre du 2 août 1939 qui passe pour être à l'origine du projet Manhattan. Cette lettre rédigée par trois physiciens hongrois réfugiés aux États-Unis, Leo Szilard, Eugene Wigner et Edward Teller, signée par Einstein, est adressée directement au Président Roosevelt. Les auteurs entendent l'avertir directement de la signification militaire des derniers développements de la recherche atomique. Einstein, Szilard, Wigner et Teller s'inquiètent des progrès que les scientifiques allemands pourraient faire dans le domaine de l'atome et de l'absence de réaction concertée aux États-Unis. La lettre ne va cependant pas jusqu'à demander un véritable programme de recherche à grande échelle financé par le gouvernement, ce qui est tout bonnement inconcevable à l'époque, mais se contente de pro-

1. Daniel Greenberg, *The Politics of Pure Science*, *op. cit.*, p. 11.

poser la nomination d'un conseiller spécial chargé d'alerter le pouvoir politique sur les progrès en matière nucléaire, de recommander un processus pour sécuriser un stock adéquat d'uranium et enfin de contacter des investisseurs privés pour lever des fonds et soutenir le travail des laboratoires. Roosevelt répond favorablement aux demandes de la lettre en nommant un comité consultatif, présidé par Lyman Briggs, jusqu'alors directeur du National Bureau of Standard. Le comité n'est doté en tout et pour tout que de 6 000 dollars pour l'année 1940. L'histoire des rapports entre science et gouvernement est donc plus compliquée que ne le veut la légende de la lettre d'Einstein. Elle implique d'autres personnages et un arrière-plan plus vaste que le seul projet Manhattan.

En janvier 1939, Enrico Fermi et Niels Bohr présentent, à l'occasion de la 5e conférence de Washington sur la physique théorique, une revue des derniers développements en physique nucléaire. La présentation attire l'attention d'un des laboratoires gouvernementaux les plus impliqués dans la recherche fondamentale, le Naval Research Laboratory. La Navy s'intéresse à l'atome comme source potentielle d'énergie motrice pour ses vaisseaux. Elle propose alors 1 500 dollars à la fondation Carnegie de Washington pour explorer les pouvoirs potentiels de l'uranium. La somme, ridicule au vu des budgets à venir, est repoussée par la fondation Carnegie, au nom de son indépendance scientifique, épisode qui témoigne du type de relations qui avait cours entre l'État et les institutions de recherche avant-guerre. Sur ce, intervient la lettre d'Einstein, Szilard, Wigner et Teller.

Au moment où le gouvernement accorde 6 000 dollars au comité Briggs pour étudier le potentiel militaire de l'atome, le directeur de la fondation Carnegie, Vannevar Bush décide de prendre les choses en main. Le 23 mai 1940, la fondation accorde 20 000 dollars à Bush et lui donne carte blanche pour financer des projets de recherches militaires concernant la fission de l'uranium. C'est alors Briggs, le représentant du gouvernement, qui est obligé d'écrire à Bush pour quémander quelques milliers de dollars et couvrir les frais de fonctionnement de son comité. Bush occupe une position particulièrement opportune pour jouer un rôle clé dans la renégociation des rapports entre science et gouvernement. La liste de ses responsabilités d'administrateur scientifique est impressionnante. Bush, ancien ingénieur électrique et pionnier de l'informatique avec sa machine analogique, l'analyseur différentiel, a été vice-président du MIT, avant de prendre la présidence de la fondation Carnegie. Depuis 1940, il préside le National Advisory Committee for Aeronautics, le NACA qui est une des rares institutions d'avant-guerre à disposer de fonds fédéraux pour financer la recherche scientifique dans des institutions non gouvernementales. L'ensemble de ses responsabilités lui assure ses entrées dans les cercles du gouvernement et de bonnes relations avec la communauté scientifique.

Soutenu par l'establishment scientifique, James Conant, le président d'Harvard, Karl Compton, le président du MIT et Frank Jewett, le président de l'Académie Nationale des Sciences et directeur des laboratoires Bell, Bush prend la responsabilité de s'adresser directement à la Maison Blanche pour soumettre un plan organisant l'engagement des scientifiques dans la guerre. Bush rencontre Roosevelt en juin 1940 et obtient la création, le 27 juin 1940, du National Defense Research Committee (NDRC), l'outil administratif destiné à organiser les rapports entre la science et le gouvernement en vue de la guerre. Non seulement le plan Bush parvient à éviter que les scientifiques ne soient mobilisés directement sous les drapeaux, mais il leur accorde une autonomie très grande dans la conduite de leurs recherches alors même que celles-ci sont largement financées par le gouvernement. Au final, le plan Bush, d'orientation libérale, constitue un indéniable succès de la communauté scientifique par rapport aux velléités de contrôle des militaires.

Quelques mois plus tard, en mai 1941, alors que les États-Unis ne sont toujours pas entrés en guerre, le NDRC fusionne avec le comité sur la recherche médicale et devient l'OSRD, l'Office of Scientific Research and Developpement. L'OSRD reste sous contrôle civil et est présidé par Bush lui-même, secondé par Conant. L'OSRD travaille en vue d'objectifs militaires, en liaison avec les militaires, mais hors de tout contrôle militaire, n'ayant de compte à rendre qu'au président. Le système repose sur la possibilité offerte au NDRC puis à l'OSRD de passer contrat directement avec les laboratoires universitaires. C'est la première fois dans l'histoire scientifique américaine que les laboratoires universitaires peuvent bénéficier à grande échelle des fonds fédéraux. Le MIT pour les institutions de recherche et les laboratoires Bell pour les structures industrielles seront les grands gagnants dans la course aux contrats gouvernementaux. Le projet qui illustre le mieux la réussite de l'OSRD est sans conteste le perfectionnement du radar au sein du Radiation Laboratory du MIT, projet auquel participe directement Claude Shannon, et qui est placé sous le contrôle intégral des scientifiques civils. Le projet Manhattan occupe une place à part dans la mesure où il est placé sous la direction d'un militaire, le général Leslie Groves.

Ce canevas administratif mis en place pendant la guerre a joué un rôle déterminant dans la constitution des nouveaux rapports entre l'État, l'armée et la recherche. Il semble qu'il y ait eu un consensus de base important dans la communauté scientifique sur le plan Bush, même si les plaintes sur le contrôle militaire et le cloisonnement des informations sont monnaie courante. En revanche, après-guerre les choses se compliquent très vite et des lignes de fractures apparaissent au sein de la communauté scientifique. L'engagement des scientifiques dans la lutte pour un contrôle civil de l'énergie atomique a en effet une conséquence inattendue.

À la fin de l'année 1944, Roosevelt charge Bush de concevoir une organisation destinée à piloter et financer la recherche scientifique pour l'après-guerre. S'inspirant du fonctionnement de l'OSRD, Bush accorde une autonomie quasi totale aux scientifiques dans la gestion et la répartition des fonds fédéraux. Le plan Bush prévoit que la Fondation soit dirigée par un comité composé de scientifiques, ce comité nommant un président chargé de rendre des comptes au gouvernement. Le comité serait nommé pour six ans, afin de mettre la Fondation à l'abri des contingences budgétaires. Ce plan rencontre une opposition extrêmement vive dans les milieux politiques, qui ne sont pas près à donner carte blanche aux scientifiques pour piocher dans le budget fédéral. L'administration Truman prend le parti des sceptiques et reproche au plan Bush de faire bon marché des possibilités de contrôle démocratique, habituelles en matière budgétaire. Le processus législatif est alors bloqué pour cinq ans, et ce n'est qu'en 1950 que le projet de loi créant la National Science Fondation (NSF) est voté, dans les termes voulus par Truman. Le directeur de la fondation est alors choisi directement par le Président avec l'aval du Sénat pour une durée de six ans et non plus élu par le conseil d'administration (le National Science Board). Celui-ci est cependant censé approuver l'ensemble des décisions du président, ce qui donne un compromis boiteux entre le projet initial de Bush et la gouvernance traditionnelle des agences fédérales.

Ce retard dans la création de la NSF est clairement dû, pour partie, à la faiblesse du soutien politique reçu par Bush et ses alliés dans le bras de fer législatif qui les oppose aux partisans d'un strict contrôle gouvernemental. Cette faiblesse s'explique à la fois par l'importance de l'engagement sur la question du contrôle de l'énergie nucléaire, vécue comme plus urgente, mais aussi, plus profondément, par la rupture du consensus entre les leaders de la communauté scientifique pendant la guerre et la base des chercheurs. Bush et Conant ont fait partie du fameux Comité par Intérim qui prit la décision des bombardements sur Hiroshima et Nagasaki sans entendre, ni relayer les critiques et les alternatives proposées dans les laboratoires. L'amitié de longue date entre Wiener et Bush, par exemple, n'a pas résisté aux décisions du comité par intérim. Les bombardements atomiques en 1945, puis l'engagement dans la guerre froide et la course aux armements, à la fin des années 1940, ont coïncidé avec une rupture du pacte de confiance qui avait soudé la communauté scientifique américaine pendant la guerre.

Au final, cette absence de soutien aux projets d'organisation politique de la science, coïncidant avec l'engagement d'une minorité influente et active sur la question des armes nucléaires, a créé une situation curieuse. Dès la toute fin de la guerre, l'OSRD est dissoute, selon le vœu de Bush qui y voit le moyen d'accélérer la création de la NSF dans ses propres termes. Mais cette dissolution laisse la science américaine virtuellement sans financement, menaçant d'un retour brutal à la situation d'avant-guerre. Ce sont alors les militaires qui prennent, de facto, le relais des fonds fédéraux. Si les scientifiques ont vécu le fait de travailler pour partie sous les ordres des militaires, avec les contraintes de secret et de cloisonnement de l'information que cela implique, comme une atteinte souvent insupportable à l'esprit de la recherche, les militaires se sont en revanche convertis non seulement à la science, mais aussi à la science dirigée par les scientifiques eux-mêmes. Dès la fin de la guerre, alors que la NSF n'existe pas encore, l'Office of Naval Research (ONR) notamment, agence qui possède une forte tradition de soutien à la recherche fondamentale, prend le relais de l'OSRD. La bataille législative sur la NSF aboutit à cette conséquence inattendue que, même 10 ans après la création de la NSF, dans les années 1960, la part de celle-ci dans la recherche fondamentale est encore largement inférieure à la part qui provient des budgets militaires et affiliés. Dans le même temps où certains scientifiques engagés contestaient la mainmise des militaires sur l'atome, le reste de la communauté s'est accommodée d'une recherche financée par les fonds militaires, en vue d'objectifs militaires, mais assortie d'une large autonomie dans la conduite des recherches.

Dans l'un des passages les plus mordants de son essai à charge contre la Big Science, le journaliste Daniel Greenberg dresse le tableau de l'état d'esprit des scientifiques dans la situation contradictoire de l'après-guerre.

> « Il y eut beaucoup de rhétorique, mais en réalité les services militaires et l'AEC trouvèrent des bénéficiaires empressés et reconnaissants aussi vite qu'ils pouvaient lever des fonds. [...] Norbert Wiener, dont les contributions à la théorie et à la construction des calculateurs, eurent, ironiquement, les applications militaires les plus profondes, déclara carrément : " Les Forces Armées ne sont pas de bons soutiens pour l'éducation et la science." [...] Mais la relation entre la rhétorique et la réalité était une toute autre affaire. [...] Une large part de la communauté était simplement prise par le zèle traditionnel de la profession pour la recherche fondamentale, et se posait peu de questions sur l'origine des fonds dans la mesure où l'argent arrivait sans restriction. [...] La profession possède une capacité très développée pour éluder les intentions indésirables de ses protecteurs. [...] Il y avait cependant un autre élément qui explique que les scientifiques aient été disposés à l'intimité avec les Forces Armées et les agences fédérales liées aux militaires, comme l'AEC. Et cela a à voir avec leur propre ferveur pour la suprématie technologique américaine, en particulier en ce qui concerne la guerre froide, et leur foi en la recherche fondamentale comme composante essentielle de cette quête pour la suprématie. [...] Dans la première décennie après la guerre, l'ironie de tout cela était vraiment impressionnante. »[1]

La guerre a-t-elle constitué une authentique rupture, comme l'affirme Greenberg, avec la situation qui prévalait dans les années 1930 ? Les études les plus récentes ont aujourd'hui plutôt tendance à insister sur les continui-

1. Daniel Greenberg, *The Politics of Pure Science*, *op. cit.*, pp. 135-137.

tés entre le programme de Bush et les modes de gestion de l'avant-guerre. Nombre d'historiens ont ainsi fait valoir que la réorganisation opérée sous l'égide de Vannevar Bush possédait une forte composante conservatrice[1]. Bush s'est entouré des grands administrateurs de la science d'avant-guerre et a notamment recruté parmi les directeurs des grandes fondations, habitués à négocier entre les impératifs économiques, politiques et scientifiques, qui ont transposé au sein du NDRC leur culture et leurs modes de management. Il est cependant évident que les acteurs de l'époque ont vécu cette période comme un bouleversement profond, même si les continuités sont maintenant plus apparentes du point de vue dégagé de l'historien. Les textes de Wiener fournissent de ce sentiment de rupture un témoignage sans ambiguïtés.

Information, langage et société

Le dernier chapitre de *Cybernetics*, dans l'édition de 1948, « Information, langage et société » est le premier grand texte à articuler concepts cybernétiques et préoccupations issues des sciences sociales. La relation dans la cybernétique entre les mathématiciens, les ingénieurs, les neurobiologistes d'une part, et les représentants des sciences sociales d'autre part n'est pas un ajout tardif. Elle remonte aux tout débuts de la discipline, à une époque où le mot « cybernétique » n'existait pas encore. La première rencontre entre les cybernéticiens, en l'occurrence Warren McCulloch et Arturo Rosenblueth, et les représentants des sciences humaines, Gregory Bateson, Margaret Mead, Lawrence K. Frank et Lawrence Kubie, a eu lieu en mai 1942 lors du Cerebral Inhibition Meeting à New York, sous l'égide, déjà, de la fondation Macy. C'est à cette occasion que Rosenblueth présente les idées qui seront développées avec Wiener et Bigelow dans l'article fondateur « Behavior, purpose and teleology ». Dès la fin de la guerre, les participants se retrouvent, à l'instigation de McCulloch pour ce qui deviendra la série des conférences Macy. Lorsque Wiener écrit le dernier chapitre de *Cybernetics*, lors de son séjour au Mexique chez Rosenblueth, la première conférence a déjà eu lieu, les 8 et 9 mars 1946. Le titre, proposé par Bateson, « Les mécanismes feedback et les systèmes de causalité circulaire en biologie et dans les sciences sociales », promet une nouvelle alliance entre les sciences de l'ingénieur, la biologie, les mathématiques d'un côté et la psychologie et les sciences sociales de l'autre. Dans le texte de synthèse

1. Nathan Reingold, « Vannevar Bush's New Deal for Research : Or the Triumph of the Old Order », *Historical Studies in the Physical and Biological Sciences*, 2, 1987, pp. 299-344. Carroll Pursell, « Science Agencies in World War II : The OSRD and Its Challengers », in Nathan Reingold (dir.), *The Sciences in the American Context : New Perspectives*, Washington, Smithsonian Institution Press, 1979.

qu'il rédige quelques mois après la première conférence, Wiener résume les conditions de l'alliance : « les sciences sociales ne sont que l'étude des moyens de communication entre l'homme et l'homme ou, plus généralement, dans n'importe quelle communauté quels que soient les êtres qui la composent. L'idée qui unifie toutes ces disciplines est le MESSAGE, et non quelque dispositif particulier agissant sur ces messages. »[1]

Le dernier chapitre de *Cybernetics* représente l'exposé systématique de ces idées. Mais il le fait d'une façon extrêmement déroutante, et qui ne pouvait que décevoir les représentants des sciences humaines. De fait, Wiener fait deux choses qui sont en apparence contradictoires, dans ce chapitre VIII, plaidant d'abord pour l'extension des méthodes cybernétiques à l'étude de la société, pour finir par leur refuser toute légitimité scientifique dans le registre des sciences humaines. Cette entrée pour le moins prudente de la cybernétique dans le champ des sciences sociales avait tout pour décevoir ses zélateurs les plus acharnés, elle constitue cependant une position originale et qui n'est pas dénuée de cohérence.

À quoi pouvaient s'attendre les représentants des sciences sociales en 1948 ? On sait l'enthousiasme qu'ont suscité les premières présentations de la cybernétique. Mead a raconté plus tard comment elle s'était cassé une dent lors de la première réunion de 1942 sans s'en rendre compte tellement les débats en cours l'absorbaient[2]. Les propositions théoriques de la cybernétique sont alléchantes pour les sociologues ou les anthropologues essentiellement pour deux raisons. Tout d'abord la cybernétique permet de réintégrer les comportements finalisés dans le royaume de la science normale. La finalité est une propriété de certaines organisations qui intègrent des dispositifs de feedback et de traitement de l'information. On peut donc décrire de façon intégralement mécaniste des comportements finalisés, comme le sont les comportements sociaux. Ensuite, comme cela est manifeste dans le titre choisi pour les conférences, la cybernétique promet des outils formels pour traiter de modes de causalité complexes, à commencer par ces fameuses « causalités circulaires » auxquelles Bateson s'est tant intéressé. Ici encore la cybernétique semble promouvoir un type de formalisation à même d'être appliqué aux phénomènes complexes du monde social.

1. Norbert Wiener, « Time, Communication and the Nervous System », *Annals of the New York Academy of Sciences*, vol. 50, 1948, pp. 197-219.
2. Margaret Mead, « Cybernetics of Cybernetics », in Heinz von Förster (dir.), *Purposive Systems*, New York, Spartan Books, 1968, p. 1.

Esquisse d'une sociologie cybernétique

Le chapitre VIII de *Cybernetics* commence ainsi par réaliser, dans un premier temps, le programme de cette sociologie cybernétique. L'application des concepts cybernétiques à l'étude de la société repose sur le concept d'organisation qui peut désigner à la fois des machines, des organismes vivants et des sociétés. Or, à partir d'un certain niveau de complexité, la communication et l'échange d'information deviennent la condition fondamentale de toute organisation. Sans communication, une organisation ne saurait se maintenir dans un environnement changeant. Autrement dit, le traitement de l'information doit rendre compte des propriétés homéostatiques de l'organisation. La complexité des processus de communication nous donne une indication du niveau de complexité atteint par l'organisation sociale. Sur le fond de cette association conceptuelle entre organisation, complexité et information, Wiener s'autorise trois applications de la théorie de l'information. Celles-ci ne dépassent jamais la simple indication d'un vague ordre de grandeur qualitatif, mais laissent sans doute espérer l'établissement de mesures plus précises.

La première application consiste à déterminer le ratio entre la quantité d'information disponible pour l'espèce ou le groupe et la quantité d'information dont dispose l'individu. Voici donc une application directe de la cybernétique et du calcul des quantités d'information à la société, si tant est que de telles mesures soient réellement possibles. Ce ratio peut être interprété en un sens sociologique et nous donne une indication sur la nature du groupe. Dans un groupe d'animaux non sociaux qui sont temporairement rassemblés, la quantité d'information dont disposent les individus est bien plus grande que celle du groupe lui-même. Le ratio nous donne donc une indication du degré de différenciation individuelle qui est reconnu par le groupe. À l'inverse un haut degré d'information collective indique normalement une plus grande qualité de l'organisation et un degré d'homéostasie plus élevé. Mais cette dernière relation n'a rien d'automatique et dépend d'autres facteurs, comme l'illustrera l'étude des sociétés humaines.

En extrapolant à partir du texte de Wiener il semble qu'il soit possible de distinguer entre trois cas. Soit l'information individuelle est supérieure à l'information collective, et nous avons affaire à ce moment-là, comme l'indique Wiener, à des animaux non sociaux réunis temporairement, comme la meute des loups. Soit, à l'inverse, l'information collective est supérieure à l'information individuelle, et nous avons affaire à des animaux sociaux comme la colonie de fourmis, mais avec une faible individualisation. Enfin, nous pouvons avoir une information collective supérieure à l'information individuelle, mais avec un haut niveau d'information individuelle, et à ce moment-là, nous avons affaire à des sociétés comme les sociétés humaines où un niveau élevé d'information collective coïncide avec un niveau élevé d'information et de différenciation individuelle, ce qui suppose des processus complexes d'apprentissage de la part de l'individu pour accéder à l'information collective. Les autres cas possibles du point de vue de la combinatoire ne semblent pas pouvoir recevoir de signification « sociologique » particulière.

La deuxième application consiste à mesurer le rapport entre le nombre de décisions internes au groupe et le nombre de décisions qui s'appliquent au groupe, mais proviennent de l'extérieur. Ce rapport peut être interprété comme une indication du degré d'autonomie du groupe en question. Il serait alors possible de mettre en rapport le nombre de membres d'un groupe et son degré d'autonomie. Plus généralement, ce second rapport illustre le principe selon lequel les limites d'une communauté ne vont jamais plus loin que les limites de la transmission effective de l'information. L'extension des possibilités de communication nous donne mécaniquement les dimensions du groupe. Il n'y a de groupe qu'aussi loin que peut s'étendre la communication entre ses membres. Communauté et information sont donc exactement superposables.

La dernière application proposée concerne le cas des sociétés humaines. Ici la dimension formelle, ou pseudo-formelle, laisse place à des remarques qui sont plus directement politiques. Le problème posé découle cependant de l'application directe des deux ratios établis précédemment. Si l'information définit l'extension précise de la communauté et si un haut degré d'information collective signifie un haut degré d'organisation et d'homéostasie, pourquoi les sociétés humaines font-elles montre d'une telle instabilité ? Le paradoxe est le suivant : l'information s'identifie à l'organisation, les sociétés humaines qui se caractérisent par un haut niveau d'information collective devraient présenter des modes d'organisation particulièrement stables. Or s'il y a bien des sociétés à qui le caractère homéostatique semble faire défaut, ce sont les sociétés humaines engagées dans « des cycles de croissance et de crises, de dictatures et de révolutions, de guerres, dans lesquels tout le monde est perdant et qui sont des traits structurants des temps modernes. »

La discussion, sinueuse, de ce paradoxe nous offre une première perspective, irremplaçable, sur l'usage des modèles mathématiques en sciences humaines, tel que l'envisage Wiener. On y voit ce dernier prendre le contrepied d'une certaine mobilisation des sciences dures ou des modèles issus des sciences de l'ingénieur pour la guerre, l'action psychologique ou la décision stratégique. Le fait que la résolution du paradoxe repose en dernière instance sur un usage détourné, ironique et puissamment critique de la théorie des jeux ne devrait pas nous surprendre, si nous avons en tête le type d'alliance entre modèles mathématiques et sciences politiques qui peut être promu au même moment dans des lieux comme la Rand Corporation, où se croisent ingénieurs, mathématiciens et militaires pour une redéfinition sur le mode calculatoire des cadres de la pensée stratégique. Toute l'application des concepts cybernétique à l'analyse sociale relève chez Wiener d'une forme de contre-usage, libéral, des sciences de l'ingénieur dans l'espace politique de la guerre froide. L'usage iconoclaste des concepts cybernétiques, la dénonciation de la nouvelle politique de la science et la critique sociale qui l'accompagne ne sont que les différentes faces d'un même engagement.

Comment résoudre le paradoxe ? L'organisation de la société américaine repose sur l'article de foi selon lequel le libre échange et la concurrence seraient en soi des processus homéostatiques, explique Wiener. Les mécanismes du marché, la libre fixation des prix passent bien en effet pour une sorte de modèle parfait de processus autorégulé, et constituent en apparence un véritable processus cybernétique qui parvient à l'équilibre par une série de feedback informationnels autocorrecteurs. La critique de Wiener repose, ironie suprême, sur la théorie des jeux de Von Neumann et Morgenstern. « L'entrepreneur privé qui poursuit son intérêt travaillerait pour le bien commun et donc mérite les récompenses dont toute la société l'abreuve. Il s'agit d'une théorie pour les esprits simples. » L'argument est le suivant. On sait que le marché est susceptible d'une approche formelle en termes de théorie des jeux. Celle-ci présuppose des opérateurs parfaitement intelligents et brutaux qui jouent à chaque tour de la meilleure façon possible en fonction de l'information disponible. Mais dès que l'on dépasse le seuil de trois joueurs, les conditions du modèle de Von Neumann et Morgenstern ne sont plus remplies ; le niveau de complexité s'élève de façon exponentielle et on se retrouve dans une situation où l'information devient très incomplète. Les joueurs sont alors amenés à former des coalitions provisoires qui s'achèvent dans la trahison et le mensonge. Les meilleurs joueurs sont ceux qui savent rompre au bon moment les alliances qu'ils ont formées. Mais à long terme, même le plus brillant et le plus dénué de principes de tous les calculateurs de Morgenstern et Von Neumann doit s'attendre à connaître la ruine. Le processus est donc fortement anti-homéostatique, contrairement à ce qui est présupposé. Le modèle de la théorie des jeux ne peut donc fournir un argument en faveur de l'équilibre du marché ; au contraire celui-ci nous indique que dans la situation réelle le déséquilibre est inévitable du fait du nombre de joueurs et de l'inégale répartition de l'information.

De plus, dans la situation réelle, les joueurs ne correspondent jamais exactement au portrait du joueur abstrait de Von Neumann. La critique de Wiener fonctionne ainsi à plusieurs niveaux qui sont superposés de façon subtile dans l'argumentation. À un premier niveau, la théorie des jeux et ses limites servent à illustrer le caractère déséquilibré des processus du libre marché. C'est une manière de renverser l'usage ordinaire qui est fait de la théorie. Mais à un second niveau, Wiener cherche manifestement à critiquer l'usage qui peut être fait de la théorie des jeux dans l'analyse économique ou l'analyse sociale en général. La critique repose sur un double ressort, comme d'habitude chez Wiener : il faut dire à la fois que la théorie des jeux est tout à fait incomplète pour aborder les complexités réelles de la vie sociale, c'est une abstraction, mais aussi qu'elle peut être utilisée en un sens tout à fait immoral comme un instrument d'exploitation destiné à maximiser les profits des « bandits » qui nous gouvernent !

> « Partout où les bandits [*knaves*] s'assemblent il y aura toujours des dupes [*fools*] ; et quand les dupes sont suffisamment nombreux ils offrent un bon objet d'exploitation pour les bandits. La psychologie des dupes est devenu un bon sujet d'étude. Au lieu de chercher à maximiser son propre intérêt comme un joueur de Von Neumann, le dupe agit d'une façon qui est largement aussi prévisible que les mouvements d'un rat dans un labyrinthe. Tel ensemble de mensonges – ou plutôt de propositions qui n'ont rien à voir avec la vérité – lui fera acheter une marque particulière de cigarettes ; telle politique le poussera, ou du moins c'est ce que le parti espère, à voter pour un candidat particulier – quel qu'il soit – ou à rejoindre une chasse aux sorcières politique. Un certain mélange précis de religion, de pornographie et de pseudoscience fera vendre un magazine illustré. Un certain mélange de cajolerie, de corruption et d'intimidation amènera un jeune scientifique à travailler sur des missiles guidés ou la bombe atomique. Pour déterminer tout cela nous avons notre machinerie de classements radios, de votes blancs, de sondages d'opinions et autres investigations psychologiques qui ont pour objet l'homme du commun ; et il y aura toujours des statisticiens, des sociologues et des économistes disponibles pour vendre leurs services à ces projets. Heureusement pour nous, ces marchants de mensonges, ces exploiteurs de crédibilité ne sont pas encore parvenus à un degré de perfection tel qu'ils parviendraient à faire marcher les choses à leur façon. C'est que l'homme n'est jamais totalement bandit ou dupe. L'homme moyen est raisonnablement intelligent concernant les sujets qui sont soumis à son attention directe et raisonnablement altruiste pour ce qui concerne le bien public ou la souffrance privée qui lui est placée sous les yeux »[1].

La mention de la théorie des jeux est donc profondément ironique : non seulement celle-ci peut être utilisée pour montrer le contraire de ce qu'on lui fait dire habituellement, c'est-à-dire montrer le caractère antihoméostatique des processus de marché, mais plus profondément, il convient de se méfier des applications de la science quantitative aux études sociales. Non seulement les modèles sont beaucoup trop abstraits et réductionnistes, mais leur usage est aussi motivé en premier lieu par le désir de maximiser le pouvoir de ceux qui sont en position d'exploiter les autres. La théorie des jeux est utilisée par Wiener là où il montre plus profondément qu'elle ne peut en réalité pas être utilisée. En bref, si vous l'utilisez, elle montre le

1. Norbert Wiener, *Cybernetics*, *op. cit.*, pp. 159-160.

contraire de ce qui est attendu, et en réalité elle ne peut être utilisée pour saisir authentiquement le fait social.

À ces défauts d'une régulation par le marché s'ajoutent, dans la situation américaine, les contraintes de la taille. Les communautés de petite taille sont plus fortement homéostatiques que les communautés de grande taille. Un tel défaut s'explique par un dernier facteur : dans une grande communauté l'homéostasie est assurée par les moyens de communication. Wiener développe alors une forme d'analyse critique des médias qui n'a pas perdu toute pertinence. Les moyens de communication, explique Wiener, possèdent toujours au moins deux fonctions. Le journal, par exemple, outre sa fonction de transmission de l'information est un véhicule pour la publicité et un investissement profitable pour son propriétaire. Il en va de même pour la radio ou le cinéma. Or, « dans une société fondée sur l'achat et la vente où toutes les ressources naturelles et humaines sont regardées comme la propriété absolue du premier businessman assez entreprenant pour les exploiter, ces aspects secondaires des moyens de communication tendent à supplanter peu à peu les fonctions premières. » Ici encore la taille est un facteur aggravant : plus un media est concentré et plus sa diffusion est large, plus il requiert d'investissement et se retrouve assujetti aux intérêts de ceux qui le financent. Wiener décrit ainsi une triple pression sur les moyens de communication : l'élimination des moins profitables, la concentration entre les mains d'une classe limitée de gens riches dont ils finissent naturellement par exprimer les opinions, et enfin, l'attractivité qu'ils exercent sur les personnes les moins scrupuleuses et les plus avides de pouvoir. Le paradoxe est ainsi résolu. À partir du moment où on a une société de grande taille fondée sur les principes du libre marché, les moyens de communication qui devraient servir à renforcer l'homéostasie sont en réalité détournés de leur fonction première et deviennent des instruments livrés à la logique antihoméostatique du marché.

Au-delà de son aspect antilibéral, la critique de Wiener est tout à fait claire. Les analyses cybernétiques montrent que l'idée répandue qui consiste à penser qu'une communauté plus vaste est mécaniquement plus intelligente ou plus apte à résoudre ses problèmes qu'une organisation de taille limitée est manifestement erronée. *Small is beautiful* pour la cybernétique. Certes, une communauté plus importante est plus puissante et plus susceptible d'œuvrer pour le bien commun, mais ses facteurs homéostatiques sont plus susceptibles d'être fragilisés et détournés de leur fonction première. Cette idée possède une application directe au cas de la politique de la science que Wiener ne manque pas de relever. Un grand laboratoire ne sera pas nécessairement plus productif qu'une équipe bien organisée. Se dessine évidemment ici en arrière-plan la figure du groupe cybernétique lui-même comme modèle opposé à l'évolution des structures de la science contemporaine. Le modèle d'un petit groupe interdisciplinaire de haut niveau, qui prend le temps de construire un idiome commun de sorte que chacun puisse communiquer avec chacun dans sa spécialité, possède manifestement une vertu politique, celle de fournir une alternative progressiste et démocrate au modèle hiérarchisé de la Big Science.

Les conclusions du chapitre VIII ne peuvent que fonctionner en écho avec la description fournie en introduction du fonctionnement du groupe cybernétique, dans laquelle l'évocation des régions frontières aux limites des différentes sciences fait évidemment contrepoint à la *endless frontier* du programme de Bush. La description des règles qui régissent le fonctionnement du groupe cybernétique dessine les formes d'une sorte de contre-société idéale, un rêve de pionniers.

> « Ce sont ces régions aux frontières de la science qui offrent les plus riches opportunités au chercheur qualifié. Elles sont dans le même temps les plus réfractaires aux techniques aujourd'hui en vogue de l'attaque en masse et de la division du travail. Si la difficulté d'un problème physiologique est d'essence mathématique, dix physiologistes ignorants des mathématiques n'iront pas plus loin qu'un seul. [...] Le Dr. Rosenblueth a toujours insisté sur le fait qu'une exploration bien conduite de ces espaces vierges sur la carte de la science ne pouvait être faite que par une équipe de scientifiques, chacun spécialiste dans son propre domaine mais possédant un entraînement suffisant dans les domaines voisins. [...] Nous avons rêvé pendant des années d'une institution formée de scientifiques indépendants, travaillant ensemble dans une de ces régions reculées de la science, non comme les subordonnés d'un grand directeur exécutif, mais rassemblés par le désir, par la nécessité spirituelle, de comprendre la région comme un tout et de partager la force de cette compréhension »[1].

Cet éloge des petites communautés, au-delà de la question scientifique, est sans doute une singularité de Wiener, qui ne pouvait que le mettre à part des positions développées par le mouvement des savants. L'internationalisme sincère de Wiener ne pouvait déboucher, à la différence de la position officielle de la FAS, sur la perspective d'une forme de gouvernement mondial. Wiener est probablement sur ce sujet d'une grande fidélité aux options politiques de sa famille et de son père. Le passage cité de *Cybernetics* avec ses allusions à l'esprit des pionniers ne peut que faire penser au récit dans *Ex-Prodigy* en 1953 de la façon dont le père de Wiener a quitté la Russie pour participer à la fondation de communautés utopistes en Amérique[2]. Il est touchant de constater que la forme même du groupe cybernétique est sans doute une lointaine réminiscence du socialisme utopique dans lequel Wiener a baigné durant son enfance.

1. Norbert Wiener, *Cybernetics*, *op. cit.*, pp. 2-3.

2. Norbert Wiener, *Ex-Prodigy, My Childhood and Youth*, Cambridge, MIT Press, 1953, p. 19. Le père de Wiener s'était converti dans sa jeunesse aux idées politiques du Tolstoïsme, dont il transposa la discipline dans sa vie privée. C'était un végétarien convaincu, ne consommant ni

Contre-usage

La fin du chapitre présente une sorte de tournant conceptuel en apparence tout à fait inattendu. Alors qu'il s'est mis dans la position d'un sociologue cybernéticien tout au long des analyses précédentes, Wiener clôt son texte de façon assez brutale par l'exposé des motifs qui interdisent en réalité d'espérer appliquer avec succès les méthodes des sciences dures aux sciences sociales.

Plus précisément l'avertissement est adressé à « certains de mes amis qui ont construit de faux espoirs à propos de l'efficacité sociale des nouvelles façons de penser que ce livre peut contenir. »[1] L'allusion aux membres de la WFMH est tout à fait transparente, d'autant que l'introduction de *Cybernetics* faisait explicitement mention des espoirs de Mead et Bateson à propos des « effets thérapeutiques » de la cybernétique appliquée aux maux de la société. Il est question, dans la suite du chapitre, de l'optimisme excessif envers l'extension des méthodes des sciences naturelles au champ de l'anthropologie, de la sociologie et de l'économie, de l'idée que les sciences humaines pourraient devenir un instrument de transformation du monde social, au même titre que les sciences physiques pour le monde naturel…

Cet avertissement repose sur trois arguments, deux arguments épistémologiques et un argument politique. Wiener commence par noter que dans le cas des sciences sociales, il est difficile de prétendre isoler de façon suffisante l'observateur de l'objet observé. En astronomie nos observations ne modifient pas les phénomènes qui se déroulent à une toute autre échelle que la nôtre. On ne peut pas non plus, pour Wiener, tirer argument, comme on le fait parfois aujourd'hui, du fameux principe d'incertitude de Heisenberg pour mettre sur le même plan sciences humaines et sciences physiques, les unes comme les autres devant renoncer au mythe de l'obser-

---

alcool ni tabac. Il quitta le vieux monde pour intégrer une communauté végétarienne, humaniste et socialiste en Amérique Centrale, mais celle-ci avait déjà fait faillite lorsqu'il la rejoignit. Il se rendit alors aux États-Unis, où il exerça toute une série de métiers d'immigrants, tenta de relever une communauté fouriériste dans le Missouri, avant de devenir professeur de langues slaves et de philologie à Harvard. À propos de l'esprit pionnier et aventureux de son père, le passage suivant de *Ex-Prodigy* est particulièrement émouvant. « J'ai devant moi, alors que j'écris, une copie d'une série d'articles intitulés “ Stray Leaves from My Life ”, écrits par mon père à l'automne 1910 pour le *Boston Transcript* – ce bon vieux *Transcript* bourratif et civilisé ! C'est pour moi un choc de réaliser qu'ils ont été écrits par mon père, alors qu'il avait dix ans de moins que moi aujourd'hui. Ils parlent de son enfance et de son éducation en Europe, de son voyage en Amérique, et de sa vie ici, avant qu'il ne réussisse une belle carrière à l'Université du Missouri. Ils sont pleins de cette joie romantique envers la vie et de cette indifférence aventureuse envers la pauvreté et les épreuves qui appartiennent à un jeune homme vigoureux, plus particulièrement à celui qui s'est juste échappé de la discipline rigide de l'éducation secondaire européenne. *Dans un grenier, qu'on est bien à vingt ans !* » (Le passage en italique est en français dans le texte). Norbert Wiener, *Ex-Prodigy, My Childhood and Youth*, Cambridge, MIT Press, 1953, pp. 15-16.

1. Norbert Wiener, *Cybernetics*, *op. cit.*, p. 162.

vateur objectif et impartial. En microphysique, comme nous l'apprend la version populaire du principe de Heisenberg, nos observations modifient nécessairement le comportement des particules individuelles que nous étudions[1]. Il y a donc une forme de couplage insurmontable entre le sujet qui observe et l'objet observé. Il y a cependant un effet d'échelle, car cette modification n'est importante qu'à l'échelle de la particule. De plus nous n'avons accès, dans la plupart des cas, qu'aux effets macroscopiques qui résultent de l'interaction statistique d'un très grand nombre de particules. Dans les sciences de la nature, pour une raison d'échelle, les phénomènes astronomiques sont trop grands pour nous, les phénomènes microscopiques beaucoup trop petits, nous parvenons donc toujours à maintenir une liaison suffisamment relâchée entre l'observateur et le sujet observé. Il y a certes une forme de liaison, mais celle-ci peut toujours être circonscrite.

En revanche, dans les sciences sociales, la situation est tout autre et l'observateur est susceptible d'exercer une influence considérable sur des objets qui sont à sa propre échelle. Aucune communauté qui a été visitée par un anthropologue ne reste identique à elle-même après son passage. De même, en économie, une étude objective des cours de la bourse est susceptible d'avoir une influence sur le marché. De plus, il est évident que dans le cas des sciences sociales l'observateur est profondément intéressé par les phénomènes qu'il observe. L'effet d'échelle et l'intérêt d'ordre moral ou politique pour le sujet étudié sont des caractéristiques des sciences sociales qui les distinguent manifestement des sciences physiques pour Wiener. L'application de concepts issus des sciences physiques ou des sciences de l'ingénieur n'est en aucun cas suffisant pour combler le fossé entre ces deux grands types de sciences. Il ne peut servir qu'à le masquer.

Le deuxième argument épistémologique porte plus précisément sur les conditions de l'usage des mathématiques dans les sciences sociales. Ici encore, une difficulté de principe interdit un usage des mathématiques rigoureusement analogue à celui qu'on peut avoir dans les sciences physiques. En sciences sociales, contrairement à la situation qui prévaut dans les sciences physiques, nous ne disposons que de séries statistiques courtes ce qui rend toutes les tentatives d'extrapolations extrêmement risquées et la détection des artefacts dus à nos intérêts ou à nos hypothèses d'arrière-plan tout à fait hasardeuse. Il faut donc se garder d'attentes exagérées en ce qui concerne l'application des mathématiques aux sciences sociales.

À ces deux arguments épistémologiques, sur le couplage entre le sujet et l'objet et les conditions d'un usage satisfaisant des outils mathématiques,

1. La présentation standard du principe d'incertitude indique que pour observer une particule microphysique, par exemple un électron, nous sommes forcés d'interagir avec elle, ne serait-ce que parce que l'observation suppose de la lumière et donc une interaction entre notre électron et au moins un photon. Cette présentation est sans doute très affaiblie et l'incertitude résulte moins des conditions de l'observation en microphysique que de manière plus fondamentale de l'armature mathématique de la théorie. L'incertitude est de principe et non seulement de fait.

vient s'ajouter un argument politique. Il ne faudrait pas oublier, semble dire Wiener en guise d'avertissement à ses amis de la WFMH, qu'une meilleure connaissance ne règle pas automatiquement un problème politique. Dans la mesure où les situations politiques sont d'abord affaire d'injustice, de lutte et de domination, poser le problème sur le terrain des sciences est sans doute tout à fait illusoire. Il n'y a pas de lien direct entre une meilleure connaissance a priori et l'amélioration d'une situation politique. Wiener évoque la fable d'Ésope sur les souris qui veulent accrocher une clochette au cou du chat pour se prévenir de son approche. Mais qui accrochera la clochette au cou du chat ? Il ne sert à rien de poursuivre des solutions manifestement inadaptées.

Au vu de cette triple critique quant à l'efficace que pourraient avoir des sciences sociales rénovées par les outils formels de la cybernétique, comment comprendre les passages précédents de l'article de Wiener ? La déception de ses premiers lecteurs face à ce qui apparaît comme une sorte de volte-face n'est-elle pas justifiée ?

En réalité, la position de Wiener sur le sujet est sans doute bien plus cohérente qu'il n'y paraît au premier abord. Son raisonnement peut être reconstruit de la façon suivante. Dans les sciences humaines, il convient de se montrer extrêmement prudents quant à l'usage des outils mathématiques. Au fond, c'est déjà ce que Wiener affirmait à propos du recours à la théorie des jeux en sciences sociales ou en économie. La complexité du monde social excède dans ce cas le traitement formel. De là, la conclusion générale du chapitre :

> « Nous ne pouvons pas nous permettre de négliger l'apport des sciences de la nature, mais nous ne devons pas construire d'attentes exagérées quant à leurs possibilités. Nous devons accepter de nous en remettre pour l'essentiel, que cela nous plaise ou non, à la méthode narrative, non « scientifique » de l'historien professionnel. »[1]

Que peut-on attendre de la cybernétique en matière sociale ? Précisément ce que Wiener nous a donné et ce qu'il nous donnera dans *The Human Use of Human Beings*, c'est-à-dire d'abord des ordres de grandeurs et non des calculs « à la décimale près » qui n'auraient de la rigueur que l'apparence, et ensuite des arguments qui se placent véritablement sur le terrain politique, entendu comme le terrain de la conflictualité sociale. Demander aux mathématiques et aux sciences exactes de résorber cette dimension de conflictualité procède d'une double illusion, tout à la fois épistémologique et politique pour Wiener[2].

1. Norbert Wiener, *Cybernetics*, *op. cit.*, p. 164.
2. La position est encore confirmée en 1964, dans *God & Golem*. Norbert Wiener, *God & Golem Inc., A Comment on Certain Points where Cybernetics Impinges on Religion*, Cambridge, MIT Press, 1964 (trad. fr G. Scholem, *God & Golem Inc*, Nîmes, Éditions de l'Éclat, 2000, p. 106).

La position de Wiener quant à l'usage des outils cybernétiques en sciences sociales est donc remarquablement cohérente et originale. Ce que la cybernétique peut fournir c'est une sorte de récit structurant pour détecter les points de conflictualité dans une structure sociale, c'est tout le style des analyses de Wiener. Cette position a sans doute été largement mésestimée par les différents commentateurs qui reprochent en général à Wiener le manque de rigueur de ses analyses en matière sociale, comme si on devait s'attendre sur ce sujet à une rigueur de style mathématique qu'il est le premier à récuser comme illusoire et superficielle en ces matières. Au fond, on reproche alors à Wiener d'être moins scientiste qu'il ne l'est. Symétriquement, du point de vue des commentateurs « postmodernes », la lecture a tôt fait d'identifier la cybernétique comme une forme de grand récit qui prendrait la politique sous les catégories biologisantes de l'homéostasie et l'organisation, dénonçant, derrière le paravent de la science, la construction et le mythe. Non seulement le jeu est sans doute un peu trop facile, mais Wiener n'avait certainement pas besoin des postmodernes pour comprendre que ce qu'il affirmait dans le domaine social était de l'ordre du récit. En l'occurrence, il le revendique. Ce qui ne signifie nullement que le récit ne peut être normé ou informé. Mais en aucun cas, cette forme n'est similaire à celle des équations qui régissent la théorie de la communication, des filtres et de la prédiction dans le domaine de l'ingénierie ou les effets statistiques du mouvement brownien. La position de Wiener a, de plus, le mérite de donner explicitement sa place à l'engagement politique, ce qui est conforme à sa position épistémologique : si l'on ne peut éliminer la position de l'observateur, autant l'objectiver. Cette position fait sans doute de Wiener un auteur plus rigoureux qu'on ne veut bien le dire habituellement pour avoir réfléchi et résolu de façon originale la question de la place de la rigueur dans les différents discours scientifiques.

Cette forme d'usage « stratégique » des concepts cybernétiques tranche aussi bien avec l'optimisme scientiste des tenants de la WFMH qu'avec la construction des nouvelles sciences pour l'action qui caractérise l'après-guerre. La cybernétique occupe au sein de cette histoire une place remarquable. Si elle appartient par un côté à ce grand mouvement qui voit les sciences de l'ingénieur et leurs modèles mathématiques s'offrir comme ressources pour l'action efficace, à un moment où les progrès de l'informatique ouvrent la perspective d'une gestion en temps réel de la décision, elle se distingue cependant radicalement de ces sciences nouvelles, à la fois par son contenu politique, marqué à gauche, et par l'usage qu'elle propose des concepts issus des sciences dures en sciences sociales. La cybernétique est une véritable image dialectique des transformations qui affectent l'idée et la pratique de la science à l'issue de la seconde guerre mondiale, au moment où s'enclenche la guerre froide. Elle forme le miroir brisé dans lequel se reflète un certain engagement technocratique des sciences pour la guerre. Tiraillée elle-même entre l'idéal d'une science humaniste et les transformations de la recherche dont elle participe à plein, la cybernétique de Wiener a choisi d'exprimer ces tensions avec les concepts de la théorie elle-même. Dialectique d'une dialectique.

L'usage inhumain des êtres humains

Si le chapitre VIII de *Cybernetics* définit l'usage de la cybernétique en matière sociale, il faut cependant attendre *The Human Use of Human Beings* pour disposer d'analyses développées. Au début de l'année 1949, l'éditeur new-yorkais Alfred Knopf approche Wiener avec le projet d'un livre populaire sur la cybernétique et ses implications sociales. Wiener refuse la proposition, mais l'idée fait son chemin. Quelques mois plus tard, Wiener signe avec Paul Brooks de Houghton Mifflin à Boston, pour un livre « destiné au grand public, une mise en garde contre la possibilité que la technologie moderne ne s'empare de nos vies. »[1] Le livre est écrit (en l'occurrence dicté) pendant la retraite d'été à South Tamworth et paraît, après de nombreuses corrections éditoriales, au début de l'année 1950. Le titre prévu par Wiener, Pandora and Cassandra, sera écarté par l'éditeur, au motif que celui-ci aurait tué le livre commercialement, au profit de *The Human Use of Human Beings*, une citation du texte original. Le livre se vend bien et reçoit un accueil critique plutôt favorable en dépit de la multiplicité des sujets traités.

Ce que l'on sait moins, et pour cause car rien ne vient l'indiquer dans le texte, est que le livre de Wiener a été profondément remanié lors de sa republication en 1954. Nous ne connaissons en général que la seconde version du texte, dans laquelle rien n'indique les remaniements par rapport à l'original. Or, des pans entiers du travail original ont été supprimés, dont la fameuse citation sur « l'usage humain des êtres humains » qui se trouvait dans la première version du premier chapitre ! Le livre passe de 12 chapitres à 11. Les chapitres V et VI de l'édition originale, « Le mécanisme du langage » et « L'histoire du langage », sont fondus en un seul chapitre dans l'édition de 1954. Le dernier chapitre, particulièrement important, de l'édition de 1950, « Voices of Rigidity », disparaît pour être remplacé par un chapitre au contenu politique beaucoup plus neutre (« Language, Confusion and Jam »). De nombreux autres chapitres sont remaniés. Ainsi, le premier chapitre « What is Cybernetics ? » devenu « Cybernetics in History » est largement réécrit, son annexe technique disparaissant au profit d'une mise en situation historique et philosophique plus large. Tout le long passage sur la philosophie américaine du progrès et la dévastation des res-

1. Flo Conway et Jim Siegelman, *Dark Hero of the Information Age, op. cit.*, p. 247.

sources naturelles disparaît quasiment lors de la réécriture du chapitre II « Progress and Entropy ». Le chapitre IX sur « Le rôle de l'intellectuel et du scientifique » conserve son titre, mais le propos est considérablement affaibli. Même dans les chapitres qui ont été les moins retouchés, notamment les chapitres clés, le chapitre III « Rigidity and Learning : Two Patterns of Communicative Behavior » et VIII (dans l'édition originale) « Communication and Secrecy in the Modern World », les formulations les plus rugueuses ont été poliment gommées.

Ces corrections sont tellement importantes que l'on peut se demander si on a bien affaire au même texte. De fait, toutes les corrections de la version de 1954 convergent dans une même direction : le texte est moins politique et devient plus philosophique. Ce qui est perdu du côté de la politique est remplacé par des éléments de philosophie des sciences. La cybernétique n'est plus en 1954 un avertissement contre les nouvelles tendances fascistes au sein de la société américaine, mais le rejeton de la révolution intellectuelle accomplie par la mécanique statistique de Gibbs, qui, bien avant Einstein ou Heisenberg, avait fissuré l'édifice de la science newtonienne.

La transformation du chapitre I qui a vocation à définir ce qu'est la cybernétique est de ce point de vue saisissante. Les formules suivantes, entre autres, disparaissent intégralement :

> « Notre vision de la société diffère de l'idéal social de nombreux Fascistes, Hommes Forts du Business et du Gouvernement. Des tels individus, avec leur volonté de pouvoir, ne sont pas entièrement inconnus dans les institutions scientifiques et d'éducation. De telles personnes préfèrent une organisation dans laquelle tous les ordres viennent d'en haut et où aucun n'y retourne. Les êtres humains sous leur contrôle ont été réduits au niveau d'organes effecteurs dans un soi-disant organisme de plus haut niveau. Je veux consacrer ce livre à une protestation contre cet usage inhumain des êtres humains. »[1]

Ces remarques, qui justifient pourtant le titre de l'ouvrage, sont remplacées dans la seconde édition par de longs développements sur Gibbs, Leibniz ou Newton. De plus, le livre a manifestement perdu en cohérence lors de sa réédition. L'énoncé du plan originel, construit à partir d'une logique politique, à la fin du premier chapitre, a été supprimé sans être remplacé. On trouve de nouvelles transitions pour essayer d'articuler les anciens passages et les nouveaux, transitions qui sont moins claires que celles de 1950. La logique générale de l'ouvrage est ainsi nettement affaiblie par l'import plus ou moins artificiel de la thématique philosophique sur la ligne politique claire qui dominait en 1950.

On peut s'interroger sur les motivations de Wiener. Il est difficile de dire, cependant, dans quelle mesure l'initiative de la réécriture doit être attribuée à Wiener lui-même ou à son éditeur. Steve Heims a suggéré deux

1. Norbert Wiener, *The Human Use of Human Beings*, *op. cit.*, 1950, pp. 15-16.

interprétations plausibles et non exclusives des transformations de la version de 1954[1]. On peut penser d'une part que Wiener avait tout intérêt à éviter de faire des vagues en pleine période de maccarthysme, et il est fort probable que le parallèle entre le totalitarisme stalinien et la chasse aux sorcières aurait été encore plus mal perçu en 1954. D'autre part, Wiener a sans doute eu le souci de dégager la cybernétique du contexte politique immédiat des années 1950 pour l'inscrire dans une dimension historique et philosophique plus large.

Rigidité contre apprentissage

Le chapitre III « Rigidity and Learning : Two Patterns of Communicative Behavior » est la pièce centrale dans l'argument de *Cybernétique et Société.* Il s'agit du chapitre qui remplit le programme politique défini dans la première édition de 1950, c'est-à-dire la critique de formes d'organisations centralisées dans lesquelles l'ensemble des ordres vient d'en haut, et qui séduisent une partie des « nouveaux hommes forts du business, du gouvernement et de la science » aux États-Unis. Les analyses sont très proches de celles du chapitre VIII de *Cybernetics.* Il s'agit essentiellement d'étudier les propriétés des organisations en fonction de leur régime de communication. L'angle est cependant un peu différent puisque les analyses ne reposent plus sur des ratios de quantité d'information, mais sur une réflexion à propos des types de feedback possibles pour agencer les circuits de communication au sein d'un système organisé. Wiener oppose deux types d'organisation sociales fondées sur deux régimes de communication et de feedback : apprentissage contre rigidité. Une organisation décentralisée, égalitaire, dans laquelle un haut degré d'autonomie est reconnu aux individus s'oppose terme à terme à une organisation centralisée, hiérarchisée, dans laquelle chaque individu se voit assigner une fonction spécialisée. Ce second type d'organisation avec son allocation stricte des fonctions sociales correspond à ce qu'on peut trouver dans une colonie de fourmis. Mais les sociétés humaines ont en revanche le « choix » entre plusieurs modes d'organisation, affirme Wiener, y compris avec la possibilité de s'aligner sur une société de fourmis. L'objet du chapitre consiste précisément à montrer que les sociétés humaines doivent résister au modèle « fasciste » de la société de fourmis.

> « Si l'homme devait adopter ce schéma d'organisation, il vivrait dans un État fasciste, dans lequel idéalement chaque individu est conditionné depuis sa naissance pour une seule tâche : dans lequel les dirigeants restent toujours dirigeants, les soldats toujours soldats, le paysan n'est jamais plus qu'un pay-

1. Norbert Wiener, *The Human Use of Human Beings*, *op. cit.*, p. xviii.

san et l'ouvrier est soumis à la malédiction de rester ouvrier. La thèse de ce chapitre est que cette aspiration au fascisme avec un état humain fondé sur le modèle de la fourmi résulte d'une profonde mécompréhension de la nature de la fourmi comme de la nature de l'homme. »[1]

Tout l'argument sous-entend, dans la ligne du chapitre VIII de *Cybernetics*, la primauté accordée aux petites communautés démocratiques conjuguant un haut niveau d'égalité (communication horizontale et information collective) et le respect des libertés individuelles. Ce chapitre de *Cybernétique et Société* présente ainsi une critique féroce de la société américaine au moment de l'engagement dans la guerre froide.

> « La plupart d'entre nous aux États-Unis préfèrent vivre dans une communauté sociale relativement souple, dans laquelle les entraves à la communication entre les individus et les classes ne sont jamais trop grandes. Je ne dirai pas que cet idéal de communication est atteint aux États-Unis. Tant que la suprématie blanche restera le credo d'une large part des habitants de ce pays, la démocratie restera un idéal pour lequel nous ne ferons qu'agiter les lèvres en vain. Cependant, même cette forme altérée de démocratie informelle est trop anarchique pour beaucoup de ceux qui font de l'efficacité leur premier idéal. Ces dévots de l'efficience voudraient que chaque homme se meuve dans l'orbite sociale qui lui a été assignée depuis sa plus tendre enfance, et ne réalise qu'une fonction à laquelle il reste attaché comme le serf à son lopin de terre. Au sein de la situation sociale américaine, ce programme suscite la réprobation ; et par conséquent, la plupart de ceux qui sont attachés à cet état ordonné de fonctions allouées de façon permanente auraient honte de l'admettre publiquement. Ils ne sont en position de manifester leurs préférences que par leurs actions. Le businessman qui s'isole de ses employés au moyen d'un rempart de " yes men " ou le chef d'un grand laboratoire qui assigne à chacun de ses subordonnés un problème particulier et lui accorde à peine le degré de pensée personnelle qui est nécessaire pour aller au-delà du problème et en percevoir la signification, montrent que la démocratie qu'ils prétendent respecter n'est pas réellement le régime dans lequel ils souhaiteraient vivre. »[2]

L'argument politique est ici soutenu par deux arguments épistémologiques qui empruntent au cœur doctrinal de la cybernétique. Le premier argument, renforcé dans l'édition de 1954, repose sur la comparaison des sociétés en fonction de la structure du feedback informationnel. Le chapitre, dans l'édition de 1950, s'ouvrait ainsi sur une typologie des sociétés en fonction des modalités de la communication. Les communautés Eskimos n'ont pas de chef et il y a très peu de subordination entre les membres. À l'inverse dans une société de castes comme en Inde, la communication entre les individus est très fortement restreinte et codifiée par leur position dans le système. Dans une communauté despotique, l'ensemble des relations entre sujets s'efface devant la relation entre le despote et ses sujets

1. Norbert Wiener, *The Human Use of Human Beings*, *op. cit.*, p. 51.
2. *Ibid.*, pp. 59-60.

pris un à un. Enfin la société féodale implique une communication entre le seigneur et son vassal, assortie d'une gamme de techniques spécifiques. La structure de la communication au sein d'un ensemble social rend explicite la structure des pouvoirs.

Ainsi, la cybernétique peut fournir à la sociologie ou à l'anthropologie tout un répertoire de formes de communication qui sont les schèmes de l'ingénieur. Le reste du chapitre nous apprend non seulement que l'on peut monter de manière variée les circuits informationnels, mais qu'il faut distinguer essentiellement entre deux types de feedback : le feedback simple dans lequel le système corrige son action en fonction de l'évaluation de sa performance et le feedback complexe dans lequel l'organisme peut non seulement corriger son action actuelle mais aussi son programme d'évaluation et de correction.

On peut envisager pour les organisations humaines des structures de même type visant à ajuster constamment les fins de l'organisation aux données présentes. Wiener nous invite ainsi à revoir, en fonction des conceptions de l'ingénieur, les structures de communication au sein de la société. Machines et vivants offrent des modèles pour penser des structures de communication complexes, possédant éventuellement des propriétés de haut niveau comme la capacité d'apprentissage, applicables au cas des organisations sociales. Dans le champ de la cybernétique, c'est sans aucun doute chez le Britannique Stafford Beer que nous trouvons l'implémentation la plus conséquente des idées de Wiener. On sait que l'auteur de *Cybernetics and Management* a notamment participé lors du gouvernement de Salvador Allende à un programme grandeur nature de cybernétisation du Chili, consistant à organiser les flux d'information entre les usines et un centre de contrôle afin d'organiser en temps réel la production[1].

Cependant, ce premier argument directement social n'occupe qu'une place réduite dans le chapitre III, où il cède vite la place à une tout autre logique. L'essentiel du chapitre est en effet consacré à une étude comparée des caractéristiques biologiques de l'homme et de la fourmi. L'argument est alors le suivant : il est possible de déduire les types de sociétés auxquels peuvent accéder l'homme et la fourmi à partir des possibilités anatomiques des individus de l'espèce. On se rendra alors compte qu'une société de fourmis est tout à fait inadaptée par rapport aux possibilités d'apprentissages que recèle l'organisme humain. L'application des concepts cybernétiques à l'analyse sociale ne passe donc plus ici par l'étude des structures de communication au sein de l'organisation sociale, mais par l'étude des possibilités de l'organisation biologique au niveau de l'individu. L'organisation

1. Stafford Beer, *Cybernetics and Management*, New York, John Wiley & sons, 1959. Sur l'expérience chilienne, voir Stafford Beer, *Brain of the Firm*, New York, John Wiley & sons, 1972.

biologique individuelle joue le rôle d'une condition de possibilité pour l'organisation sociale. Wiener développe ici une forme de philosophie biologique du social qui procède des mêmes prémisses que « l'ethnologie des profondeurs » dont se réclamera Leroi-Gourhan dans *Le Geste et la parole*, soit une description des « conditions biologiques générales par quoi le groupement humain s'insère dans le vivant. »[1]

Wiener insiste sur le caractère authentiquement cybernétique de l'argument : « la cybernétique nous apprend que la structure d'une machine ou d'un organisme est un indice de la performance à laquelle on peut s'attendre. » Plus précisément, dans le chapitre, l'étude de la structure anatomique de l'homme et de la fourmi est menée de façon à nous donner une idée des capacités mentales que l'on peut attendre de ces deux organismes, capacités mentales qui doivent être respectées et mises en valeur par l'organisation sociale. Or, le fait biologique humain est la capacité d'apprentissage. Par opposition, la fourmi subit une triple restriction biologique : sa carapace externe ne peut s'adapter au processus de croissance ; celui-ci engage une série de métamorphoses qui supposent une reconfiguration totale de l'organisme, ce qui exclut la possibilité d'une mémoire étendue ; enfin les animaux à carapace sont nécessairement des animaux de petite taille ce qui limite directement les capacités du système nerveux central.

Dans le style cybernétique, Wiener propose une approche des fondements biologiques de la capacité d'apprentissage chez l'homme, qui repose classiquement sur le modèle de l'ajustement des poids synaptiques et les règles de rétropropagation. De là, la conclusion de l'argument : un État fasciste ne peut correspondre qu'à un usage inhumain des êtres humains, car il viole le fait biologique fondamental de la non-détermination des êtres humains et l'importance de l'apprentissage. Les valeurs d'apprentissages et rigidité peuvent donc qualifier deux objets distincts dans l'argument du chapitre III. À un premier niveau, apprentissage et rigidité sont des propriétés de l'organisation sociale elle-même caractérisée en fonction du type de feedback qu'elle est capable de mettre en œuvre. À un second niveau, apprentissage et rigidité sont des propriétés de l'organisation biologique des individus qui déterminent des niveaux de complexité dans les performances individuelles et in fine les potentialités du collectif. Non seulement un usage inhumain des êtres humains conduit à mépriser et à minorer les possibilités des individus, mais aussi à promouvoir une structure sociale déficiente et sclérosée dans un environnement rapidement changeant.

Les chapitres de *Cybernetics* et de *The Human Use of Human Beings* offrent les exemples les plus développés d'application des concepts cyber-

1. André Leroi-Gourhan, *Le Geste et la parole. I : Technique et langage*, Paris, Albin Michel, 1964, p. 211.

nétiques à l'étude de la société, dans les limites fixées par Wiener. Ces analyses tendent vers un modèle social privilégiant de petites organisations, fondées sur un haut niveau d'information collective, une circulation horizontale de l'information et des processus d'apprentissage. L'organisation sociale est conçue sur le modèle des organisations biologiques ou mécanique les plus avancées. Ces développements reçoivent une application directe dans la critique des transformations qui affectent la pratique de la science, suggérant un autre modèle pour la recherche scientifique, à l'image du groupe cybernétique.

4
LA SOCIÉTÉ DES MACHINES

Un animal gigantesque, doté de sensations, capable d'agir de son propre chef, piloté par un cerveau électronique ultrarapide qui fonctionne à la vitesse des tubes à vide – Wiener développe en 1950 dans *The Human Use of Human Beings*, à la suite de *Cybernetics*, une description saisissante de l'usine automatisée, le cœur d'une nouvelle révolution industrielle impulsée par les machines à traitement de l'information.

> « L'ordinateur représente le centre de l'usine automatique, mais il ne sera jamais l'usine tout entière. D'un côté il reçoit ses instructions détaillées d'éléments apparentés à des organes des sens, comme les cellules photoélectriques, les condenseurs pour la lecture de l'épaisseur d'une bande de papier, les thermomètres, les outils de mesure de la concentration en hydrogène, et toute la série des appareils qui sont construits aujourd'hui par les firmes d'instruments pour le contrôle manuel des processus industriels. Ces instruments sont déjà conçus pour envoyer leur rapport électriquement à des stations distantes. Tout ce dont on a besoin pour leur faire communiquer leur information à un calculateur automatique à grande vitesse, c'est un appareil de lecture qui traduira la position ou l'échelle en une séquence de chiffres binaires. [...] En plus de ces organes des sens, le système de contrôle doit contenir des effecteurs ou des composants qui agissent sur le monde extérieur. Certains d'entre eux nous sont déjà familiers, comme les moteurs qui contrôlent les valves, les embrayages électriques, et ainsi de suite. D'autres devront être inventés pour répliquer de plus près les fonctions de la main humaine aidée par l'œil humain. [...] Le système dans son ensemble correspond à l'animal complet avec ses organes sensitifs, effecteurs et propriocepteurs, et non, comme le calculateur ultrarapide à un cerveau isolé, dépendant pour ses expériences et son efficacité de notre intervention. »[1]

À l'analyse de la société comme machine s'ajoute ainsi chez Wiener une étude, de facture plus classique, qui interroge l'impact des machines sur la société des hommes. Cette question de l'impact social des techniques cybernétiques constitue le dernier domaine d'intervention de Wiener. Ce dernier a défendu dès la fin de la seconde guerre mondiale l'idée que le monde se

1. Norbert Wiener, *The Human Use of Human Beings, op. cit.*, pp. 156-157

trouvait à l'aube d'une nouvelle révolution industrielle. Il annonce une révolution de l'information et de la communication dans laquelle les machines remplaceront les hommes, non plus seulement pour les travaux de force comme au XIXe siècle, mais pour certaines tâches intelligentes nécessitant du jugement. À la révolution de l'énergie succédera la révolution de l'information. Ces analyses de Wiener constituent le prototype du discours contemporain sur le changement technologique et « la société de l'information », à ceci près que Wiener annonce une révolution dans les modes de production industriels, et non une « économie de la connaissance » dématérialisée et tournée vers les services.

Fig. 34 – La couverture de Time Magazine du 23 janvier 1950, l'année de la parution de la première édition de *The Human Use of Human Beings*. L'illustration évoque toute à la fois l'origine militaire des calculateurs et la représentation anthropomorphique du traitement de l'information : la machine examine des données au moyen d'un œil et rend son rapport écrit. Reproduit à partir de Paul Edwards, *The Closed World, Computers and the Politics of Discourse in Cold War America*, *op. cit.*, p. 239.

Le rôle social des ordinateurs

Les exercices de « futurition » technologique sont toujours risqués et il est commun de noter, avec une pointe d'ironie, combien les auteurs du passé ont pu se tromper dans leurs prévisions. Wiener n'échappe pas à la règle, mais, sur une question cruciale, ses textes font montre d'une très grande clairvoyance. Le grand mérite de ces textes de Wiener, si l'on devait n'en retenir qu'un, est sans doute d'avoir réalisé très tôt la signification technologique des ordinateurs. Wiener comprend que les ordinateurs ne resteront pas cantonnés dans leur fonction de supercalculateurs scientifiques, mais qu'ils offrent l'opportunité de transformer en profondeur les modes de production. Il fallait pour cela prendre conscience de la signification de l'ordinateur comme machine universelle, signification qui transcende la lignée technologique du calcul mécanique au sein de laquelle apparaît l'ordinateur. Cette approche visionnaire du rôle des calculateurs dès la fin des années 1940 doit évidemment beaucoup aux conceptions de la cybernétique sur l'ordinateur comme machine à traiter de l'information et à l'analogie ordinateur-cerveau qui les accompagne. Qu'est-ce qu'un ordinateur en 1945, ou même au tournant des années 1950 ?

Paul Edwards a défendu de façon convaincante l'idée que la signification des ordinateurs n'est pas du tout fixée dans l'immédiat après-guerre. Les calculateurs sont encore dans les années d'après-guerre, selon la formule, « une solution en attente d'un problème ». Edwards adopte une perspective socioconstructiviste qui affirme, de manière générale, que la signification des artefacts n'est jamais donnée dans une essence technique, mais dépend toujours d'un agencement particulier et mouvant d'intérêts sociaux. C'est cet agencement qui donne sens en définitive au dispositif technique. Ainsi, pour Edwards, la véritable signification de l'ordinateur, comme dispositif universel de traitement de l'information et non plus seulement comme calculateur, n'apparaît qu'au tournant des années 1950 dans les projets militaires de défense automatisée, comme le SAGE du MIT. Même à cette époque, la compétition entre machines analogiques et machines digitales, par exemple, n'est pas encore tranchée. C'est être victime d'une illusion rétrospective que de penser que l'ordinateur a été perçu immédiatement comme machine à traiter de l'information, que la machine digitale s'est « naturellement » imposée. La coupure épistémologique entre calculateur et ordinateur, entre calcul et informatique est sans doute beaucoup moins nette qu'on ne le croit et la signification des ordinateurs ne s'est pas jouée uniquement sur le registre technique.

Cependant, en privilégiant dans cette genèse des ordinateurs comme machines à traiter de l'information les projets militaires, Edwards néglige le fait que dans son discours public la cybernétique a dégagé très tôt le rôle de l'ordinateur comme centre de commande dans la production. La cybernétique annonce à grand bruit la révolution de l'usine automatisée, dont l'ordinateur devient « le cerveau », capable de contrôler l'ensemble du processus de production en fonction de son programme et de l'information disponible. La révolution industrielle de Wiener est sans doute le pendant civil des projets militaires décrits par Edwards pour ce qui est de la détermination de la signification de l'informatique au tournant des années 1950. Le rôle de l'ordinateur comme machine logique apparaît très clairement dans les descriptions de l'usine automatisée. On ne demande plus simplement à la machine de calculer au sens ordinaire, mais bien de prendre des décisions. *The Human Use of Human Beings* thématise explicitement cette différence entre simple calcul et décision logique, à propos de l'usine automatisée.

> « J'ai souvent affirmé dans ce livre ou ailleurs que la machine à calculer à grande vitesse est avant tout une machine logique qui confronte différentes propositions et en tire les conséquences. On peut traduire l'ensemble des mathématiques en un enchaînement de tâches purement logiques. Si cette représentation des mathématiques est intégrée à la machine, celle-ci sera un calculateur au sens ordinaire. Cependant une telle machine à calculer, en plus d'accomplir les tâches mathématiques ordinaires, sera capable d'entreprendre la tâche logique de diriger une série d'ordres concernant les opérations mathématiques »[1].

Au final, on pourrait dire que Wiener a inventé deux fois l'ordinateur : une première fois lorsqu'il soumet en 1940 à Vannevar Bush son mémorandum sur une machine digitale entièrement électronique, une seconde fois lorsqu'il comprend que l'usage social des ordinateurs ne se limitera pas aux tâches de calcul. Le discours public de Wiener se structure ainsi autour des devoirs moraux qu'implique cette évaluation visionnaire du rôle des nouvelles machines informatiques. Comme il l'a fait pour la question des armes atomiques ou des missiles guidés, Wiener a non seulement engagé une réflexion sur les propriétés politiques des inventions cybernétiques, mais il a aussi cherché activement à empêcher que ses travaux ne tombent entre de mauvaises mains et puissent être mis au service des ambitions de profit ou de pouvoir au détriment du bien-être de la collectivité. Wiener s'est particulièrement inquiété des effets de l'automatisation sur l'emploi. L'usine automatisée ouvre la perspective d'une nouvelle phase de chômage de masse, plus importante encore que celle qui a suivie la crise de 1929, qui découlerait de l'utilisation des automates et de la déqualification du travail industriel en col bleu comme en bloc blanc.

Wiener activiste

La question des implications sociales de la révolution cybernétique apparaît pour la première fois dans l'introduction de *Cybernetics* en 1948. Wiener y mentionne l'émergence, pour le meilleur comme pour le pire, de « l'usine automatisée » fondée sur l'ordinateur comme « système nerveux central ».

1. Norbert Wiener, *The Human Use of Human Beings, op. cit.*, p. 154.

> « Ce nouveau développement a des possibilités immenses pour le bien comme pour le mal. D'un côté il fait de la domination métaphorique des hommes par les machines imaginée par Samuel Butler un problème immédiat et plus du tout métaphorique. Il offre à l'espèce humaine un nouveau groupe d'esclaves mécaniques extrêmement efficaces pour effectuer son travail. [...] Cela peut très bien être une bonne chose pour l'humanité d'être délivrée par la machine de tâches désagréables et serviles, mais rien n'est moins sûr. Je ne sais pas. Ces nouvelles possibilités ne doivent pas être évaluées en termes de marché ou d'économies réalisées ; termes qui sont précisément ceux du libre marché, cette " cinquième liberté ", qui est devenue le slogan de ce secteur de l'opinion américaine représentée par l'Association Nationale des Fabricants et le Saturday Evening Post. »[1]

Le succès public, inattendu, de *Cybernetics* place Wiener en position d'avoir à répondre à de multiplies sollicitations concernant l'usine automatisée. En avril 1949, le *Boston Traveler* lui offre l'occasion, par exemple, de mettre en garde ses contemporains contre « le tremblement de terre [que constituera] le remplacement du travail humain par les machines sur la chaîne d'assemblage » et le risque que « les travailleurs non qualifiés ne deviennent obsolètes »[2]. « L'impact de la machine pensante sera un choc certainement comparable à celui de la bombe atomique », affirme alors Wiener, au plus fort de l'engagement contre le programme de bombe à hydrogène. Parmi les articles politiques rassemblés par Masani pour les *Collected Works* plus de la moitié portent sur la question du rôle social des machines cybernétiques, sans compter les nombreux livres qui abordent le sujet comme *The Human Use of Human Beings* évidemment ou *God and Golem*, mais aussi *I am a Mathematician* ou *Invention.* Ce dernier texte, tout entier destiné à l'explicitation des thèses sur la technologie développées dans *The Human Use*, n'a été que récemment exhumé par Steve Heims, Wiener ayant fait le choix de ne pas le publier à l'époque. La question de l'invention et de ses implications morales passionne manifestement Wiener dans les années 1950, qui lui consacre même un roman, *The Tempter*, narrant les déboires d'un inventeur malheureux, à l'image d'Oliver Heaviside, floué par la politique des brevets d'une firme industrielle[3].

L'activisme de Wiener ne se limite pas aux interventions publiques, articles et interviews. Dès la toute fin de la guerre, Wiener cherche à prendre contact directement avec des dirigeants syndicaux. Il parvient notamment à cette période à présenter ses idées à un responsable du syndicat des typographes, sans que les discussions n'aboutissent. Finalement ce

1. Norbert Wiener, *Cybernetics, op. cit.*, p. 27.
2. Norbert Wiener, « Thinking machine seen replacing man : MIT scientist sees day when unskilled labor will be obsolete », Boston Traveler, 17 avril 1949.
3. Norbert Wiener, *The Tempter,* Random House, New York, 1959.

sont les entreprises qui se montreront les plus empressées à répondre aux perspectives ouvertes par Wiener. Au printemps 1949, les dirigeants de *General Electric* lui proposent ainsi un poste de conseiller sur la question de l'automatisation, avec mission de mettre en place un programme de formation pour les ingénieurs de *GE*. Wiener décline l'offre et, de plus en plus inquiet, cherche à renouer contact avec les dirigeants syndicaux. En août 1949, il écrit une longue lettre à Walter Reuther, le président du syndicat des travailleurs de l'automobile (UAW), sans doute le syndicat le plus puissant aux États-Unis, l'avertissant de l'intérêt des industriels pour l'automatisation et l'implorant de prendre en compte « la menace très pressante d'un remplacement à grande échelle du travail par les machines. »[1] Wiener lui propose de se placer bénévolement à son service comme conseiller sur les questions d'automatisation. Reuther accueille favorablement la proposition du mathématicien, mais la rencontre entre les deux hommes se trouve reportée en raison du conflit dans lequel le syndicat s'engage avec Ford et Chrysler. Ce n'est que le 14 mars 1950 que la rencontre peut avoir lieu à l'occasion de la venue de Reuther à Boston. Wiener est impressionné par l'ouverture d'esprit du dirigeant syndical. Les deux hommes se mettent d'accord pour instituer une sorte de conseil commun entre travailleurs et scientifiques pour anticiper et peser sur les changements technologiques. Le projet ne verra jamais le jour, Reuther se trouvant absorbé dans le conflit avec Chrysler et la mobilisation de l'industrie américaine pour la guerre de Corée. La correspondance entre les deux hommes se poursuit cependant jusqu'en 1952, date à laquelle Wiener décline une invitation à intervenir au congrès de l'UAW.

Sur l'ensemble de la période qui s'étend de la première mention de l'usine automatisée dans *Cybernetics* aux derniers articles de l'année 1964, nous allons trouver essentiellement deux grandes lignes d'arguments et d'analyse. Premièrement, Wiener cherche à penser l'impact des machines cybernétiques sur le modèle de la révolution industrielle, ce qui donne lieu à une forme de philosophie des techniques en miniature, sensible aux effets de système, attachée à débusquer les propriétés politiques cachées des artefacts. Deuxièmement, Wiener propose une comparaison raisonnée des avantages de la machine et de l'être humain du point de vue de la production, qui vise à déjouer le mythe du robot tout puissant qui rendrait l'homme obsolète. Sur ce canevas, il est possible de distinguer quelques différences d'approche ou d'accent selon les périodes. Si les premiers textes sont marqués par un pessimisme très fort, la tonalité change nettement à partir des articles de la fin de l'année 1953. Les contacts pris dans les

1. Norbert Wiener à Walter Reuther, 13 août 1949, cité dans Flo Conway et Jim Siegelman, *Dark Hero of the Information Age*, *op. cit.*, p. 245.

milieux syndicaux, les sollicitations qui affluent de la part des industriels, ont sans doute donné à Wiener l'impression que ses mises en garde étaient enfin entendues. Il suffit de comparer la conclusion très noire du chapitre sur les révolutions industrielles dans la première édition de *The Human Use of Human Beings* avec le ton nettement plus optimiste des dernières lignes ajoutées pour la réédition de 1954 et qui se substituent au texte de 1950. En 1950, Wiener conclut son chapitre sur cet avertissement : « si nous persistons à agir en suivant les lignes évidentes de notre comportement traditionnel, la sacralisation du progrès et de la cinquième liberté – la liberté d'exploiter –, il est pratiquement certain que nous aurons à faire face à au moins une décennie de ruine et de désespoir »[1], à comparer avec la réédition de 1954 :

> « Depuis la publication de la première édition de cet ouvrage, j'ai participé à deux grands rassemblements avec des représentants du business et du management, et j'ai été ravi de constater que la majorité d'entre eux avaient conscience des dangers de nos nouvelles technologies pour la société et de l'obligation de faire que ces nouveaux moyens soient utilisés au bénéfice de l'homme, pour accroître son temps libre et enrichir sa vie spirituelle, plutôt que pour le simple profit et la vénération de la machine comme un nouveau veau d'or. Nous aurons à affronter de nombreux dangers, mais les racines du bien seront là, et je ne me sens plus aussi pessimiste qu'au moment de la publication de la première édition de ce livre. »[2]

Aussi, les premiers textes, qui se consacrent essentiellement à convaincre de l'imminence et des dangers de la nouvelle révolution industrielle, laissent peu à peu la place, au milieu des années 1950, à un travail d'analyse des modes de couplages entre l'homme et la machine. Les derniers textes, à partir de la toute fin des années 1950, se consacrent à la question de la capacité d'apprentissage des machines dans la problématique du couplage. Il ne s'agit pas d'un thème absolument nouveau par rapport aux textes antérieurs, mais il finit par occuper une place considérable dans les réflexions du dernier Wiener, au tournant des années 1960.

Un regard systémique sur la technique

Le thème de l'usine automatisée comme nouvelle révolution industrielle est présenté pour la première fois sous une forme exhaustive en 1950, dans un chapitre clé de *The Human Use of Human Beings*, « The First and the Second Industrial Revolution ». Ce chapitre sert de référence pour les textes postérieurs. Il repose sur une analyse de la première révolution industrielle qui sert de modèle pour penser la période contemporaine et l'impact des techniques informationnelles. Cette analyse étudie le fait tech-

1. Norbert Wiener, *The Human Use of Human Beings*, *op. cit.*, 1950, p. 189.
2. *Ibid.*, p. 162.

nique comme système ; ce qui permet de repérer, au-delà de la simple question de l'usage, les propriétés politiques des artefacts.

L'ensemble de ces analyses est manifestement extrêmement marqué par la lecture de Lewis Mumford, et en particulier *Technique et Civilisation.* On retrouve chez Wiener ce regard attentif aux effets de système, aux dimensions politiques et culturelles des artefacts, mais aussi dans le détail nombre de thèses communes. Ainsi, Wiener défend l'idée selon laquelle la révolution industrielle commence en réalité bien avant la machine à vapeur avec les techniques scientifiques de l'âge classique liées à la navigation (en particulier la détermination des longitudes) ou l'horlogerie.

> « La première révolution industrielle a ses racines dans la fermentation intellectuelle du dix-huitième siècle, qui a trouvé les techniques scientifiques de Newton et de Huygens déjà bien développées, mais avec des applications qui n'avait encore guère dépassées l'astronomie. [...] Les premiers domaines à ressentir l'impact de l'ère Newtonienne furent ceux de la navigation et de l'horlogerie. [...] Nous devons donc considérer la navigation et les instruments qu'elle requiert comme le lieu d'une révolution industrielle antérieure à la révolution industrielle principale qui démarre avec la machine à vapeur. »[1]

L'argument est le suivant : cette avant-garde de la révolution industrielle a introduit une exigence nouvelle de précision dans la construction des machines qui a été déterminante pour la révolution industrielle proprement dite. Watt lui-même était, ainsi que le rappelle Wiener, un fabricant d'instruments scientifiques. Cette thèse fait évidemment écho à l'idée de Mumford pour qui l'âge de la machine commence avec l'horloge et la mise en coupe réglée du temps dans la vie monastique. « La machine-clé de l'âge industriel moderne, ce n'est pas la machine à vapeur, c'est l'horloge »[2], écrivait Mumford en 1934.

Au-delà de ce canevas général qui projette le lieu de la révolution industrielle en amont de la révolution industrielle proprement dite, certains passages clés des analyses de Wiener sont tout bonnement directement empruntés, quoique sans citation, à Mumford. Ainsi le paragraphe, décisif pour la pensée technologique de Wiener, sur l'introduction du moteur électrique et son impact sur la forme de l'usine moderne est un décalque d'un passage de Mumford[3]. Wiener emprunte donc à Mumford non seulement un style d'analyse ou des thèses, mais aussi des développements entiers. Mumford prédisait déjà en 1934, lors de la première édition de *Technique et Civilisation*, un nouvel âge technique fondé sur l'automatisation dans lequel l'ouvrier ne serait plus employé comme source d'énergie mais

1. Norbert Wiener, *The Human Use of Human Beings*, *op. cit.*, pp. 136-139.
2. Lewis Mumford, *Technique et Civilisation*, Paris, Seuil, 1950 [1934], p. 23.
3. Norbert Wiener, *The Human Use of Human Beings*, *op. cit.*, pp. 142-143. Lewis Mumford, Technique et Civilisation, *op. cit.*, pp. 204-205.

deviendrait l'observateur et le régulateur des machines. La pensée technologique de Wiener s'inscrit manifestement dans ce type d'analyse. Le fait que Mumford ait salué chaleureusement la publication de *The Human Use of Human Beings* ne doit pas nous surprendre et témoigne de la proximité intellectuelle entre les deux hommes[1].

Le modèle de la révolution industrielle convoqué par Wiener pour analyser l'impact des techniques cybernétiques présente un double intérêt du point de vue des concepts. Il s'agit d'un modèle qui permet de fixer l'attention conjointement sur des effets de système et des effets de catastrophe. L'analyse repose sur les deux postulats selon lesquels, premièrement, il n'y a pas d'objet technique isolé, et deuxièmement, certaines inventions peuvent précipiter de proche en proche une reconfiguration radicale du milieu technique. Ce type d'analyse se construit par opposition avec le regard dominant sur la technique, et multiplie les occasions de rupture, sur le statut des artefacts, sur les implications politiques des objets, sur la question du progrès… La philosophie spontanée, tout à la fois abstraite et fascinée par l'objet, porte un nom chez Wiener, c'est la philosophie des « adorateurs du gadget ». Le gadget est non seulement l'objet technique inutile ou dont l'utilité se résume au prestige social qu'il peut conférer à son propriétaire, mais aussi l'objet technique solitaire, isolé de son contexte et de son milieu. Le gadget chez Wiener est le symbole d'une philosophie de la technique naïve et inconséquente. Les exemples d'inventions brocardées comme gadgets ne manquent pas chez Wiener. L'article intitulé « Automatization », paru dans le *St Louis Dispatch* du 5 décembre 1954, est caractéristique de ce clivage entre deux regards sur la technique[2]. D'un côté, Wiener y dénonce les mirages, entretenus sur le mode de la science-fiction, par tous ceux qui ont intérêt à spéculer autour des inventions, de l'autre, il propose une analyse prospective exemplaire des transformations impliquées par l'automatisation de l'agriculture, attentive aux modifications du système technique dans son ensemble. Ainsi, l'automatisation n'est pas un ajout isolé qui laisserait l'ensemble du système technique en l'état. Automatiser suppose, non seulement de mécaniser l'agriculture, mais aussi de modifier, par exemple, le type de plante cultivée pour l'adapter à la machine. Le lin pourrait peut-être bien se prêter mieux à l'automatisation de l'agriculture

1. « Cher Dr. Wiener, je ne peux poser The Human Use of Human Beings sans vous dire combien j'admire la portée, la méthode et le but de votre argumentation. La combinaison d'intelligence, de discernement et de courage dont vous faites montre en ce livre définit un haut niveau pour le reste d'entre nous. Je me devais de vous remercier, non seulement à titre personnel, mais au nom de l'humanité toute entière ! » Mumford à Wiener, 4 novembre 1950, cité par Pesi Masani, *Norbert Wiener*, 1894-1964, *op. cit.*, p. 336.

2. Norbert Wiener et Donald Campbell, « Automatization, Norbert Wiener's Concept of Fully Mechanized Industry », St. Louis Dispatch, December 5, 1954, in Pesi Masani (dir.), *Norbert Wiener*, Collected Works with Commentaries, *op. cit.*, pp. 679-683.

que le coton, remarque Wiener. Par ailleurs, on peut raisonnablement parier sur le développement de nouvelles variétés. Les transformations antérieures des techniques agricoles ont souvent imposé une modification des espèces ou des variétés cultivées. Il n'y a donc pas d'objet qui ne suppose pour fonctionner un milieu technique et pas d'invention qui n'impose ou ne projette en quelque sorte son milieu technique sur le milieu existant.

Qu'est-ce qui dans la technique fait système ? Tout d'abord, chaque instrument dépend pour son existence même de l'état du système technique et des outils avec lesquels il a été conçu. On ne peut construire, par exemple, un grand tour à revolver à main nue, il faut d'autres machines qui ont été elle-même fabriquées par d'autres machines. On peut ainsi retracer dans le temps des lignées techniques, du tour à main ou à pied du XVIIIe siècle au tour actuel, chaque instrument dépendant des instruments précédents pour sa fabrication.

Ensuite, une révolution industrielle, c'est-à-dire un changement complet de la figure du système technique, ne prend place que lorsque plusieurs techniques simultanément entrent en convergence. C'est le cas évidemment pour la première révolution industrielle, mais aussi pour la seconde, pour la révolution de l'usine automatisée. On sait que Wiener a toujours défini la cybernétique comme la discipline qui opérait la synthèse entre les champs scientifiques et techniques du contrôle, de la communication et de l'informatique. Dans le récit de Wiener, qui donne sans doute la part un peu trop belle au travail des cybernéticiens, la seconde guerre mondiale a eu pour effet de faire littéralement se précipiter toute une série de problèmes jusqu'alors distincts. Le problème de la commande de tir est le lieu où cette synthèse prend forme. Il s'agit d'abord de la synthèse entre les techniques issues du champ de la communication comme le radar et les technologies du contrôle pour commander le mouvement des pièces d'artillerie. Mais par différence avec les questions posées par le combat naval, la vitesse des avions et de surcroît l'usage par les Japonais d'avions kamikazes ont exigé l'automatisation de la conduite de tir et du calcul des trajectoires. Le canon anti-aérien opère en pratique la synthèse entre communication (radar), contrôle (dispositifs feedback) et calcul (détermination des trajectoires). Mais cette synthèse pratique se redouble d'une transformation des formes du savoir technique : en réalité ces trois champs ne procèdent pas de principes distincts, mais doivent tous les trois être subsumés sous le même ensemble conceptuel construit autour du vocabulaire du traitement de l'information.

Les concepts de lignée technique et de convergence, entre formes pratiques et formes théoriques, offrent ainsi une première approche de la dimension systémique du fait technique. Cependant ces effets de système ne sont jamais apparents au premier regard. Il s'agit là d'une proposition qui a quasiment force d'axiome dans la technologie de Wiener, et qui se trouve constamment répétée. L'article du *St Louis Dispatch* en donne sans doute la formulation la plus achevée :

> « Personne parmi ceux qui sont familiers avec le développement des techniques industrielles ne voit les innovations comme un processus linéaire ou simplement des additions ou des ajouts sur un processus qui resterait par ailleurs inchangé. Le premier impact d'une nouvelle invention est en général le remplacement d'un état particulier des techniques existantes par un nouvel état équivalent, simplement plus économique, qui est rendu possible par l'invention. En général, au regard de l'histoire, nous sommes capables de voir que ce premier emploi était superficiel et dénué d'imagination, et que la nouvelle position de l'invention dépend d'un réagencement complet de l'économie de la situation antérieure en fonction des potentialités présentes de l'invention qui n'étaient pas de prime abord apparentes. »[1]

Certains artefacts peuvent ainsi précipiter le système dans une configuration nouvelle sans que la nécessité de ce réagencement radical, de proche en proche, ne soit perçue par les contemporains, à commencer par l'inventeur lui-même. Wiener se plaît à rappeler que la seule invention sur laquelle Edison n'ait jamais songé à capitaliser est l'invention qui nous apparaît aujourd'hui sans doute comme la plus fondamentale, celle du tube à vide. L'étude des systèmes techniques se double ainsi chez Wiener d'un genre de « théorie des catastrophes », lorsqu'un artefact précipite de proche en proche le système vers une configuration nouvelle. Cette « théorie des catastrophes » ouvre la philosophie de la technique à un type d'analyse stratégique. Il s'agit de détecter dans le présent quels sont les artefacts qui ont une signification potentielle pour l'ensemble du système, d'isoler les lieux stratégiques où le système est sur le point de basculer.

L'étude du tube à vide comme catalyseur de la nouvelle révolution industrielle est exemplaire. Elle est menée par analogie avec l'étude de l'impact de l'introduction du moteur électrique sur la forme de l'usine. Ces deux études constituent un modèle pour associer histoire des artefacts et politique, à travers une analyse du changement technique. Ainsi, la forme prise par l'usine a été selon Wiener déterminée par la nature de la machine à vapeur et les premiers modes de transmission de l'énergie. En effet, la machine à vapeur consommait du combustible de façon extrêmement peu économique au vu des standards modernes. Celle-ci n'avait donc une signification économique que lorsqu'elle pouvait être utilisée à grande échelle comme source d'énergie pour un ensemble important de machines individuelles, comme par exemple des machines à filer ou des métiers à tisser. De plus les seuls moyens de transmission de l'énergie disponible au XIXe siècle

1. Norbert Wiener, « The Machine as Threat and Promise », St Louis Dispatch, 13 décembre 1953, in Pesi Masani (dir.), *Norbert Wiener*, Collected Works with Commentaries, *op. cit.*, p. 673.

étaient des moyens mécaniques, arbres à came, courroies, poulies, etc. D'où l'image traditionnelle de l'usine comme « un grand hangar avec de longues lignes d'arbres de transmission suspendues à des chevrons, et des poulies connectées par des courroies aux machines individuelles. »[1]

Fig. 35 – Gravure représentant une usine textile en France à la fin du XIXe siècle, où l'on peut apercevoir les différents éléments de la description donnée par Wiener.

L'énergie électrique modifie en profondeur cette situation dans la mesure où elle autorise des moteurs de petite taille, ce qui élimine la contrainte d'une source d'énergie centralisée et permet à l'inverse de concevoir pour chaque machine un moteur individuel. Les nécessités de la connexion entre la machine et la source d'énergie se trouvent profondément simplifiées. La forme de l'usine comme regroupement centralisé d'un vaste ensemble de machines n'est donc plus soutenue par une nécessité technique, et, comme le remarque Wiener à la suite de Mumford, « nous sommes en état de revenir à la situation de l'industrie dispersée »[2].

Cette histoire comporte pour Wiener au moins deux leçons. Tout d'abord, on ne peut négliger le fait que certains objets techniques comportent par soi des propriétés politiques, ici la nature de l'énergie et les modalités de sa transmission contraignent la forme que prend le mode de production. Ensuite, il est manifeste que la signification potentielle de l'invention du moteur électrique et son impact sur la forme de l'usine n'ont pas d'abord été perçus. Le moteur électrique a été utilisé au départ comme une simple alternative pour les sources d'énergie centralisées traditionnelles, l'organisation de l'usine demeurant inchangée.

1. Norbert Wiener, *The Human Use of Human Beings*, *op. cit.*, p. 142.
2. *Ibid.*, p. 143.

Le tube à vide est pour Wiener dans une situation similaire à celle du moteur électrique à la fin du XIXe siècle. Il s'agit d'une invention qui peut révolutionner les conditions mêmes de l'industrie, mais dont l'usage reste encore dispersé et dont la signification n'est pas totalement comprise. Le tube à vide n'a d'abord été utilisé que comme outil pour les techniques de communication en remplacement des composants existants sur les circuits de téléphonie à longue distance. Son usage s'est ensuite étendu à la radio. Mais on n'a compris que récemment pour Wiener que le tube à vide était en réalité bien plus qu'un simple composant, l'instrument universel dans les processus de contrôle et de communication. Il faut attendre pour cela la construction des premiers ordinateurs et l'unification théorique du champ du contrôle et de la communication. De même que le moteur électrique, le tube à vide est destiné, dès lors que sa signification véritable est pleinement comprise, à révolutionner la forme de l'usine et de la production en général.

> « Dans sa signification potentielle le tube à vide appartient certainement à une révolution industrielle différente de celle de l'âge de l'énergie ; et cependant ce n'est qu'aujourd'hui que nous avons suffisamment conscience de la véritable signification de l'invention du tube à vide pour qualifier l'époque présente comme le siège d'une nouvelle et seconde révolution industrielle. »[1]

Une philosophie politique des artefacts

Ce type d'analyse stratégique va ainsi de pair avec l'idée que les artefacts possèdent par eux-mêmes des propriétés politiques. Affirmer que les artefacts ont par soi des propriétés politiques implique que l'on dépasse la simple question de la moralité ou non de leur usage. Il s'agit du problème, toujours renouvelé de la neutralité de la technique. Peut-on penser la technique sous le régime de la séparation entre le moyen (l'outil) et la fin (l'usage) ou bien faut-il accorder au moyen une sorte de finalité en propre ? Wiener prend nettement partie pour la seconde branche de l'alternative lors de son analyse de la première révolution industrielle. La nature de la machine à vapeur, les modalités de la transmission de cette énergie, impliquaient pour Wiener une forme de centralisation de la production et par conséquent un regroupement de la population dans les centres urbains.

> « Il y a une phase de la révolution industrielle qui a une signification technique plus que morale. Je veux dire par là que de nombreuses conséquences et phases désastreuses de la première partie de la révolution industrielle n'étaient pas tant dues au cynisme ou à l'injustice des concernés qu'à cer-

1. Norbert Wiener, *The Human Use of Human Beings*, *op. cit.*, p. 153.

> tains aspects techniques inhérents aux premiers moyens de l'industrialisation, et que l'histoire plus récente du développement technique a plus ou moins repoussé dans l'ombre. Ces déterminants techniques de la direction prise par la révolution industrielle naissante résident dans la nature même des premières machines à vapeur et dans les modalités de la transmission de cette énergie. »[1]

À l'inverse, le moteur électrique autorise une forme d'économie décentralisée. Ce type d'analyse, qui connaît une grande postérité dans les études sciences, techniques et sociétés, pose cependant problème[2]. Ne risque-t-on pas de faire de manière abusive de la technique le déterminant en dernière instance du changement social, de faire de la technique un destin ? Sous le prétexte, louable, de débusquer les dimensions politiques du fait technique, est-ce que l'on ne masque pas les rapports de force qui structurent le champ social ? Enfin, quelle place cette politique des artefacts peut-elle laisser à un engagement social progressiste ?

Le modèle de Wiener reste assez souple. On s'attendrait en effet à ce que, pour l'âge de l'information, Wiener suggère une causalité de même ordre entre la nature des machines et la structure sociale. Or, il n'en est rien, et on ne voit jamais Wiener affirmer que les machines informationnelles entraîneraient mécaniquement dans leur sillage une société ouverte et apaisée. Pas l'ombre d'un destin technique ici, informatique et communication ne sont pas encore devenues les symboles de cette intelligence collective démocratique qui se répandrait sur la planète via les technologies de l'information[3]. Bien au contraire, la plupart des textes de Wiener traitant de la question s'achèvent sur des appels pathétiques à la responsabilité morale. Les nouvelles techniques nous laissent face à un choix éthique entre le bien et le mal. « The hour is very late and the choice of good and evil knocks at our door. »[4] En première lecture, on verra ici une tension entre un mode d'analyse systémique de la technique et les nécessités de l'action, ou du moins de l'appel à l'action. À quoi bon s'évertuer à agir si la technique rend inéluctable telle ou telle évolution sociale, que l'on peut au mieux hâter ou retarder ? Mais Wiener n'a jamais vraiment adopté un schéma de ce type. L'usine automatisée n'autorise pas un seul avenir, mais bien plusieurs. S'il y a de la politique dans la technique chez Wiener, ce n'est pas au sens d'une détermination univoque entre les formes techniques et les formes sociales, mais au sens où la technique doit s'interroger dans ses effets de système. À plusieurs reprises Wiener confirme que l'usine automatisée nous place

1. Norbert Wiener, *The Human Use of Human Beings*, *op. cit.*, p. 141.
2. Voir notamment, Langdon Wiener, « Les artefacts font-ils de la politique ? », in *La Baleine et le réacteur, à la recherche de limites au temps de la haute technologie*, Paris, Descartes & Cie, 2002, pp. 45-74.
3. Voir, par exemple, Joël de Rosnay, « La société de l'information », in Daniel Parrochia (dir.), *Penser les réseaux*, Seyssel, Champ Vallon, pp. 35-48.
4. Norbert Wiener, *The Human Use of Human Beings*, *op. cit.*, p. 186.

devant un choix de société. Les artefacts possèdent des propriétés politiques, mais celles-ci dépendent aussi du mode d'organisation que l'on choisit. On conserve le choix entre plusieurs sociétés pour aborder l'usine automatisée. Ou, plus précisément, l'usine automatisée exige un nouveau type d'organisation sociale qui ne repose plus sur le seul *laisser-faire*.

En 1954, lors de la réédition de *The Human Use of Human Beings*, on voit Wiener revenir sur ce que les formulations de 1950 avaient sans doute de trop tranché. La machine à vapeur n'est pas la cause unique de la forme prise par la révolution industrielle. L'usine en tant que telle a bien entendu précédé le déploiement de la machine. Il n'en reste pas moins qu'au milieu de ce faisceau de causes multiples, les effets de système de la technique ne sont pas à négliger. Comprendre que les artefacts possèdent par soi des propriétés politiques, lorsqu'on adopte le point de vue des systèmes techniques, n'est pas se déposséder de sa puissance d'agir. Les analyses de l'usine automatisée comme déclencheur d'une nouvelle révolution industrielle participent au fond du même régime d'analyse stratégique que les interventions sur la politique de la science ou les applications des schèmes cybernétiques à la société. Il s'agit toujours dans la pensée politique de Wiener de pointer les lieux où un système est sur le point de basculer. Une politique informée ne peut ignorer les effets politiques des techniques, mais elle ne s'y réduit pas.

Contre le mythe du robot

Le développement de l'usine automatisée ouvre dans l'œuvre de Wiener une deuxième ligne d'arguments qui ne porte plus sur les propriétés systémiques de la technique, mais sur la question du remplacement des capacités humaines par la machine. Jusqu'où ce remplacement peut-il aller dans le processus d'automatisation ? Qu'est-ce qui en l'homme peut être remplacé ou à l'inverse demeure irremplaçable ? Sur cette question, Wiener définit les limites, fragiles, de son propre humanisme.

La cybernétique offre un traitement original de cette question traditionnelle, dans le champ de l'automatisme, du remplacement des capacités humaines par la machine. Au mythe du robot tout-puissant, surclassant l'individu humain, il oppose l'image d'une société des machines, placée sous le signe d'une communication à deux faces : les machines entre elles, les hommes et les machines. Gilbert Simondon, qui est sans doute un des meilleurs lecteurs, parmi les contemporains, de la cybernétique, a beaucoup reproché à Wiener d'avoir cédé aux sirènes de l'automate, d'avoir accordé trop d'importance à ces machines closes, enfermées dans la répétition de leur propre programme. Cette critique n'est pas totalement fondée, car les automates de Wiener sont toujours conçus comme des machines en communication, ouvertes sur leur environnement. L'homme joue, dans cette société des machines communicantes, le rôle d'une condition d'ouverture essentielle du mécanisme. L'automatisme de Wiener est une critique du robot. L'étude systémique nous apprend qu'une machine a besoin d'un milieu composé d'humains et de non-humains, la question du remplacement nous renvoie à la structuration de ce milieu technique pour les machines à information.

L'évaluation de la portée politique et sociale de l'usine automatisée suppose la détermination exacte des formes de travail humain que la machine disqualifie ou rend obsolètes. Dans l'article de décembre 1952, « Le cerveau électronique et la prochaine révolution industrielle », Wiener propose une distinction entre trois registres d'actions réfléchies qui définissent trois types de rapport entre l'homme et la machine : le remplacement, l'extension ou le couplage[1].

Au plus bas niveau nous trouvons des jugements simples, comme ceux que peut effectuer celui qui doit détecter les défauts sur les produits d'une chaîne d'assemblage. Ces jugements qui sont impliqués dans une bonne part du travail d'usine sont intégralement mécanisables, affirme Wiener. La séquence des opérations peut ainsi toujours être analysée, réduite à ses éléments de base et confiée pour son exécution à un programme informatique. La machine remplace ainsi purement et simplement une activité humaine. De même que la machine a libéré l'homme des travaux de force avec la révolution industrielle, elle le libérera de ces tâches de jugement de bas niveau qui peuvent être prises en charge par les calculateurs.

La machine apparaît à ce moment-là, non plus tant comme une projection de l'action ou de l'organe humain, selon la problématique traditionnelle en philosophie de la technique depuis l'œuvre de Kapp, mais comme la projection de ce qu'il y avait de non-humain en l'homme. La fonction de la machine est de remplacer le travail servile. Le texte de Wiener mêle ainsi une forme d'optimisme technologique radical, la machine nous libère de tâches inhumaines, à un pessimisme politique complet. C'est un leitmotiv de Wiener : le capitalisme n'est pas adapté à la gestion des changements technologiques majeurs. Au lieu du loisir et de la société d'abondance que permettent les machines automatiques, nous aurons probablement le malheur, la ruine et le chômage de masse dans un régime économique de *laisser-faire.*

> « La machine automatique est l'équivalent économique exact du travail d'esclave. Tout travail qui rentre en concurrence avec le travail d'esclave doit accepter les conditions économiques du travail d'esclave. Il est parfaite-

1. Norbert Wiener, « The Electronic Brain and the Next Industrial Revolution », Western Reserve University, Cleveland, December 10, 1952, in Pesi Masani (dir.), *Norbert Wiener*, Collected Works with Commentaries, *op. cit.*, pp. 666-672.

ment clair que cela produira une situation de chômage, en comparaison de laquelle la récession présente ou même la dépression des années trente ne sont qu'une aimable blague. [...] Rien dans notre tradition n'empêche un industriel de faire des profits sûrs et rapides, et de se retirer avant que la crise ne l'atteigne personnellement. »[1]

Le remplacement intégral des capacités de jugement de bas niveau nous promet donc moins chez Wiener un avenir radieux, abolition du capitalisme par l'abondance et du salariat par le loisir, qu'une phase de crise et de conflits. Dans la société de l'information de Wiener, le changement technologique ne se convertit jamais automatiquement en changement politique. La question du remplacement vacille entre la perspective antagoniste du loisir choisi et du chômage subi.

Il convient chez Wiener de distinguer entre cette première fonction, toujours ambiguë, de remplacement des capacités humaines, et une seconde fonction, qui ne présente plus les risques de la précédente, et que Wiener décrit comme une extension des capacités humaines. Wiener pense en particulier à ce qu'il appelle des jugements analytiques de haut niveau, tels les calculs requis par les travaux des mathématiciens ou physiciens. L'ordinateur est ici une sorte d'extension du cerveau des experts, qu'il ne remplace pas. Il faut une équipe de mathématiciens pour définir le problème, éventuellement programmer la machine. L'ordinateur seul ici ne fait rien.

Cependant un large domaine échappe encore à la machine, celui des jugements non analytiques, qui ne peuvent se réduire aisément à une succession programmable de décisions binaires. Pour ce type de tâches, qui correspond à la majorité des situations quotidiennes, dès lors que le langage est impliqué, l'usage de la machine reste encore hautement improbable. La machine est incapable de faire face à des situations complexes qui requièrent une évaluation en fonction de critères vagues ou indéterminés, là où le cerveau humain est en revanche le plus à son aise. La machine conserve l'avantage de sa vitesse et de sa fiabilité pour tous les problèmes de décision qui peuvent se ramener à des choix binaires. Wiener se livre ainsi à une évaluation des mérites comparés de l'ordinateur et du cerveau humain.

« Les ordinateurs comme les cerveaux stockent de l'information, mais le stockage de l'information dans les meilleurs ordinateurs ne peut se comparer au cerveau. Ainsi le cerveau donne ses meilleurs résultats dans les opérations qui impliquent une grande quantité d'information stockée et une synthèse complexe de cette information. L'ordinateur ou la machine de contrôle de l'usine, de l'autre côté, donne ses meilleurs résultats dans l'enchaînement précis et rapide d'opérations relativement simples. »[2]

1. Norbert Wiener, *The Human Use of Human Beings*, *op. cit.*, p. 162.
2. Norbert Wiener, « The Future of Automatic Machinery », *Annual Meeting of the American Society of Mechanical Engineers*, New York, November 30-December 5, 1952, p. 130, in Pesi Masani (dir.), *Norbert Wiener, Collected Works with Commentaries*, *op. cit.*, p. 663.

De là, une nouvelle critique des « gadgets », comme les machines de traduction automatique, de transcription d'un discours oral à l'écrit ou d'indexation en bibliothèque, qui prétendent remplacer une performance humaine alors que celle-ci est en réalité beaucoup trop complexe pour la machine. Ces derniers proposent un remplacement là où il devrait y avoir extension ou couplage. En dépit des apparences, l'usage ordinaire de la langue, qui passe par l'accès au sens, est nettement plus complexe que les tâches rigides du calcul arithmétique ou logique. De même, traduire suppose une manière de mettre en forme le code complet d'une langue, qui n'est pour l'instant pas accessible à la machine. L'esprit de gadget consiste donc à essayer de remplacer le cerveau humain par la machine là où la performance humaine demeure inégalée et irremplaçable, au moins pour l'instant. Ce dernier domaine oblige ainsi à penser un rapport entre les machines et les hommes qui ne soit plus le remplacement ou l'extension des capacités humaines, mais un rapport pleinement positif de couplage ou de coopération. Cette thématique du couplage homme-machine peut se lire dans plusieurs directions chez Wiener. Elle nous renvoie évidemment immédiatement au corps cybernétique, à ce qui deviendra le cyborg, mais qui n'est à l'époque de Wiener encore qu'une recherche sur des prothèses « intelligentes », capables de communiquer avec le corps sur lequel elles viennent se greffer.

> « Pourquoi donc une main artificielle serait-elle incapable de sentir ? Il n'est pas difficile de placer des détecteurs de pression dans les doigts artificiels pouvant communiquer des impulsions électriques vers un circuit donné. Ensuite, ce circuit pourrait activer des dispositifs placés à même la peau, par exemple, celle du moignon, de tels dispositifs étant des vibrateurs. On pourrait ainsi produire une sensation de toucher par substitution, et on pourrait apprendre à l'utiliser comme succédané de la sensation tactile naturelle qui a disparu. [...] Un nouveau type d'ingéniérie prosthétique est donc possible qui mettra en jeu la construction de systèmes hybrides comportant des éléments humains et mécaniques. Mais rien n'oblige qu'une telle approche se limite au remplacement de parties du corps ayant disparu. Des prothèses peuvent être envisagées pour des parties que nous n'avons pas et n'avons jamais eues. »[1]

Nous avons ici une forme d'intégration entre le corps et la machine qui communique avec lui. Mais, à un autre niveau le thème du couplage donne lieu chez Wiener à des développements sur la formation d'une main-d'œuvre technique capable de servir comme programmeurs ou surveillants des machines. Le couplage ne s'opère plus ici au niveau du corps individuel, mais au niveau du processus de production. C'est à la perspective d'une société des hommes et des machines que nous invite l'ouverture de *The*

1. Norbert Wiener, God & Golem Inc., *A Comment on Certain Points where Cybernetics Impinges on Religion*, *op. cit.*, p. 95

Human Use of Human Beings, lorsque Wiener annonce que la communication entre les hommes, et entre les hommes et les machine, sera amenée à croître de façon considérable. Ailleurs, on le voit faire appel à un management progressif, capable de reconnaître l'usage humain des êtres humains, qui exalte une nouvelle forme de coopération entre les hommes et les machines.

> « C'est devenu à la mode pour un certain type d'adorateurs du gadget à courte vue de tirer des conclusions tout à fait dangereuses et erronées [à partir de la possibilité de l'usine automatisée]. J'ai entendu parler d'un article qui doit bientôt paraître dans un magazine à grand tirage dans lequel on prétend que la machine est en train de rendre l'être humain obsolète. Cette vue est un dur rappel de nos erreurs passées. [...] L'usine automatique, bien plus complexe que toutes les organisations industrielles moins mécanisées, demande un personnel managérial qui reconnaisse ses responsabilités sociales autant que ses responsabilités économiques. Aujourd'hui, un management progressif nie que l'homme lui-même devienne obsolète là où la machine le supplante dans l'exécution des tâches routinières »[1].

Cet appel, prononcé lors de la réunion annuelle de l'American Society of Mechanical Engineers, n'est pas resté totalement lettre morte. On sait notamment que Wiener a pu faire passer ses idées lors de ses nombreux voyages en Inde. Il s'y est fait à plusieurs reprises l'avocat d'un mode de développement alternatif, qui ne repose plus sur l'industrie classique, mais sur la formation d'une main-d'œuvre qualifiée, adaptée aux technologies de l'information. En décembre 1953, Wiener est invité par le gouvernement indien à dispenser ses conseils. Il donne toute une série de conférences et est reçu par le premier ministre Nehru. Wiener défend l'idée selon laquelle l'automatisation requiert un personnel d'ingénieurs scientifiques de haut niveau ainsi que des techniciens qualifiés capables de surveiller et de réparer les machines[2]. Dans les années qui suivent les visites de Wiener, le gouvernement de Nehru met en place le système national d'instituts techniques qui a formé avec succès plusieurs générations de scientifiques et d'ingénieurs. Dans les années 1990, quasiment la moitié des entreprises de la Silicon Valley californienne sont fondées par des ingénieurs ou des entrepreneurs indiens. Le discours sur l'usine automatisée de Wiener a été bien plus qu'une simple prophétie en l'air.

Le modèle du couplage est placé sous le signe de la complémentarité et de la communication entre l'homme et la machine. L'homme assure la fonction critique d'ouverture à l'environnement et de régulation du dispositif mécanique. C'est lui qui prend en compte au nom de la machine, ce que la machine ne sait pas encore bien faire, l'ensemble des contingences de

1. Norbert Wiener, « The Future of Automatic Machinery », *op. cit.*, p. 665.
2. Norbert Wiener, *I am a Mathematician*, *op. cit.*, pp. 355-356

l'environnement. L'automate n'existe pas chez Wiener comme une machine solitaire, mais comme une machine qui appelle un ensemble technique fait d'hommes et de machines, sans lequel il ne saurait fonctionner. Au fond, la perspective dessinée par Wiener ne fait que rendre compte des expériences réelles d'intégration homme-machine qui ont été multipliées par la guerre, et que Wiener connaît parfaitement bien du fait de son travail sur les canons anti-aériens.

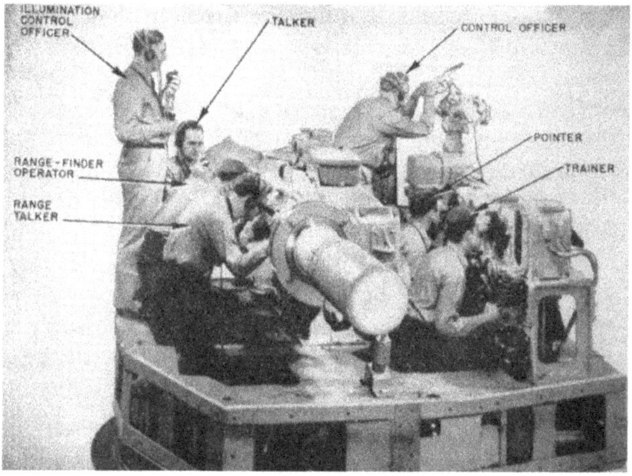

Fig. 36 – L'intérieur d'un canon anti-aérien Mark37. Les opérateurs observent à travers les instruments optiques et transmettent leurs commandes par téléphone ou par l'intermédiaire d'un volant sur la machine. Reproduit à partir de David Mindell, *Between Human and Machine, Feedback, Control and Computing before Cybernetics*, Baltimore, John Hopkins University Press, 2002, p. 65.

Cette position de couplage préserve un rôle certain aux acteurs humains dans le dispositif technique sans qu'il y ait besoin pour cela de postuler une différence essentielle entre l'homme et la machine. Si le couplage est possible, c'est d'abord parce que l'homme comme la machine devient chez Wiener un appareil à traiter de l'information. Pour autant les modalités de ce traitement de l'information ne sont pas exactement semblables, comme la comparaison cybernétique classique entre l'ordinateur et le cerveau nous l'a abondamment appris. Pour Wiener rien n'interdit a priori que la machine puisse avoir à terme accès à des fonctions humaines « non analytiques », dès lors que la machine serait capable d'apprentissage. L'exemple des machines à jouer aux échecs ou aux dames apparaît dans les articles des années 1950. Il y a deux façons pour une machine de jouer à ce type de jeu, soit par le calcul et la « force brute » selon l'expression consacrée, soit par l'apprentissage en fonction d'une série contingente de parties jouées avec des adversaires humains. En imitant les formes de l'apprentissage humain la machine pourrait avoir accès au domaine mouvant des jugements « non analytiques ». Mais même dans cette projection, en admettant des machines capables d'apprentissage, la relation de couplage qui a lieu précisément dans la phase d'apprentissage demeure fondamentale. Cette relation de couplage apparaît comme une des caractéristiques essentielles des techniques fondées sur la circulation et le traitement de l'information chez Wiener. Elle s'ancre dans une technologie générale qui fait de la machine à information le modèle même de toutes les machines telle qu'on la trouve développée dans *God and Golem*.

L'émergence de cette relation positive de couplage signifie-t-elle que nous n'avons plus rien à craindre des machines et que le mythe du robot soit définitivement écarté ? Le danger subsiste en réalité, mais sous une forme non technique. L'argument selon lequel le contrôle de la machine ne saurait nous échapper, car celle-ci ne peut faire preuve d'aucune originalité n'a rien de décisif pour Wiener. En effet, non seulement les machines sont susceptibles d'un apprentissage et donc de produire des résultats que nous n'attendions pas, mais la question clé est celle de la vitesse de fonctionnement des machines automatiques. Quiconque a déjà débugué un programme sait bien qu'il est toujours possible de comprendre après coup comment la machine a pu en arriver à tel ou tel résultat, éventuellement catastrophique, en suivant un ensemble d'opérations bien réglées, mais que cela n'est ni aisé, ni forcément rapide. Bien souvent la régulation vient trop tard.

L'expérience de la technique automatique nous renvoie pour Wiener à l'expérience de la magie, comme expérience des limites de la littéralité. Wiener cite toujours deux ou trois histoires, *The Monkey's Paw* de William Jacobs, des histoires d'apprentis sorciers ou de génies, qui illustrent le risque de la formule et de la parole littérale. Dans *The Monkey's Paw*, une famille ouvrière hérite d'un talisman capable de réaliser trois vœux. Leur premier vœu est de recevoir 200 pounds. Un représentant de la compagnie frappe à la porte pour leur annoncer la mort de leur fils et leur verse la somme en dédommagement. Leur second vœu demande le retour du fils ; son fantôme frappe à la porte. Le troisième vœu est pour demander la disparition du fantôme. Le talisman comme le génie des contes ne répond à la demande qui lui est formulée que de façon littérale, et on a intérêt à être sûr que celle-ci est la bonne. Il en va de même de la machine automatique. Si le programme n'est pas le bon ou comporte une erreur, il sera sans doute trop tard pour la corriger et on devra agir après-coup, si tant est que cela soit encore possible.

L'automatisme nous dépossède en un sens de notre jugement sur les fins qui se trouve inscrit dans la machine. Il ne s'agit pas chez Wiener d'un discours général sur les dangers de la technique. Wiener écrit à un moment où se mettent en place, notamment à partir du projet Sage du MIT, des systèmes de défense anti-aérienne qui comportent des procédures automatiques de riposte. Le fait que le système prenne en apparence de façon automatique un certain nombre de décisions dissimule les choix qui sont faits en amont quant à ces décisions. Le robot masque sous l'apparence d'une domination par les choses et par les artefacts une domination qui s'exerce sur les hommes par les hommes.

En décembre 1948, le Père Dubarle, un dominicain, fait paraître dans *Le Monde* un article intitulé « Une nouvelle science, la cybernétique, vers la machine à gouverner ». Wiener en reproduit en 1950 un long extrait, dans *The Human Use of Human Beings*, qui décrit la possibilité, pour le meilleur et pour le pire, que l'État se constitue en machine à gouverner, prenant ses décisions mécaniquement, sur le modèle de la théorie des jeux, en fonction de l'ensemble de l'information disponible. Comme on le sait, Wiener ne croit pas à la possibilité d'une telle machine, étant donné la complexité et l'indétermination des affaires humaines. Le danger du robot n'en reste pas moins présent dans la mesure où de telles techniques réductrices existent et peuvent être utilisées, en faisant totalement l'impasse sur les véritables possibilités humaines. Derrière la stupidité bornée du robot se dissimule toujours l'appétit de domination des hommes, la tendance à réduire les individus à des automates simples que Wiener appelle fascisme.

> « La machine à gouverner du Père Dubarle n'est pas effrayante parce qu'il y aurait un danger qu'elle achève un contrôle autonome sur l'humanité entière. Elle est bien trop simple et imparfaite pour faire montre du centième du comportement indépendant et finalisé de l'être humain. Son véritable danger, en revanche, est bien différent : de telles machines, bien qu'inutiles par elles-mêmes, peuvent être utilisées par un être humain ou un ensemble d'êtres humains pour augmenter leur contrôle sur le reste de l'espèce humaine ou bien des leaders politiques pourraient essayer de contrôler leurs populations par les moyens non des machines elles-mêmes mais par des techniques politiques si étroites et indifférentes aux possibilités humaines qu'elles auraient bien pu être conçues mécaniquement. La grande faiblesse de la machine – la faiblesse qui nous sauve pour l'instant de sa domination – est qu'elle ne peut encore prendre en compte la vaste gamme de probabilités qui caractérise la situation humaine. La domination de la machine présuppose une société dans laquelle les dernières étapes de la croissance de l'entropie sont atteintes, où la probabilité est négligeable et où les différences statistiques entre les individus sont nulles. »[1]

La critique du robot retrouve ici les développements sur la politique de la science et la typologie des organisations. La machine à gouverner, comme le robot, représente une organisation close sur elle-même, incapable d'affronter la contingence et l'imprévisibilité de l'information exté-

1. Norbert Wiener, *The Human Use of Human Beings, op. cit.*, pp. 180-181

rieure. Elle ne peut fonctionner qu'à la condition de produire un milieu technique à son image, caractérisé par un haut niveau d'entropie et d'indifférenciation ; exigence qui contredit celle d'un milieu ouvert dans la société des hommes et des machines que souhaite Wiener.

Wiener met donc au service de son engagement sur l'impact social de la cybernétique toute une philosophie de la technique. Celle-ci se caractérise par son attention à la dimension systémique des phénomènes techniques, aux propriétés politiques des artefacts et des milieux. Elle conduit à distinguer une relation positive de couplage entre l'homme et la machine, comme condition véritable du fonctionnement des automates.

CONCLUSION

Comment se met-on à voir de l'information là où il n'y avait précédemment que de la matière ou de l'énergie ? Qu'est-ce qui rend possible la constitution de l'information en un objet d'étude scientifique au moment de la cybernétique ? Quels sont les contours de la « niche écologique » de l'information, pour reprendre la métaphore de Hacking, le jeu de conditions qui fait que le discours de l'information a pu éclore et prospérer au tournant des années 1950 ?

Nous avons d'abord une condition d'observabilité. Dans le milieu technique issu de la guerre, il devient possible de parler d'information ou de traitement de l'information à propos de machines extrêmement diverses que personne n'aurait songé à ranger dans la même famille auparavant. Nous pouvons observer le traitement de l'information en acte, lorsque nous codons des messages, filtrons des signaux, programmons des calculateurs, etc. Mais le simple fait de pouvoir observer une classe de phénomènes et de les ranger sous une catégorie commune ne suffit pas. Le vocabulaire de l'information remplit une fonction spécifique dans le milieu technique, en explicitant ce qui fait l'unité essentielle de toute une série de développements importants et quasi simultanés. Traitent de l'information les machines de communication, le téléphone et le télégraphe, domaine où le vocabulaire technique de l'information prend son origine, mais aussi les nouveaux radars ; traitent de l'information les automates de tir, les automates de calcul, et enfin les êtres humains eux-mêmes qui sont inclus dans ces dispositifs, qui agissent avec la machine, lui fournissent une information filtrée, évaluée, corrigent ses écarts de comportement en fonction du but assigné, réduisent la marge de contingence, etc.

Mais ce vecteur technique d'observabilité se branche immédiatement sur un vecteur philosophique. Parler de traitement de l'information ou de communication en général à propos des machines n'est pas neutre. Tout se passe comme si une fonction humaine, parmi les plus spécifiques, celle qui engage la parole et le rapport à l'autre, l'intelligence et la société, avait été transférée aux machines. En réalité, les machines ne nous ont, au sens propre, rien enlevé, et il est plus exact de dire qu'une fonction inventée pour les machines a été transférée aux êtres humains. À vrai dire, nous ne percevons nos activités de communication sur le mode de l'échange et du traitement de l'information que depuis que nous avons appris à considérer les machines de cette manière. Or, cette opération de transfert rouvre toute une série de problèmes, associés à une position mécaniste en philosophie, sur le statut de la pensée, sur la finalité, sur la frontière entre la machine et l'organisme. Le canon automatique nous interroge sur la différence spécifique des vivants par rapport aux machines et annonce la résorption de la finalité dans le mécanisme, l'ordinateur nous interroge sur le statut de l'intelligence et sa possible réduction à un calcul symbolique, etc. Le vocabulaire de l'information et du traitement de l'information a donc permis non seulement d'unifier le milieu technique, mais aussi de l'unifier de telle sorte que cette synthèse vienne se brancher immédiatement sur des questions philosophiques. Cette articulation entre le milieu technique et une philosophie mécaniste renouvelée de l'intelligence et du vivant assure certainement au concept d'information une diffusion qu'il n'aurait pas connue autrement. Mais aurions-nous pu avoir la technique sans la philosophie, les machines sans le néo-mécanisme ? Certainement ; nous en avons un exemple hors des États-Unis, en Union soviétique où la cybernétique a d'abord été acclimatée comme un ensemble de développements techniques, la philosophie mécaniste qui l'accompagne étant écartée pour non-conformité à la doctrine du régime, avant que la situation ne s'inverse après la mort de Staline[1]. L'alliance entre technique et philosophie qui est typique de la cybernétique américaine dessine les conditions locales d'émergence du discours de l'information.

À ces vecteurs techniques et philosophiques s'ajoute un vecteur épistémologique. La cybernétique a conçu la notion d'information comme un terme relevant en dernière instance d'une discipline physique, la mécanique statistique. Cette décision est d'une importance extrême pour le clivage auquel la notion d'information donne lieu dans les années 1950. Le choix de la mécanique statistique s'impose avant celui de la logique pour les cybernéticiens, qui font même le pari fou d'une résorption de la logique mathématique dans la physique des automates. Branché sur le vecteur philosophique, ce primat de la mécanique statistique ouvre la possibilité d'une extension de la notion d'information au domaine du vivant, et à l'étude du système nerveux en particulier. La physique, enrichie du concept d'information, a pu constituer pendant un temps une voie d'approche des phénomènes biologiques, avant que la biologie moléculaire ne surclasse les prétentions des cybernéticiens. La mécanique statistique est le véritable instrument des prétentions impérialistes de la cybernétique envers les sciences du vivant ou les sciences de l'esprit.

1. Sur le sujet, voir Slava Gerovitch, *From Newspeak to Cyberspeak*, *op. cit.*, p. 139.

Enfin, le « système écologique » de l'information ne serait pas complet sans un dernier vecteur d'ordre politique. Les techniques de l'information sont profondément imbriquées dans les recherches de la seconde guerre mondiale et apparaissent dès la fin des années 1940 comme un rouage essentiel de la guerre froide. Wiener, parmi les cybernéticiens, a cherché désespérément à arracher le discours de l'information à la logique de guerre, à promouvoir la communication comme valeur sociale et à explorer de nouveaux modes de recherche ; de là, la forme singulière qu'a pu prendre le discours cybernétique. L'information se tient à la croisée de cette position humaniste et de l'appareil matériel et idéologique de la guerre froide. L'histoire de l'information reflète cet engagement libéral, souvent radical, qui a cherché une alliance avec les sciences de la vie et les sciences de l'homme.

Le résultat est que l'information apparaît elle-même clivée le long de ces vecteurs technique, philosophique, épistémologique ou politique. Nous aurons ou bien le code ou bien le signal, le programme symbolique ou la théorie des automates, la simulation de l'esprit ou la réalisation d'un cerveau artificiel, la logique formelle ou la mécanique statistique, la société de l'information ou la guerre froide... Cette description des conditions qui ont permis au discours de l'information de prospérer, parce qu'il prenait sens et renvoyait à des oppositions sur le plan technique, philosophique, épistémologique ou politique, conduit essentiellement à deux grands types de résultats : d'une part, elle conduit à dégager les enjeux attachés à la première conceptualisation de l'information, d'autre part, elle conduit à développer un type d'analyse spécifique d'une science originale, la cybernétique, qui présente nombre de traits singuliers par rapport aux disciplines traditionnellement étudiées par l'histoire ou la philosophie des sciences.

Mener l'étude de la constitution de la notion d'information sous la catégorie du clivage présente plusieurs intérêts. Sur le plan philosophique, cette étude permet de situer et d'analyser ce qui apparaît comme un point de blocage fondamental pour toute conceptualisation de l'information. L'information peut être envisagée comme un terme désincarné, opposé à la matière, comme une sorte d'éther spirituel circulant sans sujet à la surface de la planète. Mais l'information peut aussi renvoyer à la forme singulière d'un signal, à la manière de Wiener identifiant l'organisme à un message. Face à ce clivage, perceptible dès le milieu technique, la cybernétique a fait le choix épistémologique et philosophique de la seconde représentation en termes de signal.

Ce clivage entre le symbole et le signal constitue un authentique point de blocage philosophique, qui plonge ses racines dans des conceptions opposées du rapport entre la forme et la matière, la matière et la signification, le corps et l'esprit, l'organisme et la machine, etc. La cybernétique apparaît de ce point de vue comme un des avatars, technoscientifique et contemporain, d'une position matérialiste moniste beaucoup plus ancienne. Mais la question est moins de reconduire la cybernétique à des problèmes intemporels, que de voir comment ces antinomies philosophiques fondamentales peuvent prendre corps, se déplacer, s'étendre ou au contraire s'aiguiser, à une époque et dans un milieu donnés. La cybernétique inscrit sa philosophie matérialiste et polémique dans un univers de machines bien spécifique. Les automates de tir, les calculateurs à programme enregistré offrent ainsi l'occasion de redistribuer les cartes conceptuelles, de questionner autrement l'intelligence, la signification ou la finalité.

Mais la mise au jour de ce clivage permet aussi d'interroger, sur le plan historique et sous un angle nouveau, la constitution des sciences cognitives. Pour se constituer, les sciences cognitives ont dû en un sens se défaire de la cybernétique et de sa conception de l'information. La défaite de la cybernétique a sans doute occulté ce clivage, laissant croire que les décisions de l'intelligence artificielle étaient les seules possibles, la solution naturelle au problème de l'information. Tel n'était certainement pas le cas, et le retour à un connexionnisme renouvelé ou le développement du programme de vie artificielle réactualisent aujourd'hui certains des points de clivage des années 1950. Ces regards opposés sur le traitement de l'information permettent de résoudre l'énigme de la cybernétique : comment cette science triomphante à la fin des années 1940 peut-elle disparaître en l'espace de quelques années, supplantée par le programme de l'intelligence artificielle ? Cette défaite doit s'analyser sur le plan des concepts comme une opposition philosophique, ancrée dans un état de la technique et des engagements politiques.

Au-delà des thèses historiques et philosophiques sur la structuration du concept d'information, ce travail propose un résultat de second ordre, quant à la manière de conduire l'étude d'une science comme la cybernétique. La cybernétique se présente en effet comme une science vraiment singulière : elle n'a pas réussi à se constituer en tant que discipline reconnue, alors même que son vocabulaire et ses concepts ont eu largement gain de cause et se sont répandus dans tout l'espace de nos discours ; elle présente de plus une propension inaliénable à la philosophie, alors même qu'elle est profondément engagée dans des développements techniques concrets et ardus. Comment faire l'épistémologie d'un échec ? Quel peut bien être le sens de cette activité philosophique incongrue au milieu des machines ? La solution ordinaire qui consiste à distinguer entre ce qui relèverait d'une part de développements scientifiques sérieux et d'autre part d'une dérive idéologique ne paraît pas, au moins en ce cas, satisfaisante. Comment faire la part des choses, entre science et idéologie, ou même science sanctionnée et science périmée, dans le cas de la théorie générale et logique des automates, par exemple ? Quel sens donner à l'analogie entre l'ordinateur et le cerveau qui la structure ? Considérer cette dernière comme un ajout purement idéologique sur la science pure et parfaite des calculateurs occulte toute une zone de travail intermédiaire dans laquelle se négocie la signification des concepts. La partition entre science et idéologie, si on l'adopte telle quelle comme outil d'analyse, conduit à méconnaître la signification et l'effectivité véritable d'une grande partie des développements cybernétiques.

J'ai fait le choix d'interpréter la part philosophique de la cybernétique comme étant essentiellement une entreprise de discussion sur les paradigmes, au sens de Thomas Kuhn[1]. La réflexion sur la signification du concept d'information dans la cybernétique s'apparente à une forme de pari sur l'avenir, sur la fécondité des programmes de recherches. Cette hypothèse de lecture permet de ne pas réduire la cybernétique à un simple discours idéologique, ou même à une « idéologie scientifique », selon le terme médian proposé par Canguilhem[2]. La discussion philosophique des cybernéticiens n'est pas dénuée de toute valeur scientifique, quand bien même elle ne saurait se réduire aux canons d'une démonstration en bonne et due forme. Le choix d'un paradigme correspond selon Kuhn à un moment de décision sur la nature des concepts fondamentaux, sur le type d'objet qui se prête à l'étude, sur les grands choix de méthode. Ces décisions s'incarnent souvent en un exemple privilégié, auquel on fait constamment retour. Le modèle du canon automatique s'ajustant à sa cible au moyen d'un feedback négatif, l'analogie entre le cerveau et l'ordinateur jouent dans la cybernétique le rôle de ces situations de référence dans lesquelles se négocie la signification des termes conceptuels. Cette dernière opération n'est jamais une opération qui peut se régler par la méthode scientifique elle-même, par la référence à une réalité objective et dernière, mais au contraire une opération qui consiste à fixer conjointement les objets et la méthode. Nous sommes en ce cas comme le marin de Quine et Neurath contraint de réparer le bateau sans jamais pouvoir accoster au port, de modifier l'architecture de notre discours sans avoir accès à l'architecture dernière des choses.

La cybernétique présente sans doute un spécimen assez exceptionnel de ces discussions paradigmatiques, par leur ampleur au sein de la discipline comme par l'extension des domaines envisagés. La cybernétique est tout simplement une tentative pour penser ensemble trois des plus grands développements scientifiques du siècle passé. Elle se présente comme une réflexion sur les pouvoirs de la mécanique statistique appliquée aux

1. Thomas Kuhn, *The Structure of Scientific Revolutions* (trad. fr. L. Meyer, *La Structure des révolutions scientifiques*, Paris, Flammarion, 1983 [1962], p. 157.)

2. Georges Canguilhem, *Idéologie et rationalité dans l'histoire des sciences de la vie*, Paris, Vrin, 2000 [1988].

domaines du vivant et de l'esprit. Il s'agit d'une manière de tenir ensemble, ce qui a été une des plus belles réussites de la physique théorique de la fin du XIXe et du début du XXe siècle, la mécanique statistique, et ce qui seront deux des programmes scientifiques les plus féconds de la seconde moitié du XXe siècle, la biologie moléculaire et les sciences cognitives. Que la biologie moléculaire ne soit pas les sciences cognitives, et que l'une comme l'autre ne relèvent pas de la mécanique statistique peut bien nous paraître aujourd'hui évident, mais tel n'était pas le cas à la fin des années 1940. La cybernétique a représenté le rêve d'une vaste unification des sciences sous un concept physicaliste d'information. Un tel projet présente une dimension évidente d'actualité, non certes d'un point de vue scientifique, mais pour une réflexion sur l'architecture conceptuelle des sciences contemporaines, et en particulier sur l'usage qu'elles font de la notion d'information. La cybernétique a peut-être moins de résultats à son actif que de philosophie, comme le notait Minsky, mais elle n'en constitue pas moins un moment littéralement extraordinaire de l'histoire des sciences du XXe siècle, qu'on aurait trop vite fait de réduire à une parenthèse idéologique.

L'étude de cette zone intermédiaire entre la science et la philosophie s'est aussi révélée particulièrement féconde pour la question de la technique. La cybernétique nous invite en effet à nous défaire d'une position essentialiste. Il existe une zone d'indétermination entre les propriétés techniques, leur formalisation théorique et la représentation des usages possibles de la machine où se joue la signification réelle des artefacts. Celle-ci n'est jamais fixée a priori dans le ciel des idées techniques. L'ordinateur, en particulier, ne peut se réduire à la simple application d'une théorie, à l'application des résultats de Turing, comme on le dit souvent. La définition avec retard des calculateurs comme machines de traitement de l'information répond à un processus complexe où circulent des artefacts, des modèles logiques, des contrats de recherche et des métaphores. L'étude de la cybernétique révèle cet espace intermédiaire où l'on décide littéralement de l'essence, où la signification des artefacts procède d'un agencement de contraintes hétérogènes. La cybernétique nous donne de ce point de vue un aperçu de la situation complexe des technosciences.

L'étude de la cybernétique conduit ainsi à réfléchir sur les modes de production des savoirs contemporains. Nous avons affaire à une science engagée dans la technique, engagée dans la guerre, mais qui a aussi pensé sa propre condition et a cherché à proposer une pratique scientifique autre, associée à un mode d'engagement non technocratique des savants. Il est regrettable que cette part de l'histoire ait été ensevelie, dissimulée ou insultée sous la caricature d'une technoscience déshumanisée. Dans ces dernières lectures, la philosophie vient toujours trop vite et trop tôt pour juger des productions scientifiques et s'interdit de rendre compte de la philosophie ou de l'engagement authentique des savants. Comment mettre en regard la production des concepts scientifiques et le domaine de la pratique ? Comment construire une histoire des concepts, qui ne soit ni une histoire purement internaliste des idées et de leur diffusion, ni une sociologie externaliste des laboratoires ou des institutions, et encore moins un mélange des deux ? La solution consiste sans doute à essayer de rendre compte des règles de formation des concepts, des conditions qui président à la constitution des objets du discours. Ces conditions ne sont jamais purement discursives, car le discours est toujours une affaire de pratiques. Dire, c'est faire. Cette leçon est celle du programme d'épistémologie historique à la française, celui de Bachelard, Canguilhem, Foucault, mais aussi celui de Hacking, qui offre une manière d'articuler les savoirs à la pratique, non pour les réduire à un pur effet de reflet, mais pour en interroger à la fois les conditions de possibilité effectives et les engagements dans le réel. L'histoire de la cybernétique dans ses multiples aspects fournit un échantillon d'un tel programme.

BIBLIOGRAPHIE

ACKOFF Russell, « Cybernetics », *Philosophy of Science*, 16, 2, 1949, pp. 159-160.

ANDERSON Alan Ross (dir.), *Minds and Machines,* Prentice-Hall, Inc., Englewood Cliffs, New Jersey, 1964 (trad. fr. P. Blanchard, *Pensée et Machine*, Seyssel, Champ Vallon, 1983).

ANDERSON James et ROSENFELD Edward (dir.), *Neurocomputing, Foundations of Research*, Cambridge, MIT Press, 1988.

ANDLER Daniel (dir.), *Introduction aux sciences cognitives*, Paris, Gallimard, 1992.

ARBIB Michael, « Cybernetics after Twenty-five Years : A Personal View of System Theory and Brain Theory », *IEEE Transactions on Systems, Man and Cybernetics*, 5, 1975, pp. 359-365.

–, « Warren McCulloch's Search for the Logic of the Nervous System », *Perspectives in Biology and Medecine*, 43, 2, 2000, pp. 193-216.

ASHBY Ross, *Design for a Brain*, New York, Wiley, 1960 [1952].

–, *Introduction to Cybernetics*, New York, Methuen, 1964.

ASPRAY William, « The Scientific Conceptualization of Information : A Survey », *Annals of the History of Computing*, 7, 1985, pp. 117-140.

–, *John Von Neumann and the Origins of Modern Computing*, Cambridge, MIT Press, 1990.

ASPRAY William, BURKS Arthur (dir.), *Papers of John Von Neumann on Computing and Computer Theory*, Cambridge, MIT Press, 1987.

ATLAN Henri, *L'Organisation biologique et la théorie de l'information*, Paris, Seuil, 2006 [1972].

AUGARTEN Stan, *Bit by Bit, An Illustrated Histoy of Computer*, New York, Ticknor & Fields, 1984.

BATESON Gregory, *Steps to an Ecology of Mind, Collected Essays in Anthropology, Psychiatry, Evolution and Epistemology*, Chicago, University of Chicago Press, 1972.

BEAUNE Jean-Claude, *L'Automate et ses mobiles,* Paris, Flammarion, 1980.

BEER Stafford, *Cybernetics and Management*, New York, John Wiley & sons, 1959.

BEER Stafford, *Brain of the Firm*, New York, John Wiley & sons, 1972.

BENIGER James, *The Control Revolution, Technological and Economic Origins of the Information Society*, Cambridge, Harvard University Press, 1986.

BENSAUDE-VINCENT Bernadette, *Se libérer de la matière ? Fantasmes autour des nouvelles technologies*, Paris, Inra Éditions, 2004.

BIJKER Wiebe, HUGUES Thomas et PINCH Trevor (dir.), *The Social Construction of Technological Systems, New Directions in the Sociology and History of Technology*, Cambridge, MIT Press, 1987.

BLACK Harold, « Stabilized Feedback Amplifier », *Bell System Technical Journal*, 13, 1934, pp. 1-18.

BLANCHÉ Robert et DUBUCS Jacques, *La Logique et son histoire*, Paris, Armand Colin, 2002 [1970].

BLOCK Ned, « Psychologism and Behaviourism », *The Philosophical Review*, 90, 1, 1981, pp. 5-43.

BODE Henrik, « Relations between Attenuation and Phase in Feedback Amplifier Design », *Bell System Technical Journal*, 19, 1940, pp. 421-454.

BOLTZMANN Ludwig, *Leçons sur la théorie des gaz*, (trad. fr. A. Galloti, Paris, Gabay, 1987 [1902]).

BOWKER Geof, « How to Be Universal, Some Cybernetics Strategies 1943-70 », *Social Studies of Science*, 23, 1993, pp. 107-127.

BOYLE James, *Shamans, Software and Spleens, Law and the Construction of the Information Society*, Cambridge, Harvard University Press, 1996.

BRETON Philippe, « La cybernétique et les ingénieurs dans les années cinquante », *Culture technique*, 12, 1984.

–, *Une histoire de l'informatique*, Paris, Seuil, 1990.

BRILLOUIN Léon, *La Science et la théorie de l'information*, Paris, Gabay, 1988 [1956].

–, *Scientific Uncertainty and Information*, New York, Academic Press, 1964.

BROGLIE Louis de, *La Cybernétique, théorie du signal et de l'information*, Paris, Revue d'optique théorique et instrumentale, 1951.

BURKS Arthur (dir.), *Theory of Self-reproducing Automata*, Urbana, University of Illinois Press, 1966.

BUSH Vannevar, *The Endless Frontier*, Cambridge, MIT Press, 1945.

CARNOT Sadi, *Réflexions sur la puissance motrice du feu et sur les machines propres à développer cette puissance,* Paris, Gabay, 1990 [1824].

CARPENTER B. E. et Doran R.W. (dir.), *A. M Turing's Ace Report of 1946 and Other Papers*, Cambridge, MIT Press, 1986.

CERUZZI Paul, *A History of Modern Computing*, Cambridge, MIT Press, 1998.

CHAITIN Gregory, *Algorithmic Information Theory*, Cambridge, Cambridge University Press, 2004 [1987].

CHANGEUX Jean-Pierre, *L'Homme neuronal*, Paris, Hachette, 2002 [1983].
CHAPPLE Eliot, « Cybernetics », *American Anthropologist*, 52, 1, 1950, p. 102.
CHAZAL Gérard, *Le Miroir automate, Introduction à une philosophie de l'informatique*, Seyssel, Champ Vallon, 1995.
–, *Les Réseaux du sens, De l'informatique aux neurosciences*, Seyssel, Champ Vallon, 1999.
CONWAY Flo et Siegelman Jim, *Dark Hero of the Information Age, In Search of Norbert Wiener the Father of Cybernetics*, New York, Basic Books, 2005.
COUFIGNAL Louis, *La Cybernétique*, Paris, Puf, 1972.
CREVIER Daniel, *AI, The Tumultuous History of the Search for Artifical Intelligence*, (trad. fr. N. Bucsek, *À la recherche de l'intelligence artificielle*, Paris, Flammarion, 1997 [1993]).
DASTON Lorraine, *Biographies of Scientific Objects*, Chicago, University of Chicago Press, 2000.
DAY Ronald, *The Modern Invention of Information, Discourse, History and Power*, Carbondale, Southern Illinois University Press, 2001.
DELAHAYE Jean-Paul, *Information, complexité, hasard*, Paris, Hermès, 1994.
DENBIGH Kenneth, « How subjective is entropy ? », *Chem. Brit.*, 17, 1981, pp. 168-185.
DENNETT Daniel, *Brainstorms, Philosophical Essays on Mind and Psychology*, Cambridge, MIT Press, 1981.
DION Emmanuel, *Invitation à la théorie de l'information*, Paris, Seuil, 1997.
DREYFUS Hubert, *What Computers Can't Do, The Limits of Artificial Intelligence*, New York, Harper, 1972.
DUPUY Jean-Pierre, *Aux origines des sciences cognitives*, Paris, La Découverte, 1999 [1994].
–, *Ordres et désordres, Enquête sur un nouveau paradigme*, Paris, Seuil, 2001.
DUPUY Jean-Pierre et DUMOUCHEL Paul (dir.), *L'Auto-organisation de la physique au politique*, Cerisy, Seuil, 1983.
EDWARDS Paul, *The Closed World, Computers and the Politics of Discourse in Cold War America*, Cambridge, MIT Press, 1996.
EINSTEIN Albert, « Einstein on the Atomic Bomb », *The Atlantic Monthly*, 180, Nov. 1947.
ESCARPIT Robert, *L'Information et la communication, Théorie générale*, Paris, Hachette, 1991.
FODOR Jerry, *The Modularity of Mind, An essay on faculty psychology* (trad. fr. A. Gerschenfeld, *La Modularité de l'esprit, Essais sur la psychologie des facultés*, Paris, Minuit, 1986 [1983]).
FOUCAULT Michel, « Sur l'archéologie des sciences. Réponse au Cercle d'épistémologie », *Cahiers pour l'analyse*, 9, 1968, pp. 9-40.

FOX Keller Evelyn, *Refiguring Life, Metaphors of Twentieth-Century Biology*, New York, Columbia University Press, 1995.

FREELAND Judson Horace, *The Eight Day of Creation, Makers of the Revolution in Biology*, New York, Cold Spring Harbor Laboratory Press, 1996.

FRENCH Robert, « Subcognition and the Limits of the Turing Test », *Mind,* 99, 393, 1990, pp. 53-65.

GABOR Dennis, « Theory of communication », *Journal of the Institution of Electrical Engineers*, 93, 1946, pp. 429-457.

GALISON Peter, « The Ontology of the Enemy : Norbert Wiener and the Cybernetic Vision », *Critical Inquiry*, vol. 21, 1, 1994, pp. 228-266.

GARDNER Howard, *The Mind's New Science, A History of the Cognitive Revolution*, New York, Basic Books, 1985 (trad. fr. J.-L. Peytavin, *Histoire de la revolution cognitive, La nouvelle science de l'esprit*, Paris, Payot, 1993).

GENOVA Judith, « Turing's Sexual Guessing Game », *Social Epistemology* 8, 4, 1994, pp. 313-326.

GEROVITCH Slava, *From Newspeak to Cyberspeak, A History of Soviet Cybernetics*, Cambridge, MIT Press, 2002.

GOLDSTINE Hermann, *The Computer From Pascal to Von Neumann*, Princeton University Press, 1972.

GREENBERG Daniel, *The Politics of Pure Science*, Chicago, University of Chicago Press, 1999 [1967].

GUÉROULT Martial (dir.), *Le Concept d'information dans la science contemporaine*, Paris, Minuit, 1965.

HACKING Ian, *The Emergence of Probability*, Cambridge, Cambridge University Press, 1975 (trad. fr. M. Dufour, *L'émergence de la probabilité*, Paris, Seuil, 2002).

–, *Representing and Intervening, Introductory Topics in the Philosophy of Natural Science*, Cambridge, Cambridge University Press, 1997 [1983].

HACKING Ian, *Mad Travelers*, University of Virginia Press, 1998 (trad. fr. F. Bouillot, *Les Fous Voyageurs*, Paris, Seuil, 2002).

–, *Historical Ontology*, Harvard, Harvard University Press, 2002.

HACKING Ian et DUFOUR Michel, *L'Ouverture au Probable, Éléments de logique inductive*, Armand Colin, Paris, 2004.

HARAWAY Donna, *The Haraway Reader*, New York, Routledge, 2004.

HARNAD Steve, « Minds, Machines and Searle », *Journal of Theoretical and Experimental Artificial Intelligence* 1, 1989, pp. 5-25.

–, « Other Bodies, Other Minds : A Machine Incarnation of an Old Philosophical Problem », *Minds and Machines* 1, 1991, pp. 43-54.

HARTLEY Ralph, « Transmission of Information », *Bell System Technical Journal*, 7, 1928, pp. 535-563.

HAYES Patrick et FORD Kenneth, « Turing Test Considered Harmful »,

Proceedings of the Fourteenth International Joint Conference on Artificial Intelligence, 1, 1995, pp. 972-977.

HAYLES Katherine, *How we Became Posthuman, Virtual Bodies in Cybernetics, Literature, and Informatics*, Chicago, The University of Chicago Press, 1999.

HEIMS Steve, *John Von Neumann and Norbert Wiener, From Mathematics to the Technologies of Life and Death*, Cambridge, MIT Press, 1980.

–, *Constructing a Social Science for Postwar America, The Cybernetics Group, 1946-1953*, Cambridge, MIT Press, 1993 [1991].

HODGES Andrew, *Alan Turing, The Enigma*, New York, Walker, 2000 [1983].

JOHNSON Harry, « Cybernetics », *The Economic Journal*, 59, 236, 1949, pp. 573-575.

KAY Lily, *Who Wrote the Book of Life, A History of the Genetic Code*, Stanford, Stanford University Press, 2000.

KIMBALL SMITH Alice, *A Peril and a Hope, The Scientists' Movement in America, 1945-1947*, Chicago, University of Chicago Press, 1965.

LACROIX Guy, « Cybernétique et Société : Norbert Wiener ou les déboires d'une pensée subversive », *Terminal*, 61, 1993.

LAFONTAINE Céline, *L'Empire cybernétique, des machines à penser à la pensée machine*, Paris, Seuil, 2004.

LASSÈGUE Jean, *Turing*, Paris, Belles Lettres, 1998.

LATOUR Bruno, *Science in Action. How to Follow Scientists and Engineers though Society* (trad. fr. M. Biezunski, *La science en action, Introduction à la sociologie des sciences*, Paris, La Découverte, 2005 [1987]).

LEFF Harvey et REX Andrew (dir.), *Maxwell's Demon, Entropy, Information, Computing*, Princeton, Princeton University Press, 1990.

LEROI-GOURHAN André, *Le Geste et la parole, I., technique et langage*, Paris, Albin Michel, 1964.

LÉVI-STRAUSS Claude, *Mythologiques. 4, L'Homme nu*, Paris, Plon, 1971.

MACCOLL Leroy, *Fundamental Theory of Servomechanisms*, Van Nostrand, New York, 1945.

MACHLUP Fritz et Mansfield Una (dir.), *The Study of Information, Interdisciplinary Messages*, New York, John Wiley & Sons, 1983.

MACKENZIE Donald et Wajcman Judy (dir.), *The Social Shaping of Technology, Second Edition*, Maidenhead, Open University Press, 2003 [1999].

MACLUHAN Marshall, *Understanding Media* (trad. fr. J. Paré, *Pour comprendre les Media, Les prolongements technologiques de l'homme*, Paris, Seuil, 1998 [1964]).

MACRAE Norman, *John Von Neumann, The Scientific Genius Who Pioneered the Modern Computer, Game Theory, Nuclear Deterrence and Much More*, New York, Pantheon, 1992.

MASANI Pesi (dir.), *Norbert Wiener, Collected works with commentaries, Volume IV*, Cambridge, MIT Press, 1985.

MASANI Pesi, *Norbert Wiener 1894-1964*, Bâle, Birkhäuser Verlag, 1990.

MASTERS Harold Dexter et WAYS Katherine (dir.), *One World or None*, New York, McGraw-Hill, 1946.

MATTELART Armand et Mattelart Michelle, *Histoire des théories de la communication*, Paris, La Découverte, 1995.

MCCARTNEY Scott, *ENIAC, The Triumphs and Tragedies of the World's First Computer*, New York, Walker, 1999.

MCCORDUCK Pamela, *Machines Who Think*, New York, Freeman, 1979.

MCCULLOCH Warren, *Embodiments of Mind*, Cambridge, MIT Press, 1988 [1965].

–, « Recollections of the Many Sources of Cybernetics », *American Society for Cybernetics Forum*, 6, 1974, pp. 5-16.

MILLICAN Petter et Clarke Andy (dir.), *Machine and Thought : The Legacy of Alan Turing*, New York, Oxford University Press, 1996, pp. 53-63.

MINDELL David, *Between Human and Machine, Feedback, Control, and Computing before Cybernetics*, Baltimore, John Hopkins University Press, 2002.

MINSKY Marvin, *Semantic Information Processing*, Cambridge, MIT Press, 1968.

–, *Society of Mind*, New York, Simon & Schuster, 1988 [1985].

MINSKY Marvin et PAPERT Seymour, *Perceptrons, An Introduction to Computational Geometry*, Cambridge, MIT Press, 1990 [1969].

MOLES Abraham, *Théorie de l'information et perception esthétique*, Paris, Flammarion, 1958.

MOOR James, « An Analysis of the Turing Test », *Philosophical Studies*, 30, 1976, pp. 249-257.

–, « Three Myths of Computer Science », *The British Journal for Philosophy of Science*, 29, 3, 1978, p. 213-222.

MOOR James (dir.), *The Turing Test : The Elusive Standard of Artificial Intelligence*, Londres, Kluwer Academic Publishers, 2003.

MUMFORD Lewis, *Technics and Civilization*, (trad. fr. D. Moutonnier, *Technique et Civilisation*, Paris, Seuil, 1950 [1934]).

NOBLE David, *Forces of Production, A Social History of Industrial Automation*, New York, Oxford University Press, 1996.

NYQUIST Harry, « Certain Factors affecting Telegraph Speed », *Bell System Technical Journal*, 3, 1924, pp. 324-346.

–, « Regeneration Theory », *Bell System Technical Journal*, 11, 1932, pp. 126-147.

OLAZARAN Mikel, « A Sociological Study of the Official History of the Perceptrons Controversy », *Social Studies of Science*, 26, 3, 1996, pp. 611-659.

PARROCHIA Daniel, *Cosmologie de l'information : pour une nouvelle modélisation de l'univers informationnel*, Hermès, Paris, 1994.

PARROCHIA Daniel (dir.), *Penser les réseaux*, Seyssel, Champ Vallon, 2001.

Paxson Edwin, « Cybernetics », *Journal of the Operations Research Society of America*, 1, 4, 1953, pp. 252-253.

PÉLISSIER Aline et Tête Alain (dir.), *Sciences Cognitives, Textes Fondateurs (1943-1950)*, Paris, P.U.F., 1995.

PICKERING Andrew, « Cyborg History and the World War II Regime », *Perspective on Science*, 3, 1, 1995, pp. 1-49.

–, « Cybernetics and the Mangle : Ashby, Beer and Pask », *Social Studies of Science*, 32, 3, 2002, pp. 413-437.

PIERCE John, *Symbols, Signals and Noise : The Nature and Process of Communication*, New York, Harper & Brothers, 1961.

–, « The Early Days of Information Theory », *IEEE Trans. On Information Theory*, 19, 1973, pp. 3-8.

PIERCE John et NOLL Michael, *Signals, The Science of Telecommunications*, New York, Scientific American Library, 1990.

POPPER Karl, « Irreversibility or Entropy since 1905 », *The British Journal for Philosophy of Science*, 8, 30, Aug. 1957.

–, *Unended quest*, Londres, Routledge, 2002 [1974].

PRATT Vernon, *Thinking Machines, The Evolution of Artificial Intelligence*, (trad. fr. C. Puech, Machines à penser, *Une histoire de l'intelligence artificielle*, Paris, P.U.F., 1995 [1987]).

RANDELL Brian (dir.), *The Origins of Digital Computers*, Berlin, Springer, 1982.

REAGAN Michael, *Science and the Federal Patron*, New York, Oxford University Press, 1969.

REDEI Miklos et STÖLZNER Michael (dir.), *John Von Neumann and the Foundations of Quantum Physics*, Londres, Springer, 2001.

RÉDEI Miklos (dir.), *John Von Neumann, Selected Letters*, American Mathematical Society, 2005.

REINGOLD Nathan, « Vannevar Bush's New Deal for Research : Or the Triumph of the Old Order », *Historical Studies in the Physical and Biological Sciences*, 2, 1987, pp. 299-344.

RENNARD Jean-Philippe, *Réseaux neuronaux*, Paris, Vuibert, 2006.

–, *Vie artificielle, Où la biologie rencontre l'informatique*, Paris, Vuibert, 2002.

RIDENOUR Louis, « Military Support of American Science, a Danger ? », *Bulletin of the Atomic Scientists*, vol. 3, 8, Aug 1947.

ROJAS Raul et Hashagen Ulf, *The First Computers, History and Architectures*, Cambridge, MIT Press, 2002.

ROSENBLATT Frank, *Principles of Neurodynamics. Perceptrons and the Theory of Brain Mechanisms*, Spartan Books, 1962.

ROSENBLITH Walter, « Cybernetics », *Annals of the American Academy of Political and Social Science*, 264, 1949, pp. 187-188.

ROSENBLUETH Arturo et WIENER Norbert, « The Role of Models in Science », *Philosophy of Science*, 12, 1945, pp. 316-321.

ROSNAY Joël de, *L'Homme symbiotique, Regards sur le troisième millénaire*, Paris, Seuil, 1995.

RUYER Raymond, *La Cybernétique et l'origine de l'information*, Paris, Flammarion, 1954.

SCHRÖDINGER Erwin, *What is Life ?*, Cambridge, Cambridge University Press, 1944, (trad. fr. L. Keffler, Paris, Christian Bourgois, 1986).

SEARLE John, « Minds, Brains and Programs », *The Behavioral and Brain Sciences*, 3, 1980, pp. 417-457.

–, « Is the Brain a Digital Computer ? », *Proceedings and Addresses of the American Philosophical Association*, 64, 3, 1990, pp. 21-37.

SEGAL Jérôme, *Le Zéro et le Un, Histoire de la notion scientifique d'information au 20e siècle*, Paris, Syllepse, 2003.

SHANNON Claude, « A mathematical theory of communication », *Bell System Technical Journal*, 27, 1948, pp. 379-423, 623-656.

–, « A Chess-Playing Machine », *Scientific American*, 1532, 1950.

SHANNON Claude et MCCARTHY John (dir.), *Automata Studies*, Princeton, Princeton University Press, 1956.

SHANNON Claude et WEAVER Warren, *The Mathematical Theory of Communication* (trad fr. A Moles, *La Théorie mathématique de la communication*, Paris, C.E.P.L., 1975 [1949]).

SIMON Herbert, *Models of my Life*, Cambridge, MIT Press, 1996 [1991].

–, *Sciences of the Artificial*, (trad. fr. *Les sciences de l'artificiel*, Paris, Gallimard, 2004 [1996]).

SIMONDON Gilbert, *Du mode d'existence des objets techniques*, Paris, Aubier, 1989 [1958].

–, *L'Individu et sa genèse physico-biologique*, Grenoble, Jérôme Millon, 1995 [1964].

TEUSCHER Cristof, *Turing's Connectionism : An Investigation of a Neural Network Architectures*, Londres, Springer, 2002.

TONNELAT Jacques, « The organization and evolution of living systems as normal consequences of the laws of thermodynamics », *Advances in Applied Probabilities*, 14, 2, 1982.

TURING Alan, « Computing Machinery and Intelligence », *Mind*, 59, 1950, pp. 433-460.

–, « On Computable Numbers, with a application to the *Entscheidungsproblem* », *Proceedings of the London Mathematical Society*, 2, XLII, 1937, pp. 230-265 (trad. fr. in J.-Y. Girard (dir.), *La Machine de Turing*, Paris, Seuil, 1995).

TURKLE Sherry, *The Second Self, Computers and the Human Spirit*, New York, Simon & Schuster, 1984.

VAN DE VIJVER Gertrudis, *New Perspectives on Cybernetics, Self-*

Organization, Autonomy and Connectionism, Londres, Springer, 2002.

VARELA Fransisco, *Cognitive Science, A Cartography of Current Ideas*, (trad. fr. P. Lavoie, *Invitation aux sciences cognitives*, Paris, Seuil, 1996 [1988]).

VÉLU Jacques, *Méthodes mathématiques pour l'informatique*, Paris, Dunod, 1999.

VON FOERSTER Heinz (dir.), *Cybernetics, Circular Causal and Feedback Mechanisms in Biological and Social Systems, Transactions of the Sixth Conference*, New York, Josiah Macy Foundation, 1950.

–, *Cybernetics, Circular Causal and Feedback Mechanisms in Biological and Social Systems, Transactions of the Seventh Conference*, New York, Josiah Macy Foundation, 1951.

–, *Cybernetics, Circular Causal and Feedback Mechanisms in Biological and Social Systems, Transactions of the Eighth Conference*, New York, Josiah Macy Foundation, 1952.

–, *Cybernetics, Circular Causal and Feedback Mechanisms in Biological and Social Systems, Transactions of the Ninth Conference*, New York, Josiah Macy Foundation, 1953.

–, *Purposive Systems*, New York, Spartan Books, 1968.

VON NEUMANN John, « First Draft of a Report on the EDVAC », *Contract No. W-670-ORD-4926 Between the United States Army Ordnance Department and the University of Pennsylvania*, Moore School of Electrical Engineering, 30 Juin 1945.

–, « The General and Logical Theory of Automata » (trad. fr. J.-P. Auffrand, *Théorie Générale et Logique des Automates*, Seyssel, Champ Vallon, 1996 [1951]).

–, *The Computer and the Brain*, New Haven, Yale University Press, 1958 (trad. fr. P. Engel, *L'Ordinateur et le cerveau*, Paris, Flammarion, 1996).

WAGNER Pierre, *La Machine en logique*, Paris, P.U.F., 1998.

WALKER Mark (dir.), *Science and Ideology : A Comparative History*, Londres, Harwood Academic Publishers, 2003.

WALTER Grey, *The Living Brain*, New York, Norton, 1953.

WANG Jessica, *American Science in an Age of Anxiety, Scientists, Anticommunism and the Cold War*, Chapel Hill, University of North Carolina Press, 1999.

WEIZENBAUM Joseph, *Computer Power and Human Reason*, San Fransisco, Freeman, 1976.

WIENER Norbert, « Back to Leibniz ! Physics Reoccupies an Abandoned Position », *Technical Review*, 34, 1932, pp. 201-103.

–, « The Armed Service are not fit almoners for education and science », *Bulletin of the Atomic Scientists*, vol. 3, 8, 1947.

–, *Cybernetics, or control and communication in the animal and the machine*, Cambridge, MIT Press, 2000 [1948].

–, *Times Series*, Cambridge, MIT Press, 1949.

–, *The Human Use of Human Beings*, Londres, Eyre and Spottiswoode, 1950.

–, « The Brain », in Conklin Groff (dir.), *Crossroads in Time*, New York, Doubleday, 1953.

–, *Ex-Prodigy, My Childhood and Youth*, Cambridge, MIT Press, 1953.

–, *The Human Use of Human Beings, Cybernetics and Society*, Londres, Free Association Books, 1989 [1954].

–, *The Tempter*, Random House, New York, 1959.

–, *I am a Mathematician, The Latter Life of a Prodigy*, New York, Doubleday, 1956.

–, *God & Golem Inc., A Comment on Certain Points where Cybernetics Impinges on Religion*, Cambridge, MIT Press, 1964 (trad. fr. G. Scholem, Nîmes, Éditions de l'Éclat, 2000).

–, « Memorandum on the Mechanical Solution of Partial Differential Equations », in *Annals of the History of Computing*, 9, 1987, pp. 183-197.

WINNER Langdon, *The Whale and the Reactor, A Search for Limits in an Age of High Technology*, (trad. fr. M. Puech, *La Baleine et le réacteur, à la recherche de limites au temps de la haute technologie*, Paris, Descartes & Cie, 2002 [1988]).

WITTNER Lawrence, *Rebels Against War, The American Peace Movement, 1933-1983*, Philadelphia, Temple University Press, 1984.

–, *One World or None, A History of the World Nuclear Disarmament Movement Through 1953*, Stanford, Stanford University Press, 1993.

YAVETZ Ido, *From Obscurity to Enigma, The Work of Oliver Heaviside, 1872-1889*, Bâle, Birkhäuser Verlag, 1995.

sommaire

collection milieux

ALAN ROSS ANDERSON (sous la direction)
Pensée et machine
SABINE BARLES
La ville délétère : médecins et ingénieurs dans l'espace urbain : XVIIIe-XIXe *siècle*
SABINE BARLES
L'invention des déchets urbains : Fance (1790-1970)
JEAN-CLAUDE BEAUNE
Le vagabond et la machine : essai sur l'automatisme ambulatoire
JEAN-CLAUDE BEAUNE
Les spectres mécaniques : essai sur les relations entre la mort et les techniques : le troisième monde
JEAN-CLAUDE BEAUNE
Philosophie des milieux techniques : la machine, l'instrument, l'automate
JEAN-CLAUDE BEAUNE
Le balancier du monde : la matière, la matière et la mort
JEAN-CLAUDE BEAUNE (sous la direction)
La philosophie du remède
JEAN-CLAUDE BEAUNE (sous la direction)
La mesure : instruments et philosophies
JEAN-CLAUDE BEAUNE (sous la direction)
Phénoménologie et psychanalyse : étranges relations
JEAN-CLAUDE BEAUNE (sous la direction)
Le déchet, le rebut, le rien
JEAN-CLAUDE BEAUNE (sous la direction)
La vie et la mort des monstres
BERTRAND BINOCHE (sous la direction)
L'homme perfectible
BERTRAND BINOCHE (sous la direction)
Les équivoques de la civilisation
BERTRAND BINOCHE ET FRANCK TINLAND (sous la direction)
Sens du devenir et pensée de l'histoire au temps des Lumières
MARIO BORILLO ET ANNE SAUVAGEOT (sous la direction)
Les cinq sens de la création : art, technologie, sensorialité
PHILIPPE BRETON, ALAIN-MARC RIEU ET FRANCK TINLAND
La technoscience en question : éléments pour une archéologie du XXIe *siècle*
JEAN-MICHEL CHAPLAIN
La chambre des tisseurs : Louviers, cité drapière : 1680-1840
GÉRARD CHAZAL
Le miroir automate : introduction à une philosophie de l'informatique

GÉRARD CHAZAL
Formes, figures, réalité : esquisse d'une théorie de la forme
GÉRARD CHAZAL
Les réseaux du sens : de l'informatique aux neurosciences
GÉRARD CHAZAL
Interfaces : enquêtes sur les mondes intermédiaires
GÉRARD CHAZAL
Médiations théoriques
GÉRARD CHAZAL
L'ordre humain ou le déni de nature
PHILIPPE CHOULET ET PHILIPPE RIVIÈRE
La bonne école I : Penser l'école dans la civilisation iindustrielle
La bonne école II. Structures et contenus du savoir
COLLOQUE INTERNATIONAL DE LYON
L'idée de la ville
Présentation de François Guéry
DIANA COOPER-RICHET ET JACQUELINE PLUET-DESPATINS
L'exercice du bonheur : ou comment Victor Coissac cultiva l'utopie entre les deux guerres dans sa communauté de l'Intégrale
FRANÇOIS DAGOGNET
Le musée sans fin
FRANÇOIS DAGOGNET
Tableaux et langages de la chimie : essai sur la représentation des corps
FRANÇOIS DAGOGNET (sous la direction)
Mort du paysage ? Philosophie et esthétique du paysage
JÉRÔME DARGENT
Le corps obèse : obésité, science et culture
YVES DEFORGE
Le graphisme technique : son histoire et son enseignement
Préface de Abraham A. Moles
YVES DEFORGE
L'œuvre et le produit
JACQUES DERRIDA ET DIVERS
Les sauvages dans la Cité : auto-émancipation du peuple et instructions des prolétaires
Présentation de Jean Borreil
CHRISTIAN DEVILLERS ET BERNARD HUET
Le Creusot : naissance et de développement d'une ville industrielle : 1782-1914
Préface de Louis Bergeron
JEAN-PIERRE GAUDIN
L'avenir en plan : technique et politique dans la prévision urbaine
GROUPE DE TRAVAIL DE LA MAISON D'ÉCOLE À MONTCEAU-LES-MINES
Cent ans d'école
Préface de Georges Duby
ANDRÉ GUILLERME
Les temps de l'eau : la cité, l'eau et les techniques
ANDRÉ GUILLERME
Bâtir la ville : révolutions industrielles dans les matériaux de construction. France-Grande-Bretagne (1760-1840)

ANDRÉ GUILLERME

La naissance de l'industrie à Paris ; entre sueurs et vapeurs 1780-1830

ANDRÉ GUILLERME, ANNE-CÉCILE LEFORT ET GÉRARD JIGAUDON

*Dangereux, insalubres et incommodes : Paysages industriels en banlieue parisienne (XIX*e*-XX*e *siècles)*

GILBERT HOTTOIS

Entre symboles et technosciences : un itinéraire philosophique

DANIEL JACOBI ET BERNARD SCHIELE (sous la direction)

Vulgariser la science : le procès de l'ignorance

BERNARD KALAORA ET ANTOINE SAVOYE

Les inventeurs oubliés :
Le Play et ses continuateurs aux origines des sciences sociales
Préface de Michel Marié

BERTRAND LEMOINE

*L'architecture du fer : France, XIX*e *siècle*

ODILE MARCEL (sous la direction)

Composer le paysage : construction et crises de l'espace (1789-1992)
Préface de Michel Vovelle

JEAN-BAPTISTE MARTIN

La fin des mauvais pauvres : de l'assistance à l'assurance
Préface de Madeleine Rebérioux

BRUNO MATTEI

Rebelle, rebelle ! révoltes et mythes du mineur : 1830-1946

MICHEL MEULDERS (sous la direction)

Pourquoi la science ? Impact et limites de la recherche

JEAN-PIERRE MOUREY

Philosophies et pratiques du détail : Hegel, Ingres, Sade, et quelques autres

JEAN-PIERRE NAVAILLES

La famille ouvrière dans l'Angleterre victorienne

JOHN VON NEUMANN

Théorie générale et logique des automates précédé de « La pensée et les machines : le mécanisme algorithmique de John von Neumann », par Gérard Chazal

DANIEL PARROCHIA

Mathématiques et existence : Ordres. Fragments. Empiétements.
Préface de François Dagognet

DANIEL PARROCHIA

Météores : Essai sur le Ciel et la Cité

DANIEL PARROCHIA

L'homme volant : philosophie de la technique aéronautique

DANIEL PARROCHIA

Philosophie et musique contemporaine ou le nouvel esprit musical

DANIEL PARROCHIA (sous la direction)

Penser les réseaux

JEAN-RENÉ PRESNEAU

*Signes et institution des sourds : XVIII*e*-XIX*e *siècle*

PHILIPPE QUÉAU

Éloge de la simulation : de la vie des langages à la synthèse des images
Préface de François Dagognet

PHILIPPE QUÉAU
Metaxu : théorie de l'art intermédiaire

PHILIPPE QUÉAU
Le Virtuel : vertus et vertiges

PIERRE SANSOT
La France sensible

LOUIS SIMONIN
La vie souterraine : les mines et les mineurs
Présentation de Jean-Claude Beaune

FRANCK TINLAND (sous la direction)
Systèmes naturels / systèmes artificiels

FRANCK TINLAND (sous la direction)
Ordre biologique, ordre technologique

FRANCK TINLAND (sous la direction)
Nouvelles sciences :
modèles techniques et pensée politique de Bacon à Condorcet

Dépôt légal : octobre 2025 - N° imprimeur : 102582750-01

Imprimé en France par Présence Graphique - Monts